普通高等院校"十一五"规划教材

2010年中国石油和化学工业优秀教材奖二等奖

土壤肥料学

TURANG FEILIAOXUE

赵义涛　姜佰文　梁运江　主编

化学工业出版社
·北京·

内容提要

本教材在论述土壤肥料知识和技能的基础上，强调了理论的实用性和技能的可操作性，适当补充了当代土壤肥料发展的新理论、新知识、新技术和新成果。系统地介绍了土壤固相组成、土壤矿物质组成与土壤质地、土壤有机质、土壤孔性及土壤结构性和耕性、土壤胶体、土壤溶液、土壤酸碱性、土壤肥力因素、土壤形成、分类与分布、土壤退化与土壤质量、土壤环境背景值和容量、土壤污染和防治、世界和我国土壤资源与改良利用、植物营养与施肥基本理论、化学肥料、有机肥料和生物肥料、配方施肥技术、施肥与人类健康等内容。书后有相关的实验、实习指导和附录。

本教材既可作为种植类本科各专业的教材，也可作为农林院校其他专业师生以及从事土壤肥料科研、生产、管理人员的参考书。

图书在版编目（CIP）数据

土壤肥料学/赵义涛，姜佰文，梁运江主编 . —北京：化学工业出版社，2009.9（2024.9重印）
普通高等院校"十一五"规划教材
ISBN 978-7-122-06514-8

Ⅰ. 土…　Ⅱ.①赵…②姜…③梁…　Ⅲ. 土壤肥料-高等学校-教材　Ⅳ. S158

中国版本图书馆 CIP 数据核字（2009）第 145671 号

责任编辑：赵玉清　　　　　　　　　　　文字编辑：刘　畅
责任校对：宋　玮　　　　　　　　　　　装帧设计：刘丽华

出版发行：化学工业出版社（北京市东城区青年湖南街 13 号　邮政编码 100011）
印　　装：北京天宇星印刷厂
787mm×1092mm　1/16　印张 18½　字数 490 千字　2024 年 9 月北京第 1 版第 13 次印刷

购书咨询：010-64518888　　　　　　　　售后服务：010-64518899
网　　址：http://www.cip.com.cn

定　　价：48.00 元

《土壤肥料学》编写人员

主　编　赵义涛　吉林农业科技学院
　　　　姜佰文　东北农业大学
　　　　梁运江　延边大学

副主编　隋方功　青岛农业大学
　　　　芮玉奎　中国农业大学
　　　　梁永海　吉林农业科技学院

参　编　孙　磊　东北农业大学
　　　　许广波　延边大学
　　　　张　迪　东北农业大学
　　　　谢修鸿　长春大学

前 言

　　《土壤肥料学》为高等农林院校种植类各专业园艺（含果树、蔬菜、花卉）、园林、农学、植物科学与技术、茶桑、中药资源与开发、植物保护等本科必修专业基础课程。为适应21世纪创新创业教育理念以及调整后的本科专业教学计划对人才培养的要求，造就一批基础厚、能力强、素质高、适应广的专门人才，我们编写了本书。本教材由多所高校联合编写，编写者均长期从事土壤肥料的教学及科研工作，并对其承担的编写内容有较深的研究，广泛收集了这一领域国内外研究成果。在编写中，紧扣种植类各专业对土壤肥料知识和技能的要求，强调理论的实用性和技能的可操作性，补充了当代土壤肥料发展的新理论、新知识、新技术，体现"宽、全、新、实"的特点，即覆盖面宽，内容全面，知识点新，注重实用。尽可能加强有利于学生能力培养、可操作性强的内容，为各项种植类生产提供必需的基础理论和专业技能。为此，在教材体系上作了大胆的创新改革，将土壤、肥料、植物营养有机地交互融合成一个整体，以"土"、"肥"的辩证关系为中心，建立了土壤肥料学新的课程体系；以种植类生产的特点和需要为出发点，设置课程内容。除土壤肥料及植物营养的基本理论外，增加了土壤退化与土壤质量评价；土壤环境背景值与容量；土壤环境的污染与防治；现代新型肥料及各项施肥新技术；各类常规肥料的有效合理施用技术；各种植物营养缺素症的诊断及防治技术等内容，并附有实用性较强的十五个土壤肥料实验实习指导及附录，基本上反映了本学科的前沿动向，有较强的时代特征。具有起点高，目的明确，应用性强的特点。

　　本书的编写分工为：赵义涛（第一章、第二章、第九章、附录）、姜佰文（第四章、实验部分）、梁运江（第五章、第六章）、隋方功（第八章、第十三章）、芮玉奎（第十一章）、梁永海（绪论、第十章）、孙磊（第十二章）、许广波（第七章）、张迪（第三章）、谢修鸿（实验实习部分）。本书适应面广，选择性强，可根据不同的专业学习需求选讲部分章节，或选做部分实验。

　　值此书出版之际，我们谨向本书中参考引用其著述的中外作者们致谢。由于编者的知识水平和能力有限，书中难免存在不足之处，敬请各位同行和广大读者批评指正，以便于本教材再版时的修正与完善。

赵义涛

2009 年 7 月

目 录

绪论 ··· 1
 一、土壤、肥料和土壤肥力 ··········· 1
 二、土壤和肥料在农业生产和自然环境中
  的地位与作用 ····························· 2
 三、土壤肥料科学发展概况 ··········· 4
 四、土壤肥料学的任务 ··················· 7
 复习思考题 ····································· 7

第一章　土壤的固相组成 ························· 8
第一节　土壤矿物质 ··························· 8
 一、主要的成土矿物 ······················· 9
 二、土壤矿物质土粒的分级 ··········· 12
 三、土壤质地 ································· 13
第二节　土壤有机质 ························· 18
 一、土壤有机质的来源和组成 ······· 18
 二、土壤有机质的转化 ··················· 19
 三、土壤腐殖质 ····························· 23
 四、土壤有机质的作用及其调节 ····· 24
 复习思考题 ··································· 25

第二章　土壤的基本性质 ······················· 26
第一节　土壤的交换吸收性 ··············· 26
 一、土壤吸收作用的类型 ··············· 26
 二、土壤阳离子交换量与盐基饱和度 ··· 27
 三、阳离子交换吸收的意义 ··········· 28
第二节　土壤酸碱性与缓冲性 ··········· 29
 一、土壤酸碱性的概念 ··················· 29
 二、土壤酸性 ································· 29
 三、土壤碱性 ································· 30
 四、土壤酸碱反应与土壤肥力及植物生
  长的关系 ································· 31
 五、土壤缓冲性 ····························· 32
第三节　土壤孔隙性 ························· 33
 一、土壤孔隙及孔性的概念 ··········· 33
 二、土粒密度、土壤容重和孔度 ····· 33
 三、土壤容重的用途 ······················· 34
 四、土壤孔隙类型 ························· 35
 五、影响土壤孔隙状况的因素 ······· 35
 六、土壤孔性的生产意义 ··············· 35
第四节　土壤结构性 ························· 36
 一、土壤结构的类型 ······················· 36
 二、团粒结构的优越性 ··················· 37
 三、创造良好结构的措施 ··············· 37
第五节　土壤耕性 ··························· 38
 一、衡量土壤耕性好坏的指标 ······· 38
 二、土壤耕性与土壤结持性的关系 ··· 38
 三、影响土壤耕性的因素 ··············· 38
 四、宜耕期的选择 ························· 39
 五、少耕和免耕 ····························· 39
第六节　土壤胶体 ··························· 39
 一、土壤胶体的种类 ······················· 40
 二、土壤胶体的构造 ······················· 40
 三、土壤胶体特性 ························· 40
 四、土壤胶体对土壤肥力的贡献 ····· 41
 复习思考题 ··································· 42

第三章　土壤水分、空气、热量状况 ··········· 43
第一节　土壤水分 ··························· 43
 一、土壤水分的存在形态与有效性 ··· 43
 二、土壤含水量表示方法 ··············· 47
 三、土壤水分的能量概念 ··············· 49
 四、土壤水分的调节和合理用水 ····· 50
 五、土壤水分的运动 ······················· 51
 六、土壤溶液 ································· 52
第二节　土壤空气 ··························· 53
 一、土壤空气的组成 ······················· 53
 二、土壤空气的更新 ······················· 53
 三、土壤通气性对作物生长发育和土壤
  养分转化的影响 ························· 54
 四、土壤通气性的调节 ··················· 55
第三节　土壤热量 ··························· 56
 一、土壤热量的来源及影响因素 ····· 56
 二、土壤热性 ································· 57
 三、土壤温度与作物生长 ··············· 58
 四、土壤温度的调节 ······················· 59
 复习思考题 ··································· 60

第四章　土壤的形成、分布和分类 ······················· **61**

第一节　成土母质的形成 ············· 61
　一、组成土壤的岩石 ············· 61
　二、岩石矿物的风化 ············· 62
　三、主要成土母质 ··············· 63
第二节　土壤的形成因素 ··········· 64
　一、成土母质因素 ··············· 64
　二、气候因素 ····················· 65
　三、地形因素 ····················· 66
　四、生物因素 ····················· 67
　五、时间因素 ····················· 68
　六、人为因素对土壤形成和演变的影响 ··· 68
第三节　土壤形成过程 ············· 68
　一、土壤形成的基本规律 ······· 68
　二、土壤主要成土过程 ········· 69
　三、土壤类型分化及土壤剖面发育 ····· 71

第四节　土壤的分类和分布规律 ··· 74
　一、土壤分类的目的和意义 ··· 74
　二、我国现行的土壤分类的原则 ··· 74
　三、土壤的分类系统 ············· 74
　四、我国土壤的分布规律 ······· 75
第五节　我国土壤主要类型 ······· 77
　一、东北地区主要土壤类型 ··· 77
　二、华北及淮北平原的主要土壤 ··· 80
　三、长江中下游平原的旱地土壤 ··· 81
　四、黄土高原的主要土壤 ······· 82
　五、西北干旱地区的主要土壤 ··· 84
　六、江南地区的红壤和砖红壤性土壤 ··· 85
　七、云贵高原的黄壤 ············· 85
复习思考题 ····························· 86

第五章　土壤退化与土壤质量 ······················· **87**

第一节　土壤退化的概念和分类 ··· 87
　一、土壤退化的概念 ············· 87
　二、土壤退化的分类 ············· 88
第二节　我国土壤资源的现状与退化的基
　　　　本态势 ····················· 89
　一、我国土壤资源的现状与存在问题 ··· 89
　二、我国土壤退化的现状与基本态势 ··· 91
第三节　土壤退化主要类型及其防治 ··· 92
　一、土壤沙化和土地沙漠化 ··· 92

　二、土壤侵蚀 ····················· 95
　三、土壤盐渍化与次生盐渍化 ··· 99
　四、土壤潜育化与次生潜育化 ··· 101
第四节　土壤质量及评价 ········· 102
　一、土壤质量的概念 ············· 102
　二、土壤质量评价的指标体系 ··· 102
　三、土壤质量的评价方法 ······· 103
复习思考题 ··························· 104

第六章　土壤环境背景值和容量 ······················· **105**

第一节　土壤环境背景值 ········· 105
　一、土壤环境背景值概念 ······· 105
　二、影响土壤环境背景值的因素 ··· 105
　三、研究土壤环境背景值的意义 ··· 107
　四、土壤环境背景值的确定 ··· 107
　五、土壤环境背景值的应用 ··· 107

第二节　土壤环境容量 ············· 108
　一、土壤环境容量的概念 ······· 108
　二、土壤环境容量的确定 ······· 109
　三、土壤环境容量的影响因素 ··· 109
　四、土壤环境容量的应用 ······· 110
复习思考题 ··························· 110

第七章　土壤污染和防治 ······················· **111**

第一节　土壤环境污染概述 ······· 111
　一、土壤污染的概念及危害的特点 ··· 111
　二、土壤自净能力及土壤污染的判定
　　　指标 ··························· 111
第二节　土壤污染源及污染物 ··· 112
　一、土壤中污染物质的来源和种类 ··· 112
　二、重金属对土壤的污染与危害 ··· 113
　三、土壤的有机物污染与危害 ··· 113
　四、土壤的化肥污染与危害 ··· 114

第三节　污染物在土壤中的迁移与净化 ··· 115
　一、污染物在土壤中的迁移 ··· 115
　二、污染物在土壤中的转化和降解 ··· 115
　三、重金属和农药的残留 ······· 122
第四节　土壤污染的防治 ········· 123
　一、提高保护土壤资源的认识 ··· 123
　二、土壤污染的防治措施 ······· 123
复习思考题 ··························· 128

第八章　土壤资源与改良利用 ······················· **129**

第一节　土壤资源 ··················· 129
　一、世界土壤资源概况 ········· 129
　二、我国土壤资源概况 ········· 130

　三、土壤资源评价 ············· 135
第二节　土壤的培肥 ··············· 139
　一、肥沃土壤的一般特征 ······· 140

二、培肥土壤的措施 ……………… 141
第三节 主要低产土壤的改良利用 ……… 141
一、低产土壤形成的原因 ……… 141
二、低产土壤的改良利用 ……………… 142
复习思考题 …………………………… 144

第九章　植物营养与施肥原理 …………………………………………………………… 145

第一节 植物必需营养元素 ……… 145
一、植物体的组成 ……… 145
二、植物必需营养元素及其判断的
标准 ……… 146
第二节 植物对养料的吸收 ……… 146
一、生物膜 ……… 146
二、根部对无机态养料的吸收 ……… 147
三、根部对有机态养料的吸收 ……… 150
四、根外营养 ……… 150
第三节 影响植物吸收养料的外界环境
条件 ……… 151
一、气候条件 ……… 151
二、土壤条件 ……… 151
第四节 作物的阶段营养 ……… 152
一、作物各生育时期的营养特性 ……… 153
二、作物根的特性 ……… 154
第五节 施肥的基本原理 ……… 154
一、必需元素不可代替律 ……… 154
二、养分归还学说 ……… 155
三、最小养分律 ……… 156
四、报酬递减律 ……… 157
第六节 环境条件与施肥 ……… 157
一、气候条件与施肥 ……… 157
二、土壤肥力与施肥 ……… 158
复习思考题 …………………………… 160

第十章　化学肥料 ………………………………………………………………………… 161

第一节 化学肥料概述 ……… 161
一、化学肥料在农业生产中的作用 ……… 161
二、化学肥料的种类 ……… 163
三、化学肥料的特点 ……… 163
第二节 植物氮素营养与化学氮肥 ……… 163
一、作物的氮素营养 ……… 163
二、土壤氮素状况 ……… 165
三、常用氮肥种类、性质和施用 ……… 166
四、提高氮肥利用率的措施 ……… 170
第三节 植物磷素营养与磷肥 ……… 171
一、植物的磷素营养 ……… 171
二、土壤的磷素状况 ……… 173
三、常用的磷肥种类、性质和施用 ……… 175
四、提高磷肥利用率的途径 ……… 177
第四节 植物钾素营养与钾肥 ……… 178
一、植物的钾素营养 ……… 179
二、土壤中钾素状况 ……… 179
三、常用钾肥的种类、性质和施用 ……… 180
四、钾肥的有效施用 ……… 182
第五节 钙、镁、硫营养及钙、镁、
硫肥 ……… 183
一、钙、镁、硫对植物生长发育的
作用 ……… 183
二、土壤中钙、镁、硫的含量、形态
和转化 ……… 184
三、钙、镁、硫肥的性质及施用 ……… 185
第六节 土壤中微量元素及微量元素
肥料 ……… 187
一、土壤微量元素丰缺标准 ……… 188
二、常用微量元素肥料的成分与性质 ……… 188
三、作物缺乏某种微量元素的一般
症状 ……… 188
四、微量元素肥料的一般施用技术 ……… 189
五、施用微量元素肥料的注意事项 ……… 189
第七节 复混肥料 ……… 190
一、复混肥料的含义和养分量表示
方法 ……… 190
二、复混肥料的分类 ……… 190
三、复混肥料的特点 ……… 191
四、常用复混肥料的性质和施用 ……… 191
五、复混肥料有效施用 ……… 191
复习思考题 …………………………… 193

第十一章　有机肥料和生物肥料 ………………………………………………………… 194

第一节 有机肥料概述 ……… 194
一、有机肥料的种类 ……… 194
二、有机肥料的作用 ……… 194
三、有机肥料的特点 ……… 195
四、有机肥料的科学施用 ……… 195
五、有机肥的矿化 ……… 196
第二节 粪尿肥 ……… 197
一、家畜粪尿 ……… 197
二、厩肥 ……… 198
三、禽粪 ……… 201
第三节 秸秆肥 ……… 201
一、堆肥 ……… 201
二、沤肥 ……… 203
三、秸秆直接还田 ……… 204

四、沼气池肥 ················· 204
第四节 绿肥 ················· 206
一、绿肥的种类 ··········· 206
二、绿肥在农业生产中的作用 ·· 206
三、绿肥的种植方式 ········· 207
四、主要绿肥作物的生长习性 ·· 207
五、绿肥的合理施用 ········· 210
第五节 泥杂肥 ··············· 210

一、泥炭 ··················· 210
二、饼肥 ··················· 212
三、泥土类肥料 ············· 213
第六节 生物肥料 ············· 213
一、生物肥料的功效 ········· 213
二、生物肥料的有效使用条件 ·· 213
三、常用的生物肥料 ········· 214
复习思考题 ················· 218

第十二章 配方施肥技术 ················· **219**
第一节 配方施肥概述 ········· 219
一、配方施肥的含义 ········· 219
二、配方施肥的理论依据 ····· 219
三、配方施肥的作用 ········· 219
第二节 配方施肥的方法 ······· 221
一、地力分区（级）配方法 ··· 221
二、目标产量配方法 ········· 221
三、肥料效应函数估算法 ····· 224
第三节 肥料的混合与配制 ····· 226

一、肥料混合配制的必要性 ··· 226
二、肥料混合配比的原则 ····· 227
三、化学肥料的混合 ········· 227
四、有机肥料和化学肥料的混合 · 229
五、肥料的混合比例与计算 ··· 229
六、肥料混合的配制方法 ····· 231
七、肥料与农药的混合 ······· 231
复习思考题 ················· 232

第十三章 施肥与人类健康 ················· **233**
第一节 施肥与环境污染 ······· 233
一、施肥与全球变暖 ········· 234
二、施肥与生态环境 ········· 236
第二节 施肥与农产品品质安全和人体
健康 ················· 239
一、碳、氢、氧与人体营养 ··· 239
二、氮肥施用与农产品品质安全和人体
健康 ················· 240
三、磷肥施用与农产品品质安全和人体
健康 ················· 241
四、钾肥施用与农产品品质安全和人体
健康 ················· 242
五、钙、镁、硫肥施用与人类健康 · 243

六、微量营养元素肥料施用与人类
健康 ················· 244
第三节 环境保全型施肥技术 ··· 246
一、环境保全型施肥的目标与要求 · 246
二、减少环境污染的施肥技术 · 246
三、绿色食品生产的施肥 ····· 250
四、环境保全型施肥新技术 ··· 250
五、测土配方施肥技术 ······· 252
第四节 养分资源的综合管理 ··· 252
一、养分资源概述 ··········· 252
二、养分资源综合管理概述 ··· 252
三、养分资源综合管理技术 ··· 253
复习思考题 ················· 255

土壤肥料学实验实习指导 ················· **256**
实验一 土壤样本的采集与制备 · 256
实验二 土壤含水量的测定 ··· 258
实验三 土壤田间持水量的测定 · 258
实验四 土壤质地的测定 ····· 259
实验五 土壤容重及孔隙度的测定 · 261
实验六 土壤酸碱度的测定 ··· 262
实验七 土壤碱解氮的测定 ··· 263
实验八 土壤中速效性磷的测定 · 264

实验九 土壤中速效性钾的测定 · 265
实验十 土壤阳离子交换量的测定 · 266
实验十一 水稻土中硫化氢含量的速测 ·· 267
实验十二 化学肥料定性鉴定 · 268
实验十三 有机肥料样品的采集、制备及
全氮量的测定 ········· 270
实习一 肥料用量试验 ········· 271
实习二 土壤剖面的观察记载 ··· 274

附录 ················· **276**
附录一 土壤肥料常用法定计量单位 · 276
附录二 植物营养元素缺乏症检索简表 · 276
附录三 常用叶面肥的配制 ··· 277
附录四 土壤养分分级指标 ··· 277

附录五 土壤环境质量标准 ··· 277
附录六 NY/T 394—2000 绿色食品肥料使用
准则 ················· 280

参考文献 ················· **284**

绪　　论

一、土壤、肥料和土壤肥力

（一）　土壤及土壤肥力的概念

土壤（soil），人们对它并不陌生，人类对土壤的最初认识，是将它作为人类活动和居住的土地，直至人类开始了农业生产，才将土壤作为植物生长的介质。早在三四千年前，我国《周礼》中对土壤含义的记载是："万物自生焉则曰土，以人所耕而树艺焉则曰壤"，就是说，凡是自然植被生长的土地叫"土"（即未经开垦的自然土壤）；经开垦的土地叫"壤"（即耕作土壤）。20 世纪 30 年代，前苏联土壤学家威廉斯根据近代科学知识给土壤下了一个科学的定义："土壤是地球陆地上能够生长绿色植物收获物的疏松表层"。"地球、陆地、表层"表明了土壤的特殊位置；"疏松"表明了土壤的特殊结构，以区别于坚硬的岩石；"生长绿色植物"表明了土壤的特殊功能及其特殊性质，土壤的本质属性是土壤具有肥力。

人类对土壤肥力（soil fertility）的认识经历了一个曲折的过程。16 世纪英国培根相信，水是植物的"根本营养料"。这个结论被荷兰的海尔蒙特的柳树试验所证实。但到 19 世纪初德国的泰伊尔认为土壤肥力决定于腐殖质。1840 年现代农业化学的倡导者德国李比希又把矿质肥料看作是提高土壤肥力的唯一手段。但是，什么是土壤肥力，国内外学者长期存在着不同的认识。一般西方土壤学家传统地把土壤供应养分的能力称为土壤肥力（又称地力）。前苏联土壤学家威廉斯则认为，土壤肥力是"土壤在植物生活的全过程中，同时而又不断地供给植物以最大量的有效养分和水分的能力。"生产实践和科学实验表明，土壤养分和水分对评价土壤肥力水平是重要的，但不能全面反映土壤肥力状况。土壤肥力因素应包括水分、养分、空气和温度（水、肥、气、热）四个肥力因素。只有这些因素能最大限度地满足植物的要求时，才是土壤肥力的最高表现，才能保证植物获得丰产。所以，我国多数土壤科学工作者认为：土壤肥力的概念，广义的来讲是指水、肥、气、热四大肥力因素。狭义的是指土壤供给和调节植物生长发育所需要的养分、水分、空气、热量等生活因素的能力。土壤肥力是土壤物理、化学、生物等性质的综合反映，土壤的各种基本性质都要通过直接或间接的途径影响植物的生育发育。因此，土壤中的各种肥力因素不是孤立的，而是相互联系和相互制约的。这说明土壤不是一个简单贮存水分和养分以供植物利用的仓库，它的结构和功能具有相互协调和易于人工调节的能力。所以土壤肥力是土壤本质的特性和生命力，土壤有了肥力，植物就能生长，没有肥力就没有植物的生长。

土壤肥力按成因可分为自然肥力（natural fertility）和人为肥力（anthropogenic fertility），有效肥力（effective fertility），潜在肥力（potential fertility）和经济肥力（economic fertility）。自然肥力包括土壤所共有的容易被植物吸收利用的有效肥力和不能被植物直接利用的潜在肥力。自然肥力是指：在母质、生物、气候、地形和时间等各种自然因素共同作用下形成和发育的肥力。世界上只有在原始林地和未开垦的原始土壤的土地才属自然肥力。人为肥力是指：在自然肥力的基础上，人们对土壤进行耕种、施肥等经营措施下所形成的肥力。其中也包括潜在肥力和有效肥力。潜在肥力是指有机的或无机的、不溶于水、不溶于弱酸弱碱的那部分养分，当年不可利用的肥力；有效肥力是指溶于水、代换的、溶于弱酸弱碱的养分，当年可被利用的肥力。经济肥力是通过人工劳动中所进行的各种生产措施的调节，使土壤肥力为植物生长所利用的就是经济肥力。土壤有效肥力的高低，体现了社会经济制度和科学技术发展水平。肥沃土壤的标志是：具有良好的土壤性质，丰富的养分含量，良好的土壤透水性和保水性，通畅的土壤通气条件和吸热、保温能力。因此，提高土壤肥力和培育肥沃土壤是从事农业生产的首要任务。

农业土壤的肥力因受环境条件和土壤管理技术水平等的限制，只有一部分在生产中表现出来，这一部分的肥力叫作"有效肥力"；另一部分没有直接反映出来的叫作"潜在肥力"。有效肥力和潜在肥力是可以互相转化的。

另外，土壤肥力和土壤生产力是两个不同的概念，但又有着密切的联系。土壤肥力是土壤本身的属性，而土壤生产力是指在特定的管理制度下，土壤能生产某种或某系列植物产品的能力。生产力可以用产量来衡量。土壤肥力是土壤生产力的基础，但不是它的全部。也就是说土壤生产力是土壤本身的肥力属性和发挥肥力作用的外界条件所决定的。人为的耕作栽培等土壤管理措施，对形成和发挥土壤肥力有重要作用。所以，进行农田基本建设，改造土壤环境是发挥土壤肥力，提高土壤生产力的重要措施。

（二）肥料的概念

肥料（fertilizer）是植物的粮食。有史以来，人们就在耕地上施用牲畜排泄物等有机物质。近百年来，又大量施用化学肥料，以保证植物生长期间对各种养分的需要，施用肥料是获得作物高产的重要条件。肥料不仅供给植物养分，而且有改良土壤，提高肥力，提高产量和改善品质的作用。因此，通常把施入土壤中或喷于植物体上，能直接或间接供给作物以养分，提高作物产量，改善产品品质或改良土壤性状，逐步提高土壤肥力的物质统称为肥料。

根据肥料的不同性质与特点，可将常用肥料分为三大类，一是化学肥料（chemical fertilizer），又称无机肥料，是用化学或物理方法生产的肥料，如硫酸铵、碳酸氢铵、尿素、硫酸钾、过磷酸钙和磷矿粉等，它们能为植物直接供给某种营养元素，培肥地力，提高植物产量；二是有机肥料（organic manure），又称农家肥料，它含有丰富的有机质和植物所需的各种营养元素，经过转化，能供给植物多种营养，具有改良土壤、加强土壤微生物活性的作用，如人畜粪尿、绿肥、堆沤肥、饼肥等，是一种完全肥料；三是生物肥料（Bio-fertilizer），又称菌肥或菌剂，是由一种或数种有益微生物、培养基质和添加物配制而成的生物性肥料，如根瘤菌剂以及各种生物制剂等，是一种间接性肥料。实践证明，合理施用有机肥料和化学肥料，不仅为作物提供养分，而且能改善土壤理化生物性状，提高土壤肥力，增加单位面积产量。世界各国农业生产的提高与增施肥料以及扩大施肥面积是密切相关的。世界银行的报告认为全世界平均40%的增产是来自于增施肥料。由此可见，肥料用量的增加和施肥技术的改进，对于提高农业生产起了很大的作用。

二、土壤和肥料在农业生产和自然环境中的地位与作用

土壤是绿色生命的源泉，是人类生存最基本、最重要、最珍贵的自然资源。它维系着自然界的生态平衡，使万物充满生机。它关系到人类的生存和社会的发展。随着生产的发展和科学技术的进步，人类对土壤的认识也日趋深刻。土壤肥料不仅与农业、环境有密切关系，也广泛应用于许多部门和行业，如水利、建筑、工矿、交通、医学、公安、军事等方面。

（一）土壤是农业生产的基础

人类的生存离不开农业，农业最基本的生产是种植业，人类从事种植业生产以来就已认识到土壤是植物生长的天然基地。土壤也是农业生产的基本资料，农业生产是由植物生产、动物生产和土壤管理三个环节组成的。植物生产（种植业）主要是通过绿色植物的光合作用制造有机物质，把太阳辐射能转变为化学能贮存起来，随后，把一部分植物产品和残体作为喂养畜、禽、鱼类的饲料和饵料，以更充分地利用这些有机物质及其包含的化学能，进一步为人类提供动物残体和人畜粪尿，通过耕作归还土壤，变为植物可利用的养分，同时增加和更新土壤有机质，提高土壤肥力。人们说的"粮多—猪多—肥多"，正是对植物生产、动物生产和土壤管理三者辩证地发展的形象化说明。

植物生产主要是栽培各种绿色植物。土壤不仅是植物扎根立足之地，而且还能供给植物生命活动所需要的大部分生活要素。绿色植物的生活要素有日光（光能）、热量（热能）、空气（主要是氧气和二氧化碳）、水分和养料。光、热和空气主要来自太阳辐射和大气，所以叫做"宇宙因素"；水分和养料主要是植物根系从土壤中吸取的，所以叫作"土壤因素"。植物根系呼吸所需要的氧气是在土壤中得到的，不过，土壤中的氧气是通过与大气的气体交换而得到补充。显然，不但植物生产是以土壤为基地的，而且动物生产也是直接地（如放牧牲畜）或间接地（提供饲料和饵料）以土壤为基地的。几千年来，从原始种植业和饲养业的出现，直到当今的现代化农业，都离不开这个基地。在科学发达的今天，虽然设施农业有了较快发展，但目前人类还不能脱离土壤进行大规模农、林、牧生产，土壤仍然是进行农业生产所不可缺少的重要的生产资料，人类的衣、食、住、行和社会的发展都要依赖土壤。正如马克思所说："土壤是世代相传的人类生存条件和再生产条件"。

（二）土壤是一种十分重要的自然资源

土壤资源是指具有农林牧生产性能的土壤类型的总称，包括森林土壤、草原土壤、农业土壤等的分布面积和质量状况，是供人类生活、生产和开发利用而不断创造物质财富的一种自然资源，属于地球上陆地生态系统的重要组成部分。

土壤资源具有再生性、可变性、多宜性和最宜性等多种属性。再生性又称可更性，即土壤中的养分和水分被植物不断吸收，同化为植物有机体，其残体再归还到土壤中，如此不断循环、演替更新，使土壤保持永续生产的活力。可变性是指土壤经过人们的利用管理，可以向好的方向转化；但如果利用管理不当，也可以使土壤退化，成为一种可变的自然资源。多宜性是指某些土壤的适应能力较强，能够适应多种利用方式和适宜种植多种作物。最宜性是按土壤属性的特点，最适宜于某一种利用方式或种植某些作物。

土壤资源在历史上促成了农业社会的出现（农业的基本自然资源就是气候与土壤），支撑了人类文明的发展，而且现在仍然是人类生存所依赖的基本自然资源。古人云："民之所生，衣与食也；衣食所生，水与土也"。我们必须保护土壤资源，要因地制宜地进行合理的农林牧布局与结构，注意生态平衡。建国以来，我国农业虽有较大发展，但由于人口增长太快，人均占有的各种农产品数量均处于较低水平。从1957~1977年的20年中，全国粮食总产量增长了45%，而人口却增长了46.2%，人均占有粮食反而由306kg下降为299kg。1989年粮食总产量达到40745万吨，该年末总人口为111191万人，人均占有粮食仅366.4kg。近年来，中国经济快速增长和人民生活水平大幅度提高消耗了大量的资源并造成了极大的环境负担。按照目前的人口基数和增长速度，2030年人口将达到14.5亿，粮食需求达到6.4亿吨。据国土资源部门统计，我国的耕地面积从2001年19.14亿亩降至2007年的18.26亿亩，7年间减少近1亿亩耕地面积。根据中国"十一五"规划纲要，截至2010年末全国耕地面积必须确保不低于18亿亩，这是一条直接关系到13亿中国人吃饭问题的底线。因此，"十分珍惜每寸土地，合理利用每寸土地，是我国的国策"。

（三）土壤是生态系统的重要组成部分

动植物和微生物加上它们生存的环境的集合体称为生态系统。土壤是人类社会所处自然环境的一部分，是自然环境中的生物圈的重要组成部分。自然环境是指人类生活和生产活动所涉及的空间范围内各种自然因素的总和，其中包括大气、水、生物、土壤、岩石和矿产资源等。生物圈包括凡是有生物活动的地方，即整个水圈、土壤圈、大气圈下层和岩石圈上层。从土壤圈在环境中所占据的空间位置看，正处于岩石圈、水圈、大气圈和生物圈相互紧密交接的地带，是结合无机自然界和有机自然界的中心环节，是生态系统的重要组成部分

（图1）。

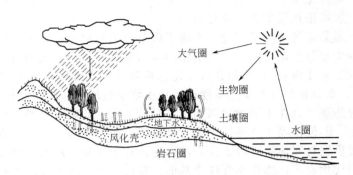

图 1　土壤在自然环境中的位置示意图

在一定条件下，就整个生态系统来说，由于各种生物群体之间的相互制约，使得生物与生物、生物与环境之间，维持着相对稳定的状态，称为生态平衡。人类生活在自然环境中，并不断地对它进行干预和改造，使之有利于人类的生产和生活，同时，人们的活动，也会有意或无意地破坏自然环境的生态平衡，给人类带来难以弥补的损失，如土壤污染、水土流失、土壤沙化等，会给人类带来灾害，甚至是毁灭性的。环境与发展是当今世界的两大主题，经济发展与人口、资源、环境的关系既是对立的，又是统一的。今后对土壤资源的利用，不但要考虑国民经济和农业生产发展的要求，还要考虑整个自然环境中的生态平衡问题。宜农则农，宜林则林，宜牧则牧，农林牧相结合。林是农的水源、肥源和农村能源，实行农林结合；牧是农业的肥源，农是牧的饲料、饲草来源，以农养牧，以牧促农，实行农牧结合；农区要种好作物，建设好商品基地，并发展林牧业，实行农林牧相结合。在农田管理中，应着眼于防止土壤的污染，对林地开发，要注意水土流失，促使生态系统不断地向有利于人类生存的方向转化。

三、土壤肥料科学发展概况

（一）我国近代土壤肥料科学发展概况

我国是一个历史悠久的农业大国，自古以来，劳动人民在长期生产实践中，积累了丰富的认土、评土、用土、改土和积肥、造肥、保肥、用肥的经验。如战国时期的《尚书·禹贡》一书就记载了根据土壤颜色、质地、肥力状况将土壤划分为"九洲"，并分为三等九级的土壤分类系统，是世界上最早的土壤分类与肥力评估；春秋战国时期的《管子·地员篇》最早提出了"土宜"的概念；两汉时期的《齐民要术》中详细介绍了种植绿肥的方法以及豆科作物同禾本科作物轮作的方法等用绿肥养地；汉朝的《礼记·月令》中的利用夏季高温促使杂草腐烂肥田；在施肥技术方面，《氾胜之书》中有详细叙述，强调施足基肥和补施追肥对作物生长的重要性。宋、元、明、清时的《农桑辑要》、《农政全书》、《王祯农书》等书提出的"多粪肥田、弱土而强之"、"粪田宜稀"、"土壤虽异，治得其宜皆可种植"、"凡美田之法绿豆为上，小豆胡麻次之"、"施肥如用药"、"治之得宜，地力常新壮"和"时宜、土宜和物宜"的施肥原则等用土、改土、培肥的科学观点，至今对我们利用、改良土壤仍不乏其指导意义。但就我国近代土壤肥料科学的研究来看起步较晚，不到百年。从我国土壤肥料科学的研究发展过程来看，主要分为两个阶段。

（1）新中国成立以前（1949年以前）　由于近代历史的原因，这一时期我国土壤肥料科学远远落后于世界发达国家。直至20世纪30年代，在学习欧美土壤肥料科学的基础上，才开始在小范围内进行诸如土壤调查制图之类最基本的工作，以及肥料三要素、田间生物试验和土壤植物的化学分析资料的积累等，并因当时的社会原因，这些成果也未能应用于生产，更没有专门的研究机构，直至解放前夕全国只有53人从事有关土壤肥料的工作。

（2）新中国成立以后（1949年以后）　我国土壤肥料科学进入了一个崭新的阶段，以前所未有的速度向前发展。在土壤学发展方面，1958年全国第一次土壤普查，普查面积近3亿hm²（其中耕地近1亿hm²），编绘了"四图一志"（农业土壤图、土壤肥力概图、土壤改良概图、土壤利用概图、农业土壤志），为我国有计划地开垦荒地，扩大耕地面积，合理利用土地提供了科学依据。第一次土壤普查我国有80%土壤缺氮、50%土壤缺磷、30%土壤缺钾。从1979年开始的第二次全国土壤普查工作，在应用航片或卫片编绘土壤图上，其发展速度是国外少有的，在查清土壤资源、普及土壤科学、培养基层土肥人员、促进农业生产等方面都取得了很大成绩。60年来，我国土壤肥料科学研究，始终是围绕着国民经济建设和土壤肥料科学发展需要开展的，并取得了十分显著的成就。

逐步建立健全了中国科学院及中国农业科学院系统，以及中、高等院校中有关研究所及系、专业，设立了相应的土壤肥料行政管理和技术推广机构，形成了全国性的土壤肥料科研、教学、推广体制，有关从业人员已达1.5万余人，为土壤肥料研究和生产奠定了基础。

自1950年以来，广泛开展了西藏和横断山区、三峡库区、内蒙古东部等土壤资源的综合考察，于1958年和1979年进行了两次全国土壤普查（除台湾省外），摸清了我国的土壤资源的现状，为农业区划、规划、综合开发、基地建设、结构调整、配方施肥提供了科学依据，丰富和发展了土壤分类及诊断施肥技术研究。在新疆北部、东北北大荒及三江平原，东南红壤丘陵、黄、淮、海平原及西北黄土高原，开展了大面积的土地开发利用，进行了有计划的垦荒、流域治理、低产田改良、改土培肥、水土保持，并在盐碱土治理方面已处于世界土壤科学前沿。此外，还提出了我国新的土壤系统分类（修订案，1995），并在土壤生态系统研究和土壤容量、有机污染研究等方面也做了大量工作。60年来，先后两次开展了全国（除台湾省外）化肥肥效试验，为化肥区划、配方施肥和发展化肥生产打下了良好基础。我国20世纪60年代化肥年产仅100吨，20世纪70年代末总产已超过1000万吨，至1996年化肥总产量已达到2700余万吨，居世界第二。而化肥总消费量则由1980年的1269.4万吨增加至1998年的4085.4万吨，居世界第一。化肥品种也由20世纪50年代的低浓度的单元氮肥而发展至高浓度、多品种的氮、磷、钾肥料，以致有相当比例和数量的各种二元、三元复混肥及微量元素肥料、液体肥料以及有着强劲发展势头的各种新型肥料。

使用有机肥是我国农业生产的优良传统。近60年来，总投入量逐年递增，以总养分（$N+P_2O_5+K_2O$）计，1949年施用量为443.2万吨，至1975年即超过1000万吨，到2000年则达1828万吨左右。据1990年统计，有机肥投入的养分占养分总投入的37.4%，N、P_2O_5分别占23.8%和31.7%，K_2O占79.3%，可见其在补充和调节土壤中氮、磷、钾养分的重要性。此外，在推广各种方式的秸秆还田、沤肥、高温堆肥；积极发展绿肥、建立绿肥种子基地；进行有机肥料品质、分布和积、制、保技术调查；开展生物肥料（菌剂）、腐殖酸类肥料的试验研究、推广；进行城市垃圾利用与粪便无害化处理；以及生物废弃物循环利用的研究和研制商品有机肥等方面，均取得了可观的成效。而在施肥技术、施肥制度、施肥结构等方面，推行配方施肥、CO_2施肥及喷滴灌施肥等新技术，提倡平衡施肥及有机-无机肥料配合施用；推广经济作物及人工林、草地（坪）施肥方面，也进行了大量的工作。

在土壤肥料测试手段方面，也由重量法逐步发展为容量法，而比色法及目前广泛应用的吸收光谱、发射光谱、X衍射线等物理方法，已有逐步代替化学手段的趋势。在土壤肥料的调查手段上，由人力踏勘发展至遥感、航测与地理信息系统的应用，为我国某些领域的研究，如营养元素的再循环、土壤电化学性质、人为土壤分类、水稻土肥力以及电化学方法在土壤肥料科学中的应用等方面，在国际上处于领先地位，提供了可靠的保证。

（二）世界近代土壤肥料科学发展概况

西欧文艺复兴时期人们才开始对自然界的现象进行科学探索，1640年在布鲁塞尔有万·海尔蒙脱用陶盆栽柳条的试验，以找寻营养植物的物质。他在盆里插上一支2.3kg重的柳条，用雨水或蒸馏水浇灌，5年后把树砍下称枝干和根的总重76.7kg，他的结论是柳树只靠水营养就长大了，水是柳树的唯一营养物质。这就是历史上水的营养学说。以后又有许多学者用雨水、河水、下水道污水、硝土等盆栽试验，植物增长显著，肯定了6种植物营养为空气、水、土、盐、油和燃素。1804年由小索秀尔证明植物体的碳素是来自植物同化的大气中的CO_2，灰分元素来自于土壤，氧和氢来自于空气和水。小索秀尔的结论是正确的，但是当时没有被人们所接受。

19世纪初，在西欧流行德国泰伊尔（A. D. Thaer，1752～1828）的腐殖质营养学说。他认为腐殖质是植物的唯一养料。这个学说包括了农业实践上关于腐殖质对于土壤肥力有重大意义的观察，同时也包括了不正确的形而上学的概念。

早期农业试验站创始人法国布森高（Boussingault，1802～1887）用田间试验和化学分析进行了一系列关于农业中物质循环的研究。据试验结果指出，收获物中碳素的累积与厩肥中碳素含量并无直接关系，认为植物碳素的来源是取自于空气中CO_2，收获物中的总氮量超出了厩肥中的氮素。当时布森高就认为所超出的氮素是植物从空气中获得的，但当时还不清楚超出的氮素是微生物固氮的结果。

19世纪中叶，以德国化学家李比希（J. V. Liebig，1803～1873）为代表的农业化学学派，从化学的观点来研究土壤，提出了"植物矿物质营养学说"，认为作物的营养主要依赖于土壤中的矿物质成分以及有机质分解后产生的矿物质。这个学说在发展植物营养与指导施肥方面起到了积极作用，同时也促进了当时化学肥料工业的兴起，对工农业生产都起到促进作用。他还指出，由于不断地栽培作物，土壤中矿物质势必引起损耗，如果不把作物由土壤中所摄取的那些矿物质归还土壤，那么到了最后土壤会变得十分瘠薄，甚至会寸草不生。这就是他的矿物质归还学说。这种观点推翻了以前认为植物靠吸收腐殖质而生长的错误学说，推动了化肥的广泛使用和土壤科学的发展。李比希在矿物质营养学说和归还学说之后，又创出"最小养分律"学说。他认为作物产量受土壤中数量最少的养分所控制，产量随这种养分的多少而变化。最小养分律是选择肥料品种时必须遵循的规律，它对于合理施肥、维护养分平衡、促进农业生产的发展具有重要意义。

19世纪下半叶，以德国地质学家法鲁（Fallou，1882）为代表的农业地质学派，从地质学的观点来研究土壤，提出了"土壤矿质淋溶学说"。他们虽然也累积了一些自然土壤形成的资料，但是，他们片面地认为土壤是岩石矿物的风化碎屑，土壤中可溶性矿物质在风化作用下会不断淋溶丧失，土壤肥力不可避免地要逐渐下降。同样，这个学派也没有看到土壤形成过程中的生物作用，否认生物对土壤肥力的巨大意义。

19世纪中叶，以俄国道库恰耶夫（Dokuchaev，1846～1903）为代表的土壤发生学派，以发生学的观点来研究土壤。发生学派的基本观点认为：土壤是在母质、气候、生物、地形和时间五大成土因素共同作用下形成的。土壤是一个独立的历史自然体。土壤发生学派的主要观点在土壤学的发展史上，曾起过不少积极影响。但这一学派对农业土壤的研究做得较少。

近代土壤学经历了一个半世纪进入20世纪60年代以后，面临着由于农业现代化的逐步深入发展而出现的诸如经济效益、环境污染、可持续农业等许多新问题、新矛盾，已显得力不从心。因而"土壤生态系统"的概念应运而生，至20世纪90年代以来，获得了迅速发展。所谓土壤生态系统实际上是以土壤生物和土壤为主体的部分或土壤-植物系统与环境之间相互作用的系统总体。从这一观点出发，就使土壤科学进入以各种运动形态相互联系、相互转化为重要内容的综合研究这一崭新阶段。使土壤科学研究突破了传统的土体本身结构、功能及其内在联系的范围，而强调了土壤与外界各种环境因素之间的物质、能量的交换及相互影响，从而能更好地服务于现代农业生产。

四、土壤肥料学的任务

土壤肥料科学的任务重点是通过土壤培肥和科学施肥，改善土壤物理化学性质，保持和提高土壤肥力，创造作物生长的最佳条件，提高土地生产力。

（1）加强土壤资源保护、综合治理、合理开发利用及防治土壤退化，保护农业生态，加强土、水、气、生物的协调管理和污染的修复。①加速进行我国生态脆弱地区的综合治理与开发，以充分发挥其生态与经济效益；②提高现有耕地集约化程度，在合理利用耕地的基础上推行现代化节水、节肥、节能技术和旱作农业，提高土壤水资源综合利用率；③对现有农业资源进行平衡、协调与充分利用，以发挥最高生产力及最大利用效率；④研究如何持续提高土壤生产力，开展防治各种类型土壤退化和土壤污染的理论、方法、技术的研究，保护好有限的土壤资源；⑤研究土壤在复合农业生态系统中的地位、功能及优化模式，促进生态农业的发展；⑥深化土壤资源评价和管理，为农业经济发展的布局、土地利用规划提供依据。

（2）深入进行土壤演变规律及其调节措施的研究，注重在施肥条件下，土壤植物营养的投入、协调与平衡，充分发挥农田养分再循环的肥源潜力与不断防止土壤养分退化。①开展土壤肥力的化学（营养元素、化学性质、根际环境）、物理（土壤水分、土壤结构等物理性质在集约化条件下的变化与调节）、生物及生化环境（有机物、微生物等在肥力演变中的功能）演变规律的研究；②深入开展施肥技术与提高肥效的研究，包括提高优化配方施肥水平及推广各种节肥技术和提高肥料等投入物质的利用率等；③开展根际微域环境营养元素的生物有效性及其调节的研究，开展土壤和肥力因素与营养元素的平衡、协调以及与作物生长规律之间关系的研究；④深入研究施肥与环境之间的相互关系及其影响、危害与对策，保护生态环境；完善肥料的监测与鉴定，以促进生产，防止环境污染；⑤广辟肥源，重视有机肥资源的开发和城市废弃物的综合利用，在解决再循环基础上，建立定量的有机养分施肥体系，改进有机肥积、造、保的技术和工具，发展工厂化及商品化生产，以适应现代化集约农业的需求；⑥通过合理施肥重建养分库，防止养分有效性退化；通过科学管理，增施有机肥，防止养分侵蚀与淋失；重视生态系统中养分循环和平衡，防止养分的生物消耗性退化。

（3）深入研究土壤圈物质组成、性质、类型、时空变化及其循环规律。①研究土壤圈物质的空间分布和理化生物等基本特性及其变化预测与人为条件下土壤的现代成土过程；②继续进行中国土壤系统分类的研究，探索土壤分类标准化、数据化。

（4）建立土壤肥料信息系统，重视土壤肥料数据库及其应用系统的开发，注重统计分析和模拟模型技术在生产上的应用，为耕作、施肥、节水等提供咨询，为合理利用土壤资源，预测其演变趋势提供科学依据。

（5）建立健全土壤肥料政策法规。在立法中，坚持开源与节流并重，利用与保养并举的基本指导思想。

（6）注意提高农民土壤肥料科学知识水平，加强土肥技术推广和服务体系建设。因土、因作物、因肥料、因气候分区进行决策，要立足提高单产，增加总产，改进品质，有效地利用土、水、光、热资源来分类指导土壤肥料新技术在农业生产中的应用。

复习思考题

1. 什么是土壤？土壤和土壤肥料在现代农业生产中的重要意义是什么？
2. 什么是肥料？肥料的种类有哪些？
3. 土壤肥料学的任务哪些？
4. 土壤肥力的四大因素是什么？

第一章　土壤的固相组成

存在于自然界中的土壤有多种多样，要认识土壤并研究其肥力的演变，必须了解土壤的基本组成，掌握组成土壤基础物质的性质及其相互关系，并采取相应的措施改善土壤组成的质和量，从而提高土壤肥力。从形态学的观点来研究土壤，无论哪种土壤其基本物质组成可归结是由固相、液相和气相三相物质组成的疏松多孔体。

一般来说，如按质量计，土壤矿物质约占固相部分质量的95%以上，它是岩石矿物风化而来，常称之为"土壤骨骼"。土壤有机质不到5%，由生物残体及其腐解产物构成，数量虽不多，但作用很大，常称之为"土壤肌肉"。固相部分含有作物需要的各种养分，并为植物生长提供机械支持。固相物质之间的孔隙中充满着水分和空气，主要存在于小孔隙里的水分，实际是溶解各种养分的土壤溶液，常称之为"土壤血液"。来自大气和土壤的生化反应产生的气体，主要存在于大孔隙中，常称之为"土壤空气"，它使土壤有足够的氧气供应。土壤水分和空气是互为消长的关系，进而影响到土壤温度状况。土壤三相物质的组成状态见图1-1。

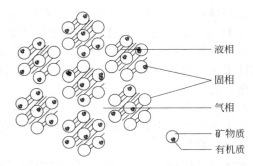

图1-1　土壤三相物质组成状态

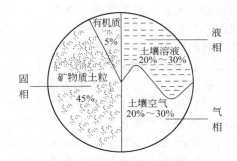

图1-2　壤土三相物质组成示意图

土壤中固、液、气三相物质的容积比，因土壤的性质和环境条件而异。以壤土为例，大体上固体部分约占土壤总容积的一半，水和空气占一半。如图1-2所示。

土壤的组成并不是孤立存在，而是土壤固、液、气三相物质之间存在着相互联系、相互转化、相互制约的不可分割的关系，进而构成了一个有机的整体，成为土壤肥力的物质基础。由于不同物质组成比率的差异，体现出不同的肥力水平，从而为植物生物提供了不同的生活条件。按质量百分比计，疏松肥沃的壤土是：固体物质和孔隙各占50%左右，在固体物质中，矿物质约占45%，有机质则小于5%；在土壤孔隙中，水分与空气则各占25%左右。肥力低的土壤，一般孔隙的体积比较小。

第一节　土壤矿物质

土壤矿物质是土壤中所有无机物质的总和，是土壤的主要组成物质，构成了"土壤骨骼"，起机械支持作用。它的组成、结构和性质如何，直接影响着土壤的物理性质、化学性质、生物及生物化学性质等诸多方面。土壤矿物质全部来自于岩石矿物的风化，除了极少部分是溶于水中的简单无机盐外，绝大部分是由矿物和岩石两大类物质所组成。

一、主要的成土矿物

矿物是一类具有一定的化学组成、物理性质和内部构造而天然存在于地壳中的化合物或单质。绝大多数是由两种以上元素组成的化合物，如石英（SiO_2），也有少数是一种元素组成，如金刚石（C）。土壤矿物质是岩石风化、迁移和成土过程中形成的大小不等、形状各异的矿物颗粒，也称土壤矿物质土粒。

（一）土壤矿物质的类型

按照矿物的起源，矿物可分为原生矿物（primary mineral）和次生矿物（secondary mineral）两大类。土壤原生矿物是指地球内部的岩浆冷凝时，在高温高压条件下，通过凝结和结晶过程所形成的矿物，其原来的化学组成和结晶构造均未改变，存在于岩浆岩（火成岩）中，如石英、长石、云母等。而次生矿物是指原生矿物在各种风化因素的影响下，在常温常压条件下，逐渐改变了形态、性质和化学成分而形成的新矿物，其化学组成和构造都经过改变，而不同于原来的原生矿物。目前已经发现的矿物在 3300 种以上，但与土壤形成有关的不过数十种，称为成土矿物。

1. 原生矿物

原生矿物主要存在于粒径较大的土壤砂粒和粉砂粒部分。一般来讲，抗风化能力较强的原生矿物在土壤砂粒和粉砂粒中的含量较高，反之则低。土壤中常见在原生矿物抗风化能力的顺序一般是：石英＞白云母＞长石＞黑云母＞角闪石＞辉石。常见的类型如下。

（1）硅酸盐类　主要有长石类（包括钾长石、钠长石和钙长石等）；云母类（包括白云母、黑云母等）；角闪石和辉石类。由于它们易风化，所以除钾长石、白云母等矿物外，其余的硅酸盐原生矿物在土壤中很少见。

（2）氧化物类　主要有石英类，其次是铁矿类（赤铁矿、磁铁矿）。

（3）硫化物类　主要有黄铁矿（FeS_2），土壤中不常见，该类矿物能对作物提供硫营养，但其氧化后形成硫酸，土壤 pH 值可低于 2，因此质量分数过多时会对土壤和作物产生酸害。

（4）磷化物类　主要有氟磷灰石与氯磷灰石，它们在岩浆岩中作副矿物存在，含磷灰石的土壤，可为作物提供磷素营养。

大部分原生矿物是硅酸盐，它的基本结构单元是硅氧四面体，部分矿物中还含有铝氧八面体（图 1-3），多个硅氧四面体或铝氧八面体通过共用氧连接可形成链状、片状等不同结构，可分别形成硅氧片和铝氧片的片状结构，由硅氧片和铝氧片可产生种类繁多的矿物。在部分矿物中，一些半径与硅相似的离子可代替硅而进入四面体结构中，如 Al^{3+} 替代 Si^{4+} 后可导致四面体结构的电荷不平衡，使得硅氧四面体产生一个负电荷。我们把这种由一种离子替换另一种离子而使晶格结构不变，并产生剩余电荷的现象称为同晶置换。同晶置换在次生矿物中较为普遍，是矿物和土壤胶体电荷的主要来源。

2. 常见的土壤次生矿物

常见的土壤次生矿物有层状次生铝硅酸盐矿物、氧化物类及简单盐类等三大类。这类矿物风化粒径小于 0.25mm，大部分颗粒粒径小于 0.001mm。

（1）次生铝硅酸盐矿物　又称黏土矿物，是土壤中黏粒的主要成分，主要有高岭石组、蒙脱石组和水云母组等类型。

次生矿物可依据硅氧片和铝氧片的排列方式进行分类，主要有 1：1 型和 2：1 型两种。1：1 型矿物的结构是由一层硅氧片与一层铝氧片通过共用氧原子联结在一起，组成 1：1 型黏土矿物的基本结构，高岭石就是其中的一例（图 1-4）。

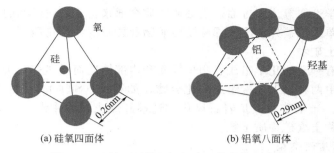

(a) 硅氧四面体   (b) 铝氧八面体

图 1-3   硅氧四面体和铝氧八面体结构示意图

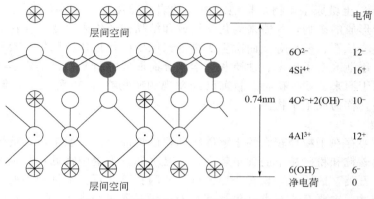

图 1-4   高岭石中 1:1 型结构的基本单元

    2:1 型矿物是由两层硅氧片中间夹一层铝氧片而形成为 2:1 型矿物的基本结构单元。通过共用氧原子将两层硅氧四面体和一层铝氧八面体的片状结构联结在一起，由许多这样的基本单元互相堆叠形成 2:1 型次生层状硅酸盐矿物，蒙脱石就是这样的结构（图 1-5）。

    2:1:1 型矿物是在 2:1 单位晶层的基础上多了 1 个八面体片水镁片或水铝片，这样 2:1:1 型单位晶层由两个硅片、1 个铝片和 1 个镁片（或铝片）构成。如绿泥石是富含镁、铁及少量铬的 2:1:1 型硅酸盐黏土矿物。

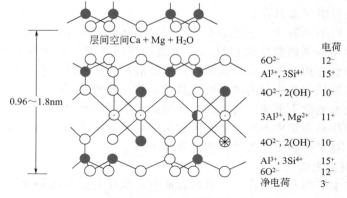

图 1-5   蒙脱石中 2:1 型结构的基本单元

    （2）氧化物类矿物   有结晶态和非结晶态两种，结晶态的有针铁矿（$Fe_2O_3 \cdot H_2O$）、褐铁矿（$2Fe_2O_3 \cdot 3H_2O$）、三水铝石（$Al_2O_3 \cdot 3H_2O$）、水铝石（$Al_2O_3 \cdot H_2O$）等。非结晶态的矿物呈胶膜状包被于黏粒表面，有含水氧化铁、氧化铝凝胶、胶状二氧化硅（$SiO_2 \cdot yH_2O$）、凝胶态的水铝英石（$xAl_2O_3 \cdot ySiO_2 \cdot 2H_2O$）等。

    （3）简单盐类矿物   土壤中常见的简单盐类矿物有碳酸盐类矿物（如方解石、白云石）

和硫酸盐类矿物（如硬石膏、石膏）。

（二）主要成土矿物的成分和性质

土壤矿物质的组成、结构和性质对土壤物理性质、化学性质以及生物学性质都有深刻的影响。土壤矿物质部分的元素组成很复杂，元素周期表中几乎所有的元素都能从土壤中发现，但主要的约 20 余种，包括氧、硅、铝、铁、钙、镁、钛、钾、钠、磷、硫以及一些微量元素，如锰、锌、铜、钼等。表 1-1 列出了地壳和土壤的平均化学组成，从此表可得出：①氧和硅是地壳中含量最多的两种元素，分别占了 47% 和 29%，两者合计占地壳质量的76%；铁、铝次之，四者（O、Si、Fe 和 Al）相加共占地壳质量的 88.7%。也就是说，其余 90 多种元素合在一起，也不过占地壳质量的 11.3%。所以，在组成地壳的化合物中，绝大多数是含氧化合物，其中以硅酸盐最多。②在地壳中，植物生长必需的营养元素含量很低，其中如磷、硫均不到 0.1%，氮只有 0.01%，而且分布很不平衡。由此可见，地壳所含的营养元素远远不能满足植物和微生物营养的需求。③土壤矿物的化学组成，一方面继承了地壳化学中组成的遗传特点；另一方面有的化学元素是在成土过程中增加了如氧、硅、碳、氮等，有的显著下降了，如钙、镁、钾、钠。这反映了成土过程中元素的分散、富集特性和生物积聚作用。

表 1-1　地壳和土壤平均化学组成（质量分数）　　　　单位：%

元素	地壳中	土壤中	元素	地壳中	土壤中
O	47.0	49.0	Mn	0.10	0.085
Si	29.0	33.0	P	0.093	0.08
Al	8.05	7.13	S	0.09	0.085
Fe	4.65	3.80	C	0.023	2.0
Ca	2.96	1.37	N	0.01	0.1
Na	2.50	1.67	Cu	0.01	0.002
K	2.50	1.36	Zn	0.005	0.005
Mg	1.37	0.60	Co	0.003	0.0008
Ti	0.45	0.40	B	0.003	0.001
H	0.15	?	Mo	0.003	0.0003

注：引自维诺拉多夫，1950，1962。

不同成土矿物的化学成分、物理性质不同，因而其风化特点及风化产物也不同（表 1-2）。

表 1-2　主要成土矿物的性质

矿物名称		化学成分	物理性质	风化特点与风化产物
石英		SiO_2	乳白色或灰色，硬度大	不易风化，砂粒的主要来源
长石	正长石	$K(AlSi_3O_8)$	正长石呈肉红色，斜长石多为灰色，硬度次于石英	风化较易，是土壤中钾素和黏粒的主要来源
	斜长石	$nNa(AlSi_3O_8) \cdot mCaAl_2Si_2O_8$		
云母	白云母	$KAl[AlSi_3O_{10}](OH)_2$	白云母无色或浅黄色，黑云母呈黑色或黑褐色	土壤中钾素和黏粒的主要来源
	黑云母	$K(Mg,Fe)_3[AlSi_3O_{10}](OH,F)_2$		
角闪石		$Ca_2Na(Mg,Fe)(Al,Fe)$ $[(SiAl)_2O_{22}](OH)_2$	为深色矿物，呈黑色、墨绿色或棕色，硬度次于长石	易风化，风化后形成含水氧化铁、含水氧化硅及黏粒，并释放少量钙、镁元素
辉石		$Ca(Mg,Fe,Al)[(Si,Al)_2O_6]$		
方解石		$CaCO_3$	白色或米黄色	易风化，是土壤中碳酸盐、钙、镁元素的主要来源
白云石		$CaMg(CO_3)_2$	灰白，有时稍带黄褐色	
磷灰石		$Ca_5(PO_4)_3(F,Cl,OH)$	颜色多样，灰白、黄绿等	是土壤中磷素的主要来源
磁铁矿		Fe_3O_4 或 $FeO \cdot Fe_2O_3$	铁黑色	磁铁矿难以风化，但也可氧化成赤铁矿和褐铁矿。黄铁矿分解是硫的主要来源
赤铁矿		Fe_2O_3	红色或黑色	
褐铁矿		$2Fe_2O_3 \cdot nH_2O$	褐色、黄色或棕色	
高岭石		$Al_4[Si_4O_{10}](OH)_8$	均为细小的片状结构，易粉碎，干时为粉状滑腻，易吸水呈糊状	是土壤中黏粒的主要来源
蒙脱石		$Al_4[Si_8O_{20}](OH)_4 \cdot nH_2O$		
水云母		$K_y(Si_{8-2y}K_y^+I_{2y})Al_4O_{20}(OH)_4$		

二、土壤矿物质土粒的分级

土粒有大有小，它的组成和性质对土壤的水、肥、气、热状况以及各种物理化学性质都起着巨大的作用。为了研究和使用方便，通常把土壤颗粒按粒径的大小和性质的不同分成若干级别，称为土壤粒级，简称粒级。

（一）粒级的划分

一般粒级划分为石砾、砂粒、粉砂粒和黏粒四级，每级大小的具体标准各国不尽相同，但却大同小异。

（1）国际制土粒分级　国际制是1930年第二届国际土壤学会提出的，其特点是十进位制，相邻各粒级的粒径相差均为10倍，分级少而易记，但分级人为性强。见表1-3。

表1-3　国际制土粒分级标准

粒级		粒径/mm	粒级	粒径/mm
石砾		>2	粉砂粒	0.02~0.002
砂粒	粗砂粒	2~0.2	黏粒	<0.002
	细砂粒	0.2~0.02		

（2）卡庆斯基制　特点是将粒径大于1mm的土粒称为石砾，粒径>0.01mm的称为物理性砂粒，粒径<0.01mm的称为物理性黏粒，然后按照物理性砂粒和物理性黏粒的相对比例作为质地分类的基本依据。见表1-4。

表1-4　卡庆斯基制土粒分级标准

粒级			粒径/mm
石块			>3
石砾			3~1
物理性砂粒	砂粒	粗砂粒	1~0.5
		中砂粒	0.5~0.25
		细砂粒	0.25~0.05
	粉粒	粗粉粒	0.05~0.01
		中粉粒	0.01~0.005
		细粉粒	0.005~0.001
物理性黏粒	黏粒	粗黏粒	0.001~0.0005
		中黏粒	0.0005~0.0001
		细黏粒	<0.0001

（3）中国制　中国科学院南京土壤研究所等单位，按我国习用的标准，并结合群众经验综合而成。我国这个分类标准与目前国际上通用的标准大体相近，但也有一些差别，它把黏粒的上限移至2μm，而把黏粒级分为粗和细两个粒级。见表1-5。

表1-5　中国制土粒分级标准

粒级名称		粒径/mm	粒级名称		粒径/mm
石块		>3	粉粒	粗粉粒	0.05~0.01
石砾		3~1		中粉粒	0.01~0.005
				细粉粒	0.005~0.002
砂粒	粗砂粒	1~0.25	黏粒	粗黏粒	0.002~0.001
	细砂粒	0.25~0.05		细黏粒	<0.001

注：引自《中国土壤》，第2版.1987。

（二）不同粒级化学成分及其主要特性

1. 不同粒级化学成分

土粒的大小不同，其化学成分不一样。从表 1-6 的资料明显地告诉我们，随着颗粒的变小，P、K、Ca、Mg、Fe 等养分元素的相对含量随着增加，而 SiO_2 含量显著减少。因此，粗细土粒供应养分的潜力是不同的，土粒越细，所含养分越多。

表 1-6　不同粒径土粒中养分含量

粒径/mm	SiO_2	Al_2O_3	Fe_2O_3	CaO	MgO	K_2O	P_2O_5
1.0～0.20	96.3	1.6	1.2	0.4	0.6	0.8	0.05
0.2～0.04	94.0	2.0	1.2	0.5	0.1	1.5	0.1
0.04～0.01	89.4	5.0	1.5	0.8	0.3	2.3	0.2
0.01～0.002	74.2	13.2	5.1	1.6	0.3	4.2	0.3
<0.002	53.2	21.5	13.2	1.6	1.0	4.9	0.4

2. 不同粒级的主要特性

（1）石块　主要是残留的岩石碎块，山区土壤中常见，对土壤耕作和作物生长是不利的，一般可发展林业和果树，如农业利用时要设法除去。

（2）石砾　多为岩石碎块，山区和河漫滩土壤中常见。孔隙大，易漏水漏肥，磨损农具。

（3）砂粒　冲积平原的土壤中常见。通透性强，毛管性能微弱，无黏结性、黏着性、可塑性和胀缩性。保水保肥能力弱，SiO_2 含量高达 80% 以上，营养元素含量低。

（4）粉粒　在黄土中含量较多。通透性不强，毛管性能明显，黏结性、黏着性和可塑性小，胀缩性微弱，保水保肥能力稍强，SiO_2 含量在 60%～80% 之间，营养元素含量较多。

（5）黏粒　胶泥土中含量较多。通透性极差，毛管性能很强，黏结性、黏着性和可塑性强，胀缩性显著，保水保肥能力强。SiO_2 含量在 40%～60% 之间，营养元素含量丰富。

三、土壤质地

任何一种土壤都是由大小不同的各种土粒组成的。也就是说，任何一种土壤都不可能只有单一的粒级，而是由不同粒级的土粒按一定比例组合而成。我们把土壤中各粒级土粒含量（质量）百分率的组合叫做土壤质地（soil texture）。又称为土壤颗粒组成或土壤机械组成。

（一）土壤质地分类

根据土壤中各粒级含量的百分率进行的土壤分类，叫做土壤质地分类。

（1）国际制土壤质地分类　其分类是一种三级分类法，即按砂粒、粉粒和黏粒三种粒级所占百分数划分为四大类 12 种。见表 1-7。

表 1-7　国际制土壤质地分类

质地分类		颗粒组成(w)/%		
类别	质地名称	黏粒<0.002mm	粉粒 0.02～0.002mm	砂粒 2～0.02mm
砂土	砂土和壤砂土	0～15	0～15	85～100
壤土	砂壤土	0～15	0～45	55～85
	壤土	0～15	30～45	40～55
	粉砂壤土	0～15	45～100	0～55
黏壤土	砂黏壤土	15～25	0～30	55～85
	黏壤土	15～25	20～45	30～55
	粉砂黏壤土	15～25	45～85	0～40
黏土	砂黏土	25～45	0～20	55～75
	粉砂黏土	25～45	45～75	0～30
	壤黏土	25～45	0～45	10～55
	黏土	45～65	0～55	0～55
	重黏土	65～100	0～35	0～35

国际制土壤质地分类的主要标准是：①以黏粒含量15％作为砂土类、壤土类同黏壤土类的划分界限；而以黏粒含量25％为黏壤土类同黏土类的划分界限。②以粉砂含量达45％以上者，则在质地名称前加上"粉砂质"。③以砂粒含量达85％以上为划分砂土类的界限；砂粒含量在55％～85％时，则在质地名称前冠以"砂质"前缀。

（2）卡庆斯基土壤质地分类　卡庆斯基提出的质地分类是一种二级分类法，即根据物理性黏粒和物理性砂粒的含量，将土壤质地分成三类9种。再根据各粒级含量的变化进一步细分。且根据不同土壤类型，划分标准稍有差异，对于大部分农业土壤，一般选用草原土、红黄壤类的分类级别。对于含有砾石或石块的土壤，应先将砾石取出，测量其所占的比例。余下的土粒按百分数含量比进行计算，得出初步的质地名称。再根据表1-11得到石砾含量分级，并将此分级作为前缀在原先的质地名称前，就得到了质地名称的全称。

这种分类的特点是比较简明方便，同时照顾到土壤类型的差别，主要是考虑到交换性阳离子（H^+、Ca^{2+}、Na^+等）对土壤物理性质的影响，因而对不同类型的土壤划分质地时，所采用的物理性黏粒的含量水平不同（见表1-8、表1-9）。

表 1-8　卡庆斯基土壤质地分类标准

质地分类		物理性黏粒（<0.01mm）含量/％			物理性砂粒（>0.01mm）含量/％		
类别	名称	灰化土类	草原土及红黄壤类	碱化及强碱化土类	灰化土类	草原土及红黄壤类	碱化及强碱化土类
砂土	松砂土	0～5	0～5	0～5	100～95	100～95	100～95
	紧砂土	5～10	5～10	5～10	95～90	95～90	95～90
壤土	砂壤土	10～20	10～20	10～15	90～80	90～80	90～85
	轻壤土	20～30	20～30	15～20	80～70	80～70	85～80
	中壤土	30～40	30～45	20～30	70～60	70～55	80～70
	重壤土	40～50	45～60	30～40	60～50	55～40	70～60
黏土	轻黏土	50～65	60～75	40～50	50～35	40～25	60～50
	中黏土	65～80	75～85	50～65	35～20	25～15	50～35
	重黏土	>80	>85	>65	<20	<15	<35

注：在分析结果中，不包括大于1mm的石砾，这一部分含量须另行计算，然后按表1-8标准，定其石质程度，冠于质地名称之前。对于盐基不饱和土壤，应把0.05mol·L^{-1}HCl处理的洗失量并入物理性黏粒总量中；而对于盐基饱和土壤，则应把它并入物理性砂粒总量中。

表 1-9　土壤中所含石块成分多少的分类

>1mm 的石砾含量/％	石质程度	石质性类型
<0.5	非石质土	根据粗粒部分的特征确定为:漂砾性的、石砾性的或碎石性的石质土三类
0.5～5	轻石质土	
5～10	中石质地	
>10	重石质土	

（3）我国制土壤质地分类　中国科学院南京土壤研究所等单位综合国内研究结果，将土壤分为三大组12种质地名称（见表1-10）。

表 1-10　我国土壤质地分类标准

质地分类		颗粒组成(w)/%		
组别	名称	砂粒(1～0.05mm)	粗粉粒(0.05～0.01mm)	细黏粒(<0.001mm)
砂土	粗砂土	>70	—	<30
	细砂土	>60～<70	—	
	面砂土	>50～<60	—	
壤土	砂粉土	>20	>40	
	粉土	<20		
	砂壤土	>20	<40	
	壤土	<20		
	砂黏土	>50	—	>30
黏土	粉黏土	—		>30～<35
	壤黏土			>35～<40
	黏土			>40～<60
	重黏土			>60

注：引自《中国土壤》，第 2 版，1987。

　　我国北方寒冷少雨，风化较弱，土壤中的砂粒、粉粒含量较多，细黏粒含量较少。南方气候温暖，雨量充沛，风化作用较强，故土壤中的细黏粒含量较多。所以，砂土的质地分类中的砂粒含量等级主要以北方土壤的研究结果为依据。而黏土质地分类中的细黏粒含量的等级则主要以南方土壤的研究结果为依据。对于南北方过渡的中等风化程度的土壤，以砂粒和细黏粒含量是难以区分的，因此，以其含量最多的粗粉粒作为划分壤土的主要标准，再参照砂粒和细黏粒的含量来区分。

　　由于我国山地和丘陵较多，砾质土壤分布很广，将土壤的石砾含量分为三级（表1-11）。

表 1-11　土壤石砾含量分级

3～1mm 石砾含量/%	分级	3～1mm 石砾含量/%	分级
<1	无砾质（质地名称前不冠）	>10	多砾质
0～10	砾质		

注：引自《中国土壤》，第 2 版，1987。

　　（二）不同质地土壤的肥力特性

　　土壤的固、液、气三相组成中，液相和气相状况是由固体颗粒的特性和组合状况决定的，也就决定于土壤质地状况。因此，土壤质地是土壤最基本的性状之一。它常常是土壤通气、透水、保水、保肥、供肥、保温、导温和耕性等的决定性因素，我国农民历来重视土壤质地问题，因为它和土壤肥力、作物生长的关系最为密切、最为直接。现将不同质地土壤的肥力特性综述于下。

　　1. 砂土类（sand soil）

　　（1）通透性能好，保蓄性能差　由于粒间孔隙大，毛管作用弱，通气透水性强，内部排水通畅，不易积聚还原性有害物质。整地无需深沟高畦，灌水时畦幅可较宽，但畦不宜过长，否则因渗水太快造成灌水不匀，甚至畦尾无水。砂性土水分不宜保持，水蒸气也很容易通过大孔隙而迅速扩散逸向大气，因此土壤容易干燥、不耐旱。毛管上升水的高度小，故地下水位上升回润表土的可能性小。

　　（2）养分含量低，施肥见效快　砂质土主要矿物成分是石英，含养分少，要多施有机肥料。砂土保肥性差，施肥后因灌水、降雨而易淋失。因此施用化肥时，要少施勤施，防止漏失。施入砂土的肥料，因通气好，养分转化供应快，一时不被吸收的养分，土壤保持不住，故肥效常表现为猛而不稳，前劲大而后劲不足。但一次施用化肥的数量不宜过多，用量大时易"烧苗"，应多施有机肥。

(3) 温度变幅大 土体中水少气多，土温上升快，降温也快，所以温度变幅大。在春季由于升温有利于作物生长，有"热性土"之称；在晚秋寒潮来临时，由于土温下降快，作物容易发生冻害，冬季冻土层深厚。

(4) 宜耕期长 砂质土松散，耕作省力，宜耕期长，黏结性弱，无塑性，耕后不起土块。但砂土泡水后容易沉淀板实，且不易插秧，水田插秧时要随耕随插。

(5) "发小苗不发老苗" 砂质土由于通气好，土温高，疏松，作物出苗早、齐、全。但由于养分含量低，作物生长的中后期养分供应不足，易早衰，"看十成收八成"。

(6) 无有毒物质 土壤中对作物有毒害作用的物质大多是还原性的，砂土由于通透性好，毒害物质产生的可能性小。

2. 黏土类（clay soil）

黏土类特性与砂土类相反，主要表现在以下几个方面。

(1) 通透性能差，保蓄性能强 黏质土由于粒间孔隙很小，多毛管孔隙和无效孔隙，所以通气透水性能差，土体内水流不畅，易受涝害，要采取排水措施。作物较难扎根，根系范围一般不广、不深。吸水、保水能力较强，但对植物的有效水分含量并不多。

(2) 养分含量高，肥效时间长 细土粒含有较多的矿质营养元素，但由于水多气少，矿质养分转化慢，有机质分解也慢，有利于有机质的积累，有效养分的含量有时并不高。施肥后土壤保肥能力强，肥效较慢，施用量少时常表现不出肥效来，但养分逐步释放，肥效长。

(3) 温度变幅小 黏质土由于水多气少，土温比较稳定，温度变幅小。早春土温不易升高，不利于作物出苗和发苗，农民称之为"冷性土"。

(4) 耕作性能差 由于土粒比表面积大，土粒黏结力强，可塑性大，干时坚硬，湿时粘犁，耕作阻力大，宜耕期短，耕后形成的土块不易散碎，耕作质量差。有"三蛋土"之说：湿时似泥蛋，干时似铁蛋，不干不湿似肉蛋。缺乏有机质的黏质土胀缩现象比较严重，失水干燥时，田面易开裂，特别是水田，在排干晒烤时，常板结龟裂，引起作物断根，并加速土壤水分的散失。

(5) "发老苗不发小苗" 由于黏质土黏重紧实，通透性差，水多土温低，早春作物播种后易缺苗，并且出苗晚，苗势弱，但到后期由于土温升高，养分释放快，有后劲。

(6) 可能有毒害物质存在 由于通透性差，还原性物质产生的机会较多，特别是在低洼地区，地下水位较高，更易产生不利于作物生长发育的物质，如硫化氢、有机酸等。

3. 壤土类（loam soil）

在性质上兼有砂土类和黏土类的优点，对一般作物生育来说是较理想的土壤。在壤土范围内，因所含砂黏比例不同，它们的性状还有较大差别，砂粒含量高的砂壤土性质接近砂土，黏粒含量高的重壤土性质接近黏土。

总之，土壤质地和土壤肥力、农业生产的关系密切：一是不同质地的土壤其孔隙的数量及大小孔隙的比例不同，对保水性能、通透性能、温度状况以及有害物质的产生等有重大影响；二是粗细不同的质地与土壤的养分含量及耕作性能有密切关系。生产实践证明，物理性黏粒的含量在<40%范围内越多越好。超过这个范围，黏粒过多，保水能力过强，对作物无效的水分也越多，而且土壤容易板结，生产性能变坏。

（三）不同质地土壤的利用

各种作物因其生物学特性上的差异，加之对耕作和栽培措施的要求也不完全一样，所以它们所需要的最适宜的土壤条件就可能不同。其中土壤质地就是重要依据之一。"因土种植"

是合理利用土地，充分发挥土壤肥力的重要措施。现将各种作物对土壤质地的要求列表1-12。

表 1-12   主要作物的适宜土壤质地范围

作物种类	土壤质地	作物种类	土壤质地
水稻	黏土、黏壤土	梨	壤土、黏壤土
小麦	黏壤土、壤土	桃	砂壤土—黏壤土
大麦	壤土、黏壤土	葡萄	砂壤土、砾质壤土
粟	砂壤土	豌豆、蚕豆	黏土、黏壤土
玉米	黏壤土	白菜	黏壤土、壤土
甘薯	砂壤土、壤土	甘蓝、莴苣	砂壤土—黏壤土
棉花	砂壤土、壤土	萝卜	砂壤土
烟草	砾质砂壤土	茄子	砂壤土—壤土
花生	砂壤土	马铃薯	砂壤土、壤土
油菜	黏壤土	西瓜	砂土、砂壤土
大豆	黏壤土	茶	砾质黏壤土、壤土
苹果	壤土、黏壤土	桑	壤土、黏壤土

（四）土壤质地的改良

改良土壤质地是农田基本建设的一项基本内容。当土壤质地不适合作物生长时，或者在某种质地土壤上作物生长较慢时，要么更换作物种类，要么进行土壤质地改良。对于大规模生产来讲，更换作物种类相对容易，对于园艺生产和保护地来说，改良土壤质地有时也是可行的。通常采用下列几种方法达到改良土壤质地的目的。

（1）增施有机肥料   它是培肥土壤的重要措施之一。增施有机肥料本身不能改变土壤的机械组成，但却能提高土壤有机质含量，既可改良砂土也可改良黏土，这是改良土壤质地最有效、最简便的方法。因为有机质的黏结力和黏着力比砂粒强比黏粒弱，可以克服砂土过砂，黏土过黏的缺点。有机质还可以促进土壤团粒结构的形成，使土体疏松，增加砂土的保肥性。中国科学院南京土壤研究所在江苏山县孟庄村的砂土上，采用秸秆还田（稻草还田），翻压绿肥，施用麦糠和绿肥混施，都能改善土壤板结，使其发暗变软（见表1-13）。

表 1-13   有机肥料改良土壤板结试验

处理	施用量/(kg/hm²)	土壤板结情况	有机质/%	发棵情况（每穴株数）	产量/(kg/hm²)	增产率/%
堆腐稻草还田	112500	很松软	0.4	15.4	6435	20.7
生稻草还田	11250	松软	0.7	14.0	6435	20.5
混施大麦草和苕子	11250	松软	0.61	15.8	6465	21.1
单施苕子	11250	稍松软	0.49	12.8	6105	14.4
对照		板结	0.4	10.4	5340	

注：南京土壤研究所孟庄点试验。

（2）客土法   如果砂土地（本土）附近有黏土、河沟淤泥（客土），可搬来掺混；黏土地附近有砂土可搬来掺混，以改良本土质地的方法，称为客土法。掺砂掺黏的方法有遍掺、条掺和点掺三种。遍掺即将砂土或黏土普遍均匀地在地表盖一层后翻耕，这样效果好，见效快，但一次用量较大，费劳力；条掺和点掺是将砂土或黏土掺在作物播种行或穴中，用量较少，费工不多，也有一定效果，但需连续几年方可使土壤质地得到全面改良。

（3）翻淤压砂、翻砂压淤   有的地区砂土下面有淤黏土，或黏土下面有砂土，这样可以采取表土"大揭盖"翻倒一边，然后使底土"大翻身"，把下层的砂土或黏淤土翻到表层来使砂黏混合，改良质地。

（4）引洪放淤、引洪漫沙　在面积大，有条件放淤或漫沙的地区，可利用洪水中的泥沙改良砂土或黏土。所谓"一年洪三年肥"，可见这是行之有效的办法。引洪放淤改良砂土时，要注意提高进水口，以减少砂粒进入；如引洪漫沙改良黏土时，则应降低进水口，以引入多量粗砂。引洪量视洪水泥沙含量而定。泥沙多，漫的时间可短；反之，则漫的时间要长一些。

（5）根据不同质地采用不同的耕作管理措施　如砂土整地时畦可低一些垄可宽一些，播种宜深一些。播种后要镇压接墒，施肥要多次少量，注意勤施。黏土整地时要深沟、高畦、窄垄，以利排水、通气、增温；要注意掌握适宜含水量及时耕作，提高耕作质量，要精耕、细耙、勤锄。黏土水田要尽量能秋翻春耙，并多排水晒田，播种和插秧深度宜浅一些，以利出苗、发苗。施肥要求基肥足，前期注意施用适量种肥和追肥，促进幼苗生长，后期注意控制追肥，防止贪青徒长。

改良土壤质地是农田基本建设的一项基本内容，应持之以恒，以发挥土地最大增产潜力。

第二节　土壤有机质

土壤有机质（soil organic matter）是土壤的重要组成部分，它包括土壤中各种动物、植物残体，微生物体及其分解和合成的各种有机物质，即由生命体和非生命体两大部分有机物质组成的。土壤有机质虽然含量很少，但对土壤的形成过程及土壤的物理、化学、生物学等性质影响很大，它又是植物和微生物生命活动所需养分和能量的源泉。有机质质量分数在不同的土壤中差异很大，高的可达 $200g \cdot kg^{-1}$ 或 $300g \cdot kg^{-1}$ 以上，低的不足 $5g \cdot kg^{-1}$。在土壤学中，一般把耕层含有机质 $200g \cdot kg^{-1}$ 以上的土壤，称为有机质土壤，含 $200g \cdot kg^{-1}$ 以下的称为矿质土壤。当前多数土壤有机质含量在 $5g \cdot kg^{-1}$ 以下，属于矿质土壤。

一、土壤有机质的来源和组成

（1）土壤有机质的来源　微生物是土壤母质中最早的有机物来源，动、植物的残体和施入的有机肥料是土壤有机质的基本来源。它包括组成动植物残体的各种新鲜有机化合物以及经微生物作用处于不同分解阶段的多种有机产物，特别是分解再合成产物——腐殖质。

（2）土壤有机质的组成　土壤有机质的组成是极其复杂的，归纳起来可分为两大类：第一类为非腐殖质。主要为新鲜的动植物残体和经微生物分解后，破坏了最初结构而变成的分散状暗黑色小块的半分解有机残体，一般可用机械方法把它们从土壤中完全分离出来，其总量占土壤有机质的 $10\%\sim15\%$。它们是土壤有机质的基本组成部分，是作物养分的重要来源，也是形成土壤腐殖质的原料。另外，非腐殖质还包括氨基酸、氨基糖、蛋白质、脂肪、蜡质、树脂、木质素、核酸和有机酸等。第二类为腐殖质。是有机物质经微生物分解再合成的一类褐色或暗褐色的特殊的高分子含氮有机化合物，简称土壤腐殖质。它与非腐殖质形态上的不同点是，与矿物质土粒结合成土壤有机-无机复合体，不能用机械方法分离出来。土壤腐殖质约占土壤有机质总量的 $85\%\sim90\%$，是土壤有机质的主体，通常所说的有机质含量主要是指土壤腐殖质的含量。

土壤有机质的含量受水热条件和植被制约，从地区看，我国东北黑土地区含量最高，可达 $2.5\%\sim7.5\%$，华北、西北地区的土壤大部分在 1% 左右，华中、华南一带水田含量中等，约为 $1.5\%\sim3.5\%$；一般水田比旱田地高，表层比下层高。

资料表明，在其他条件相同的情况下，在一定范围内，土壤肥力水平与土壤有机质含量密切相关。例如，东北黑土地区的资料表明，当有机质的含量在 $2\%\sim9\%$ 的范围内时，作物产量随有机质含量的增加而增加。超过 9% 时，二者的关系不明显。说明在一定的生物条件、矿物组成和性质以及耕作制度下，各土壤分别存在着一定的适宜土壤有机质含量，可作为培肥的指标之一。

二、土壤有机质的转化

无论是刚进入土壤的动植物残体还是在土壤中长期存在的腐殖质，在土壤生物的作用下，主要是其中的微生物，不断地被合成和分解。把生物合成和分解有机物的过程总称为土壤有机质的转化。

（一）土壤生物及其主要功能

土壤生物是自然界整个生态系统的一部分，主要包括生活在土壤中的动物、植物和微生物，它们有多细胞的后生生物，单细胞的原生生物，真核细胞的真菌（酵母、霉菌）和藻类，原核细胞的细菌、放线菌和蓝细菌及没有细胞结构的分子生物（如病毒等）。它们是土壤具有生命力的主要成分，在土壤形成和发育过程中起着主导作用。

地球上分布广、数量多、生物多样性最复杂和生物量最大的是土壤微生物。如一般土壤中细菌为 $10^7\sim10^8$ 个/克土，真菌 $10^5\sim10^6$ 个/克土，放线菌 $10^6\sim10^7$ 个/克土，藻类 $10^4\sim10^5$ 个/克土。目前已知的微生物绝大多数都是从土壤中分离、驯化、选育出来的。它们是土壤生物中最活跃的部分，直接参与土壤有机质的分解、腐殖质合成，养分转化和推动土壤的发育和形成。主要作用表现为：调节植物生长的养分循环；产生并消耗 CO_2、CH_4、NO、N_2O、CO 和 H_2 等气体，影响全球气候的变化，分解有机废弃物，是新物种和基因材料的源与库。土壤中还包含有使动物、植物和人类致病的病原微生物。

（二）土壤动物及其主要功能

主要由蚯蚓、线虫、蠕虫、蜗牛、前足虫、蜈蚣、蚂蚁、螨、蜘蛛和昆虫等混合组成。

1. 蚯蚓

它是土壤中无脊椎动物的主要部分，是最重要的土壤动物。一般农地土壤每公顷蚯蚓的数量可达 30 万条，在森林土壤、肥沃的菜园土壤及种植多年生牧草或绿肥的土壤中数量更多。每年通过蚯蚓体内的土壤每公顷约有 37500kg 干重。这些土壤不但其中的有机质可作为它们的食料，而且矿物质成分也受到蚯蚓体内的机械研磨和各种消化酶类的生物化学作用而发生变化。因此蚯蚓粪中含有的有机质、全氮、硝态氮、代换性钙和镁、有效态磷和钾、盐基饱和度以及阳离子代换量都明显高于土壤。排泄的粪是有规则的长圆形、卵圆形的团粒，这种结构具有疏松、绵软、孔隙多、水稳性强、有效养分多并能保水保肥的特点。蚯蚓在最适宜的气候条件下，每天形成的土壤结构可超过体重的 $1\sim2$ 倍。蚯蚓将作为食物的叶片、植株搬运到土壤的深层，加速了土壤有机质的分解转化。因此土壤中蚯蚓的数量往往可以作为评定土壤肥力的因素之一。大量的蚯蚓是肥沃土壤的标志。

2. 其他土壤动物

（1）线虫 线虫又称圆虫、丝线虫或发状虫，是土壤后生动物中最多的种类，它是一种严格的好气动物，一般生活在土壤团块或土粒间隙的水膜中，每平方米可达几百万个，许多种寄生于高等植物和动物体上，常常引起多种植物根部的线虫病。土壤中线虫取食微生物和其他动物。

（2）螨类 栖息在土壤中的螨类，体形大小变化在 $0.1\sim1mm$ 之间，在土壤中的数量十分庞大，通常以分解中的植物残体和真菌为食物，也蚕食其他微小动物为生。它们在有机质分解中的作用，是把大量的残落物加以软化，并以粪粒形态将这些残落物散布开来。

（3）蚂蚁 蚂蚁是营巢居生活的群居昆虫，在土壤中进行挖孔打洞的活动，对改善土壤通气性和促进排水流畅起着极显著的作用。并可破碎并转移有机质进入深层土壤。而蚁粪在促进作物生长方面与蚯蚓具有同样的效果。

（4）蜗牛　蜗牛大多在土壤表面觅食，出没于潮湿土壤中，是典型的腐生动物。以植物残落物和真菌为食料，能使一些老植物组织以浸软和部分消化状态排出体外。

此外，一些鼠类在森林土壤和湿草原土壤中也具有相当的数量，由于挖穴筑巢，常将大量亚表土和心土搬到表层，而将富含有机质的表土填塞到下层洞穴中，因此对表层土壤的疏松起一定作用。在土壤中还有许多昆虫，对疏松土壤具有一定的作用，但有许多是咬食作物根部的害虫，如地老虎、蝼蛄等，对这些作物的害虫要加强防治。

（三）土壤有机质的矿质化过程

土壤有机质在微生物的作用下，进行两个对立的过程，即土壤有机质的矿质化过程和腐殖化过程。这两个过程是不可分割和互相联系的，随条件的变化而相互转化。矿质化过程：复杂的有机质被土壤微生物分解成简单的无机化合物，如 CO_2、H_2O、NH_3 等。腐殖化过程：有机质经微生物分解进一步再合成新的、复杂的、稳定的大分子有机化合物（腐殖质），它是土壤所特有的（见图 1-6）。

（1）不含氮有机物的转化　首先在微生物分泌的水解酶的作用下，使不溶性的

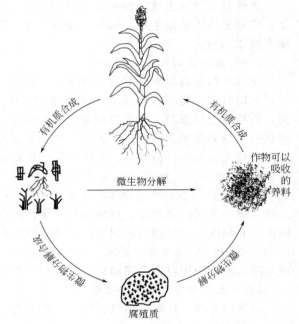

图 1-6　土壤有机质的分解与合成的示意图

有机质转化为单糖。但是有机质在 O_2 充足和缺氧条件下的分解程度和释放出的能量是不一致的。

在氧气充足条件下葡萄糖彻底分解，放出大量的能量。

$$C_5H_{12}O_6 + 9(O) \longrightarrow 3C_2H_2O_4 + 3H_2O$$
（草酸）

$$2C_2H_2O_4 + O_2 \longrightarrow 4CO_2 + 2H_2O$$

在缺氧的条件下，分解的不彻底，形成很多有机酸类的中间产物，并产生还原性物质，如甲烷及氢等，放出少量的能量。

$$C_6H_{12}O_6 \longrightarrow C_4H_8O_2 + 2CO_2 + 2H_2$$
（丁酸）

$$4H_2 + CO_2 \longrightarrow CH_4 + 2H_2O$$

（2）含氮有机物的转化　土壤中的氮素，主要是以有机化合物的形态存在着。但植物利用的氮主要是无机态氮化合物，如 NO_3^-、NH_4^+ 等。然而土壤中无机态氮的含量很少，必须依靠含氮有机物的不断转化才能满足植物的需要。在转化过程中，微生物起着重要的作用。

① 水解作用　蛋白质在蛋白质水解酶作用下，分解成简单的氨基酸一类的含氮物质。

蛋白质→水解蛋白质→消化蛋白质→多缩氨酸（或多肽）→氨基酸

② 氨化作用　氨基酸在多种微生物的作用下，进一步分解成氨（在土中成为铵盐）的过程，称为氨化作用。氨化作用在好气或嫌气条件下均可进行。

$$水解作用 \quad RCHNH_2COOH + H_2O \begin{cases} RCHOHCOOH + NH_3 \\ (有机酸) \\ RCH_2OH + CO_2 + NH_3 \\ (醇) \end{cases}$$

$$氧化作用 \quad RCHNH_2COOH + O_2 \longrightarrow \underset{(有机酸)}{RCOOH} + CO_2 + NH_3$$

$$还原作用 \quad RCHNH_2COOH + H_2 \longrightarrow \underset{(有机酸)}{RCH_2COOH} + NH_3$$

氨化作用所生成的氨可溶于土壤溶液中而成为铵离子。NH_4^+ 可被作物吸收，也可被土壤胶体吸附成为交换态养分；还可与土壤中的有机酸、无机酸结合以铵盐的形态存在于土壤中；在好气条件下可被氧化成硝酸。

③ 硝化作用 在通气良好的土壤中，氨或铵在微生物作用下，转化为硝酸的过程称之为硝化作用。

$$2NH_3 + 3O_2 \xrightarrow{\text{硝酸细菌}} 2HNO_2 + 2H_2O + 热$$

$$2HNO_2 + O_2 \xrightarrow{\text{亚硝酸细菌}} 2HNO_3 + 热$$

硝酸与土壤中的盐基结合成硝酸盐，也是植物和微生物可以直接利用的氮素养料。

④ 反硝化作用 硝酸盐在微生物的作用下还原为气态氮的过程称为反硝化作用。其反应式如下：

$$2HNO_3 \xrightarrow{-2[O]} 2HNO_2 \xrightarrow{-[O]} N_2O \text{ 或 } N_2$$

（3）含磷有机物的转化 土壤中的含磷有机化合物，在多种腐生性微生物的作用下，形成磷酸，成为植物能够吸收利用的养料。异养型细菌、真菌、放线菌都能引起这种作用，尤其是磷细菌的分解能力最强，含磷有机物质在磷细菌的作用下，经过水解而产生磷酸。

核蛋白质→核素→核酸→磷酸

卵磷脂→甘油磷酸酯→磷酸

在嫌气条件下，许多微生物能引起磷酸的还原，产生磷化氢。

（4）含硫有机物的转化 土壤中含硫的有机物如胱氨酸等，经过微生物的作用产生硫化氢。硫化氢在嫌气环境中易积累，对植物和微生物会发生毒害作用。但在通气良好的条件下，硫化氢在硫细菌的作用下氧化成硫酸，并和土壤中的盐基作用形成硫酸盐，不仅消除了硫化氢的毒害作用，并成为植物能吸收的硫素养料。

$$2H_2S + O_2 \longrightarrow 2H_2O + 2S$$

$$2S + H_2O + 3O_2 \longrightarrow 2H_2SO_4$$

在通气不良的情况下，即发生反硫化作用，使硫酸转变为 H_2S 散失，并对植物产生毒害作用。因此，在农业生产上采取技术措施，改善土壤的通气性，就能消除反硫化作用。

综上所述，土壤有机质的矿化，可为作物和微生物提供速效养分，为微生物活动提供能源，并为土壤有机质的腐殖化准备基本原料。土壤以好气微生物活动为主时，有机质分解速度快而彻底，并放出大量热能；以嫌气性微生物活动为主时，有机质的分解速度慢，且往往不彻底，释放热能少，易积累有机酸及 CH_4、H_2S、PH_3、H_2 等还原性物质，对作物生长不利甚至有害。

（四）土壤有机质的腐殖化过程

土壤有机质的腐殖化过程是土壤腐殖质的形成过程。关于腐殖质的形成过程有多种说法，概括起来大体可分为两个阶段：第一阶段，有机残体分解形成组成腐殖质的原始材料，如多元酚、醌、肽等；第二阶段是合成腐殖质（见图1-7）。

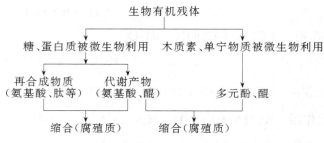

图 1-7　腐殖质形成的生物学过程示意图

进入土壤中的有机物形成腐殖质的数量用腐殖化系数表示。单位质量的有机质在土壤中分解一年后形成腐殖质的量，称为腐殖化系数。腐殖化系数一般水田比旱地大，黏土比砂土大，木质化程度高的植物比木质化程度低的大。

（五）影响土壤有机质转化的因素

土壤有机质的分解与合成受着各种因素的影响，这些因素可影响到有机质转化方向、强度和速率。

（1）碳氮比（C/N）　是指有机物中碳素总量和氮素总量之比，微生物在分解有机质时，需要同化一定数量的碳和氮构成身体的组成分，同时还要分解一定数量的有机碳化物为能量来源。一般来说，微生物组成自身的细胞需要吸收 1 份氮和 5 份碳，同时还需 20 份碳作为能源，即微生物在生命活动过程中，需要有机质的碳氮比约为 25：1。当有机残体的碳氮比在 25：1 左右时，微生物活动最旺盛，分解速度也最快，如果被分解有机质的碳氮比小于25：1，对微生物的活动有利，有机质分解快，分解释放出的无机氮除被微生物吸收构成自己的身体外，还有多余的氮素存留在土壤中，可供作物吸收。如果碳氮比大于 25：1，微生物就缺乏氮素营养，使微生物的生长繁殖受到限制，有机质分解慢，微生物不仅把分解释放出的无机氮全部用完，还要从土壤中吸取无机氮，用来营养自身。在这种情况下，微生物与植物争夺氮素养分，使作物处于暂时缺氮的状态。所以有机残体的碳氮比大小会影响它的分解速度和土壤有效氮的供应。不同植物的碳氮比一般各不相同，禾本科的根茬和茎秆的碳氮比约为（50～80）：1，故残体的分解较慢，土壤硝化作用受阻的时间也较长，而豆科植物的碳氮比约为（20～30）：1，故分解速度快，对硝化作用的阻碍很小。此外，成熟残体比幼嫩多汁的残体碳氮比要高。总之，在土壤中施用植物残体时，应该考虑上述的共同特点。

（2）土壤的通气状况　土壤通气良好时，好气性微生物活跃，有利于有机质的好气分解，其特点是速度快，分解较完全，矿化率高，中间产物累积少，所释放的矿质养料多呈氧化状态，有利于植物的吸收利用。但不利于土壤有机质的累积和保存。反之，在土壤通气不良时，嫌气性微生物活动旺盛，有机质在嫌气条件下分解的特点是速度慢，分解不完全，矿化率低，中间产物容易积累，还会产生沼气（CH_4）和氢气等还原气体，同时释放出的养料元素是还原态，如 H_2S 等，这些物质对作物生长有毒害影响。但在嫌气条件下，有机质的矿化率低，故有利于有机质的积累和保存。

由上可知，土壤通气性过盛或过差，都对土壤肥力不利。必须使土壤中好气性分解和嫌气性分解能够伴随配合进行，这样才能保持适当的有机质，又能使作物吸收利用有效养料。在农业生产技术上，调节土壤通气状况，是提高土壤肥力的方法之一。

（3）土壤的水分和温度状况　有机质的分解强度与土壤含水量有关。当土壤在风干状态时，微生物因缺水而活动能力降低，分解很缓慢；当土壤湿润时，微生物活动旺盛，分解作用加强。但若水分太多，使土壤通气性变坏又会降低分解速度。

有机质的分解速度也与温度有关，一般在一定范围内有机质的分解随温度升高而加快。但土壤中有机质能否积累和消失，也要看温度及其他条件。在高温干燥条件下，植物生长差，有机质产量低，而微生物在好气条件下分解迅速，因而土壤中有机质积累少；在低温高湿的条件下，有机质因为嫌气分解，故一般容易累积；在温度更低、有机质来源少时，微生物活性低，土壤中有机质同样也不会积累。

（4）土壤反应　土壤反应即土壤酸碱度。不同的土壤反应，有不同的微生物来分解土壤有机质，影响着有机质转化的方向和强度。例如真菌适宜于酸性环境（pH3～6），细菌适宜于中性反应，放线菌适合于微碱性。真菌在分解有机质过程中产生酸性很强的腐殖酸，会使土壤酸度增高，分解能力降低。细菌则能产生提高土壤肥力的腐殖酸，同时细菌中的固氮细菌，它能固定空气中的游离氮素，这是提高土壤肥力的重要一环。在通气良好的微碱性条件下，硝化细菌容易活动，因而土壤中的硝化作用旺盛。一般来说，土壤反应以中性为宜。

三、土壤腐殖质

（一）土壤腐殖质的组分

土壤腐殖质是一系列特殊类型高分子有机化合物的总称。土壤腐殖质同矿质土粒相当紧密地结合在一起，要对其进行研究，首先要将它们分离出来。根据颜色和在不同溶剂中的溶解性把腐殖质组分分为三类：即胡敏素、胡敏酸和富里酸。如图1-8所示。

图1-8　腐殖质分离的方法步骤示意图

从图1-8可以看出，溶解于稀碱部分的腐殖酸，它是腐殖质的主要部分，腐殖酸通过稀酸处理，又可分为两部分，即溶于稀酸的富里酸和不溶于稀酸的胡敏酸。而不溶于稀碱部分的是胡敏素。胡敏素在腐殖质中所占的比例不大，因此，土壤腐殖质的主要组成是胡敏酸和富里酸，通常占腐殖质总量的60％左右。在一般土壤中（强酸性土壤除外），这些腐殖质大部分以金属盐的形态存在。

（二）腐殖质的元素组成

腐殖质主要由碳、氢、氧、氮、硫等元素组成，此外还含有少量的钙、镁、铁、硅等灰分元素。腐殖质一般含碳约55％～60％，平均为58％；含氮约3％～6％，平均为5.6％；碳氮比平均为（10～12）:1。

（三）腐殖质在土壤中存在的形态

土壤中腐殖质存在的形态大致有四种：①游离状态的腐殖质，在一般土壤中占极少部分，常见于红壤中；②与矿物成分中的强盐基化合成稳定的盐类，主要的为腐殖酸钙和镁，常见于黑土中；③与含水三氧化物化合成复杂的凝胶体；④与黏粒结合成有机-无机复合体。

（四）土壤腐殖质的性质

（1）腐殖质的带电性　腐殖质是两性胶体，在它们的表面既有负电荷，又有正电荷，通常以带负电为主。电性的来源主要是分子表面的羧基和酚羟基的解离以及胺基的质子化。

（2）腐殖质的酸性　主要产生于羟基。由于富里酸羧基的数量比胡敏酸多，故酸性强，对矿物质破坏力强。

（3）腐殖质的吸附性　土壤腐殖质是一种黑色的胶体物质，有巨大的比表面积和在表面上有大量的负电荷，因而腐殖质的阳离子代换量要比矿质胶体大几倍至几十倍，能吸附各种离子态养分，能吸附大量的水分子和各种阳离子。

（4）腐殖质的溶解性　胡敏酸和富里酸的溶解性差别很大。胡敏酸本身不溶于水，但它与一价阳离子所形成的盐类溶于水，而与二、三价阳离子形成的盐类则难溶于水，呈凝胶状态存在，能把细土粒胶结在一起，形成多孔的小土团。所以胡敏酸是形成水稳性团粒不可缺少的物质。

富里酸溶于水，溶液的酸性很强，它与一、二、三价阳离子所形成的盐类都能溶于水，有高度的分散性和流动性，不利于团粒的形成。

（5）腐殖质的分散性与凝聚性 腐殖质胶体与黏粒等胶体一样都有两种不同的状态，一种是胶体微粒散布在水中呈溶液状态，称为溶胶；一种是胶体微粒彼此凝聚在一起呈絮状沉淀，称为凝胶。溶胶变为凝胶的作用称凝聚作用。凝胶变为溶胶的作用称为分散作用。这两种作用对土壤肥力有很大影响。当土壤胶体凝聚时，易于形成团粒结构；当土壤胶体分散时，土壤结构性差，耕性不良。

新形成的腐殖质胶粒在水中是分散的溶胶状态，但增加电解质浓度或高价离子，则电性中和而相互凝聚，形成凝胶。腐殖质在凝聚过程中可使土粒胶结起来，形成结构体。另外，腐殖质是一种亲水胶体，可以通过干燥或冰冻脱水变性，形成凝胶。腐殖质这种变性是不可逆的，所以能形成水稳性团粒结构。

四、土壤有机质的作用及其调节

（一）土壤有机质的作用

（1）供给作物养分 土壤有机质几乎含有作物和微生物所需的各种营养元素，随着有机质的逐步矿化，所含营养元素便陆续释放出来，供作物和微生物利用。例如，有机质矿化放出大量的 CO_2，是作物光合作用的原料；作物所吸收的氮素，大约 2/3 是靠土壤有机质分解后提供的；在有机质含量为 2％～3％ 的耕作土壤中，有机磷含量可占全磷量的 20％～50％，这些有机磷很容易被微生物分解释放出来。

（2）提高土壤养分的有效性 土壤有机质在分解过程中产生的有机酸，可增加某些矿物质的溶解度，从而提高其有效性；土壤腐殖质分子的若干功能团，能与 Zn、Cu、Fe 等多价离子形成易溶的络合物，使之在土壤溶液中不致沉淀，从而提高了养分的有效性。

（3）促进团粒结构形成，改善物理性质 新鲜的腐殖质是形成团粒结构不可缺少的天然胶结剂。腐殖质胶体对土粒的黏结力介于黏粒与砂粒之间，这说明增加土壤有机质含量，能使砂土变紧，黏土变松，土壤的透水性、蓄水性以及通气性都有所改变。由于土壤耕性较好，耕翻省力，宜耕期长，耕作质量也相应地提高。

胡敏酸是一种暗褐色胶体，其钙盐不仅是水稳性团粒最理想的胶结剂，还能加深土色，深色土壤吸热升温快，在同样日照条件下，其土温较高，从而有利于春播作物的早发速长。总之，增加有机质能够改善各种土壤的通透性、蓄水性和结持性等多种物理性能，协调肥力因素，有利于作物根系的伸展和微生物活动。

（4）增强土壤保肥性与缓冲性 土壤腐殖质疏松多孔，能吸持大量水分，同时，能吸附各种离子态养分，有效地减少速效养分的流失，另外，腐殖质是一种含有许多功能团的弱酸，所以在提高土壤腐殖质含量后，还能增强土壤抵抗酸碱度剧烈变化的缓冲能力。

（5）其他作用 ①土壤有机质不断地供给微生物生活所需要的养分和能量；②腐殖酸在一定浓度下，能促进微生物和植物的生理活性；③腐殖质有助于消除土壤中的农药残毒和重金属的污染，有净化土壤的作用。如腐殖质能够吸收、溶解某些农药，并与某些重金属形成可溶性的络合物，使其溶于水而排出土体，减少对作物的危害和对土壤的污染。

（二）土壤有机质的调节

要发挥有机质培肥土壤的作用，一方面要增加土壤有机质的来源，另一方面必须处理好有机质在土壤中的积累和分解的关系。既要保证土壤基础肥力，不断提高有机质含量，又要调节分解速度，满足植物营养要求。主要措施如下。

1. 坚持给土壤补充新的有机质

增加有机质来源，给土壤补充新的有机质，是培肥土壤提高土壤肥力的关键措施。

（1）大力发展畜牧业　养畜积肥具有农牧相互促进的辩证关系。农业的发展，为畜牧业提供丰富的饲料，促进农业的发展。养畜积肥一般以养猪为主，若以平均每 $667m^2$ 养猪两头，每 $667m^2$ 年积厩肥 $1500kg$ 计，则土壤中增加的有机质干重可达 $500kg$ 以上。在发展养猪的同时，尚应大力发展草食动物，以缓冲饲料问题的矛盾。

（2）种植绿肥　绿肥是一种很好的肥料。不仅可增加与更新土壤有机质的含量，还有生物固氮，富集养分，生物覆盖等独特作用，还可为畜牧业提供优良的饲料。

（3）秸秆还田　秸秆还田是一项迅速提高土壤有机质含量的有效措施。秸秆直接还田不仅节省劳力、运输，而且对促进土壤结构形成，保存氮素，促进难溶性养分的溶解等，比施用腐熟的有机肥有更好的效果。

（4）广开肥源，充分利用各种废液废渣等。

2. 调节土壤有机质的积累与分解

主要是通过耕作，排灌等措施，调节土壤水、气、热状况，控制有机质转化的方向，即矿质化与腐殖化的强度。如耕作能增强土壤的通气性，促进有机质的矿化分解。若减少土壤的搅动，则可增加有机质的累积。

复习思考题

1. 什么是矿物？层状硅酸盐矿物的结构特点及其分类。
2. 土壤质地和结构对土壤水、肥、气、热的状况的影响有哪些？
3. 影响土壤有机质转化的主要因素有哪些？
4. 腐殖质有哪些特性？
5. 影响有机质转化的因素有哪些？
6. 土壤有机质的性质与土壤肥力的关系及有机质的作用？

第二章 土壤的基本性质

土壤的性质可以大致分为物理性质、化学性质及生物性质（主要是指土壤的微生物性质）三个方面。这三类性质往往不是孤立地起作用，而是紧密联系、相互制约地在对作物产生影响。三类性质综合表现为土壤肥力（见图 2-1）。因此，了解土壤的各种性质，把握这些变化规律可以较好地利用和改良种各类土壤。

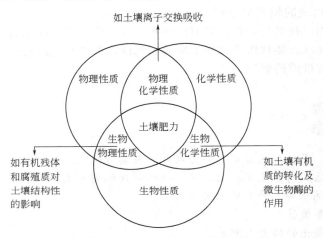

图 2-1　土壤性质与肥力的关系

第一节　土壤的交换吸收性

土壤能吸收和保持分子、离子、气体和悬浮颗粒的能力，称为土壤吸收性能。如：粪尿盖土后，可以减小臭味；混浊水通过土壤渗流出来可以变清；化肥施入土壤后，并不完全随雨水或灌溉水流失；海水通过土壤后会变淡等。这些现象都说明土壤具有吸收某些物质的能力，所以土壤里的养分和施入土壤中的肥料才不至于流失。

一、土壤吸收作用的类型

按土壤吸收作用的类型，将土壤保蓄养分的方式分为五种。

（1）土壤的机械吸收作用　指具有多孔的土壤对进入土体的固体颗粒的机械截留能力。如细土粒、有机残体、粪渣等。各种情况似如过筛，比筛孔大的物质阻留筛子上边。这种作用称土壤作用。土粒越细，排列越紧密，土壤孔隙越细，所以，阻留的能力就越大。

（2）土壤的物理吸收作用（分子吸附作用）　土壤的物理吸收作用是指土壤对分子态养分的吸收能力。例如，圈肥、人粪施到大田与土壤混合后，就闻不到臭味了，这是由于土粒表面吸附了臭味的氨分子，这样可减少氨的挥发损失。土壤中细土粒越多，吸收作用越强。生产上常用细土垫圈，就是运用土壤的物理吸收原理。

（3）化学吸收作用　某些可溶性养分与土壤中一些物质起化学作用，变成难溶性的化合物，被固定和保存在土壤中的过程。如石灰性土壤中施用过磷酸钙后，可形成难溶性磷酸钙，植物不易吸收，而保存在土壤中，一般把这种情况叫磷的化学固定。这种作用降低了磷肥的有效性。

（4）生物吸收作用　植物和微生物根据需要选择性地吸收土壤中养分的过程，称生物吸收作用。

生物吸收的特点是有选择性和创造性，能为土壤富集养分。生物吸收作用是土壤肥力形成和发展的动力，人们常常利用这种作用来改良土壤，养地培肥，如种植绿肥、施用菌肥、轮作倒茬等。

（5）离子的交换吸收作用　离子的交换吸收作用是指土壤溶液中的离子与土壤胶体扩散层的离子进行交换的作用，有阳离子交换与阴离子交换两种作用。因为土壤胶体多带负电，所以主要是阳离子交换作用。例如：土壤中原来吸附钙和钾离子，在土壤中施入硫酸铵肥料后，由于硫酸铵在土壤溶液中解离为铵离子与硫酸根离子。铵离子便与土壤胶体扩散层中的钙离子、钾离子进行交换，反应如下：

$$\boxed{\begin{matrix} K^+ \\ 土壤胶体 \\ K^+ \end{matrix}} Ca^{2+} + 2(NH_4)_2SO_4 \Longleftrightarrow \boxed{\begin{matrix} 2NH_4^+ \\ 土壤胶体 \\ 2NH_4^+ \end{matrix}} + K_2SO_4 + CaSO_4$$

通过交换，铵离子被土壤胶体吸收保存。铵离子从溶液中转移到土壤胶体上，钾、钙离子进入溶液的过程，称为离子交换过程，即土壤的保肥过程。

阳离子交换作用是一种可逆反应，能向着两个方向进行，一般能很快达到平衡。如上式钙与钾离子为铵所交换进入溶液，当溶液中钾离子浓度增大时，钾离子又可重新为胶体吸收，把铵交换回溶液中，供植物吸收利用。

阳离子交换吸收作用是按等价交换进行的，如一个二价的钙离子需两个一价的钾来交换。阳离子交换吸收作用还受质量作用定律所支配。也就是说，对交换能力较弱的阳离子，如果在浓度足够高的情况下，它们也可以把那些交换能力较强的阳离子从土壤胶体表面交换下来。这样，在农业生产实践中，我们就可以通过提高土壤中有益阳离子的浓度来调控土壤阳离子交换的方向，以达到培肥土壤、提高地力的目的。

二、土壤阳离子交换量与盐基饱和度

（一）土壤阳离子交换量

土壤阳离子交换量（CEC）是指每千克土壤胶粒能吸附交换性阳离子的总量。即当土壤在一定 pH 值（为 pH＝7）时，土壤对交换性阳离子的吸收量。单位用 cmol（＋）/kg 表示。

土壤阳离子交换量是土壤中的一个非常重要的性质，它直接反映出土壤的保肥性能、供肥性能和缓冲性能的强弱。一般认为，阳离子交换量在 20cmol（＋）/kg 以上为保肥力强的土壤；20～10cmol（＋）/kg 为保肥力中等的土壤；小于 10cmol（＋）/kg 土壤为保肥力弱的土壤。

土壤阳离子交换量的大小主要受土壤胶体的种类、数量及土壤溶液的 pH 值影响，因为土壤阳离子交换量实际上是土壤所带的负电荷的数量。

（1）胶体的类型　不同类型的土壤胶体所带的负电荷差异很大，含有较多蛭石、蒙脱石或有机质的土壤胶体，其电荷量一般较高，所以 CEC 比较大，而含有较多高岭石和铁铝氧化物的土壤胶体，其电荷量一般比较低，所以 CEC 也就比较小。见表 2-1。

表 2-1　不同土壤胶体的阳离子交换量　　　单位：[cmol（＋）/kg]

胶体种类	蒙脱石	水云母	高岭石	含水氧化铁铝	有机胶体（腐殖质）
CEC	60～100	20～40	3～15	极微	150～500

（2）土壤质地　影响土壤胶体数量的因素主要是土壤质地，质地粗的砂质土壤，胶体数量少，阳离子交换量小，黏质土壤胶体数量多，阳离子交换量大。见表2-2。

表 2-2　不同土壤质地的阳离子交换量　　　　　单位：[cmol（+）/kg]

土壤质地	砂　土	壤　土	黏　土
CEC	1～5	7～18	25～30

（3）土壤溶液 pH 值　土壤所带的电荷有永久电荷和可变电荷之分。可变电荷的产生是由于土壤固相表面从介质中吸附离子或向介质中释放出离子所引起的。它是随土壤 pH 值的变化而变化的。土壤中有机质、铝硅酸盐、铁铝氧化物等表面所带的电荷都是可变电荷。研究发现，同一土壤在碱性条件比在酸性条件下阳离子交换量高。见表2-3。

表 2-3　pH 值对不同类型土壤 CEC（相对值）的影响

pH ＼ 土壤	栗钙土	黑土	灰棕壤	红壤
4.5	100	100	100	100
10～10.9	188	280	480	498

因为在碱性条件，有利于胶体表面氢离子的解离，增加了胶体的负电荷量，从而使阳离子交换量增大。由此可见，提高土壤保肥能力，需要从改良土壤质地，增施有机肥料和调节土壤酸碱度方面着手。

（二）土壤的盐基饱和度

土壤交换性阳离子可分两类：一类是致酸离子，如 H^+ 和 Al^{3+}；一类是盐基离子，如 Ca^{2+}、Mg^{2+}、K^+、Na^+、NH_4^+ 等。当土壤胶体上吸附的交换性阳离子全部是盐基离子时，土壤呈盐基饱和状态，称之为盐基饱和土壤。如果土壤胶体上吸附的交换性阳离子只部分是盐基离子，而其余部分为致酸离子时，该土壤呈盐基不饱和状态，称之为盐基不饱和土壤。盐基饱和土壤呈中性或碱性反应，而盐基不饱和土壤呈酸性反应。土壤的盐基饱和程度通常用盐基饱和度来表示。盐基饱和度就是交换性盐基离子占交换阳离子总量的百分数。即：

$$盐基饱和度（\%）=\frac{交换性盐基离子量}{阳离子交换量}\times100\%$$

从盐基饱和度的定义可以看出，土壤盐基饱和度的高低能够反映出土壤 pH 值的高低。我国南方酸性土壤都是盐基不饱和的土壤，北方中性或碱性土壤的盐基饱和度都在80%以上。很显然，盐基饱和度与 pH 值之间有明显的相关性。盐基淋失，饱和度降低，pH 值也按一定比例降低。在 pH5～6 的暖湿地区，pH 值每变动 0.10，盐基饱和度相应变动5%左右。例设 pH 值为 5.5 时盐基饱和度为 50%，那么在 pH5.0 和 6.0 时，盐基饱和度分别约为 25% 和 75%。

土壤盐基饱和度和交换性离子的有效性密切相关，盐基饱和度越大，养分有效性越高，因此盐基饱和度是判断土壤肥力水平的重要指标之一。

三、阳离子交换吸收的意义

（1）协调土壤的保肥与供肥性　植物吸收利用的速效养分多呈离子态，很易随水流失，由于土壤胶体具有交换吸收的作用，使一些养分能保存在土壤中，这就是土壤的保肥性。由于植物的吸收使溶液中某些可溶性养分减少后，胶体吸附的这些养分离子又可重新被交换转入溶液中供植物利用，这就是土壤的供肥性。土壤的保肥性与供肥性之间有密切的关系，由于土壤保肥方式和养分存在状态不同被作物吸收利用难易也不一样。从保肥和供肥的角度看，可把土壤中养分变化情况归纳三对矛盾关系：一是养分物质的分解释放与化合固定的矛盾；二是土壤胶体对营养物质的解吸供应与吸收保存的矛盾；三是养分的积聚与消耗的矛盾。我们应注意充分供应作物需要的速效养分，也要重视各种养分的平衡与积累，为持续增产打下良好基础。只有保肥性和供肥性协调的土壤，才是营养状况良好的土壤。而土壤胶体上吸附的离子养分可以保存在土壤中，也可被植物利用，既能保肥，又能供肥，很好的协调了土壤的保肥与供肥性。

（2）交换性阳离子组成影响土壤物理性质　交换性钠离子占土壤交换量的 15％ 以上时，则胶体呈分散状态，土壤物理性质明显恶化，结构破坏，通透性不良，湿时泥泞，干时坚硬，耕性差。可施用石膏，通过离子交换作用，使钙离子交换出钠离子，促进土壤胶结，从而改善土壤结构和物理性状。

（3）为科学施肥和改良土壤提供依据　各种土壤的阳离子交换量不同，也就是保肥能力不同。如砂土阳离子交换量小，保肥力差，施肥时要考虑少施、勤施，以免"烧苗"或使养分流失。上述钠质土壤通过施石膏改良，就是利用阳离子交换的原理。

第二节　土壤酸碱性与缓冲性

土壤酸碱性是土壤重要的化学性质，它不仅直接影响作物的生长，而且左右许多土壤中的化学和生物化学变化，特别是与土壤养分释放和有害物质的出现有关。自然条件下土壤酸碱性主要受土壤盐基状况支配，在我国干旱、半干旱的北方地区，土壤多为盐基饱和土壤，并含有一定量的 $CaCO_3$。而在多雨湿润的南方地区，大部分土壤是盐基不饱和土壤，盐基饱和度一般只有 20％～30％。因此，我国土壤的 pH 值由北向南呈现逐渐偏低的趋势。华北地区的碱土 pH 值可高达 10.5，而华南地区的强酸性土的 pH 值可低至 3.6～3.8。

一、土壤酸碱性的概念

土壤中溶解有很多物质，其中有的能产生氢离子（H^+），有的产生氢氧根离子（OH^-）。土壤溶液中 H^+ 浓度大于 OH^- 浓度时，土壤显酸性。OH^- 浓度大于 H^+ 浓度时，土壤显碱性，这种显酸或显碱的性质称土壤酸碱性，通常把土壤酸碱性强弱的程度称为土壤酸碱度。

二、土壤酸性

（一）土壤酸性的产生

（1）生命活动产生的碳酸和有机酸　根系的呼吸作用和微生物代谢活动，能不断产生 CO_2 和 H_2CO_3；有机残体经微生物作用，在其未彻底分解之前，可产生多种有机酸。碳酸和有机酸都可解离出 H^+：

$$H_2CO_3 \rightleftharpoons H^+ + HCO_3^-$$

$$R-\overset{OH}{\underset{O}{C}} \rightleftharpoons R-\overset{O^-}{\underset{O}{C}} + H^+$$

这些 H^+ 是土壤活性酸的来源。

（2）无机酸的作用　土壤中有大量无机酸，如：硝酸、硫酸、磷酸、盐酸等均能解离出氢离子。

（3）土壤胶体吸附性铝离子和活性铝离子的作用

$$\boxed{土壤胶体}\ x Al^{3+} + 3Ca^{2+} \rightleftharpoons \boxed{土壤胶体}\overset{Ca^{2+}}{\underset{Ca^{2+}\ Ca^{2+}}{}}\ (x-2)Al^{3+} + 2Al^{3+}$$

$$Al^{3+} + 3H_2O \rightleftharpoons Al(OH)_3 \downarrow + 3H^+$$

（4）土壤胶体吸附性氢离子的作用

当土壤胶体上的吸附性 H^+ 解吸时，进入土壤溶液中，从而显示其酸性。

$$\boxed{土壤胶体}\; IH^+ \rightleftharpoons \boxed{土壤胶体}\; (I-1)H^+ + H^+$$

当土壤胶体上吸附 H^+ 被其他盐基离子交换时，使 H^+ 进入土壤溶液中，从而显示其酸性。

$$\boxed{土壤胶体}\; IH^+ + NH_4^+ \rightleftharpoons \boxed{土壤胶体}\; \overset{NH_4^+}{(I-1)H^+} + H^+$$

综上所述，土壤溶液中存在的 H^+ 和 Al^{3+} 是土壤产生酸度的本质。

（二）土壤酸度的类型

（1）活性酸度　指土壤溶液中游离 H^+ 所引起的酸度，通常用 pH 值表示。pH 值是指溶液中 H^+ 浓度的负对数。例如，pH 值 5.0 表示每升溶液中含有 10^{-5} mol 的 H^+（即十万分之一摩尔氢离子），而 pH 值 4.0 则为 pH 值 5.0 时 H^+ 浓度的 10 倍。pH 值是土壤酸度的强度指标，对土壤的理化性质、作物的生长发育和微生物的活动等有直接影响，故又称实际酸度或有效酸度。土壤的酸碱度通常分为以下几级（如表 2-4）。

表 2-4　土壤酸碱性的分级

pH	酸碱级别	pH	酸碱级别
<3.5	超强酸性	6.5～7.5	中性
3.5～4.5	强酸性	7.5～8.5	微碱性
4.5～5.5	酸性	8.5～9.5	碱性
5.5～6.5	微酸性	>9.5	强碱性

（2）潜性酸度　指土壤胶体所吸附的致酸离子所造成的酸度，通常用 [cmol（＋）/kg] 表示，这些致酸离子只有在交换到土壤溶液中时，才显示出酸性，故称为潜性酸度。它是土壤酸度的容量指标。

潜性酸度和活性酸度是同一个平衡系统中的两种存在状态，它们同时存在，并互相转化，处于动态平衡。例如：

吸附性 H^+ 和 Al^{3+} $\rightleftharpoons$ 土壤溶液中的 H^+
　（潜性酸度）　　　　　　　　（活性酸度）

三、土壤碱性

（一）土壤碱度的产生

土壤碱性主要来自土壤中存在的大量碱金属和碱土金属。土壤碱度的产生有三个方面原因。

（1）土壤中碱性盐的水解

$$Na_2CO_3 + 2H_2O \rightleftharpoons 2NaOH + H_2CO_3$$
$$NaHCO_3 + H_2O \rightleftharpoons NaOH + H_2CO_3$$
$$CaCO_3 + 2H_2O \rightleftharpoons Ca(OH)_2 + H_2CO_3$$
$$CaCO_3 + CO_2 + H_2O \rightleftharpoons Ca(HCO_3)_2$$

土壤溶液中出现易溶性的碱性盐时，会表现出强碱性，pH>8.5，有的甚至可以高于 9～10，如吉林省通榆的苏打盐碱土，pH 值可达 10 以上。

土壤中的碱性盐若是碱土金属的碳酸盐和重碳酸盐，其溶解度很小，加之土壤中 CO_2 存在，pH 值不会太高，一般在 7.5～8.5。如吉林省双辽的石灰性盐碱地。含此类碳酸盐的土壤称为石灰性土壤。

（2）土壤交换性钠的水解

$$\boxed{土壤胶体}\ Na^+ + H_2O \Longrightarrow \boxed{土壤胶体}\ H^+ + NaOH$$

（3）硫酸钠被还原

$$Na_2SO_4 + 4RCHO \Longrightarrow Na_2S + 4RCOOH$$

$$Na_2S + CaCO_3 \Longrightarrow Na_2CO_3 + CaS \downarrow$$

$$Na_2CO_3 + 2H_2O \Longrightarrow NaOH + H_2CO_3$$

（二）土壤碱化度

土壤溶液中的氢氧根离子浓度大于氢离子浓度时，土壤呈碱性。氢氧根离子主要是土壤中的碳酸钠与碳酸氢钠等盐类的水解以及交换性钠离子水解而产生的。土壤交换性钠是土壤产生碱性的主要根源。通常用 Na^+ 占交换性阳离子总量的百分数来表示土壤碱性程度，常称之为土壤碱化度。一般碱化度 5%～10% 为弱碱化土，10%～20% 为碱化土，>20% 为碱土。土壤碱化度是衡量土壤碱化程度的指标。

影响土壤碱化的自然因素比较多，如土壤的母质、气候、生物、人为施肥管理等因素的影响，其中最主要的是气候因素。碱土分布的地区一般多为干旱、半干旱地区，这些地区的年降水量远远小于蒸发量，蒸发量平均为降水量的 4～5 倍，干旱季节可达 5～10 倍，甚至更高。土壤具有明显的季节性积盐和脱盐频繁交替的特点，是土壤碱化的重要条件。

四、土壤酸碱反应与土壤肥力及植物生长的关系

（一）对土壤物理性质影响

酸性或碱性过强的土壤，结构破坏。酸性过强，土壤铁、铝、氢离子使土壤胶结成大块，坚硬，不易破碎。碱性过强的土壤，钠离子过多，胶体分散，结构破坏，湿时泥泞，干时僵硬，不利于耕作和作物生长发育。

（二）对养分有效性的影响

土壤细菌和放线菌，均适宜于中性和微碱性环境，在此条件下其活动旺盛，土壤过酸过碱都不利于有益微生物的活动。如果土壤pH值不适应其要求，必将降低它们的生物活性，从而降低了养分转化的速率。土壤中氮素主要是有机态的，所以有机质在接近中性的条件下矿化作用最顺利，有效氮增多。土壤中的磷在 pH 值 6.5～7.5 时有效性最高，pH 值低于 6.5 时，土壤中含有较多的铁、铝离子，与磷形成难溶性磷酸铁、磷酸铝，降低磷的有效性。当 pH 在 7.5～8.5 时，磷与土壤中钙离子形成难溶性磷酸钙，有效性降低。pH 值大于 8.5 时，形成可溶性碱金属磷酸盐而有效性增大，但土壤碱性过强不利植物生长。在酸性土壤中，钾、钙、镁被淋洗而缺乏。铁、锰、铜、硼、锌在酸性土壤中有效性高，在碱性土壤中低（见图 2-2）。

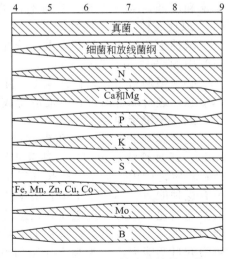

图 2-2　土壤 pH 与养分有效性和微生物活性的关系（引自 N.C. Brady）

（三）对植物生长的影响

不同的作物适应酸碱的能力差异很大，多数作物适宜中性至微酸微碱性的土壤，有些作物对酸碱反应很敏感，如甜菜、紫花苜蓿等，要求中性、微碱性的土壤，对酸性土壤不太适应；茶树、杜鹃、石松、铁芒箕等则喜酸性土壤，对中性以上的土壤不适应。有些作物对酸碱条件适应的

能力很强，如荞麦、黑麦、芝麻等，在很宽的 pH 值范围内都能生长良好（见表 2-5）。

表 2-5　主要栽培植物适宜的 pH 值范围

大田作物		园艺作物	
名称	pH	名称	pH
水稻	6.0～7.0	花生	5.0～7.0
小麦	6.0～7.0	油菜	6.0～8.0
玉米	6.0～7.0	豌豆	6.0～8.0
大豆	6.0～7.0	甘蓝	6.0～7.0
马铃薯	4.8～5.4	胡萝卜	5.3～6.0
向日葵	6.0～8.0	番茄	6.0～7.0
甜菜	6.0～8.0	西瓜	6.0～7.0
甘薯	5.0～6.0	南瓜	6.0～8.0
紫苜蓿	7.0～8.0	菊花	5.5～7.5

至于土壤酸碱状况是如何作用于作物的，目前了解不多，可能与 pH 影响根系细胞膜的稳定性及其生理功能有关。

植物适宜生长的土壤 pH 值范围，还因品种和栽培技术而变化，有的作物对较广的 pH 值范围有一定的适应性，如水稻，只要采取适当的耕作施肥和灌排措施，在强酸性和强碱性土壤上均可以生长，并能获得较好产量。

（四）土壤酸碱性的改良和利用

对过酸或过碱不宜于作物生长的土壤，可采用相应的农业技术措施加以调节，使其适宜于作物高产的要求。

（1）因土选种适宜的作物　多数作物对酸碱性的适应能力较强，适宜的 pH 范围也宽。所以，酸性和碱性不强的土壤，如北方大面积的石灰性土壤等，一般不需先治理再利用，只要根据土壤和作物的特性，因地种植即可。

（2）酸碱性土壤的化学改良　酸性土壤主要问题是土壤胶体上吸附的致酸离子过多，盐基饱和度低，从而带来一系列不良的理化性质。为了治"酸"，通常施用石灰质肥料，以 Ca^{2+} 取代胶体上的交换性 H^+、Al^{3+}，减少潜性酸，提高盐基饱和度。

碱性土壤的主要问题是土壤胶体上吸附的 Na^+，施用石膏，可以改良强碱性土壤。用石膏中的 Ca^{2+} 取代胶体上的 Na^+，产生的易溶性钠盐可随水排出土体，从而降低 pH 值。

必须强调指出，改良盐碱土，除采用一些化学改良措施外，更主要的是采取多种农业技术措施，进行综合治理，方能取得成效。

五、土壤缓冲性

土壤具有抵抗外来物质引起酸碱反应剧烈变化的性能，称为土壤缓冲性（soil buffering）。缓冲性能是土壤的一种重要性质。它可以稳定土壤溶液的反应，使酸碱度的变化保持在一定范围内。为植物生长和微生物的活动创造一个稳定良好的土壤环境条件。如果土壤没有这种能力，那么微生物和根系的呼吸、肥料的加入、有机质的分解等都将引起土壤反应的激烈变化，同时又造成养分状态的变化，影响养分的有效性，作物将难以适应。土壤缓冲能力大小与土壤有机质含量及土壤质地有关。高产肥沃土壤有机质多，缓冲性能较强，具有较强的自调能力，能为高产作物协调土壤环境条件，抵制不利因素的发展。所谓肥土"饿得、饱得"，能自调土温，自调反应，其机理之一就是因为土壤缓冲性较强。而有机质贫乏的砂土，缓冲性很小，自动调节能力低，"饿不得、饱不得"，经不起温度和反应条件的变化。质地由粗变细，胶体物质增多，阳离子交换量增大，缓冲能力增强。土壤缓冲性不只是局限于对酸碱变化的一种抵御能力。可以看作一个能表征土壤质量及土壤肥力的指标。土壤缓冲性产生的主要途径有以下三种。

（1）土壤胶粒上有交换性阳离子的存在　这是土壤产生缓冲作用的主要原因，它是通过胶粒的阳离子交换作用来实现的，当土壤溶液中 H^+ 增加时，胶体表面的交换性盐基离子与溶液中的 H^+ 交换，使土壤溶液的 H^+ 的浓度基本上无变化或变化很小。

如土壤溶液中加入 NaOH，解离产生 Na^+ 和 OH^-，由于 Na^+ 与胶体上交换性 H^+ 交换，H^+ 转入溶液中，立即同 OH^- 生成极难解离的 H_2O，溶液的 pH 值变化极微。

$$土壤胶体\genfrac{}{}{0pt}{}{Ca^{2+}}{K^+}+HCl \rightleftharpoons 土壤胶体\genfrac{}{}{0pt}{}{Ca^{2+}}{H^+}+KCl$$

$$土壤胶体\genfrac{}{}{0pt}{}{K^+}{\genfrac{}{}{0pt}{}{Ca^{2+}}{H^+}}+NaOH \rightleftharpoons 土壤胶体\genfrac{}{}{0pt}{}{K^+}{\genfrac{}{}{0pt}{}{Ca^{2+}}{Na^+}}+H_2O$$

（2）土壤溶液中的弱酸及其盐类的存在　土壤溶液中含有碳酸、硅酸、磷酸、腐殖酸以及其他有机酸及其盐类构成一个良好的缓冲体系，故对酸碱具有缓冲作用。

$$H_2CO_3+Ca(OH)_2 \rightleftharpoons Ca_2CO_3+2H_2O$$

$$Na_2CO_3+2HCl \rightleftharpoons H_2CO_3+2NaCl$$

（3）土壤中两性物质的存在

$$R-\underset{\underset{NH_2}{|}}{CH}-COOH + HCl \rightleftharpoons R-\underset{\underset{NH_3Cl}{|}}{CH}-COOH$$

$$R-\underset{\underset{NH_2}{|}}{CH}-COOH + NaOH \rightleftharpoons R-\underset{\underset{NH_2}{|}}{CH}-COONa + H_2O$$

第三节　土壤孔隙性

植物生长在土壤中，靠它的根系从土壤中吸取营养和热量。因此，首先应使根系易于扎根土中，并伸展良好，然后才能充分吸收营养和利用热量。根只能在孔隙中沿土粒表面伸展，而不能扎入土粒内部。由此可见，土粒的组成只是关系到土壤中养分的含量和某些化学性质，而土壤的孔隙状况却影响着土壤对植物提供水、空气、热量以及扎根的难易。

一、土壤孔隙及孔性的概念

（1）土壤孔隙　土粒之间相互连通、大小不等、形状各异的孔洞即为土壤孔隙。土壤孔隙是水分和空气贮存的空间，大的可通气，小的可蓄水。它也是根系、微生物活动的场所。

（2）土壤孔性　是指土壤孔隙的多少、大小（即类型）和比例，也常称土壤孔隙状况。孔隙的多少决定着土壤液、气两相的总量，孔隙的大小和比例关系着液、气两相的比例和质量，反映土壤协调水分和空气条件的能力，进而影响到土壤吸热、导热和土温的升降等。

二、土粒密度、土壤容重和孔度

（1）土粒密度　单位体积固体土粒的质量，叫做土粒密度，单位 g/cm^3。土壤颗粒包括组成土壤的矿物质和腐殖质。矿物质的密度平均为 $2.6\sim2.7g/cm^3$，腐殖质的密度是 $1.4\sim1.8g/cm^3$。因一般土壤中腐殖质的含量都少，所以土壤密度主要由土壤中的矿物质决定。故土粒密度值一般定为 $2.65g/cm^3$。

（2）土壤容重　单位体积原状土壤的干土质量，称为土壤容重（soil bulk density），单位是 g/cm^3 或 t/m^3。土壤容重值恒小于其密度值。

土壤容重大体在 $1.00\sim1.80g/cm^3$ 之间，其数值的大小主要决定于土壤质地、腐殖质含量、结构和松紧情况。砂土的孔隙粗大，但总的孔隙体积较小，容重较大；黏土的孔隙细小，但总的孔隙体积较大，故容重较小；壤土的情况，介于两者之间。一般砂土的容重为 $1.2\sim1.8g/cm^3$，黏土的容重为 $1.0\sim1.5g/cm^3$。腐殖质含量愈多的土壤，容重愈小。对于质地相同的土壤来说，形成团粒结构的土壤，容重小；无团粒结构的土壤，容重大。耕作后，土壤疏松，容重变小。随着时间的延长，土壤受重力作用，容重增大。降雨和灌水使土壤沉实，土粒紧密接触，容重增大。此外，土壤容重与土壤层次有关，耕层容重在 $1.10\sim1.30g/cm^3$，能适应多种作物的要求，土层愈深则容重愈大，可达 $1.40\sim1.60g/cm^3$。水稻土浸水耕作后，浸水容重常小于 $1.0g/cm^3$。

（3）土壤孔度 单位体积自然状态的土壤中，所有孔隙体积占土壤总体积的百分数，称为土壤孔度。它是土壤孔隙的数量标度，它表示的是土壤中各种孔隙的总量，因此，又称总孔度。其计算公式如下：

$$土壤孔度（\%）=\left(1-\frac{土壤容重}{土壤密度}\right)\times100$$

由上式可见，土壤孔度与容重呈反比关系。容重越小则孔度越大，反之，容重越大则孔度越小。一般土壤孔度的变动多在 $30\%\sim60\%$ 之间，适宜的土壤孔度为 $50\%\sim60\%$。

三、土壤容重的用途

（一）判断土壤松紧度

土壤容重小，说明土壤疏松多孔；反之，土壤紧实板结。土壤松紧直接影响土壤肥力状况和植物生长发育。容重过小、过松的土壤，大孔隙占优势，虽易耕作，但根系扎不牢，保水能力差，易漏风跑墒。反之，土壤容重过大，土壤过于紧实，小孔隙多，通气透水性差，难耕作，影响种子出土和植物正常生长发育（见表 2-6）。

表 2-6 容重与土壤松紧度及孔隙度的关系

松紧程度　　　　　项　目	容重/（g/cm³）	孔隙度/%
最松	<1.00	>60
松	1.00～1.14	60～56
适合	1.14～1.26	56～52
稍紧	1.26～1.30	52～50
紧	>1.30	<50

由于各种植物根系的穿透力不同，对土壤容重有不同的要求。大豆是双子叶植物，幼苗顶土力弱，要求容重小和疏松的土壤条件，才能出好苗。如轻壤土，其容重 $1.0\sim1.2g/cm^3$ 时，大豆出苗较好，$1.3g/cm^3$ 时就差，大于 $1.3g/cm^3$ 时则出苗困难。小麦的根细长，芽鞘穿透力较强，较耐紧实土壤。容重在 $1.0\sim1.3g/cm^3$ 时出苗合适，若为 $1.5g/cm^3$，虽能生长，但速度下降。甘薯、马铃薯等在紧实土壤中根系不易下扎，块根、块茎不易膨大，故在紧实黏土上，产量低而品质差。

不同土壤由于孔隙类型不同，植物对容重的要求不一样。如粗砂土，容重达 $1.8g/cm^3$，根系还可生长。而壤土类，容重在 $1.7\sim1.8g/cm^3$，根系就很难下扎。黏土在 $1.6g/cm^3$ 时，就不能出苗扎根。

（二）计算土壤质量

用土壤容重可计算每 $667m^2$ 耕层土壤的重量或一定体积土壤需挖土或填土的方数。

土壤质量（kg）＝面积（m²）×厚度（m）×容重（t/m³）×1000

式中，1000 为 t 换算成 kg 的系数。

（三）计算土壤各组分的数量

根据土壤容重，可以把土壤水分、养分、有机质和盐分等的含量，换算成一定面积和深度内土壤中的贮量，作为施肥灌水的依据。

如上述土壤耕层中碱解氮含量为 100mg/kg，则 667m² 耕层土壤碱解氮总质量为：
$$150000(kg) \times 100(mg/kg) \times 1/1000000 = 15 \ (kg)$$

（四）计算土壤孔度

如上述土壤耕层的孔度为：$(1-1.18/2.65) \times 100 = 55.01\%$。

四、土壤孔隙类型

土壤孔隙度只能说明某种土壤孔隙的数量，不能说明土壤孔隙的性质。因此，还要根据土壤孔隙的粗细分类。土壤孔隙分为两类：

（1）通气孔隙　指孔隙直径在 0.02mm 以上的大孔隙。这类孔隙平时不能持水而经常充满空气，并成为通气、透水的过道，所以叫做通气孔隙，也叫大孔隙。

通气孔隙的多少直接影响土壤通气能力和排水性能。通气孔隙的数量以通气孔度表示。土壤中所有通气孔隙的容积占土壤总容积的百分数，称为通气孔度。

（2）毛管孔隙　土壤中能够通过毛管力保持水分的孔隙，称毛管孔隙，也叫小孔隙。孔隙直径在 0.02～0.002mm 之间。水分不仅能借助于毛管作用保持在其中，并能靠毛管引力向上下左右各个方向移动，供给植物吸收利用，因此毛管孔隙中的水都是有效水。毛管孔隙的多少决定土壤有效水含量的大小。

土壤中毛管孔隙的数量，用毛管孔度来表示。毛管孔度是指土壤中毛管孔隙的容积占土壤总容积的百分数。通常把在田间持水量条件下，被毛管悬着水和束缚水所占据的孔隙，叫毛管孔隙，而这时未充水的大孔隙则是通气孔隙。

毛管孔度（%）＝田间持水量（质量%）×容重

土壤孔度（%）＝毛管孔度（%）＋通气孔度（%）

五、影响土壤孔隙状况的因素

（1）质地的影响　砂质土壤总给人以"多孔"的印象，实际上其总孔度比壤土、黏土都低得多，砂土 30%～40%，壤土 45%～52%，黏土 45%～60%。黏土以小孔隙为主，所以给人以"少孔"的感觉。土粒越细，孔隙越小，但孔隙总数目多，孔度大；反之，土粒越粗，孔隙越大，但孔隙总数目少，孔度小。壤土各类型孔隙比例较适宜。

（2）土壤结构的影响　具有良好团聚体的土壤，不仅疏松多孔，而且各类型孔隙比例适当。片状、块状、柱状结构均能降低土壤孔度，通气孔隙是主要降低对象。

（3）有机质的影响　土壤有机质自身是疏松多孔体，又可形成土壤团聚体的胶结剂，促进良好的土壤结构形成。有机质丰富的土壤，总孔隙度大，各类型孔隙协调。

六、土壤孔性的生产意义

（1）土壤孔性与土壤肥力　土壤孔性决定土壤的通气性、保水性和透气性，是土壤重要的物理性质之一。一个肥沃的土壤，不仅要有足够的孔隙数量，更重要的是大小孔隙搭配和分布也要适宜，使土壤既能通气透水，又能蓄水保水，土壤水、气、热状况的协调性才好。

适宜作物生长发育的土壤孔度指标，因作物种类、种植制度、土壤类型和土壤所处的地形部分而异。例如，水田耕层土壤总孔度要在 50%～60% 之间，其中通气孔度要在 8%～10% 以上。旱地要求孔度在 55% 左右，通气孔度与毛管孔度的比值是 1∶2～1∶4。此外，孔隙在土体的垂直分布，要求在 0～5cm 耕层内总孔度为 55% 左右，通气孔度在 15%～20% 上下，而下部的总孔度为 50%，通气孔度为 10% 左右。这样"上虚"有利于通气透水和种子发芽破土；而下实则有利于保水、扎稳根系及微生物活动和养分转化。对山地土壤应特别注重提高其表土的通气孔度，以增加透水性，减少径流和水土流失。

（2）土壤孔性与作物生长　不同作物对土壤孔隙条件有不同的要求。粮食作物适宜的土壤容重为 $1.10～1.30g/cm^3$，过紧出苗迟且晚熟。玉米、小麦、谷子等单子叶作物，幼芽顶土力和根系穿透力较强，土壤可紧实些。但土壤容重达到 $1.50g/cm^3$ 以上不能出苗。豆类等双子叶作物及多数蔬菜作物，要求较为疏松的土壤。一般以 $1.1\sim1.24g/cm^3$ 为宜。

（3）土壤孔隙状况的调节　土壤孔隙状况直接影响土壤松紧度。土壤紧实度不同，土壤水、肥、气、热状况就不一样，从而影响作物生长。创造一个松紧适宜的土壤环境，对种子出苗、扎根生长都有非常重要的现实意义。

土壤孔隙状况受土壤质地、结构、松紧度、有机质含量及降雨、灌水、人为耕作等影响。因此，改变这些因素就可以调节土壤的孔隙状况。

① 合理耕作，创造良好的耕层构造　土壤过松、过紧，都不利于作物生长。对过于紧实的（容重＞$1.30g/cm^3$）土壤，通常是采用适时的深耕结合施用有机肥料，创造一个上松下实的耕层构造；对于过松（容重＜$1.00g/cm^3$）的耕层土壤，一般是先耙地，粉碎坷垃，沉实土壤，减少大孔隙，并视情况采用镇压措施，使之达到适宜的松紧范围（$1.10\sim1.30g/cm^3$）。

② 增施有机肥　可以增加有机质含量，改善土壤结构，降低土壤容重，增加孔隙度。据黑龙江省农科院试验，$667m^2$ 施 1.25 万千克泥炭土培肥黑土，与不施的对照，经两年后测定，对照容重 $1.26g/cm^3$，施泥炭培肥的容重 $1.11g/cm^3$，降低 $0.15g/cm^3$，总孔度增加 4.6%，水稳性团粒比对照增加了 19.5%。

③ 改良土壤质地　黏土以小孔隙为主，孔度一般为 40%～60%；砂土以大孔隙为主，中砂和细砂土孔度为 40%～45%；粗砂 33%～35%；壤土的孔隙一般为 45%～52%；大小比例适当（植物要求适宜的大小孔隙比约为 1∶2～1∶3），有较多毛管孔隙，水气协调。因此，掺砂掺黏改良土壤质地亦可调节土壤孔隙。

第四节　土壤结构性

土壤中大小不同的固体颗粒并不是单独存在的，通常是多个土粒相互团聚在一起，形成大小不同、外形不一的土壤团聚体，称为土壤结构体。土壤结构性是指土壤结构体的种类、数量及其在土壤中的排列方式等。它是土壤的重要物理性质。

自然界中土壤颗粒很少呈单粒存在。一般土粒团聚形成大小、形状不同的团聚体，称为土壤结构（或结构体）。土壤结构性是指土壤中结构体的形状、大小、排列和相应的孔隙状况等综合性状。土壤结构性影响土壤孔隙性，从而影响土壤水、肥、气、热状况，影响土壤耕作和植物幼苗出土、扎根等。

一、土壤结构的类型

依据土壤结构体的长、宽、高三轴的发育情况可分成三大类，即三轴近似等长的立方体结构、沿高度发展的柱状结构和沿水平轴方向发展的片状结构。根据这三大类结构的大小、紧实度及棱角的有无可进一步分类（图 2-3）。

（1）块状和核状结构　这两种结构近似立方体。块状结构一般较疏松，且结构体也较大；而核状结构一般非常紧实。通常块状结构＞3cm。这两种结构体一般发生于质地黏重且缺乏有机质的心土层中。具有块状结构的土壤，其调节水、气、热、肥的能力和耕性都差，但核状结构较小，一般优于块状结构。

（2）团粒结构　团粒近似球形，疏松多孔的小团聚体，其直径约为 0.25～10mm。粒径 0.25mm 以下的称为

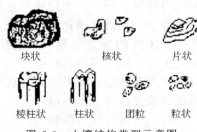

图 2-3　土壤结构类型示意图

微团粒，它是一种农业土壤中优良的土壤结构。根据团粒结构经水浸泡后的稳定程度分为水稳性团粒结构和非水稳性团粒结构。经水浸泡较长时间不散的叫水稳性团粒结构。经水浸泡后立即松散的叫非稳性团粒结构。我国东北地区的黑土含有大量优质的水稳性团粒结构，粒径＞0.25mm的水稳性团粒结构可高达80％以上。而我国绝大多数的旱地土壤耕作层则多为水稳性的团粒结构。即使肥沃的潮土中，耕层内0.25～5mm的水稳性团粒结构也仅占10％左右，有的土壤只有2％～3％。

（3）柱状或棱柱状结构　它们两者都是纵向发展的土壤结构体，但棱柱状结构的边角明显，棱角和棱面突出。这两种结构体在质地黏重且缺乏有机质的心土层中较多。由于它们一般比较大，并不是农业土壤的一种理想结构。

（4）片状结构　形状扁平如薄片状的土壤结构体，是由于不同的沉积作用或机械压力所引起的。该结构的特点是水平裂隙明显，垂直裂隙不发达，故具有这种结构的土壤通气透水性差。如果此层出现在犁底层中，却有利于保水保肥；如位于土壤表层，易形成结皮，播种后种子不易萌发。

二、团粒结构的优越性

（1）具有多级孔性　由单粒到微团粒，再由微团粒胶结成较大的团粒的过程，使土壤形成了不仅孔隙度高，而且具有大小孔隙比例适当的孔隙性，为优化肥力功能奠定了基础。

（2）能协调水分和空气的矛盾　团粒内部的毛管孔保持水分的能力强，起着"小水库"的作用，团粒之间的大孔隙是良好的通气透水的通道。水分、空气在土壤孔隙中可各得其所，从而协调了水、气矛盾。

（3）能协调保肥与供肥性能　团粒之间氧气充足，好气微生物的活动，有利于养分的贮藏和积累，起着"小肥料库"的作用。

（4）具有良好的物理性和耕性　由于水气协调，土壤温度变化较小，土温稳定。又由于团粒之间接触面较小，黏结性较弱，耕作阻力小，宜耕期长，耕作质量好。土壤疏松，根系穿插容易。

总之，由于孔隙状况适宜导致土壤肥力因素协调，团粒结构可谓土壤水、肥、气、热的"调节器"。

三、创造良好结构的措施

（1）深耕结合施用有机肥　深耕使土体破裂松散，最后变成小土团。但是，深耕不能创造稳固的良好结构。因此，必须结合分层施用有机肥料，增加土壤中的胶结物，并使土肥相融，形成稳固的良好结构。

（2）合理耕作　耕、锄、耙、耱、压等耕作措施运用适时适当，都有助于土壤团粒结构的形成。如，秋翻春耙，雨后中耕，旱季镇压等对创造良好土壤结构都是行之有效的方法。但进行不当，如在土壤过湿或过干耕作以及过分频繁镇压和耙耱，必然使土壤结构破坏。

（3）合理轮作　因为不同的植物本身及其管理措施对土壤的影响差异很大。如块根、块茎植物在土中膨大，使团粒结构机械破坏。而密植的植物因耕作次数少，覆盖度大，能防止地表风吹雨打，表土较湿润，而根系的分割和挤压作用，有利团粒结构的形成。如玉米由于中耕次数较多，使土壤结构易破坏。因此，进行合理轮作倒茬，能恢复和创造良好的土壤结构。另外，在轮作中加入一年生或多年生绿肥作物，对创造土壤良好结构有更重要的作用。

（4）施用土壤结构改良剂　用人工合成的胶结物质来改良土壤结构，这种物质叫土壤结构改良剂或土壤团粒促进剂。土壤结构改良剂既有天然物质，如腐殖酸、泥炭、沥青等，又有人工合成的物质，如非离子型聚乙烯醇（PVA）、聚阴离子型聚乙烯醋酸盐（PVAc）、聚丙烯酸（PAA）、聚阳离子型的二甲胺乙基丙烯酸盐（DAEMA）等。

第五节 土壤耕性

土壤耕性泛指耕作时土壤所表现出来的特性。它的好坏可以反映土壤的熟化程度，直接关系到能否给植物创造一个合适的土壤环境和提高劳动效率。

一、衡量土壤耕性好坏的指标

（1）耕作的难易程度　耕作时土壤对农机具产生的阻力大小不同，可决定人力、畜力和动力的消耗，影响劳动效率。耕作时土壤对农机具阻力小为耕性好，反之则差。

（2）耕作质量的好坏　耕性良好的土壤，耕作时阻力小，耕后疏松、细碎、平整，有利于作物的出苗和根系的发育；耕性不良的土壤，耕作费力，耕后起大坷垃，会影响播种质量、种子发芽和根系生长。

（3）宜耕期的长短　即适宜耕作时间的长短。雨后或浇水后，供选择的适宜耕作时间较长为好。如砂性土宜耕期长，表现为"干好耕，湿好耕，不干不湿更好耕"；黏质土相反，宜耕期很短，表现为"早上软，晌午硬，到了下午锄不动"。错过宜耕期，耕作费力，质量不好。

二、土壤耕性与土壤结持性的关系

土壤结持性即土壤不同含水量条件下所表现的不同物理性质。包括黏结性、黏着性、可塑性、胀缩性等，均与耕作密切相关。

（1）黏结性　是指土粒与土粒通过各种引力相互黏结在一起的性质。即干燥状态下土粒本身的相互吸引和湿润状态下土粒—水膜—土粒之间的黏结。这种性质使土壤具有抵抗外力不被破碎的能力，是产生耕作阻力的重要原因之一。

（2）黏着性　是指在一定的含水量时土粒黏附于外物（农具）的性质。这种黏着力实际上是土粒—水膜—外物之间的相互吸附而产生的。它与黏结性相比，对水分的要求较高。即无水或少水时，无黏着性；只有当土粒表面的水膜增厚到一定程度时，才开始表现出黏着性（此时的土壤含水量为黏着点）；水分继续增加，黏着性也相应增强，水分达到田间持水量左右时，黏着性最强；水分再增多，黏着性又逐渐减弱；水分多到使土壤成流体时，黏着性几乎完全消失。黏着性也是增加耕作阻力，影响耕作质量的原因之一。

（3）可塑性　是指土壤在一定含水量范围内，可在外力作用下变形，而在外力消失后仍能保持其形状的性能，称为土壤可塑性。土壤过干或过湿都不表现可塑性。土壤开始出现可塑性时的含水量，称为可塑下限。随着水分的增加，可塑性由弱变强，再由强变弱，直至消失。可塑性开始消失时的土壤含水量，称为可塑上限。可塑上限和可塑下限之间的水分范围，称为塑性范围（塑性值）。塑性范围越大，表明土壤的可塑性越强。在土壤含水量达到塑性范围的黏性土上耕作，大土块很难散碎，耕作质量差。

（4）胀缩性　土壤在其含水量发生变化时体积的变化称为土壤胀缩性。一般指土壤在干时收缩，湿时膨胀的性质。胀缩性强的土壤，吸水膨胀时土壤紧实难以透水通气，干燥时土体收缩导致龟裂，会扯断作物根系，透风散墒，作物易受冻害。

三、影响土壤耕性的因素

土壤结持性的强弱受土壤质地、结构、有机质含量及水分含量等因素影响，而这些因素又会影响土壤耕性。现分述如下。

（1）土壤质地　黏质土壤比表面积大，土粒间分子引力大，黏结性、黏着性、可塑性强。因而质地黏重土壤耕作阻力大，耕作质量差，宜耕期短。反之，砂质土壤土粒比表面积小，粒间分子引力小，黏结性、黏着性、可塑性弱，易耕作，宜耕期长。

（2）有机质含量　腐殖质分子为疏松的网络构造，黏结性、黏着性、可塑性比黏质土壤弱，比砂质土壤强。因此，腐殖质可改善黏质土壤的耕性，又可促进砂质土壤的团聚能力，提高耕作质量。

（3）土壤结构　团粒结构土壤疏松多孔，易耕易种，耕性良好。块状、片状及柱状等不良结构土壤，土质黏重，有机质缺乏，耕性差。

（4）土壤水分含量　土壤物理机械性的强弱受土壤水分含量的影响。土壤含水分很少时，黏结性、可塑性出现，并逐渐增强，以后又减小。所以，旱地土壤在适宜的含水范围内耕作，才能既有活力，又能保证耕作质量。这个适宜含水范围称为宜耕期。旱耕时宜耕期的含水量掌握在下塑限附近进行，稻田淹水耕作应在上塑限以上进行（见表2-7）。

表 2-7　耕性与土壤水分状况的关系

水分等级	干	润	潮	湿	多水
墒情等级	干土	灰墒	黄墒	黑墒	汪水
土壤状况	坚硬	酥软	可塑	黏墒	散
黏结性	强	弱	小	极小	消失
黏着性	无	无	弱	强	消失
可塑性	无	无	有、近下限	有、近上限	消失
耕作阻力	大	小	大	大	小
耕作质量	成硬土块,不散碎	易散碎成小土团	不散碎成大土块	不散碎成大土块	浓泥浆或稀泥浆
宜耕性	不宜	宜旱耕	不宜	不宜	宜水耕

四、宜耕期的选择

土壤的宜耕期主要决定于土壤含水量。只要选择在适当水分含量时耕作，耕性差的土壤也可获得较好的耕作质量。我国农民选择宜耕的方法是：一是看土色，验墒情。雨后或灌水后，地表呈"喜鹊斑"状态，外表白（干），里面暗（湿），外黄里黑，相当于黄墒至黑墒的水分，半干半湿、水分相当。二是用手抓起二指宽表土，松捏手中能成团，但不黏手心，不成土饼，呈松软状态。松开土团自由落地，能散开即为宜耕期。三是试耕，不黏农具，土垡可被犁壁翻土板抛散，能形成团粒更好。

五、少耕和免耕

少耕是指对土壤的耕翻次数或强度比常规耕翻要少的土壤耕翻方式，而免耕是指基本上不对土壤进行耕翻，而直接播种作物的一种土壤利用方式。少耕和免耕合称为少免耕，也有叫做保护性耕作，是近年来国内外发展较快的一种土壤耕作方式。

少耕免耕的主要优点有：改善了表土的结构，促进了水分的下渗，减少了水土流失，降低了由于表土蒸发导致的水分消耗量，减少了能源使用量，在冬季可使表土温度下降速率减慢，而夏季减慢了土温上升速率，表土有机质含量提高。但免耕也有杂草不易控制、作物病害比常规土壤严重。少耕和免耕是未来土壤耕作的发展方向，特别在降低农业生产成本，提高我国农业生产效率，减少水土流失等方面，具有其他耕作方式不可替代的作用。

第六节　土壤胶体

土壤胶体是土壤中最活跃的部分，它与土壤吸收性能有着密切的关系，对土壤养分的保持和供应以及土壤理化性质都有很大的影响。

一、土壤胶体的种类

土壤胶体是指土壤中最细微的颗粒，胶体颗粒的直径一般在 $1\sim100nm$（至少在长、宽和高三者中有一个方向在此范围内）。实际上土壤中有效粒径小于 $1000nm$ 的黏粒就呈现明显的胶体性质。所以，土壤学中把全部黏粒都归之为胶体颗粒。

土壤胶体按其成分和来源可分为无机胶体、有机胶体和有机无机复合胶体。

（1）无机胶体　无机胶体是土壤中黏粒部分，包括成分简单的硅、铁、铝的氧化物及其水化物和成分复杂的铝硅酸盐。

（2）有机胶体　主要是腐殖质，还有少量的木质素、蛋白质、纤维素等。它们不如无机胶体稳定，较易被微生物分解。

（3）有机无机复合胶体　在土壤的形成过程中，有机胶体一般很少单独存在，绝大部分与无机胶体紧密结合形成各种类型的有机无机复合胶体。其结合形式多数是通过二、三价阳离子（如 Ca^{2+}、Mg^{2+}、Fe^{3+}、Al^{3+} 等）或功能团（如 $-NH_2$、$-COOH$、$-OH$ 等）将带负电荷的无机胶体和有机胶体连结成复合胶体。

土壤肥力的特点不仅在于土壤具有供应水、肥的能力，更重要的是协调这些能力，满足作物生长所需的水分、养分等生活条件，让作物"吃得饱，喝得足，站得稳，住得舒服"。要能达到这样的要求，良好的土壤结构是一重要前提；而有机无机复合胶体则是形成土壤良好结构的重要物质基础。

二、土壤胶体的构造

土壤胶体颗粒又叫胶胞或胶团，它的构造大体分为以下几个部分（图 2-4）。

1. 胶核

这是胶体的固体部分，由铝硅酸盐、二氧化硅、氧化铝、腐殖质或蛋白质等分子组成。

2. 双电层

（1）决定电位离子层（内离子层）　这是胶核表面带电荷的部分。所带电荷的符号视胶核的组成和所处条件而定，如胶核由铝硅酸盐或腐殖质分子构成，一般带负电荷，而铁、铝氢氧化物的胶体，在强酸性土壤中则带正电荷。

（2）补偿离子层（外离子层）　凭借内离子层所带电荷的静电引力，吸附土壤溶液中与其相反电荷的离子，形成补偿离子层。又可分为两个部分。

① 非活性离子层　这是紧贴着内离子层的一部分补偿离子。这部分离子由于受静电引力强，往往被牢固地吸附在胶核周围而很难自由活动。

② 扩散层　这是土壤胶体最外面较为自由活动的离子层。该层离子虽不能摆脱内离子层电性引力而远去，但易与土壤溶液中同号电荷的离子进行交换。

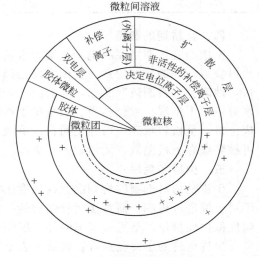

图 2-4　胶体微粒构造示意图

三、土壤胶体特性

（一）具有巨大的比表面积和表面能

比表面积是指单位质量或单位体积物体的总表面积（cm^2/g）。

从表 2-8 可看出，砂粒和粗粉粒的比表面积同黏粒相比是很小的，可以忽略不计，因而大多数土壤的比表面积主要决定于黏粒部分。实际上，土粒的形状各不相同，都不是光滑的球体，故表面积要比光滑的球体大得多，且比表面积更大。另外，土壤腐殖质的比表面积更大，可高达$1000m^2/g$。因土壤胶体有巨大的比表面积，会产生巨大的表面能，这是由于物体表面分子所处的条件特殊引起的。

表 2-8 各级球状土粒的比表面积

颗粒名称	土粒直径/mm	比表面积/(cm^2/g)
粗砂粒	1	22.6
中砂粒	0.5	45.2
细砂粒	0.25	90.4
粗粉粒	0.05	452
中粉粒	0.01	2264
细粉粒	0.005	4528
粗黏粒	0.001(1000nm)	22641
细黏粒	0.0005(500nm)	45283
胶粒	0.00005(50nm)	452830($45.283m^2/g$)

这种能量产生于物体表面，故称为表面能。这些能量可做功，能吸附外界分子。胶体数量越多，比表面积越大，表面能也越大，吸附能力也就越强。

（二）带有电荷

土壤胶体溶液中的每个胶粒均带有电荷。带负电荷的称为阴性胶体；带正电荷的称为阳性胶体。实际上，在一定的土壤环境下，由于土壤胶体的等电点各不相同，有的胶体带正电，有的带负电，其电荷数量也随 pH 改变而变化。土壤胶体的正负电荷代数和，称为土壤净电荷。由于土壤的负电荷一般都多于正电荷，除少数土壤在极强酸性条件下可能出现净正电荷外，绝大多数土壤都带净负电荷。其电荷量有机胶体多于无机胶体。这是土壤具有吸收性能的基础，对土壤的保肥性、供肥性和物理性质都有密切关系。

（三）分散性和凝聚性

土壤胶体有两种状态。一种是溶胶，即溶液状态的胶体，胶粒互相排斥均匀散布在溶液里；另一种是凝胶，即土壤胶粒互相凝聚，彼此联结呈絮状无定型沉淀状态。土壤胶体溶液受某些因素影响由溶胶变成凝胶，称为凝聚性。反之，凝胶分散成溶胶叫做胶体的分散性。土壤胶体之所以能呈溶液状态，是由于胶粒的带电性和水膜的存在而引起的。因同一种胶粒，带有同性电荷互相排斥，而水膜又能阻碍胶粒互相黏结，因而使胶体呈溶胶状态。如果减少土壤水分，使胶粒水膜变薄或加入电解质，以中和胶粒的电性，必然会促使胶粒相联结凝聚成较大颗粒。胶体凝聚可以促进土壤结构的形成，有利于改善土壤物理性质。胶体分散呈溶胶状态，则使土壤结构破坏，使胶粒充塞孔隙，因而影响土壤通气透水和养分的释放，并增加土壤黏性，耕性很差，湿时泥泞，干时僵硬，对植物生长不利。

生产上常施用钙质（如石灰、石膏）肥料来改善胶体性质，以及通过排水、晒田、冰冻等方法提高土壤溶液的浓度和通过深耕晒垡、冻垡等措施等促进胶体脱水凝聚改善土壤结构。

四、土壤胶体对土壤肥力的贡献

（1）使土壤有保持和供应植物所必需的养分和水分的能力，在施肥后能把养分保蓄，又能使保蓄的养分源源不断地释放供给植物吸收利用。

（2）使土壤溶液中的离子浓度保持在比较稳定的范围，以使植物生活环境不致有过剧烈的波动。

（3）使土粒互相凝聚，结合成团聚体，进而影响土壤物理性质。

复习思考题

1. 什么是土壤容重？容重与土壤通透性的关系。
2. 团粒结构的优缺点及如何创造良好的土壤结构的主要措施？为什么说土壤团粒的内部既是"小水库"，又是"小肥料库"？
3. 土壤酸度、碱度产生的原因及其对作物生长有什么影响？
4. 如何衡量土壤耕性的好坏？影响土壤耕性的因素有哪些？

第三章　土壤水分、空气、热量状况

土壤水、气是土壤的重要组成成分，土壤水、气、热是肥力因素和作物正常生长发育的必需条件。它们经常处在相互联系、相互矛盾的统一体中，任何一个因素的变动均会引起其他因素的相应变化。土壤中水、气、热状况的好坏，不仅取决于其存在的数量是否适当，还取决于这些因素在一定条件下的协调供应，其中水是引起土壤气、热变化的主导因素。所以要在了解土壤水、气、热运动变化规律的基础上，研究"以水调气"、"以水调温"的生产技术措施，为农业高产、优质、高效创造了良好的土壤条件。

第一节　土壤水分

土壤水分（soil water）是组成土壤的重要成分，是土壤肥力诸因素中最重要、最活跃的因素。一般作物每制造一份干物质，要消耗 300～500 份水。土壤水能把各种养分溶解并运送到植物根部供植物吸收。土壤水分多少还直接影响土壤的通气性和土壤温度状况与微生物的活动。所以说土壤水分是植物生长的重要因素。

一、土壤水分的存在形态与有效性

土壤水是指存在于土粒表面和土粒间孔隙中的水，也就是在 105～110℃下从土壤中驱逐出来的水分，不包括化合水和结晶水。这些水分在不同的温度压力条件下，可以是固态、液态、气态。水分进入土壤后，由于受三种不同的力的作用被保持在土壤中：一是土粒和水界面上的吸附力；二是水和空气界面上的弯月面力；三是地心引力（重力）。

土粒和水界面上的吸附力由两种力所组成：一种是水分子与土粒间的分子吸力，包括固相表面剩余表面能对邻近水分子的作用，极性分子间的相互吸引——范德华力，它包括水分子与土粒表面的氧原子形成的氢键；另一种是胶体表面对极性水分子的静电引力。两种力作用的结果，使水分子牢固地被吸附在土壤颗粒的表面上。

水气界面上的弯月面力，是指水分子在土粒间很细的毛细管中，由于土粒对水分子的吸力超过水分子之间的吸力，发生水分对土壤的浸润，从而在土粒、水和空气的交界面上形成凹形弯月面［图 3-1（a）和（b）］，其曲率半径为 R。弯月面使液面产生压力差，形成弯月面力。弯月面力（T）的大小与曲率半径（R）和水的表面张力（δ）及湿润角（α）的关系是：

$$T=\frac{2\delta}{R}=\frac{2\delta}{r}\cos\alpha$$

湿润角（除有机质土粒外）对矿质土粒-水-空气体系来说，近似于 0，所以 $T=2\delta/r$。这表明，弯月面力与水的表面张力成正比，与毛管半径（r）成反比。该力是土壤能够保蓄植物必需有效水分的根本原因。

土壤水分主要来源于自然降水和人工灌溉。当水分通过土壤孔隙进入土壤后，受土粒吸附力、弯月面力和重力的作用，或保持在土壤中，或发生渗透流出土体。由于土壤水分受到不同类型和大小力的作用，形成不同物理状态的水分类型。

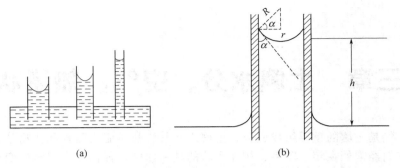

图 3-1　毛管现象和毛管半径与上升高度的关系

（一）土壤水分的存在形态

1. 吸湿水

是指土粒表面靠分子引力从空气中吸附的气态水并保持在土粒表面的水分，称为吸湿水（图 3-2）。由于吸湿水主要是土粒表面分子吸附水汽分子的结果，所以它事实上是土壤风干时所持的水量，其大小主要决定于土壤固相比表面积和大气相对湿度。土粒越细，比表面积越大，则土壤吸湿量越大。因此，凡是影响比表面积的因素，如质地、有机质含量、胶体的种类和数量、盐类组成等，均影响土壤吸湿水的数量。大气的相对湿度越高，土壤的吸湿量越大。当大气相对湿度达到饱和时，土壤吸湿水达到最大量，这时吸湿水占土壤干重的百分数称为土壤最大吸湿量（maximum hygroscopicity）或吸湿系数，对于一定的土壤是一个常数。土壤最大吸湿量，因质地不同而异，如沙土，$0.5 \sim 10 \mathrm{g} \cdot \mathrm{kg}^{-1}$；壤土，$20 \sim 50 \mathrm{g} \cdot \mathrm{kg}^{-1}$；黏土，$50 \sim 65 \mathrm{g} \cdot \mathrm{kg}^{-1}$；腐殖土 $120 \sim 200 \mathrm{g} \cdot \mathrm{kg}^{-1}$。质地越黏，最大吸湿量越大，质地越砂，最大吸湿量越小。

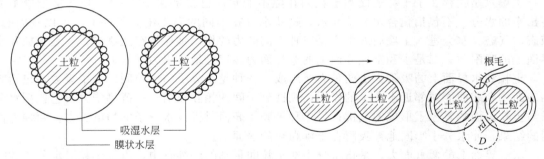

图 3-2　吸湿水示意图　　　　　　图 3-3　膜状水移动示意图

吸湿水的特点：吸湿水由于所受土粒表面的吸附力极强，其吸力为 $3.14 \times 10^6 \sim 1.013 \times 10^9 \mathrm{Pa}$，所以具有固态水的性质，不能流动，要在 $105 \sim 110 \mathrm{℃}$ 高温下烘 $6 \sim 8 \mathrm{h}$，使之汽化才能从土壤中逐出；其次，它的相对密度很大（约 $1.5 \mathrm{g} \cdot \mathrm{cm}^{-3}$），无溶解能力，冰点下降，并在干土吸湿时放热。并因它所受的吸力远大于植物根系的吸水力（平均为 $1.52 \times 10^6 \mathrm{Pa}$），植物无法吸收利用，属于土壤中的无效水，但它可用于帮助分析土壤水的有效性，一般土壤中无效水总量为最大吸湿量的 $1.5 \sim 2.0$ 倍。

2. 膜状水

当土壤水分达到最大吸湿量时，土粒表面还有剩余的吸附力，虽不能再吸收水汽，但可以吸收液态水。这部分水被吸附在吸湿水层之外，包围土粒，形成水膜，我们称它为膜状水（见图 3-3）。膜状水达到最大数量时的土壤含水量，称为最大分子持水量（包括全部的吸湿水）。

膜状水的特点：膜状水比吸湿水所受的吸力小得多，在 $6.33×10^5 \sim 3.14×10^6$ Pa 之间，它具有液态水的性质，可作液态移动，但因黏滞度大，其移动速率仅为 $0.2 \sim 0.4$ mm/h。一般是由水膜厚处向水膜薄处移动。膜状水的内层所受吸力大于根的吸水力，植物根无法吸收利用，为无效水。而它的外层所受吸力小于根的吸水力，植物可以吸收利用，但数量极为有限。一般植物根系的临界吸水为 $1.52×10^6$ Pa，当植物因根无法吸水而发生永久萎蔫时的土壤最高含水量，称为萎蔫系数或凋萎系数（wilting coefficient）。它因土壤质地、作物和气候等不同而不同。一般土壤质地越黏重，萎蔫系数越大（表 3-1）。萎蔫系数是植物可以利用的土壤有效水质量分数的下限，也是制定灌溉定额的下限。

表 3-1　土壤质地对几种作物的土壤萎蔫系数的影响（质量分数）　　　　单位：%

作物	粗砂土	细砂土	砂壤土	壤土	黏壤土
玉米	1.07	3.1	6.5	9.0	15.5
高粱	0.94	3.6	5.9	10.0	14.1
小麦	0.88	3.3	6.3	10.3	14.5
水稻	0.96	2.7	5.6	10.1	13.0

3. 毛管水

土壤毛管孔隙中利用毛管力而保持的水分，称为毛管水（capillary water）。毛管力是毛管孔隙中，水和空气的界面上呈现出来的一种力，弯月面是四周高中间低的曲面，在毛管孔隙中水和空气的界面上，管壁对水分子引力和水分子间的相互引力大于水面空气层对水分子引力，因而使弯月面下的水承受一种张力，这就是弯月面力，也称为毛管力。毛管力（P）的大小可用拉普拉斯（Laplace）公式计算，与毛管半径（R）以及水的表面张力（T）有下列关系：

$$P = \frac{2T}{R}$$

根据毛管水在土体中的分布，又将它分为毛管悬着水和毛管上升水。

（1）毛管悬着水　指地下水位较深时，降水或灌溉水等地面水进入土壤，借助于毛管力保持在土壤上层毛管孔隙中的水分。它与地下水上升的毛管水没有联系，而悬挂在上层土壤中，故称之为毛管悬着水。它常出现在地下水位较低的地区，所以毛管悬着水是山区、丘陵、岗坡地，以及平原地上地势较高处土壤中植物吸收水分的主要来源。

土壤毛管悬着水达到最大数量时的含水量称为田间持水量（field capacity）。它已包括吸湿水、膜状水。当一定深度的土体含水量达到田间持水量时，若继续供水，并不能使该土体的持水量再增大，而只能进一步湿润下层土壤。田间持水量是确定灌水量的重要依据，也是旱地土壤有效水的上限。

田间持水量的大小，主要受质地、有机质含量、结构、松紧状况等的影响。不同质地和耕作条件下，土壤田间持水量有很大不同（表 3-2）。

表 3-2　不同质地土壤的田间持水量和毛管水上升高度

土壤质地	砂土	砂壤土	轻壤土	中壤土	重壤土	黏土
田间持水量/%	10～14	16～20	20～24	22～26	24～28	28～32
毛管水上升高度/m	0.5～1.0	2.0～2.5	2.2～3.0	1.8～2.2	<3.0	<0.8～1.0
毛管水强烈上升高度/m	0.4～0.8	1.4～1.8	1.3～1.7	1.2～1.5	1.2～1.5	

当土壤含水量达到田间持水量时，土面蒸发和作物蒸腾损失的速率起初很快，逐渐变慢，当土壤含水量降低到一定程度时，较粗毛管中悬着水的连续状态出现断裂，但细毛管中

仍充满水，蒸发速率明显降低，此时土壤含水量称为毛管断裂含水量。在壤质中它相当于田间持水量的75%左右。当土壤水达到毛管断裂量后，毛管悬着水运动显著缓慢下来，若正值作物生长旺盛时期，蒸腾速率很快，作物虽能从土壤中吸到一定水分，但因补给减慢，而出现暂时萎蔫现象，因此有人把毛管断裂含水量叫土壤水分胁迫点，此时应注意及时灌溉补墒。

（2）毛管上升水　在地形低洼地区，因地下水位较浅，地下水借助于毛管力上升并保持在上层土壤中的水分称为毛管上升水。它与地下水有直接的联系。毛管上升水达到最大数量时的含水量称为毛管持水量。

从地下水面到毛管上升水所能达到的绝对高度叫毛管水上升高度。在一定的孔径范围内，孔径越粗，上升的速度越快，但上升高度越低；反之，孔径越细，上升速度越慢，上升高度则越高。不过孔径过细，上升速度极慢，上升的高度也有限。砂土的孔径粗，上升快，高度低；无结构的黏土，孔径细，无效孔隙多，上升速度慢，高度也有限，而壤土的上升速度较快，高度最高。这是由于土壤孔隙的通道不像用以描述毛管现象的玻璃管那样直、那样均匀，孔隙的连续性差。而且有些土壤孔隙充满着闭塞空气，会放慢或者阻止水的毛管运动。

在毛管水上升高度范围内，土壤含水量的多少也不相同。靠近地下水面处，土壤孔隙几乎全部充水，称为毛管水封闭层。从封闭层至某一高度处，毛管上升水上升快，含水量高，称为毛管水强烈上升高度；再往上，只有更细的毛管中才有水，所以含水量就减少了。毛管水上升高度和强烈上升高度，因质地不同而异（表3-2）。一般的趋势是砂土最低，壤土最高，黏土居中。土壤中支持毛管水上升的最大高度，理论上可由下列公式计算：

$$H = \frac{75}{d}$$

式中，H为毛管水上升高度（mm）；d为土粒平均直径（mm）。

毛管水上升高度特别是强烈上升高度，对农业生产有重要意义。如果它能达到根系活动层，为作物源源不断的利用地下水提供了有利条件。但是若地下水矿化度较高，盐分随水上升至根层或地表，也极易引起土壤的盐渍化而危害作物。可以利用开沟排水，把地下水位控制在临界深度以下。所谓临界深度是指含盐地下水能够上升达到根系活动层并开始危害作物时的埋藏深度，即这时地下水面至地表的垂直距离。在盐碱土改良的水利工程设计中，计算临界深度，是采用毛管水强烈上升高度（或毛管水上升高度）加上超高。

临界深度（m）＝毛管水强烈上升高度＋安全系数（即安全系数30～50cm）

一般土壤的临界深度为1.5～2.5m。砂土最小，壤土最大，黏土居中。

砂土的毛管水上升速度快而高度低；壤土的毛管水上升速度快，高度也最大；黏土的毛管水上升速度慢，高度也有限，因土壤孔隙＜0.001mm时，水分堵塞孔隙而不显毛管作用。

在地下水含盐多的地区，盐分可随毛管水上升到地表，这往往是造成土壤盐渍化的重要原因。在地势低洼、地下水位过高的地区，则会引起湿害。

4．重力水和地下水

土壤重力水（soil gravitational water）是指当土壤水分含量超过田间持水量之后，过量的水分不能被毛管吸持，而在重力的作用下沿着大孔隙向下渗漏成为多余的水。当重力水达到饱和，即为土壤所有孔隙都充满水分时的含水量称为土壤全蓄水量或饱和持水量。它是计算稻田灌水定额的依据。地下水（ground water）存在于地壳岩石裂缝或土壤空隙中的水。广泛埋藏于地表以下的各种状态的水，统称为地下水。

根据地下埋藏条件的不同，地下水可分为上层滞水、潜水和自流水三大类：①上层滞水是由于局部的隔水作用，使下渗的大气降水停留在浅层的岩石裂缝或沉积层中所形成的蓄水体。②潜水是埋藏于地表以下第一个稳定隔水层上的地下水，通常所见到的地下水多半是潜水。当潜水流出地面时就形成泉。③自流水是埋藏较深的、流动于两个隔水层之间的地下水。这种地下水具有较大的水压力，特别是当上下两个隔水层呈倾斜状时，隔层中的水体要承受更大压力。当井或钻孔穿过上层顶板时，强大压力会使水体喷涌而出，形成自流水。

（二）土壤水分对作物生长的有效性

土壤中各种形态的水分，对植物来说并非都能被植物吸收利用。其中，可以被植物吸收利用的水分称为有效水，不能被植物吸收利用的水分称为无效水。土壤水分对植物是否有效，不仅决定于土壤含水量多少，还取决于土壤对水分的保持力的大小及植物根系吸水力的强弱。当土壤水的保持力小于植物根系的吸水力时，土壤水分就能被植物利用，反之植物就不能从土壤中吸水。

一般把田间持水量视为作物可利用水分的上限，萎蔫系数视为下限。所以，土壤有效水的最大量应是田间持水量与萎蔫系数之间的差值。

$$土壤有效水最大量（\%）= 田间持水量（\%）- 萎蔫系数（\%）$$

在土壤有效水范围内，其难易程度也不同。在萎蔫系数至毛管断裂含水量之间的水分，移动缓慢，量也小，难以满足作物的需水量，属于迟效水；毛管断裂含水量至田间（或毛管）持水量之间的毛管水，移动快，数量大，能及时满足作物的需求，属于有效水。见图3-4。

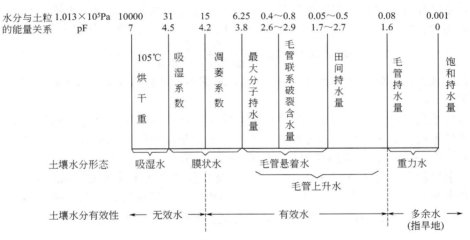

图 3-4　土壤保持水分能量、水分常数与水分有效性的关系

随土壤质地由砂变黏，田间持水量和萎蔫系数也随之增高，但增高的比例不同，黏土的田间持水量虽高，但萎蔫系数也高，所以有效水最大量并不一定比壤土高，因而在相同条件下，壤土的抗旱能力反比黏土高。（见表3-3）

表 3-3　土壤质地与有效水最大量的关系

土壤质地	砂土	砂壤土	轻壤土	中壤土	重壤土	黏土
田间持水量/%	12	18	22	24	26	30
萎蔫系数/%	3	5	6	9	11	15
有效水最大量/%	9	13	16	15	15	15

二、土壤含水量表示方法

土壤水分含量是研究和了解土壤水分在各方面作用的基础，一般以一定质量或容积土壤中的水分含量表示，常用的表示方法有以下几种。

（1）土壤质量含水量　土壤质量含水量（mass water content of soil）是指土壤中保持的水分质量占土壤质量的分数，单位用 $g \cdot kg^{-1}$ 表示（也曾用百分率表示）。在自然条件下，土壤含水量变化范围很大，为了便于比较，大多采用烘干质量（指 105℃烘干下土壤样品达到恒重，轻质土壤烘干 8h 可以达到恒重，而黏土需烘干 16h 以上才能达到恒重）为基数。因此，这是使用最普遍的一种方法。其计算公式如下：

$$r_w = \frac{m_1 - m_2}{m_2} \times 1000$$

式中，r_w 为土壤质量含水率（$g \cdot kg^{-1}$）；m_1 为湿土质量（g）；m_2 为干土质量（g）。

（2）土壤容积含水量　尽管土壤质量含水量应用较广泛，但要了解土壤水分在土壤孔隙容积所占的比例，或水、气容积的比例等情况则不方便。因此，需用土壤容积含水量（volumetric water content of soil）来表示，它是指土壤水分容积与土壤容积之比。常用 Q 表示，单位为 $cm^3 \cdot cm^{-3}$。其计算公式如下：

$$Q = \frac{土壤水分容积}{土壤容积}$$

用百分率表示时，称为容积百分率（$Q\%$）。

若已知土壤质量含水量（$g \cdot kg^{-1}$），水的密度按 $1g \cdot cm^{-3}$ 计算，只要知道土壤容重（$g \cdot cm^{-3}$），即可按以下公式换算求得：

$$Q = （土壤质量含水量 \times 容重/1000） \times 100\%$$

（3）土壤相对含水量　在实际生产中常以某一时刻土壤含水量占该土壤田间持水量的百分数作为相对含水量（relative water content of soil）来表示土壤水分的多少。

$$土壤相对含水量 = \frac{土壤含水量}{土壤田间持水量} \times 100\%$$

例如，某土壤田间持水量为 $300g \cdot kg^{-1}$，现测得其质量含水量为 $200g \cdot kg^{-1}$，则其相对含水量为 66.7%。

相对含水量可以衡量各种土壤持水性能，能更好地反映土壤水分的有效性和土壤水气状况，是评价不同土壤供给作物水分的统一尺度。通常旱地作物生长适宜的相对含水量是田间持水量的 70%～80%，而成熟期则宜保持在 60% 左右。

（4）水层厚度　是指一定深度土层中的水分总量相当于若干水层厚度（mm）。它便于将土壤含水量与降雨量、蒸散量和作物耗水量等相比较，以便确定灌溉定额。其公式为：

$$水层厚度 = \frac{土壤质量含水量 \times 土壤容重 \times 土层深度}{1000}$$

（5）土壤墒情　土壤中含水分多少称为土壤墒情。根据经验，土壤墒情可分为五种类型，见表 3-4。

表 3-4　土壤墒情的类型和性状

类型	土色	湿润程度	相当于田间持水量/%	性状和问题	措施
汪水	暗黑	湿润，手捏有水滴出	100 以上	水过多，O_2 不足，不宜播种	排水，散墒
黑墒	黑-黑黄	湿润，手捏成团，落地不散，手有湿印	100～70	水分稍多，O_2 稍嫌不足，适宜播种的墒情上限，能保苗	适时播种，稍加散墒
黄墒	黄	湿润，手捏成团，落地散碎，手微有湿印和凉爽之感	70～45	水、气适宜，播种墒情最好，能保全苗	适时播种，注意保墒
灰墒	灰黄	潮干，半湿润，捏不成团，手无湿印，而有微温暖的感觉	45～30	水分含量不足，是播种的临界墒情，部分出苗	抗旱抢种，浇水再种
干土	灰-灰白	干，无湿润感觉，捏散成面，风吹飞动	<30	水分含量过低，种子不能发芽	坐水种

三、土壤水分的能量概念

土壤中所保持的水分与自由水不同，它不但受到各种吸力（分子力、毛管力、重力等）的作用，而且还含有一定的溶质，因此在同样条件下，土壤水分的能量比自由水低。用能量的观点能更好地反映土壤水分的保持、运动和与植物生长的关系。

（一）土水势（soil water potential）

土水势是表示土壤水分在土-水平衡体系中所具有的能态。它是指将单位水量从一个土-水系统移到温度和它完全相同的纯水池时所做的功。通常用水势（ψ_w）表示。若完成此过程，土壤水对环境做了功，土水势为正值；若需环境对它做功，则土水势为负值。这里的纯水池系指没有土壤基质和溶质，且与土-水系统处于相同大气压力和同一高度的参比系统。由于土壤水分受到各种吸力的作用，有时还存在附加压力，所以其水势必然与参比系统不同，两者之差为土水势的量度。由物理学知识可知势能绝对值的测试很难做到，通常规定纯水池参比系统的水势能为零，因此，土水势一般为负值。它一般由以下几个分势组成。

土壤水分重力势（gravitational potential）又称引力势，它是指由于重力场位置不同于参比状态水平面而引起的势能变化。通常用 ψ_g 表示，$\psi_g = \rho gh$，式中，ρ 为水的密度；g 为重力常数；h 为高度。以土壤水面与土表面相平时为 0。水面高于土表面时为正值（此时也称为压力势）。水面低于土表面时为负值（土壤水吸力为正值）。

土壤基模（质）势（matrix potential）指土壤中矿质颗粒表面和有机质颗粒表面对水所产生的张力。通常用 ψ_m 表示，其值永远是负值，即总是将土壤表面的水分向土体内吸进来。

土壤水分溶质势（osmotic potential）是指单位水量从一个平衡的土－水系统中移到一个没有溶质而其他状态均相同的水池时所做的功。通常用 ψ_s 表示，它与土壤溶液中所含溶质数量有关，溶质越多，溶质势越小（即越负）。点水源入渗时，水沿湿度梯度从高水势处向低水势处流动，逐渐形成一个干湿交界分明的椭球体形状，称为湿润球，球面各处土壤水势相等。该球面称为入渗锋，在水头固定不变时，入渗锋的前进速度随着时间的延长而减慢。大部分植物养分都是溶于水后随水移动运输到植物根系被吸收的。无论根系以质流、扩散、截获哪种方式吸收植物养分都在土壤溶液中进行。

土壤水分压力势（pressure potential），通常用 ψ_p 表示，它是指将单位水量从一个土-水体系移到另一个压力体系，而温度、基质、溶质等状态完全相向的参比系统时所做的功。参比系统的压力一般设定为当地的大气压，故土壤水的压力势以其受到的压力与大气压力之差计算。在水分不饱和的土壤中，其孔隙与大气相通，水受到的压力同大气压力相等，其压力势为零；而在土壤水分饱和的土壤中，由于连续水柱产生的静水压力高于参比大气压力，故地下水位以下的土壤水压力势为正值。其势值可由地下水位与待测点的垂直距离（h，单位：m）度量，此时压力势 $\psi_p = -gh$。

（二）土壤水势的能量表示方法

土壤水势目前多用巴（$1\text{bar} = 10^5\text{Pa}$）或毫巴表示，土壤水势的范围很宽，由零到上万个大气压（巴），用起来很不方便，故以水柱高的对数值表示，称为 pF 值。pF 值的原意是以水柱高度的厘米数表示土壤水势，该值既能反映土壤水吸力能量的大小，又能表示出各种水分常数（水分常数是土壤中某种类型水分的最大值）。根据土壤水吸力与含水量的关系，即可求出各种水分常数相应的值的换算关系见表 3-5。

表 3-5　大气压与 pF 值换算关系

大气压/巴	水柱高度/cm	pF 值	大气压/巴	水柱高度/cm	pF 值
0.01	10	1	15	15849	4.18
0.1	100	2	31	31623	4.5
1/3	346	2.53	100	100000	5
1	1000	3	1000	1000000	6
10	10000	4	10000	10000000	7

（三）土壤水势的测定

土壤水势测定的方法较多，目前应用最广泛的是张力计法。张力计也叫土壤湿度计、负压计，是由一个陶土管、一个负压表和一个集气管组成的（图 3-5 所示）。在仪器中充满水分，密封以后插入土中，就可以进行测量了。陶土管是仪器的感应部件，管壁上有微米级的细孔，它能透过水和溶质，但不能透过土粒和空气。由于不（被水）饱和的土壤具有吸力，所以陶土管周围的土壤将仪器中的水"吸"出，使仪器系统内产生一定的真空度，这一真空度即负压力由仪器的指示部件负压表指示出来，如土壤吸力与仪器中的负压力平衡时，仪器不再有水流出，负压表上指示的负压力即为土壤吸力。当土壤被阵雨或灌溉重新湿润时，土壤吸力减小，与仪器原来的负压力不平衡，土壤水便会重新（经陶土管壁）"压"入仪器中，使仪器的负压力下降，而与土壤吸力达到新的平衡为止。当土壤饱和时负压力（即吸力）为零。

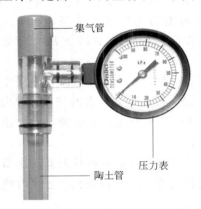

图 3-5　土壤水分仪（压力计显示型）

集气管
压力表
陶土管

四、土壤水分的调节和合理用水

（一）影响土壤水分有效性的因素

土壤质地对土壤有效水含量的范围影响最大。壤土的有效水最多，黏土较少，砂土最少。有机质和团聚体能提高土壤有效水的含量范围。如表 3-6 所示不同土壤质地对土壤水分有效性的影响。

表 3-6　土壤质地对有效水范围的影响

土壤质地	田间持水量/%	萎蔫系数/%	有效含水范围/%
松砂土	4.5	1.8	2.7
砂壤土	12.0	6.6	5.4
中壤土	20.7	7.8	12.9
轻黏土	23.8	17.4	6.4

此外土壤中有机质的含量也对土壤有效水范围有显著的影响，有机质含量越高土壤的有效水范围越大，持水当量也越大，如表 3-7 所示。

表 3-7　有机质对有效水范围的影响

类　型	田间持水量/%	萎蔫系数/%	有效含水范围/%
壤土	20.0	7.1	13.1
泥炭	166	82.3	83.7
1/2 壤土＋1/2 泥炭	31	14.5	16.5
4/5 壤土＋1/5 泥炭	21.6	8.5	13.1

（二）土壤水分的调节

（1）土壤水分的平衡　是指在一定时间和一定容积内，土壤水的收入和支出平衡。土壤水分的收入以降雨和灌溉水为主，此外还有地下水的补给和其他来源的水（如水气凝结、外来径流等）。土壤水的支出主要有土表蒸发、植物蒸腾、向下渗漏及地表径流损失等。若土壤水的收入大于支出，则土壤水分含量增加；反之，土壤水的支出大于收入，则土壤水分含量降低。在生产实践中，土壤水分平衡作用主要表现为可以计算作物日耗水量，确定灌溉时间等。

（2）土壤水分的调节　土壤水分调节就是要尽可能地减少土壤水分的损失，增加作物对降雨、灌溉水及土壤中原有储水的有效利用，有时还包括多余水的排除等。

① 控制地表径流，增加土壤水分入渗，如合理耕翻。合理耕翻的目的是创造疏松深厚的耕作层，保持土壤适当的适水性以吸收更多的天然降雨和减少地表径流损失。

在地面坡度陡、地表径流量大、水土流失严重的地区可采取改造地形、平整土地、等高种植或建立水平梯田等方法，以便减少水土流失。当表土有薄蓄水层时可增加入渗能力，使梯田层层蓄水，坎地节节拦蓄。从而做到小雨不出地，中雨不出沟，大雨不成灾。

对于表土质地黏重、结构不良又缺乏孔隙的土壤，其蓄墒能力强，但往往透水性差，若降雨强度超过渗透速率，则水分以地表径流损失。对于此类土壤应采用掺砂与增施有机肥料相结合的方法。大力提倡秸秆还田或留高茬等，以改善土壤结构，增加土壤大孔隙的数量和总孔隙度，加强土壤水分的入渗。

② 中耕松土，增加覆盖，减少土壤水分蒸发

中耕除草　通过中耕既可消灭杂草，减少其蒸腾对水分的散失，又可切断上下土层之间的毛管联系，降低土表蒸发，减少土壤水分损失。

地面覆盖　在干旱和半干旱地区，可使用地膜、作物秸秆等进行土表覆盖。以减少水分蒸发损失。

免耕覆盖技术与保水剂的施用　大力推广少、免耕技术，降低土壤水分的非生产性消耗，使用高分子树脂保水剂也可减少水分的蒸发。

③ 合理灌排　当土壤水分供应不能满足作物需要时，根据作物需水量的多少及土壤水分含量状况，合理灌排，是土壤水分调节的重要环节。

灌溉　灌溉的目的是在自然条件，对整个耕层补充水分，使土壤水分含量达到田间持水量。根据该土壤自然含水量与其田间持水量之差确定灌溉定额。最常用的方法是在不同深度土层中埋设张力计，依其基质势读数再参考不同作物所要求灌水后达到的基质势数值，确定灌溉定额与时间。

对于地面平整、质地偏黏的土壤、大田作物和果园可采用畦灌；土壤质地偏砂、土层透水过强或丘陵旱地、菜园地等可选喷灌；设施栽培的蔬菜也可滴灌；水分渗漏过快、深层漏水严重的土壤不宜采用沟灌。

排水　对干旱地作物而言，土壤水分过多就会产生涝害、渍害。因此必须排除土壤多余的水分，主要包括排除地表积水、降低过高的地下水和除去土壤上层滞水。

④ 深耕增施有机肥，提高土壤水分有效性　通过深耕结合施用有机肥料，不仅可降低凋萎系数，提高田间持水量，增加土壤有效水的范围；而且还能加厚耕层，促进作物根系生长、扩大根系吸水范围，增加土壤水分时作物的有效性。研究结果表明，施用有机肥后，土壤自然含水量、田间持水量和饱和含水量有明显增加。

五、土壤水分的运动

土壤水分的运动主要有气态水运动、毛管水运动和重力水运动三种。就其形态而言，前者属于气态水运动，后两者属于液态水运动。

（1）气态水运动　土壤中的气态水以扩散方式进行，特别是在土壤非毛管孔隙系统中进行扩散。其扩散方向和速度决定于水汽压梯度。水汽压梯度是指单位距离内两端的水汽压差。所以水汽总是由水汽压高处向水汽压低处移动，水汽压梯度愈大，水汽的扩散愈快；而水汽压又与土壤温度有关，所以水汽总是由温度高的土层向温度低的土层扩散。土壤湿度大，孔隙为水分占据，通气孔隙相应地减少，水汽不易扩散；相反，在土壤干燥时，土粒对水的吸附力强，致使汽态水扩散减弱。因此，只有在土壤不干不湿状态，水汽扩散作用才最强。在春秋季节，轻质土壤夜间表土温度低于心土，从而使水汽由心土向表土扩散，并凝结成液态水，使上层土壤湿度增大，这种土壤夜间反潮回润的现象，就是夜潮土形成的原因。夜潮土一般分布在地形较低，地下水位较高（1.5～2.0m）的地方。高度熟化的土壤，一般均具"夜潮"性质，土壤夜间回潮，能增加表土水分含量，对于幼苗生长十分有利。

（2）毛管水运动　土壤毛管孔隙中的水分主要是受毛管力的作用而移动，毛管力的大小与水的表面张力成正比，与水的弯月面曲率半径成反比。毛管愈细，曲率半径愈小，毛管力就愈大；反之，毛管愈粗，曲率半径愈大，毛管力就愈小。毛管水移动方向是由毛管力小（即土壤吸力小）的地方向毛管力大（即土壤吸力大）的地方移动，也就是说，水分是由毛管粗、水分多处向毛管细、水分少处移动。毛管水的移动速度的快慢，决定于各点间水分的含量的差，两点间的差值愈大，毛管水的移动愈快，移动的量也愈大。因而毛管水可以上下左右移动，其移动不受重力影响。毛管水的移动对土壤供水性能有着十分重要的作用。因为植物在生长发育过程中需要大量水分，当植物的根毛接触周围土壤吸水后，使根际土壤变干，水膜变薄，毛管弯月面曲率半径变小，毛管力增强，因而附近湿润土壤中的毛管水便向根系附近移动，使植物根系能不断得到水分供应。

毛管上升水的地下水上升，是由于毛管孔隙的管壁在吸附了膜状水以后，下端与地下水层相连结，这时土粒表面分子对自由水分子产生一定的吸力，而管壁上的水分子受管壁上部土粒的吸力沿管壁上升，这些上升的水分又把距管壁较远处的水分子吸引过来，管壁上土粒吸附水分子的力量依次大于水分子间的吸力，也大于水面气体分子对水分子的吸力，因此形凹液面（弯月面），见图3-6。毛管水在剖面中向上移动的性能，称为该土壤的引水性能。毛管水上升的高度和速度受毛管孔径直径的大小、温度的变化、地下水位高低等因素的影响。

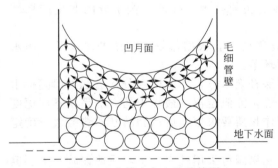
凹月面

毛细管壁

地下水面

图 3-6　毛管水向上移动简图

（3）重力水的运动　当降水或灌溉水使土壤达到水分饱和后，多余的水分受重力作用通过大孔隙向下渗透移动，称为重力水运动，也称为土壤的渗漏作用。它有助于土壤空气的更新和热能向底层传导。孔隙大小是影响水分渗漏的主要因素。砂土孔隙大，水分渗漏快，不保水；黏土孔隙小，渗漏作用小，保水，但易涝，导致土壤通气不良。团粒结构土壤，大孔隙易透水，小孔隙易蓄水，所以水分状况良好。

六、土壤溶液

土壤溶液（soil solution）是指土壤中含有各种可溶性物质浸出的水溶液。土壤的液相部分。主要包含无机离子、有机离子和聚合离子以及他们的盐类。土壤溶液的组成有一定规律，它反映土壤类型的历史与特性，也反映季节性动态及农用情况。它与固相部分紧密接触，并与固相表面保持动态平衡状态。其组成与活性随外界（大气、水、生物）环境的变化而有所变化。土壤溶液可作为植物营养源，但常受一些金属离子污染。

　　土壤溶液是土壤中水分及其所含溶质的总称，溶液中的组成物质有以下几类：①不纯净的降水及其土壤中接纳的氧气、二氧化碳、氮气等融解性气体。②有机化合物类，如各种单糖、多糖、蛋白质及其衍生物类。③无机盐类，通常是钙、镁、钠等。④无机胶体类，如各种黏粒矿物和铁、铝三氧化物。⑤络合物类，如铁、铝有机络合物。

　　土壤溶液中的溶解物质呈离子态、分子态和胶体状态，有利于游离离子浓度的调节。土壤溶液是稀薄的，属于植物可以吸收利用的稀薄不饱和溶液。土壤溶液是一种多相分散系的混合液，具有酸碱反应、氧化还原作用和缓冲作用。

　　当土壤持水量大时，溶质的绝对含量虽多，但相对浓度则小，因而可减轻或避免某些有害物质浓度过高的危害；浓度过高，含有较多的有害盐类时，可引起土壤的盐渍化。

第二节　土壤空气

　　土壤的空气源于大气，与大气组成成分几乎相同。土壤空气是土壤中的重要组成部分，它的含量与水分含量互为消长，土壤中物理、化学和生物学过程无不与空气状况有关。土壤空气状况如果不能与作物生长发育相适应，同样导致不良的后果。

一、土壤空气的组成

　　土壤空气来源于大气，它存在于土壤的各种孔隙中，主要存在于大的孔隙中，如土壤间的较大的裂缝，根部穿过的洞孔，地下昆虫穿过的孔道，以及土粒与土粒之间，结构与结构之间的较大孔隙。在降水和灌溉之后，一部分大的孔隙（非毛管孔隙）也能在一定时间被水充填。因此，土壤中空气和水分呈相互消长现象，水分多时空气所占的容积就相对减少，所以调节土壤中水分的各种措施，相应的也调节了土壤中的空气状况。

　　土壤空气与近地大气不断地进行着交换，其组成与大气相似，均含有氮、氧、二氧化碳和水汽等，但是在它的相对含量上却有着明显的差异（表 3-8）。

表 3-8　土壤中空气与大气组成的比较（以干燥空气的体积百分数表示）

气体	O_2	CO_2	N_2	H	Ne	He	Kr
近地大气	20.99	0.03	78.05	0.932	0.0018	0.005	0.0001
土壤空气	20.03～10.35	0.14～0.24	80.24～78.08	—	—	—	—

　　从表 3-8 中可以看出，土壤空气中的 CO_2 含量比大气浓度高约 5～10 倍，土壤中的 O_2 含量却低于近地面大气。其原因是，土壤中的植物根系和土壤微生物进行呼吸作用均要消耗大量的 O_2，并放出大量的 CO_2。此外，在土壤中施入的有机肥料以及森林凋落物在其分解过程中同样要消耗 O_2 和放出大量的 CO_2，因此土壤中 CO_2 的含量显著高于大气中的含量。土壤中 CO_2 的含量随土层深度而增加，而 O_2 的含量随土层深度而减少。在通气不良的土壤中还会因有机质的嫌气性分解产生一些还原性气体，如 CH_4、H_2S、H_2 等，这对植物生长不利。

二、土壤空气的更新

　　空气在土壤中的流动关键在于土壤的孔隙度和非毛管孔隙的比值，非毛管孔隙是空气流通的主要孔道，改善和创造非毛管孔隙的比例是提高土壤肥力一个重要课题。土壤空气与大气气体交换的方式有两种，一是气体扩散（soil air diffusion），二是整体交换（soil air exchange）。

　　（1）气体扩散　它是气体交换的主要形式。当土壤空气的组成成分在浓度上和大气的组成成分发生差异时，就形成了空气成分间分压的差异。为了保持气压之间的平衡，分压大的气体就会向分压小的气体扩散，这就形成了土壤空气和大气之间的交换。土壤中由于作物根系和微生物生命活动，有机质的分解，根系的呼吸作用都要消耗氧气而释放 CO_2，这就改变了土壤中空气中 O_2 和 CO_2 的浓度。微生物在分解有机质中，通过有机质的氧化获得碳源和能量，在消耗 O_2 的同时产生 CO_2，土壤微生物在生命活动过程中产生大量 CO_2，每升空气中可积累 $0.9mg$ 的 CO_2，这就造成了大气中 O_2 分压超过了土壤中 CO_2 的分压，而土壤中 CO_2 分压超过大气的 CO_2 分压，于是土壤中的 CO_2 向大气扩散，而大气的 O_2 向土壤空气中扩散。作物根系通过呼吸作用，释放大量 CO_2，同时消耗 O_2，各种作物呼吸强度不同，释放的 CO_2 的量也不同。释放的 CO_2 量可用呼吸强度即单位质量的根系干物质释放的 CO_2 表示，或用土壤呼吸系数即单位时间单位面积上 CO_2 产生量与 O_2 稍耗量的比值来表示。呼吸强度因作物而异，如羽扇豆>马铃薯>燕麦>冬黑麦>冬小麦>大麦。在不同生育期也不同。由于 CO_2 大量产生和 O_2 的减少，导致分压的差异而引起气体的扩散。

（2）整体交换（或称气体流动）　气体的流动是由于受气温、气压的变化，刮风、降雨、耕作、灌溉等因素影响而引起的。因而它不是大气与土壤空气交换的主要方式。度量土壤气体交换速率的指标，可用土壤呼吸系数表示，或用土壤中的氧扩散率表示，但以后者较好。土壤呼吸系数是以每分钟每平方厘米土壤中扩散出来的 CO_2 的质量（g）表示的。氧扩散率通常是以每分钟每平方厘米土壤中所扩散的 O_2 质量（g 或 μg）数来表示的。氧扩散率随土壤深度的增加而降低。据研究表明，氧扩散率下降到 $20 \times 10^{-8} g \cdot (cm^2)^{-1} \cdot min^{-1}$ 的时候，根系即停止生长。

土壤空气由于扩散和整体交换，土壤中经常保持一定数量和比值的氧，使土壤中微生物和根系周围保持适宜的空气组成，使土壤中的一切生物化学和化学过程得以保持正常进行。土壤排出 CO_2，吸入 O_2，这就使土壤空气得以不断更新，因此称为土壤的呼吸过程。土壤的呼吸过程强度是土壤通气性的一个重要指标，也是衡量土壤中生物活动强度的指标。

三、土壤通气性对作物生长发育和土壤养分转化的影响

（1）影响种子的萌发　种子的萌发需要有足够的水分和一定的温度及空气。通常作物种子萌发需要氧气的含量大于 10%。若土壤通气不良（氧气含量低于 5%），土壤中因缺氧进行嫌气呼吸而产生醛类、有机酸类等物质抑制种子发芽。

（2）影响根系的发育与吸收水肥功能　在通气良好的土壤中，作物根系生长健壮，根系长、根毛多；通气不良则根系短而粗，色暗、根毛稀少，水稻则黑根数量大大增加，严重时甚至腐烂死亡。通常当土壤空气中氧的含量低于 $9\% \sim 10\%$ 时，作物根系的发育就会受到影响，若降低到 5% 以下，则绝大多数作物根系停止发育。此外，根系对氧浓度的要求还受到温度等条件的影响，一般在低温时，根系可忍受较低的氧浓度，随着温度的升高，对氧浓度的要求也增高，这是由于温度增高时，作物根系呼吸作用所需的氧增加所致。

作物根系对水肥的吸收受根系呼吸作用的影响。缺氧时根系呼吸作用受阻，其吸收水分和养分的功能也因而降低，严重时甚至停止。研究结果表明，在低氧条件下，各种作物第一天的相对蒸腾减少量为：烤烟 70%、番茄 10%、玉米 40%。此外，土壤通气性对根系吸收养分的影响还因养分的种类而异。

（3）土壤通气性对土壤氧化还原电位的影响　土壤中存在各种氧化状态或还原状态的物质，当土壤透气性良好时，氧化态物质的浓度就相应增强，还原态的物质浓度就减少，这两种状态物质同时在土壤中存在时，它们之间必将发生氧化还原反应。氧化态物质被还原态物质所还原，同时还原态物质被氧化态物质所氧化，氧化时失去电子，还原时获得电子。它们之间的反应就是氧化还原反应，可以用下式表示：

$$氧化剂^{m+}+ne\longrightarrow 还原剂^{m-ne}$$

　　氧化剂吸收电子后还原为还原剂，原子价位便相应的减少；反之还原剂失去电子氧化为氧化剂，原子价位相应的增高。氧化还原反应在以铂丝电极和甘汞电极（氧化-还原电极）测定时，就发生电子的转移。在负极还原剂失去电子，电子转移至阳极，氧化剂获得电子而被还原，在两极间产生了电位差。如果氧化剂强烈地进行结合电子的过程，电极电位的值就越大；反之在还原剂强烈地进行失去电子的过程，电极电位的值就越低，甚至成为负值，因此氧化剂和还原剂的多少和比值的大小，就从氧化还原电位值的高低得到反映。土壤透气性强，游离氧浓度愈高，就影响到土壤中氧化剂和还原剂的浓度和比值，因此氧化还原电位也是测定土壤透气性的指标之一。从而得出：透气性良好的土壤，能够结合电子的氧化剂浓度愈大，氧化还原电位也就越高。参加土壤氧化还原反应的物质，除溶解氧外，还有很多变价的元素，形成各种不同的氧化还原体系。其中主要元素如表3-9。

　　氧化还原电位的高低，取决于土壤中氧化剂和还原剂的相对浓度，可按照下式计算：

$$E_b=E_0+\frac{0.059}{n}\lg\left[\frac{OX}{Red}\right]$$

　　式中，E_0 为标准氧化还原电位（即氧化剂与还原剂相等时的电位）；n 为结合的电子数目，OX 为氧化态物质浓度，Red 为还原状态物质浓度。

表3-9　土壤中氧化还原体系

元素	氧化态	还原态	元素	氧化态	还原态
C	CO_2	CH_4,CO	Fe	Fe^{3+}	Fe^{2+}
N	NO_2^-,NO_3^-	NH_3,N_2,NO	Mn	Mn^{4+}	Mn^{2+}
S	SO_4^{2-}	H_2S	Cu	Cu^{2+}	Cu^+
P	PO_4^{3-}	PH_3			

　　土壤的 pH 值对土地氧化还原电位有一定影响，因为氢离子直接参与了氧化还原过程，同时还影响氧化剂和还原剂的离解。一般氧化还原电位随 pH 值增高而减少，如以 pH7 为测定基础，可用 30℃时一个 pH 值影响电位值 60mV 进行校正。

　　土壤透气性良好与否对于土壤的供肥性有着极其密切的影响。土壤氧化还原电位的高低足以说明透气性的情况，土壤氧化还原电位一般在 $200\sim700$mV 之间，除受土壤通气性能的影响外，还受土壤水分、有机质含量以及上述的 pH 的影响。北方旱作土壤受水分的影响远不及南方水稻土，由于水稻经常有水层淹没，因此，北方旱作土壤的氧化还原电位高于水稻土，水稻土一般变化在 $0\sim400$mV 间，而旱作土壤一般可高至 $400\sim700$mV。

　　土壤氧化还原电位过高过低均会对作物生长带来不利影响。当大于 700mV 以上时，完全处于氧化状态，有机质彻底分解，导致养分枯竭，Fe、Mn 离子呈不溶状态，发生嫩叶黄化；低于 200mV 以下时，硝酸盐逐渐消失，磷酸盐、硫酸盐被还原，磷形成亚磷酸、硫形成 H_2S，同时产生过量的有机酸，将导致作物营养的破坏和中毒受害。

　　土壤氧化还原电位作为土壤透气性的指标之一，因此，调节土壤氧化还原的措施也是调节土壤透气性的措施。

四、土壤通气性的调节

　　土壤中空气和水分是互相影响互相依存的，土壤中水分增加必然导致空气减少，因而降水和人工灌溉排水既是调节土壤水分的措施，也是调节土壤空气状况的重要措施。土壤空气状况的调节，主要分为自然调节和人为调节，而调节部分又可分为空气含量和空气组分的调节。自然调节主要重于组分的调节，由于土壤空气中 CO_2 含量增高，O_2 的含量减少，形成和大气中 CO_2 与 O_2 之间的分压差，可通过气体扩散和整体交流土壤空气保持 CO_2 与 O_2

之间的动态平衡。其形式就是土壤的呼吸过程，控制土壤空气中有必需的含氧量和不影响根系发育的 CO_2 含量。自然调节除气体本身的压力差外，主要受土壤孔隙度和非毛管孔隙度的制约，因而改善土壤孔隙状况是促进调节土壤空气组成和改善土坡空气状况的最基本的措施。

(1) 调节土壤质地、结构以改善土壤孔隙状况　土壤质地是影响孔隙状况的主要因素，黏重的土质虽然在理论上有较高的空气容量，但毛管孔隙发达，通气孔道狭窄，经常被毛管水所占据，严重影响透气的速度和实际的空气容量。一般轻质土壤的耕作层，三相比为 1：0.8：0.2，如果总孔度为 50%，则毛管孔隙和非毛管孔隙分别占 40% 和 10%，二者之比为 1：4。如果土壤中有机质丰富，并具有良好的结构，则比值还可达到 1：2，非毛管孔隙就可以达到 20%。黏重的土壤总孔度可达 $55\% \sim 60\%$，但非毛管与毛管的比值则可达到 1：$(10 \sim 12)$，因此通气情况不良。为了改善黏质土的通气情况，采取以砂掺黏，增施有机肥，改善土壤质地和结构，有助于非毛管孔隙的增加，从而改善土壤透气性，达到调节土壤空气状况的目的。

(2) 深耕结合增施有机肥　通过耕作和增施有机肥料，能使土壤破除板结，变为疏松多孔，增加耕作层厚度。特别是在土质黏重，透气性差的中壤土和重壤土上，通过包括深耕、深松、中耕、锄地等一系列的耕作措施基础上，必须强调多施有机肥。一般秋耕地在翻耕前土壤容重多已恢复在 $1.25 \sim 1.30$ 之间，表现为坚实板结主要由于灌水，土块自然下沉，容重逐渐增大，通过深耕使土壤形成一定的临时性结构，不仅增加了总孔隙度，而且非毛管孔隙也显著增加。一般经深耕、耙耱后，耕作层的容重可下降到 1 以下，大大改善了土壤透气性，为秋播创造了适宜的萌发出苗的条件。此时如结合增施有机肥，增加土壤中的有机质，更有利于土壤的疏松和结构的稳固。相对增加保持土壤疏松的时间，对于土壤的自然下沉变紧，结构的破坏消失，均起到一定的限制效果。高度熟化的土壤，在作物生育期中可相当长地时间保持容重为 1.1 左右，大小孔隙的比例能维持压 1：$(2 \sim 4)$ 之间，就可以大大改善了土壤通气条件，使水、肥、气、热保持协调。

第三节　土壤热量

作物的任何生长发育过程，都需要一定的温度条件。因为任何的化学和生物反应均强烈受到温度的影响。在土壤中，随着温度增加，活动加强，土壤中微生物生活最适温度约在 $25 \sim 34 ℃$。因此土壤温度影响着土壤有机质的积累和分解，也影响土壤养分的转化，同时随着土壤中热能的运动与转化，进而影响土壤中水分和空气状况，因此土壤温度是土壤环境介质中非常重要的影响因子。

一、土壤热量的来源及影响因素

(一) 土壤热量的来源

(1) 太阳辐射热　土壤吸收的热量，首先决定于到达地球的有效辐射热，它只是太阳辐射总热量的极少部分（约 $1/20$ 亿）。当地球与太阳为日地平均距离时，在大气上部边界上所测得的太阳辐射强度（指垂直于太阳光下 $1cm^2$ 的黑体表面在 $1min$ 内所吸收的辐射能）为 $7.95J$。但是，由于云的反射、大气的吸收和散射，使一部分辐射能不能到达地面，在晴朗少云的干旱地区有 75% 的太阳能到达地面，而在多云的湿润地区只有 $35\% \sim 40\%$ 的能量到达地面。世界各地得到的太阳辐射能平均为 50% 左右。

在到达地面的太阳辐射能中，又有 $30\% \sim 45\%$ 反射至大气中或是通过热量辐射而损失掉。因而被土壤吸收的净辐射能（未返回大气层的）比太阳辐射能就小得很多了，虽然这样，太阳辐射能仍然是土壤热量的最主要来源。

(2) 生物热　微生物分解有机质的过程，是放热过程。释放出的热量，一部分被微生物用来作为同化作用的能源，而大部分则用来提高土温。一般说来，细菌对于热量的利用系数（指微生物同化的热量占有机物质转化总能量的百分数）很少超过50%，无机营养型的细菌则更低。可见，微生物分解有机质在提高土温上有一定的作用。在实践中，初春温床育苗可以利用马粪、羊粪、棉籽屑、粪水等发热量大和易分解的有机肥作为温床酿热物，利用生物热来提高苗床土温。

(3) 地球内热　地球内部也向地表传热。因为地壳导热能力很差，每平方厘米地面全年从地球内部获得的热量总共也不过226J。从地层20m深处往下每深入20～40m（平均23m）温度才增加1℃，所以，地球热与太阳辐射热量相比，对土壤温度影响很小。但是，在地热异常区，如温泉附近这一因素则不可忽视。

(二) 影响土壤热量的因素

(1) 纬度与海拔高度　在低纬度地区，太阳常年直射到地面的辐射热量多，土温高；纬度越高，太阳高度角越小，得到的辐射热能越少，土温越低。同一纬度，海拔愈高，土温愈低，这是因为海拔愈高，接受阳光辐射虽然较多，但高山地面对大气的辐射强，其气温、土温反比低山低，故有"山高一丈，土凉三寸"之说。

(2) 地形　在北半球，太阳常年由东向西偏南照射，朝南坡太阳的入射角大，接受辐射能较阴坡多，土温较高。所以俗话说"宁种阳坡三寸泥，不种阴坡一尺土"。

(3) 覆盖　植被、积雪或其他覆盖物要覆盖地面，都能截留一部分太阳辐射能，土温不易升高；同时，也可防止土壤热量的散失，起保温作用。

(三) 土壤特性对土温的影响

(1) 土壤颜色　深色物质吸热快，散热也多。如初春菜畦撒上草灰可提高土温。

(2) 土壤质地　砂土持水量低，疏松多孔，空气孔隙多，故土壤导热率低，表土受热后向下传导慢，热容量又小，因此表土增温快，日温差较大，人们称之为"热性土"，所以早春砂性土可较一般地提早播种。黏性土持水量大，较紧实，导热率大，热容量大，与砂土特性正好相反，表土受热后，能较快的传入下层，表层土温上升慢，但降温也慢，群众称之为"冷性土"，播种必须推迟。

(3) 土壤松紧与孔隙状况　疏松多孔的土壤导热率低，表层土温受热上升快。当表土紧实，孔隙少，土壤导热率大，土温上升慢。

二、土壤热性

同一地区不同土壤获得的太阳辐射能几乎相同，但土壤温度却差异较大。这是因为土壤温度的变化除与土壤热量平衡有关外，还取决于土壤的热特性。表征土壤热特性的指标如下。

(1) 土壤热容量（soil heat capacity）　是指单位容积或单位质量的土壤在温度升高或降低1℃时所吸收或放出的热量。可分为容积热容量和质量热容量。容积热容量是指每1cm³土壤增、降温1℃时所需要吸收或释放的热量，用C_v表示，单位为$J \cdot (cm^3 \cdot K)^{-1}$；质量热容量也称比热，是指每克土壤增、降温1℃时所需吸收或释放的热量，用c表示，单位为$J \cdot (g \cdot K)^{-1}$。两者之间的关系式为：$C_v = c \cdot d$（d为土壤容重）、土壤热容量愈大，土壤温度变化愈缓慢；反之，土壤热容量愈小，则土温变化频繁。

土壤热容量的大小主要受土壤的三相组成影响。由于水的热容量最大，土壤空气的热容量最小，土壤的矿质颗粒和有机质热容量介于两者之间。由于土壤的固相组成部分相对稳定，因此土壤的热容量的大小主要决定于土壤的水和气的含量。土壤的越潮即水多气少，热容量越大，增温和降温均较慢，反之亦然。

（2）土壤导热率（soil thermal conductivity） 是评价土壤传导热量快慢的指标，它是指在面积为 1m²、相距 1m 的两截面上温度相差 1K 时，每秒中所通过该单元土体的热量，其单位为：$J \cdot (m \cdot K \cdot s)^{-1}$。

土壤的三相组成中，空气的导热率最小，矿物质的导热率最大，为土壤空气的 100 倍，水的导热率介于两者之间。因此，土壤导热率的大小，主要与土壤矿物质和土壤空气等有关。在单位体积土壤内，矿物质含量愈高，空气含量愈少，导热件愈强；反之，矿物质含量少，空气含量越高，导热性则差。可见，土壤导热率与土壤容重呈正相关，而与土壤孔隙度呈负相关。所以，冬季麦田镇压后导热率增加，白天易于热量向下层土壤传导，夜里则有利于热量由底土向表土传导，从而可以有效地防止冻害。此外，由于水的导热率比空气大 25 倍，因此增加土壤水分含量，也可提高土壤的导热性。

表 3-10　土壤组成与土壤的热特性

土壤组成	容积热容量 /J·cm⁻¹·K⁻¹	质量热容量 /J·g⁻¹·K⁻¹	导热率 /J·cm⁻¹·s⁻¹·K⁻¹	导温率 /cm²·s⁻¹
土壤空气	0.0013	1.00	0.00021～0.00025	0.1615～0.1923
土壤水分	4.187	4.187	0.0054～0.0059	0.0013～0.0014
矿质土粒	1.930	0.712	0.0167～0.0209	0.0087～0.0108
土壤有机质	2.512	1.930	0.0084～0.0126	0.0033～0.0050

（3）土壤导温率（soil temperature conductivity） 又称土壤导热系数或热扩散率。它是指在标准状况下，当土层在垂直方向上每厘米距离内有 1J 的温度梯度，每秒钟流入断面面积为 1m² 的热量，使单位体积（1m³）土壤所发生的温度变化。显然，流入热量的多少与导热率的高低有关，流入热量能使土壤温度升高多少则受热容量制约。土壤导温率的计算公式为：

$$K = \lambda / C_v$$

式中，K 为土壤导温率；λ 为导热率；C_v 为土壤容积热容量。

可见，土壤导温率与导热率呈正相关，与热容量呈负相关。土壤空气的导温率比土壤水分要大得多（表 3-10），因此，干土比湿土容易增温。

在土壤湿度较小的状况下，湿度增加，导温率也增加；当湿度超过一定数值后，导温率随湿度增大的速率变慢，甚至下降。土壤导温率直接决定土壤中温度传播的速度，因此影响着土壤温度的垂直分布和最高最低温度的出现时间。

三、土壤温度与作物生长

（1）土壤温度与种子萌发　作物种子萌发要求有一定的土温。各种作物种子萌发的平均土温是：小麦、大麦和燕麦为 1～2℃；谷子 6～8℃；玉米 10～12℃；水稻、高粱、荞麦为 12～14℃。种子萌发的速率随平均土温的提高而加快，如小麦、大麦和燕麦在土温 1～2℃ 时，萌发期需要 15～20d；土温在 5～6℃ 时，6～7d 即可萌发，在 9～10℃ 时只需要 2～3d 就萌发了。水稻、高粱播种后，如遇阴凉降温过程，容易引起烂籽烂秧现象，所以作物播种后需注意天气变化。

（2）土温影响作物根系生长　一般作物根系在 2～4℃ 时开始微弱生长，10℃ 以上比较活跃，超过 30℃ 时，根系生长则受到阻碍。各种作物根系生长最适合土温是：冬麦和春麦 12～16℃，玉米 24℃ 左右，豆科作物 22～26℃，甘薯 18～19℃。成年苹果树的根系在平均土温 2℃ 即可略有生长，7℃ 时生长活跃，21℃ 时生长最快。茶树根系生长的最适土温为

10～25℃。

(3) 土温影响作物营养生长和生殖生长　春小麦苗期地上部生长最适的土壤温度范围为 20～24℃，后期以 12～16℃ 为好，8℃ 以下或 32℃ 以上则很少抽穗。冬小麦生长最为适宜的土温较春小麦低 4℃ 左右，土温在 24℃ 以上虽能抽穗，但不能成熟。主要作物营养生长最旺盛期要求的土温是：春小麦 16～20℃，冬小麦 12～16℃，玉米 24～28℃，棉花 25～30℃。水稻分蘖要求在 20℃ 以上，以 30～32℃ 最好。

(4) 土壤温度影响养分转化与吸收　土温的高低对微生物活动的影响更为明显，如硝化细菌与铵化细菌最适的土温范围为 28～30℃，土温过低导致土壤缺氮。旱作遇低温时显著减少作物对钾的吸收，因此施用钾肥对旱作抵御低温有良好的作用，而水稻遇低温时对磷的吸收下降，因此，在冷性土上应注意补充磷肥。

同时土壤温度对土壤肥力也有显著的影响。温度变化对矿物的风化作用产生重大影响，它可促进矿物质分解，增加速效养分。土壤中有益微生物在高温季节（24℃ 以上）活动旺盛，从而促进有机质矿质化作用，使土壤养分有效化。温度上升加强气体扩散作用，昼夜温差变化使气体热胀冷缩，都能加速土壤空气的更新。温度对水分运动影响也很大。总之，土壤肥力因素受温度的影响是非常深刻的。

四、土壤温度的调节

（一）土壤温度的变化规律

(1) 土壤温度的日变化　土壤温度的高低随昼夜发生周期性变化，称为土壤温度的日变化。一般情况下，最低土温出现在早晨 5～6 时，最高土温出现在下午 1～2 时左右。土壤表层温度变幅最大，而底层变化变化小以至趋于稳定。

(2) 土壤温度的年变化　土壤温度随一年四季发生周期性变化，称为土温的年变化。土壤温度和四季气候变化类似，通常全年表土层低温出现在 1～2 月，最高温度出现在 7～8 月。

（二）土壤温度调节的措施

土壤温度调节的基本原则是：春季提高土温；夏季防止土温过高；秋季保持和提高土温。土温调节具体措施如下。

(1) 排水散墒　当地势低洼，土壤过于潮湿，地温较低，只有排除积水与降低地下水位才能提高地温。黏重土壤，雨季沥涝也应采取排水措施，还要搞好中耕散墒，它能使土壤热容量和导热率降低，减少土壤蒸发，均有利于提高地温。

(2) 以水调温　利用水的热容量大的特点来降低或维持土壤温度。例如，早春寒潮来临之前，秧田灌水可提高土壤热容量，防止土壤温度急剧下降，避免低温对秧苗的危害；炎热酷暑，土壤干旱、表土温度过高，可能灼伤作物时，也常采用灌水的方法降低土温；对于低洼地区的土壤，则需通过排水降渍，降低土壤热容量，以提高土温。

(3) 向阳垄作　起垄种植，在白天可提高对太阳辐射能的吸收，可提高表层土温 2～3℃。

(4) 利用温室设施增加地温　利用玻璃、透明塑料薄膜等建立温室或塑料大棚，玻璃和塑料薄膜均能透过太阳辐射，同时它们又能阻止因地温升高所产生的长波辐射透出，同时避免冷空气的直接袭击，所以可提高地温。此法多用于苗床和蔬菜栽培。

(5) 覆盖　利用秸秆、草席、草帘等覆盖地面，可减少蒸发与散热，能防止地温下降与冷空气侵袭。还有用马粪、半腐熟厩肥覆盖地面，也能起到提高地温的作用。

(6) 设置风障与防风林　通过风障和防风林使风速降低，气流涡动减少，可减少土壤与冷空气的热交换，从而防止土温下降，风障在蔬菜栽培上采用较多。

复习思考题

1. 水分的类型有哪些？有效水的范围及其有效水的类型？
2. 何谓土壤的"夜潮"现象，对实际农业生产有何影响？
3. 根据实际生产情况，谈谈调节和保持土壤水分的措施有哪些？
4. 土壤空气组成有何特点？哪些因素影响土壤的通气性？
5. 土壤的热量变化对作物生长发育有哪些影响，如何调节土温以适应农作物生长发育？

第四章　土壤的形成、分布和分类

中国土地广阔，自然条件复杂，而且开发历史悠久，因此形成的土壤类型繁多，利用情况多样。为了更加合理地利用土壤和提高土壤肥力，促进农业生产不断发展，必须对土壤的形成、种类、分布和分区有所认识。

第一节　成土母质的形成

一、组成土壤的岩石

土壤母质是由矿物岩石经过风化而成。岩石按照形成方式不同，可把土壤及其他自然环境中的岩石分为三大类，即岩浆岩、沉积岩和变质岩。

岩浆岩：指地球内部岩浆侵入地壳或喷出地面冷凝结晶而形成的岩石，前者称侵入岩，后者称喷出岩。主要有花岗岩、流纹岩、闪长岩、辉长岩、玄武岩、橄榄岩等。组成岩浆岩的主要矿物有橄榄石、辉石、角闪石、黑云母、斜长石、正长石、石英等7种。岩浆岩特点是没有层次、不含化石及其他有机物质。大部分岩浆岩由于在形成时与地表的环境条件相差较大，当它们裸露在地球表层时，比较容易风化，在地表的含量相对较低。

沉积岩：是指由各种原先存在的岩石（岩浆岩、变质岩及原先的沉积岩）经风化、搬运、沉积后，重新固结而成的岩石。由于在沉积时可能有动植物的遗骸或生物新陈代谢的产物埋藏其内，这些物质在一定条件下可形成相应的化石。沉积岩的特点是除含有化石外，一般具有成层性，同时颗粒也较岩浆岩细小，不易风化，在土壤中的含量一般高于其他种类的岩石。

变质岩：变质岩是指地壳中原先存在的各种岩石，在地壳运动或岩浆活动的影响下，经高温高压的作用重新结晶形成的岩石。其特点是极易风化，在地表和土壤中含量较低。常见的有大理岩、片麻岩、片岩、板岩、石英岩等。它们在土壤中的主要类型及其性质见表4-1。

表 4-1　主要成土岩石的性质

类别	名称	矿物成分	风化特点和分解产物
岩浆岩	花岗岩	主要由长石、石英、云母组成	抗化学风化能力强，易发生物理风化，风化后易形成砂粒和黏粒，钾素含量高
	闪长岩	主要由斜长石、角闪石组成	抗风化能力弱，风化产物是土壤砂粒重要来源
	玄武岩	主要由斜长石、辉石组成	易风化，风化产物富含黏粒，养分含量高
沉积岩	砾岩	主要由粒径>2mm 的颗粒组成，颗粒多为石英	抗风化，风化产物含砂量高，养分缺乏
	砂岩	由粒径 2～0.1mm 的颗粒组成，颗粒多为石英、长石等	不同砂岩的抗风化不同，易风化砂岩的含黏粒高，养分丰富
	页岩	由粒径<0.1mm 的黏土矿物	易风化，其产物质地黏重，养分含量丰富
	石灰岩	主要成分为 $CaCO_3$	雨水多时易风化，产物质地黏重，有时呈碱性
变质岩	片麻岩	由花岗岩高温高压变化而来，成分也与其相同	风化特点与花岗岩相似，但风化能力弱于花岗岩
	千枚岩	由黏土矿物变化而来，云母含量高	易风化，其产物的质地黏重，养分含量丰富，钾素含量高
	板岩	由黏土矿物变化而来	较千枚岩抗风化，但其产物与页岩相似

二、岩石矿物的风化

岩石矿物的风化，是指在自然因素的作用下岩石矿物发生的物理和化学变化。它是土壤形成的第一阶段，且在土壤形成过程中不断进行。主要包括岩石由大块变成大小不等、形状各异的小颗粒、岩石中的部分离子和化合物溶解释放出来及新的矿物产生的过程。

风化作用分为物理风化、化学风化、生物风化三大类。而生物风化只有在生物因素作用下岩石矿物才发生物理和化学变化。

（1）物理风化　物理风化是岩石矿物在物理因素作用下，岩石、矿物破碎崩解成大小不同的颗粒而不改变其化学成分的过程。物理风化主要受水分、温度、风的影响，岩石在长期冻融交替、热胀冷缩的作用下，岩石发生机械破碎。为化学风化和生物活动奠定了基础。

（2）化学风化　化学风化是指岩石矿物在自然因素作用下发生的一系列化学分解作用。主要化学过程有氢原子进入其结构（水解作用）、加入水分子（水化作用）、得到或失去电子（氧化或还原作用）、溶解作用及碳酸化作用等。

溶解作用：矿物在水中溶解的过程。造岩矿物的溶解度大小顺序为：方解石＞白云石＞橄榄石＞辉石＞角闪石＞斜长石＞正长石＞黑云母＞白云母＞石英。如：1 份滑石可溶于110000 份水中。

水化作用：矿物与水相结合。

$$CaSO_4 + H_2O \longrightarrow CaSO_4 \cdot 2H_2O$$
（硬石膏）　　　　　　　（结晶石膏）

水解作用：矿物与水相遇，引起矿物分解并形成新矿物。

$$2KAlSi_3O_8 + H_2CO_3 \longrightarrow KHAl_2Si_6O_{16} + KHCO_3$$
（正长石）　　　　　　　（酸性铝硅酸盐）

$$KHAl_2Si_6O_{16} + H_2CO_3 \longrightarrow H_2Al_2Si_6O_{16} + KHCO_3$$
（游离铝硅酸）

$$H_2Al_2Si_6O_{16} + H_2CO_3 \longrightarrow H_2Al_2Si_2O_3 \cdot H_2O + CO_2$$
（高岭石）

氧化作用：二价铁氧化成三价铁。使许多矿物和岩石表面染成红褐色。

$$2FeS_2 + 2H_2O + 7O_2 \longrightarrow 2FeSO_4 + 2H_2SO_4$$
$$4FeSO_4 + 2H_2SO_4 + O_2 \longrightarrow 2Fe_2(SO_4)_3 + 2H_2O$$
$$Fe_2(SO_4)_3 + 6H_2O \longrightarrow 2Fe(OH)_3 + 3H_2SO_4$$

在化学作用过程中，水分起着关键的作用，一是以上所有反应均是在水中进行的，二是水能及时把化学风化形成的产物，即可溶性物质和小的颗粒物质迁移出去，使得化学变化不断继续下去。

化学风化的主要作用有：一是把原先固定在矿物结构中的无机养分释放出来，如钾、铁、镁、钙、铜、锌等，为植物的吸收利用创造条件；二是生成新的矿物，主要是黏土矿物，使土壤逐步积累黏粒；三是改变了母质和土壤的理化性质。一般来讲，随着风化程度的加强，土壤 pH 朝着下降的方向演化。

（3）生物风化　生物风化是指岩石在生物作用下进行的崩解和分解。包括直接引起的风化如地衣苔藓、植物根对岩石的直接破坏，间接引起的风化如生物放出 CO_2，光合作用产生 O_2。

在自然界中，三种风化同时并存互相影响互相促进各有侧重。岩石的风化为土壤的形成打下了基础，也为土壤的演化创造了条件。疏松多孔的风化产物更有利于生物的活动，溶解释放的养分使得更多的植物得以生长，植物的茂盛为微生物和土壤动物的活动提供了原料，黏粒的积累可使土壤产生一定的结构。养分的溶解释放也是物质的地质循环的一个重要环节。

三、主要成土母质

（一）母质的概念

母质是指经各种风化作用形成的疏松、粗细不同的矿物颗粒。它是岩石的风化产物，是形成土壤的基础物质。成土母质是土壤形成的物质基础。

（二）母质的形成与类型

（1）残积物　是指残留原地未经搬运的风化物。分布在山区较平缓的高地。其特点是风化物的层次薄，表层质地较细，往下渐粗，而过渡到岩石层。由于地势高，矿质元素及水分易淋失，因此在这种母质上发育的土壤，一般养分及水分较少，肥力不高。

（2）坡积物　是指山坡上部的岩石风化物在重力及雨水的联合作用下，搬运到山坡下部而成的堆积物，这种母质多分布于山坡下部。其特点是层次厚、粗细粒同时混存，无分选性，通气透水性较好，因它承受上面流来的养分、水分及较细的土粒，因此这种母质上形成的土壤肥力都比较高。

（3）洪积物　是山洪搬运的碎屑物质在山前平原地区沉积而成的，洪积物往往形成扇形，称洪积扇。其特点是在出口处沉积的物质较粗，层次也比较明显。因此，由扇顶到扇缘推移，形成的土壤由粗变细，肥力逐渐增高。

（4）冲积物　河水在流动过程中往往夹带泥沙，到达河流的中下游时，流速减缓，发生沉积，这样的沉积物称为冲积物。它们分布范围很广、面积大，所有江河两岸，在中下游都有这种母质分布，其特点是：①成层性。由于不同时期河流流速不一致，其搬运和沉积物质颗粒大小也不一致，这就造成了在一个地方上下层在质地上发生变化，而具有明显的成层性。②成带状。因流速不同，还有区域变化，上游粗、下游细，近河粗、离河远细。③成分复杂。矿物种类多，营养成分也较为丰富，近河流冲积物上往往可以形成很肥沃的土壤。

（5）湖积物　是由于湖泊静水沉积而成的母质质地较细主要是黏土，并且夹杂有湖水中生活的藻类和动物遗体，在寒冷地区，生物有机体分解较慢，湖滨的植物遗体常年累积，于湖底形成泥炭，沉积物中的铁质，在嫌气条件下，与磷酸结合成兰铁矿 $[Fe_3(PO_4)_2 \cdot 8H_2O]$，有时还有菱铁矿（$FeCO_3$），致使湖泥呈现青灰色。这是湖积物的一个重要特征。在干旱地区，湖水蒸发量大，使大量可溶性盐在湖泊中淀积下来，因此在湖积物中可能有盐类的结晶，如含量高时，须进行改良才好利用，湖积物经人工开垦后可以成为肥沃的农田。

（6）海积物　是海迁的海相沉积物，由海岸上升或海退露出水面而形成。滨海地区可见到。

（7）风积物　是由风力将其他成因的堆积物搬运沉积而成。多分布于西北、黄河一带。

（8）黄土及黄土状物质　是第四纪（为近一百万年地质年代）沉积物。其成因，有的认为是风力搬运堆积而成，也有的认为是水流搬运沉积而成，看法不一，比较复杂，尚未完全解决。

黄土的特征是层次厚（几十到几百米），淡黄或暗黄，质地细而均一，疏松多孔，通气性好，有直立性，富含碳酸钙，为中性至微碱性，在黄土母质上形成的土壤具有较高的肥力。

黄土状母质和黄土母质的性质基本相同，所不同的只是质地较黏，通透性差，有的有碳酸钙，有的没有，因此在黄土状母质上形成的土壤较黄土母质上的肥力差。

（9）红土母质　红土母质在我国东北、华北、西北的黄土及黄土状母质的地区有零星分布，而且都在黄土或黄土状母质的下部，当覆盖的黄土或黄土状母质被侵蚀掉以后，红土就会露出地表。红土母质层次深厚，质地黏细，红棕色，不易透水和保水，盐基含量低，呈酸性反应。因此，形成的土壤缺乏养分和水分。中国土壤的成土母质类型，总的来说，在秦岭、淮河一线以南地区多是各种岩石在原地风化形成的风化壳，并以红色风化壳分布最广。昆仑山、秦岭、山东丘陵一线以北地区，主要的成土母质是黄土状沉积物及沙质风积物。在各大江河中下游平原，成土母质主要是河流冲积物。平原湖泊地区的成土母质主要是湖积物。高山、高原地区除各种岩石的就地风化物外，还有冰碛物和冰水沉积物。

第二节　土壤的形成因素

20 世纪 40 年代，美国著名土壤学家詹尼（H. Jenny）在其《成土因素》一书中，补充和发展了道库恰耶夫的成土因素学说，提出了"土壤形成因素——函数"的概念：

$$S = f(cl, o, r, p, t \cdots)$$

式中，S 指土壤；cl 指气候；o 指生物；r 指地形；p 指母质；t 指时间；…号为其他尚没确定的因素，f 指函数。

在土壤学中，将影响土壤形成的各种自然条件，归纳为地形、气候、成土母质、植被、成土年龄等五大因素，称为成土因素。也就是说，地球陆地表面的任何一种土壤，都是在这五种因素的共同作用下形成的。但各因素的具体内容和特点不同，就形成各种各样的土壤。

一、成土母质因素

土壤是一个开放系统，那么母质就是这个物质和能量交换的开放系统的原始状态。也就是说，土壤是以母质为基础，不断地同动植物界，同气候因素（包括光、热、水分、空气），进行物质和能量的交换的过程中产生的。所以，母质在土壤形成过程中具有十分重要的作用。

土壤的机械组成主要是由母质的机械组成决定的。母质质地影响着渗透性、淋洗速度和胶体的迁移。在不同气候带和水热条件下，物质淋溶和沉积程度不同（图 4-1）。

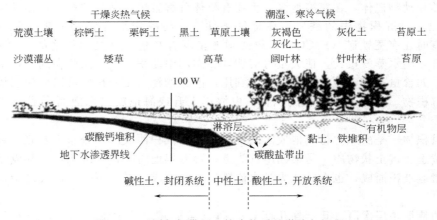

图 4-1　不同气候带下土壤中物质的淋溶与沉积

母质的矿物、化学成分影响着成土过程的速度、性质和方向。例如，在我国亚热带地区，在石灰岩上发育的土壤，因新的风化碎屑及富含碳酸盐的地表水源源不断流入土体，延缓了土壤中盐基成分的淋失和脱硅富铝化作用的进行，从而发育成较年幼的石灰（岩）土，而酸性岩上发育的则为红壤。

不同成土母质发育的土壤其矿物组成也有较大的差别。以原生矿物组成来说，基性岩母质发育的土壤含角闪石、辉石、黑云母等抗风化力弱的深色矿物较多，而酸性岩母质发育的土壤则含石英、正长石、白云母等抗风化力强的浅色矿物多。从黏粒矿物来说，母质不同也可产生不同的次生矿物。例如，在相同的成土环境下，盐基多的辉长岩风化物形成的土壤常含较多蒙脱石，而酸性花岗岩风化物所形成的土壤常可形成较多的高岭石。

母质的透水性对成土作用有显著影响。如湖积母质等，由于土壤内排水极度不良，往往引起土壤潜育化特征的发展，黏粒的垂直移动极少。在壤性母质中透水率适中时，最有利于当地各成土因素的作用，土壤的地带性定向发育，也最显明。

母质的层次性，往往可长期保存于土壤剖面构造中。例如，作为母质的河流冲积体，由于它们具有显明的质地层次性，所发育的土壤剖面，就带有原沉积层的土体构型的特征。

二、气候因素

气候决定着成土过程的水、热条件。它们在很大的程度上，控制着植物和微生物的生长，影响土壤有机物的积累和分解，决定着养料物质的生物学小循环的速度和范围。所以气候是土壤形成和发展的重要因素。

（1）气候与土壤的风化作用 在0℃以下时，土壤中的化学风化作用实际上趋于停顿，只是在0℃以上的温度，才促进土壤风化。因此，可根据日平均温度在0℃以上的天数，作为全年有效风化天数。土壤学家拉曼（Ramann）根据这种见解，提出了"风化因子"的概念，即风化因子＝风化天数×水解离度（表4-2）。根据这种见解，赤道高温带的风化强度约3倍于温带，而9～10倍于极地寒冷带，差异很大。因而热带和寒带的成土过程有很大差异。

表 4-2 拉曼的"风化因子"

气候带	年均土温/℃	水的相对解离度	风化天数(0℃以上)	"风化因子"值	
				绝对值	相对
极地	10	1.7	100	170	1
温带	18	2.4	200	480	2.8
赤道带	34	2.5	300	1620	9.5

（2）气候与土壤有机质的形成 有机物质的分解和腐殖化是湿度和温度共同影响的结果。由于各气候带水热条件的不同，造成植被类型的差异，导致土壤有机质的积累分解状况及有机质组成成分和品质的不同，其规律性甚为明显。一般地说，表土有机质及氮素含量，随大气湿度增高而增高。如在我国中温带地区自东而西；由黑土→黑钙土→栗钙土→棕钙土→灰钙土，随降水量的降低，有机质含量逐渐减少。但在一定温度范围内，随着温度的升高，土壤有机质的分解过程也加快。如在我国温带地区，自北而南，从棕色针叶林土→暗棕壤→棕壤→褐土，土壤有机质含量随温度的升高而减少。

（3）气候与土壤中物质的迁移 一般地说，土壤中物质的迁移是随着水分和热量的增加而增加。在温带，在碳酸盐发育的土壤，由于湿度有差别，土壤中K、Na的移动远比湿润带为小。故干旱区土壤富含K元素，且有Na盐积累，呈盐渍化现象，其土壤的β值很高（表4-3）。

表 4-3 温带不同湿润区的土壤中K、Na的淋溶值

气候带	土类	土壤标本数	K、Na淋溶值(β值)
半干旱到半湿润带	栗钙土、黑钙土型土	15	0.981±0.059
半干旱带	黑钙土型土	29	0.901±0.028
湿润带	森林灰化土	12	0.719±0.053

注：淋溶值$\beta＝(K_2O＋Na_2O)/Al_2O_3$；土壤分析用酸溶解法；土壤母质均为碳酸盐性沉积体。

钙质在土壤剖面中的移动也同湿度因素密切相关。在湿润森林气候带，母质中的$CaCO_3$

能在土壤形成过程中完全淋失；在半湿润到半干旱气候带，$CaCO_3$ 常向土体下部移动，而在剖面下部淀积为钙积层；在干旱带，如干草原或荒漠带，$CaCO_3$ 的移动量及迁移深度均很小，大部分沉积在原来位置，故干旱区的土壤，如我国大西北地区的黄土高原及荒漠的土壤，从表土起就普遍呈强石灰性反应。而我国东南部湿润季风气候区，即使母质为石灰岩，而所形成的土壤也不呈石灰性反应，甚至呈盐基高度不饱和状态。

（4）气候与土壤矿质组成　在我国温带湿润地区，硅酸盐和铝硅酸盐原生矿物缓慢风化，土壤黏土矿物一般以伊利石、蒙脱石、绿泥石和蛭石等 2∶1 型铝硅酸盐黏土矿物为矿物风化剧烈，土壤黏土矿物一般以二、三氧化物为主。在干旱区，土壤淋溶作用较弱，因此保留于土壤中的易溶性矿质成分及植物养料均丰富，见表 4-4 及表 4-5。

表 4-4　湿润区和干旱区土壤盐酸溶性的矿质组成　　　　单位：%

气候带	分析样品数	总量	SiO_2	Al_2O_3	Fe_2O_3	CaO	MgO	K_2O	Na_2O
干旱带	573	15.83	6.71	7.12	5.47	1.43	1.27	0.67	0.35
湿润带	696	30.84	4.04	3.66	3.88	0.13	0.29	0.21	0.14

注：用相对密度 1.115 的浓盐酸经 5d 消煮后的溶解量。

表 4-5　不同湿度区的土壤矿质养料含量　　　　单位：%

生物气候带	分析样品数	CaO	MgO	K_2O	F_2O_5
干旱带	318	2.65	1.20	0.71	0.21
湿草原带	215	1.09	0.51	0.43	0.18
湿润森林带	745	0.41	0.37	0.37	0.16

注：盐酸消煮法的分析结果。

（5）气候与土壤颜色　土壤颜色也会因为气候带的温度和湿度差异而不同。在冷湿带，土色以灰为主；在暖热半湿润带，常呈棕色至褐色；在湿热带，土色常呈赤色、棕红色或黄色。表土颜色和有机质含量相关性较大，表土有机质多，则呈黑灰色，但亚表土的基色则主要由铁、锰氧化物或氢氧化物的含量和分散度所决定。土温高、土壤内排水好，土壤中铁、锰物质的氧化及水化过程强烈发展，使土壤常显红、黄色，若排水不良，则因铁、锰被还原而呈青色。

三、地形因素

在成土过程中，地形是影响土壤和环境之间进行物质、能量交换的一个重要条件。地形的主要作用是影响母质在地表进行再分配和使土壤及母质在接受水热条件方面发生差异。

（1）地形与母质的关系　一般地讲，陡坡土壤薄，质地粗，养料易流失，土壤发育度低；缓坡地则与此相反。平原地形的土层较厚，它们在较大范围内的同一母质层的质地也是较均匀一致的。在干旱气候带，不同地形条件下的土壤盐渍化程度各不相同。

（2）地形对土壤接受水分的关系　在相同的降水条件下，平原、圆丘、洼地等不同地形接受降水的状况不同。在平坦的地形上，接受降水相似，土壤湿度比较均匀稳定；在斜坡地上，上坡径流水损失大，土壤渗吸水量少，土壤干湿变动幅度大。因此，这些不同地形部位的成土过程是不同的。

（3）地形对接受热量的关系　在北半球，南坡接受光热比北坡强，但南坡土温及湿度的变化较大；北坡则常较阴湿，平均土温低于南坡，因而影响土壤中的生物过程和物理化学过程。所以，一般情况下，南坡和北坡的土壤发育度及土壤发育类型，均有所不同。通常是：由岗地到洼地，土壤含水量由少到多，洼地的含水量比岗地约多一倍，土温则低 $2\sim3℃$。

（4）地形与土壤发育的关系　由于地壳的上升或下降，或由于局部侵蚀基准面的变化，不仅影响土壤的侵蚀与堆积过程，而且还会引起水文状况及植被等一系列的变化，从而使土壤形成过程逐渐改变，使土壤类型发生演替。例如，随着河谷地形的演化，在不同地形部位上可构成水成土壤（河漫滩，潜水位较高）——→半水成土壤（低级阶地，土壤仍受潜水的一定影响）——→地带性土壤（高阶地，不受潜水影响）发生系列。随着河谷的继续发展，土壤也相应地由水成土壤经半水成土壤演化为地带性土壤（图 4-2）。

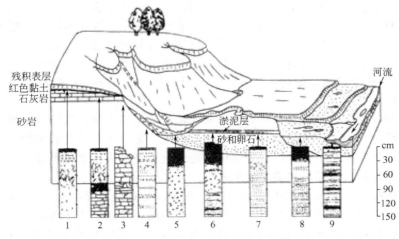

图 4-2　地形对土壤发育和分布的影响

四、生物因素

生物因素是影响土壤发生发展的最活跃因素。由于生物的生命活动，把大量的太阳能转化为化学能引进成土过程，使分散在岩石圈、水圈和大气圈中的营养元素有了向土壤聚积的可能，从而创造出仅为土壤所固有的肥力特性，并推动了土壤的形成和演化，所以从一定意义上说，没有生物的作用，就没有土壤的形成过程。

（1）植物对土壤形成的影响　植物的作用最重要的是表现在土壤与植物之间物质和能量的交换过程上。植物特别是高等绿色植物，把分散在母质、水体和大气中的营养元素选择性地吸收起来，进行光合作用，合成有机质，聚集在母质表层。然后，经过微生物的分解、合成、转化，使母质中的营养物质和能量逐渐地丰富起来，推动了土壤的发展。

不同植被类型有机残体的数量各不相同。一般说来，热带常绿阔叶林＞温带夏绿阔叶林＞寒带针叶林；草甸＞草甸草原＞干草原＞半荒漠和荒漠。大部分的植物有机质集中于土壤表层，但也有相当数量的新鲜有机质集中于根系，在总植物量中，根部有机质占 20％～30％，有些甚至于 90％。天然次生林植被地上生物量 C 贮量为 14.93～25.92t·hm^{-2}，根系为 6.50～7.55t·hm^{-2}；人工林地上为 11.97～45.39t·hm^{-2}，根系为 6.48～7.64t·hm^{-2}；农田和草地地上分别为 0.83t·hm^{-2} 和 1.09t·hm^{-2}，根系分别为 0.49t·hm^{-2} 和 1.61t·hm^{-2}。

（2）土壤微生物对土壤形成中的影响　微生物对土壤形成发展的作用，可概括为四个方面：①分解有机质，释放各种养料；②合成土壤腐殖质，发展土壤胶体性能；③有的还能固定大气中的游离氮素，从而创造土壤中氮素化合物，使母质或土壤中增添了氮素营养物质；④转化矿质养料，使某些矿质养料元素，如磷、硫、钾等，能被植物吸收利用。总之，微生物与森林、草甸、草原和各种农作物及土壤动物一起，构成了一个完整的土壤生态体系，参与了氮素和矿质养料循环，能量转化，水热平衡等过程，成为这个生态体系中的重要一员，在成土过程和肥力发展中，起着多种多样的、不可代替的重要作用。

（3）土壤动物对土壤形成的影响　土壤动物区系的种类众多，数量大。土壤动物一方面以其遗体增加土壤有机质，一方面在其生活过程中搬动和消化别的动物和植物有机体，使之拌和于土壤中,并分解其有机质,引起土壤有机质的不断变化。土壤动物种类的组成和数量在一定程度上是土壤类型和土壤性质的标志,并可作为土壤肥力的指标。

五、时间因素

土壤形成的母质、气候、生物和地形等因素的作用程度或强度,随着时间的进展而不断地变化发展。土壤年龄分为绝对年龄和相对年龄两种。绝对年龄是指该土壤在当地新鲜风化层或新母质上开始发育时算起迄今所经历的时间,通常用年来表示。可以通过地质学上的地层对比法、孢粉分析法、放射性 ^{14}C 测定法等进行近似测算;相对年龄则是指土壤的发育阶段或土壤的发育程度,无具体年份,一般用土壤剖面分异程度加以确定,在一定区域内,土壤的发生土层分异越明显,剖面发育度就高,相对年龄就大;反之相对年龄小。通常所谓的"土壤年龄"是指相对年龄。原地残积风化物上形成的土壤,年龄一般都较大,冲积物上的土壤则年龄较轻。

以上所说的五大成土因素,并不是各自孤立地去作用于土壤,而影响土壤形成的方向和土壤性质。相反,它们之间也在相互影响,相互作用,是以他们综合起来的特点去制约土壤形成方向。除了自然成土因素外,人为作用也是影响土壤形成的重要因素。

六、人为因素对土壤形成和演变的影响

人为因素相在土壤形成过程中具有独特的作用,与其他自然因素有着本质的不同。第一,人类活动对土壤的影响是有意识、有目的、定向的。通过生产实践活动,人类在逐渐认识土壤发生发展客观规律的基础上,掌握利用客观规律,利用和改造土壤,定向培肥土壤,使土壤肥力特性发生巨大变化,朝着更有利于农业生产需要的方向发展,其演变速度远远大于自然演化过程。人类活动通过改变某一成土因素之间的对比关系来影响、控制土壤发育的方向。第二,人类活动受着社会制度和社会生产力的制约。在不同的社会制度和不同的生产力水平下,人类活动对土壤的影响及其效果有很大的不同。第三,人类活动对土壤的影响具有两重性,可以产生正效应,提高土壤肥力;也可产生负效应,造成土壤退化。如乱砍滥伐与陡坡开垦造成水土流失;大量施用农药和污水灌溉,造成土壤中有害物质的残留;掠夺式经营,造成土壤肥力减退;此外,通过耕作、施肥、施石灰、掺客土等农业措施,可直接影响土壤发育以及土壤的物质组成和形态变化。

因此,在人类活动起主导作用的情况下,土壤的发生发展过程便进入了一个新的、更高级的阶段,即开始了农业土壤的发生发展过程。充分发挥人类活动的积极因素,定向培肥,促使土壤肥力水平向提高的方向发展。

第三节　土壤形成过程

一、土壤形成的基本规律

(1) 地质大循环过程　地表裸露岩石,受太阳辐射能及大气降水作用进行风化,形成疏松多孔的母质,岩石不仅在形态上和性质上受到了改造,同时也把大量矿质养分元素释放出来,它们经受大气降水的淋洗,或渗入地下水或受地表径流的搬运作用,最终流归海洋,经过长期的地质变化,成为各种海洋沉积物,以后由于地壳运动或海陆变迁,露出海面又成为岩石,并再次进行风化,成为新的风化壳——母质的过程。这个需要时间极长而涉及范围极广的过程,称为物质的地质大循环(图 4-3)。

岩石风化作用的结果,导致了原生矿物的破坏和次生矿物的形成,特别是形成了大量的黏土矿物,这是土壤的基本组成部分之一。由于风化产物中原生矿物的破坏,导致了矿物质养分的释放,并初步发展了对空气的通透性和一定水分吸收保蓄性。

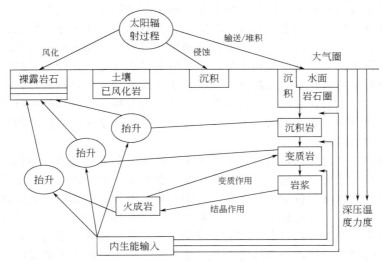

图 4-3　地质大循环的基本过程

（2）生物小循环过程　植物通过根系吸收土壤中的养分，供自身的生长利用。植物死亡后有机残体积累在土壤表面，经微生物分解，一部分转化为热能和矿质养分，供植物生长发育再利用，另一部分有机质转化为腐殖质，使矿质养分及氮素在土壤中累积起来。这样，在有机质的不断分解和合成过程中，腐殖质不断得到累积，改善了土壤的物理性质和化学性质，使土壤的通透性和保蓄性的矛盾得到了统一，促进土壤肥力的形成和发展，形成了能满足植物对空气、水分、养料需要的良好环境。生物小循环过程需要的时间较短、范围较小，可促进植物养料元素的积累，使土壤中有限的植物营养元素得到无限的利用。

（3）地质大循环与生物小循环的关系　生物小循环是在地质大循环的基础上发展起来的，没有地质大循环，就没有生物小循环，没有生物小循环，仅地质大循环，土壤就难以形成；地质大循环和生物小循环共同作用是土壤发生的基础。在土壤形成过程中，两种过程是相互渗透和不可分割地同时同地进行着；地质大循环的总趋势是植物养分元素的释放、淋失过程，而生物小循环则是植物养分元素的积累过程，它为养分元素利用的创造各种途径；地质大循环具有初步的通透性和一定的保蓄性，但未能创造符合植物生长所需要的良好的水、肥、热条件。生物小循环可以积累一系列生物所必需的养料元素，发生并形成土壤的肥力，最终形成土壤。

二、土壤主要成土过程

土壤是各种成土过程综合作用的结果，根据土壤形成中物质、能量的交换、迁移、转化、累积的特点，土壤形成的主要成土过程有以下几个方面。

（1）原始成土过程　这是岩石风化或成土过程的起始阶段。从岩石露出地面有微生物着生开始到高等植物定居之前形成的土壤过程称为原始成土过程，它是土壤形成作用的起始点。根据过程中生物的变化，可把该过程分为三个阶段：首先是"自养型微生物"阶段如绿藻、硅藻及其共生的固氮微生物，将许多营养元素吸收到生物地球化学过程中；其次为"地衣"阶段，各种异养型微生物，如细菌、黏液菌、真菌、地衣共同组成的原始植物群落着生于岩石表面与细小孔隙中，通过生命活动促使矿物进一步分解，使土壤和有机质不断增加；第三阶段是"苔藓"阶段，生物风化与成土过程的速度大大加快，为高等绿色植物的生长准备了物质条件。在高山冻寒气候条件的成土作用主要以原始成土过程为主。

（2）有机质聚积过程　它是土壤形成中最为普遍的一个成土过程。有机质积累过程的结果，使土体发生分化，往往在土体上部形成一暗色的腐殖质层。有机质在土体中的聚积，是生物因素（主要是植物）在土壤中发展的结果。但生物创造有机质及其分解和积累，又受大气的水、热条件及其他成土因素联合作用的影响，所以，有机质积聚的特点也各不相同。

在森林植被条件下，土壤中进行的是粗腐殖质化过程，其腐殖酸以富里酸为主，腐殖质层也较薄。在草原条件下，由于气候干旱，草类的有机质年增长量较少，且矿化度较大，但仍有一定量腐殖质聚积；在草甸植被下，由于地下水及其带来的丰富养料，草本植物枯死归还的有机质量很高，它们在湿润的草甸土壤中，易于进行嫌气分解而聚积腐殖质。在过湿条件下，不被矿化或腐殖质化，而大部分形成了泥炭，其吸水量大，有机物的分解度低，有时可保留有机体的原状组织。

（3）黏化过程　黏化过程是指土体中黏土矿物的生成和聚集过程。但黏粒的形成，不仅仅由于物理性的破碎及化学分解，它还包括矿物分解产物的再合成作用，即次生矿物的形成作用。另一方面，黏化过程包括残积黏化和淀积黏化。前者主要是指原生矿物进行土内风化形成的黏粒，未经迁移，原地积累所导致的黏化。后者是指在风化和成土作用形成的黏粒，受水分的机械淋洗，而迁移到一定深度的土层中聚集，从而使该土层的黏粒含量增加，质地变黏；黏化过程的结果，往往使土体的中、下层形成一个相对较黏重的层次，称黏化层。

（4）钙积和脱钙过程　钙积过程是指碳酸盐在土体中的淋溶、淀积过程。在干旱、半干旱气候条件下，由于土壤淋溶较弱，大部分易溶性盐类被降水淋洗，钙、镁部分淋失，部分残留在土壤中，土壤胶体表面和土壤溶液多为钙（或镁）饱和。土壤表层残存的钙离子与植物残体分解时产生的碳酸结合，形成溶解度大的重碳酸钙，在雨季随水向下移动，到一定深度，由于水分减少和二氧化碳分压降低，重新形成碳酸钙淀积于剖面的中部或下部，形成钙积层。与钙积过程相反，在降水量大于蒸发量的生物气候条件下，土壤中的碳酸钙将转变为重碳酸钙溶于土壤水而从土体中淋失，称为脱钙过程，使土壤变为盐基不饱和状态。

（5）盐化和脱盐化过程　盐化过程是指各种易溶性盐分在土壤表层和土体上部聚集，形成盐化层的过程。土壤积盐是干旱少雨气候带及高山寒漠带常见的现象，特别是在暖温带漠境，土壤积盐最为严重。在滨海地区，因海水含盐量高，通过海水浸淹或海滨盐化的地下水上升，也可造成土壤积盐。干旱带及高山寒漠带的土壤积盐过程，一般认为由于降水少，淋溶作用弱，而且蒸发量大，使基岩或母质风化释出的易溶盐，不能被洗出土体，而积聚起来；或因其矿化度较高的地下水，通过土壤毛管上升至土壤表层，水分不断蒸发，盐分残留于表土，可造成表土严重积盐。

盐化土壤中的易溶性盐，可以通过灌水淋洗，结合开沟排水和降低地下水位等措施，使易溶盐含量下降到一定程度而使土壤脱盐。这一过程称为土壤脱盐过程。

（6）碱化和脱碱化过程　碱化过程是指土壤吸收性复合体为钠离子饱和的过程，又称为钠质化过程。交换性钠占阳离子交换量的20%以上，土壤呈强碱性反应pH＞9。同时，这种土壤黏粒高度分散，湿时泥泞，干时收缩固结为硬块，土体内闭结，少大孔隙，植物扎根困难。碱化过程发展的特点是：土壤中易溶盐处于淋溶状态，使之集中在碱化层以下，而表土含盐量很低。另一方面，在表土以下形成柱状碱化层；在碱化层土壤溶液中，含有一定量的苏打（Na_2CO_3），因此，不含或含少量易溶盐和呈强碱性反应是碱土的突出特征。

脱碱化过程是指通过淋洗和化学改良，使土壤碱化层中的钠离子及可溶性盐类减少，胶体的钠饱和度降低的过程。包括自然和人为因素脱碱过程。

（7）灰化过程　灰化过程是指土壤表层三、二氧化物及腐殖质淋溶、淀积而二氧化硅残留的过程。灰化过程是湿润森林带普遍存在的成土过程。主要发生在寒温带、寒带针叶林植被条件下，其残落物中富含脂、蜡、单宁等的酸性有机分解产物，其灰分贫乏盐基性元素，又因其残落物疏松多孔，有利于渗漏降水，故可导致强烈的酸性淋溶。残落物经微生物作用后产生酸性很强的富里酸及其他有机酸。这些酸类物质作为有机络合剂，不仅能使表层土壤中的矿物蚀变分解，并与析出金属离子结合为络合物，使铁、铝等发生强烈的络合淋溶作用而淀积于下部，而二氧化硅则残留在土体的上部，从而在亚表层形成一个灰白色淋溶层次，称灰化层。

（8）富铝化过程　它是湿热气候带而又有一定的干湿季分异的地带性土类（富铝化土壤）的主要成土过程。砖红壤、红壤、黄壤等土类的发生，都反映了不同程度的富铝化过程。

富铝化过程是指土体中脱硅、富铁铝的过程。在湿热的生物气候条件下，原生铝硅酸盐矿物发生强烈的水解，释放出盐基物质，使风化液呈弱碱性，可溶性盐、碱金属和碱土金属盐基及硅酸大量流失，从而造成铁铝在土体内相对富集的过程。铝又与易被还原的铁、锰两元素不同，它不受还原作用的影响而移动。因此它包括两方面的作用，即脱硅作用和铁铝相对富集作用。所以一般也称为"脱硅富铝化"过程。

（9）潜育化和潴育化过程　潜育化过程指的是土体中发生的还原过程。土壤潜育化是指土壤受积滞水分的长期浸渍，在易分解的有机物还原影响下，使土壤及积滞水的 Eh 值下降，土壤矿质中的铁、锰处于还原低价状态，从而形成一颜色呈蓝灰或青灰色的还原层次，称为潜育层。潜育化过程可出现于沼泽土，也可出现于地下水位高及排水不良的水稻土中，往往发生在土体的下部。

潴育化过程是指土壤形成中的氧化-还原过程。潴育化过程和潜育化过程共同之点是：它们都是渍水影响下发生的。但潴育化是指地下水位常呈周期性的升降，土体中干湿交替比较明显，使土壤中氧化还原反复交替，从而引起土壤中变价的铁锰物质淋溶与淀积，结果在土体内出现锈纹、锈斑、铁锰结核和红色胶膜的土层，称为潴育层。

（10）白浆化过程　白浆化过程是指土体中出现还原游离铁、锰作用而使某一土层漂白的过程。在较冷凉湿润地区，由于质地黏重、冻层顶托等原因易使大气降水或冻融水常阻于土壤表层，引起铁锰还原并随渗水漂洗出上层土体，这样，土壤表层逐渐脱色，形成一个白色土层——白浆层。因此，白浆化过程也可说成是还原性漂白过程。

（11）熟化过程　土壤熟化过程是指耕种土壤兼受自然因素和人为因素的综合影响下进行的土壤发育过程。其中，人为因素又往往处于主导地位。熟化过程的内容，一般是指在人为因素影响下土壤所发生的三方面变化：即土体构型的改变；土壤中存在的作物生长障害因素的消除；土壤水、气、热状况以及养料的调剂与补充。通常把旱作条件下的定向培肥熟化过程称为旱耕熟化过程，而把淹水耕作的定向灌排、培肥土壤的过程称为水耕熟化过程。

（12）退化过程　退化过程是指因自然环境不利因素和人为利用不当而引起土壤肥力下降、植物生长条件恶化和土壤生产力减退的过程。

三、土壤类型分化及土壤剖面发育

（一）土壤类型的分化

在土壤发生演变的历史过程中，会形成各种各样的土壤类别，这就是土壤类型分化的必然性，也是土壤多样性以及不同土壤可以出现在较小的地段或地理范围的原因。由于土壤发生发育的程度不同，所处的地理范围不同，土壤可以不同类型或形态出现。这就是土壤类型分化的根本原因。

（二）土壤剖面的发育

土壤剖面随土壤类型的分化，显示其各自特征。在鉴定土壤类别时，对土壤剖面构造或土体构型的观测，就成为不可缺少的手段。

（1）土壤剖面　土壤剖面是一个具体土壤的垂直断面，一个完整的土壤剖面应包括土壤形成过程中所产生的发生学层次以及母质层。

（2）土壤发生层　土壤形成过程中所形成的剖面层次称为土壤发生层，它们与残留于土壤剖面中的母质的层次性具有根本的不同，应区别开来。作为一个土壤发生层，至少应能被肉眼识别。识别土壤发生层的形态特征主要有颜色、质地、结构及新生体等。土壤发生层分化愈明显，即上、下土层之间差异愈大，表示土体的非均一性愈显著，土壤的发育度愈高。

（3）土体构型　土体构型是指各土壤发生层有规律的组合、有序的排列状况，也称为土壤剖面构型，是土壤剖面最重要特征。各种土体构型是由特定的、并有内在联系的发生层所组成，它是我们鉴别土壤分类单元的基础。

在野外对土壤剖面进行逐层的观察，记载土壤性态变化，就构成一个完整的土壤剖面实体的全貌变化。从这些变化中，可以具体了解土壤中物质移动积累的实况。因此，土层变化；从上自下的相互联系，就构成一个土壤个体的基本性状。

（三）土壤发生层的划分

我国近年来在土壤调查和研究中也趋向于采用国际土壤学会提出 O、A、E、B、C、R 土层命名法。主要发生层的含义阐述如下（如图4-4）。

（1）覆盖层　代号 A_0（国际代号为 O）。此层为枯枝落叶所组成。在森林土壤中常见。厚度大的枯枝落叶层可再分为两个亚层：其上部为基本未分解的，保持原形的枯枝落叶，代号 A_{00}；下部为已腐烂分解，难以分辨原形的有机残体，代号 A_0。覆盖层虽不属于土体本身，但对土壤腐殖质的形成、积累以及剖面的分化有重要作用。

（2）淋溶层　代号 A（国际代号 E）。这一层由于其中水溶性物质和黏粒有向下淋溶的趋势，故叫淋溶层，包括两个亚层：

① 腐殖质层。代号 A_1（国际代号为 A）。自然界中无 A_0 层的土壤，这一层就是表土层。植物根系、微生物最集中，有机质积累较多，故颜色深暗；腐殖质与矿质土粒密切结合，多具有良好的团粒或粒状结构，土体疏松，养分含量较高，是肥力性状最好的土层。

② 灰化层。代号 A_2（国际代号为 E）。这一层由于受到强烈的淋溶，不仅易溶盐类淋失，而且难溶物质如铁、铝以及黏粒也向下淋溶，使该层残留的是最难移动的石英，故颜色较浅，常为灰白色，质地较轻，养分贫乏，肥力性状最差。不同地带性土壤淋溶作用强弱不同，这一层森林土壤较明显，草原土壤和漠境土壤则无。

（3）淀积层　代号 B（国际代号为 B），位于 A 层之下，常淀积着由上层淋溶下来的黏粒和氧化铁、锰等物质，故质地较黏，颜色一般为棕色，较紧实，常有大块状或柱状结构。

（4）母质层　代号 C（国际代号为 C），为岩石风化的残积物或各种再沉积的物质，未受成土作用的影响。这一层还可能有碳酸钙聚积层（代号 C_C）、硫酸钙聚积层（代号 C_S）、潜育层（代号 G）等。

（5）基岩层　代号 D（国际代号为 R），是半风化或未风化的基岩。由于自然条件和发育时间、程度的不同，土壤剖面可能不具有以上所有的土层，其组合情况也可能各不相同。例如，发育时间很短的土壤，剖面中只有 A—C 层，或 A—AC—C 层；坡麓地带的埋藏剖

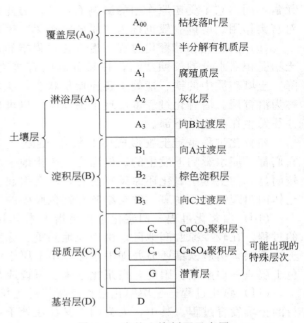

图 4-4　自然土壤剖面示意图

面可能出现 A—B—A—B—C 层的形式；受侵蚀的地区，表土冲失，产生 B—BC—C 层的剖面；只有发育时间长，又未受干扰的土壤才有可能出现完整的 A_0—C—B—C 式的剖面。

（四）土壤发生层特征的划分

主要发生层按其发生上的特定性质可进一步分为一系列特定发生层。它用大写英文字母之后附加一个或两个英文小写字母做后缀表示，很少使用三个小写字母。主要发生层附加符号表示如下。

c：中心结核或硬质，团聚结核。主要指铁、铝、锰质结核，不包括硅质、石灰质或更加易溶性盐类所形成的结核，如 B_{ck}，C_{cs}。

g：因氧化还原交替而形成的锈斑纹，如 B_g、B_{tg}、C_g。

h：有机质在矿质层中的聚积，如 A_h、B_h。

k：碳酸钙的聚积，如 B_k。

n：交换性钠的聚积，如 B_{tn}。

p：耕作层 A_p。

q：硅因淀积而聚积，如 C_{qm}。

s：有斑纹、胶膜和结核等铁锰新生体聚积，如 B_s。

t：黏粒淀积，如 B_t。

y：石膏聚积，如 C_y、B_y。

z：易溶盐积，如 A_z。

（五）农业土壤的层次划分

农业土壤的土体构造状况，是人类长期耕作栽培活动的产物，它是在不同的自然土壤剖面上发育而来的，因此也是比较复杂的。在农业土壤中，旱地和水田由于长期利用方式、耕作、灌排措施和水分状况的不同，明显地反映出不同的层次构造。如图 4-5 所示。

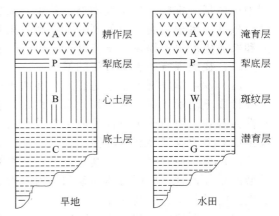

图 4-5　农业土壤剖面示意图

1. 旱地土壤的剖面层次

旱地土壤一般可分耕作层、犁底层、心土层和底土层。

（1）耕作层（A）　又称表土层或熟化层，这是耕作土壤的重要发生层之一，是受人类耕作生产活动影响最多的层次。有机质含量高，颜色深，疏松多孔，理化生物性状好。

（2）犁底层（P）　位于耕作层之下，与耕作层有明显的界限，有机质含量显著降低，颜色较浅，由于长期受农机具压力的影响，土层紧实，呈片状或层状结构。

（3）心土层（B）　位于耕层或犁底层以下，此层受上部土体压力较紧实，有不同物质的淀积现象。受大气和外界环境条件影响较弱，温度湿度比较稳定，通透性较差，微生物活动微弱，有机质含量低，物质转化移动都比较缓慢。但该层是土体中保水保肥的重要层次，也是作物生长后期供应水肥的主要层次。

（4）底土层（C）　位于心土层以下，受外界气候、作物和耕作措施的影响很小，但受降雨、灌排和水流影响仍很大。底土层的性状对整个土体水分的保蓄、渗漏、供应、通气状况、物质转运、土温变化都仍有一定程度的影响。

2. 水田土壤的层次构造

水田土壤由于长期种植水稻，受水浸渍，并经历频繁的水旱交替，水耕水耙和旱耕旱耙交替，形成了不同于旱地的剖面形态和层次构造。一般水田土壤可划分为：耕作层（淹育层），代号 A；犁底层，代号 P；斑纹层（潴育层），代号 W；青泥层（潜育层），代号 G 等土层。

农业土壤的层次分化是农业土壤发育的一般趋势，由于农业生产条件和自然条件的多样性，致使农业土壤的土体构型也呈复杂状况，有的层次分化明显，有的则不明显或不完全。各层厚度差异也较大，因此田间观察时，应据具体情况进行划分。

在野外观察土壤剖面时，分层描述主要包括层次划分和厚度、土壤颜色、质地、结构、紧实度、孔隙状况、干湿度、土壤新生体、土壤侵入体。

第四节　土壤的分类和分布规律

一、土壤分类的目的和意义

所谓土壤分类是指根据土壤性质和特征对土壤进行分门别类。土壤分类是认识土壤的基础，是进行土壤调查、土地评价、土地利用规划和因地制宜推广农业技术的依据。由于土壤形成因素和土壤形成过程的不同，自然界的土壤是多种多样的，它们具有不同的土体构型、内在性质和肥力水平。

土壤分类的目的，在于阐明土壤在自然因素和人为因素影响下发生、发展的规律。指出各土壤发育演变的主导过程及次要过程，揭示成土条件、成土过程和土壤属性之间的必然联系，据此确立土壤发生演化的系统分类表，也就是建立一个符合逻辑的多级系统，每一个级别中可包括一定数量的土壤类型，从中容易寻查各种土壤类型，将有共性的土壤划分为同一类。根据土壤分类表反映的肥力水平和利用价值，为合理利用土壤、改造土壤，提高土壤肥力和农业生产水平提供科学依据。

二、我国现行的土壤分类的原则

（1）发生学原则　土壤是客观存在的历史自然体。土壤分类必须贯彻发生学原则，即必须坚持成土因素、成土过程和土壤属性相结合作为土壤发生学分类的基本依据，但应以土壤属性为基础，因为土壤属性是成土条件和成土过程的综合反映，只有这样才能最大限度地体现土壤分类的客观性和真实性。

（2）统一性原则　在土壤分类中，必须将耕作土壤和自然土壤作为统一的整体进行土壤类型的划分，具体分析自然因素和人为因素对土壤的影响，力求揭示自然土壤与耕作土壤在发生上的联系及其演变规律。

（3）辩证地看待和运用土壤地带性学说　土壤所处的环境是一个完整的统一体，表现在土壤发生类型、性状与生物气候条件的协调性上，就是通常所说的土壤地带性规律。

在运用土壤地带性规律时，首先应对具体所观察研究的土壤性状做深入的分析，从土壤本身属性及其特征方面确定是否足以反映土壤的地带性特征；方可确立某些土壤类型属于地带性规律。正确的观点是既承认土壤的地带性，也应重视不符合地带性规律的各土壤性状，切不可只根据生物气候条件，不做土壤性状的具体分析就确定土壤的地带性的做法。

三、土壤的分类系统

我国现行土壤分类系统，是在 1992 年汇总第二次全国土壤普查成果时而拟定的《中国土壤分类系统》，从上至下采用土纲、亚纲、土类、亚类、土属、土种、变种七级分类单元，其中土纲、亚纲、土类、亚类属高级分类单元，土种为高级分类中的基本单元；土属为中级分类单元，土种为基层分类的基本单元。

（1）土纲　土纲是最高级土壤分类级别，是土壤重大属性的差异和土类属性的共性的归纳和概括，反映了土壤不同发育阶段中，土壤物质移动累积所引起的重大属性的差异。把这一特性的土壤（砖红壤、赤红壤、红壤和黄壤等）归结在一起成为一个土纲。我国共分 12 个土纲。

（2）亚纲　亚纲是在同一土纲中，根据土壤形成的水热条件和岩性及盐碱的重大差异来划分。如淋溶土纲分成湿暖淋溶土亚纲、湿暖温淋溶土亚纲等。

（3）土类　土类是高级分类的基本单元。土类是根据成土因素、成土过程和由此发生的土壤属性来划分。同土类的土壤，应具有相同的成土条件及主导的成土过程，它们必然具有某些突出的共同属性。土类之间，不论在发生发展过程上，或形态和属性上，都有质的区别。

（4）亚类　亚类是反映土类范围内的较大差异性。亚类是土类范围内的进一步划分，反映主导成土过程以外，还有其他附加的成土过程。一个土类中有代表它典型特性的典型亚类，即它是在定义土类的特定成土条件和主导成土过程作用下产生的；也有表示一个土类向另一个土类过渡的亚类，它是根据主导成土过程之外的附加成土过程来划分的。

（5）土属　土属是亚类和土种两个分类级的接应单元，有承上启下的分类学意义。土属主要根据成土母质的成因、岩性及区域水分条件等地方性因素的差异进行划分的。

（6）土种　土种是土壤基层分类的基本单元。是以土类的特定"土体构型"为基础的基层分类单元。可根据土层厚度、腐殖质厚度、盐分含量多少、淋溶深度、淀积程度等这些量或程度上的差别划分土种。

（7）变种　变种又称亚种，它是土种的辅助分类单元，是根据土种范围内由于耕层或表层性状的差异进行划分。如根据表层耕性、质地、有机质含量和耕作层厚度等进行划分。中国土壤分类系统的高级分类单元主要反映了土壤发生学方面的差异，而低级分类单元则主要考虑到土壤在其生产利用方面的不同。

中国土壤分类系统采用连续命名与分段命名相结合的方法。土纲和亚纲为一段，以土纲名称为基本词根，加形容词或副词前缀，构成亚纲名称，即亚纲名称是连续命名，如钙层土土纲中的半干旱温钙层土，含有土纲与亚纲名称；土类和亚类又成一段，以土类名称为基本词根，加形容词或副词前缀，构成亚类名称，如白浆化黑土、石灰性褐土。而土属名称不能自成一段，多与土类、亚类连用，如黄土状石灰性褐土是典型的连续命名法。土种和变种也不能自成一段，必须与土类、亚类、土属连用，如黏壤质（变种）厚层黄土性草甸黑土，但各地命名方法情况有所差别。

四、我国土壤的分布规律

（一）土壤分布与地理空间的关系

土壤作为"历史自然体"，是特定的历史地理因子的产物，它的形成、发展和变化与地理环境密切相关，土壤类型多随着空间转移而变异，因此，土壤分布具有规律性，它是以三维空间（按经、纬、高三个方向）形态存在的。

土壤地带性分布是土壤随地表水分和热量的分化呈带状配置的特性。土壤带是三维空间成土因素的函数：$S = f(W, J, G)$。

S 表示土壤的分布情况，W、J、G 分别表示纬度、经度和海拔高度的变化。在一定的区域范围内，土壤分布主要受某个因素的控制，则可相对地划分相应的纬度地带性、经度地带性和垂直带性，其函数式为：

$$S_1 = f(W)，纬度地带性$$
$$S_2 = f(J)，经度地带性$$
$$S_3 = f(G)，垂直带性$$

土壤带组合型式分别称为纬度地带谱、经度地带谱和垂直带谱。以发生学分类制的土壤分类单元来分析土壤分布的地带性规律，较易获得明晰的认识。

（二）土壤分布的规律性

地球陆地表面上的各种土壤是各种成土因素综合作用下的产物，在地球陆地表面，一方面由于在不同纬度上，接受太阳辐射能不同，从两极到赤道，呈现出寒带，寒温带、温带、暖温带、亚热带和热带等有规律的气候带；另一方面，由于海陆的分布，地形的起伏，又引起了同一气候带内水热条件的再分配。如离海洋越远，降水量越少，蒸发量越大，气候越干旱，大陆性越显著。在山区，随着海拔的升高，温度和降水也会发生变化。这些水热条件的差异，必然产生出与之相适应的不同植被类型（主要包括植物和微生物），并呈现地理分布的规律性。而生物气候条件在地理上的规律性分布，就必然造成自然土壤有规律的地理分布。

土壤带是土壤分布地理规律性的具体表现，是地球表面土壤呈规律性分布的现象。土壤地带性包括土壤水平地带性、土壤垂直地带性和土壤区域地带性。

1. 土壤水平地带性

它是指土壤分布与热量的纬度地带性和湿度的经度地带性的关系，但大地形（山地、高原）对土壤的水平分布也有很大的影响。

（1）土壤纬度地带性 是指土壤带和纬度基本上平行的土壤分布规律。随地球接受太阳辐射能自赤道向两极递减，所有的岩石风化、植被景观也都呈现出有规律的变化，使土壤的形成发育也相应发生这种沿纬度有规律的变化，从而使土壤的分布表现出明显的纬度地带性。

（2）土壤分布的经度地带性 是指土壤带和经度基本上平行的土壤分布规律。由于距离海洋的远近及大气环流的影响而形成海洋性气候、季风气候以及大陆干旱气候等不同的湿度带，这种湿度带基本平行于经度，而土壤亦随之发生规律的分布，称之为土壤经度地带性。

我国土壤水平地带性分布规律，主要是受水热条件的控制。我国的气候具有明显的季风特点，冬季受西北气流控制，寒冷干燥，夏季受东南和西南季风的影响，温暖湿润。因此，热量由南向北递减，湿度由西北向东南递增，由北而南依次表现为寒温带、温带、暖温带、亚热带、热带。由于各热量带的分布，在我国东部大陆上，土壤水平带由北而南顺次排列着：暗棕壤（黑龙江吉林为主）→棕壤（辽宁及山东半岛）→黄棕壤（江苏、安徽、豫西、鄂、湘等）→红壤（长江以南）→砖红壤（南岭以南，包括台湾省）。我国大陆由东向西部大陆内部的大气湿度渐减，干燥度渐增，由东南向西北则出现湿润、半湿润、半干旱和干旱4个地区。其水平土壤带依次为暗棕壤（黑龙江）→黑钙土（黑龙江大兴安岭西侧起）→栗钙土（内蒙、宁夏）→棕钙土（甘肃）→灰漠土（河西走廊、新疆及宁夏一部分）、漠境土壤（塔里木、柴达木等盆地）等干旱环境土壤带。

2. 土壤垂直地带性

土壤垂直地带性是指土壤随地势的增高而发生的土壤演替规律。在一定高程限度以内，随着地形海拔高度的增加，水热条件发生有规律的变化，温度随之下降，湿度随之增高，植被及其他生物类型也发生相应改变。在这种因山体的高度不同引起生物-气候带的分异所产生的土壤带谱，就称为土壤垂直带。

山地土壤由基带土壤自下而上依次出现一系列不同的土壤类型，构成整个山地土壤垂直带谱。山体的大小与高低、山地所在的地理位置、坡向与坡度等都影响着土壤的发育分布，因而土壤的垂直地带谱的类型和结构是复杂多样的。

土壤的垂直带谱因山体所处的气候带不同而有差异。如热带的五指山的垂直带谱是：砖红壤→山地红壤或砖红壤性红壤→山地黄壤。在湿热的热带、亚热带气候区，垂直带谱由下而上是砖红壤和红壤带→黄壤和灰化黄壤带→黄棕壤和棕壤带→暗棕壤或灰土、漂灰土带。

在暖温带的半湿润区，垂直带谱由下往上则为褐土→淋溶褐土→棕壤→山地草甸土；在干旱热带气候区，其垂直带谱则为由山麓的黑钙土或热带黑黏土带，或灰钙土、漠钙土带，向上过渡到棕壤或灰化土带。

随着山体高度的增加，相对高差愈大，山地垂直结构带谱愈完整。我国喜马拉雅山的珠穆朗玛峰为世界最高峰，具有最完整的土壤垂直带谱，从基带往上分布着红黄壤→山地黄棕壤→山地酸性棕壤→山地漂灰土→亚高山草甸土→高山草甸土→高山寒冻土→冰雪线，为世界所罕见。

（三）土壤的区域性分布

土壤的水平地带性和垂直地带性是广域土壤的地理分布规律，它们主要是受生物气候因素制约。土壤区域性是指土壤纬度带内，由于地形、地质、水文等自然条件不同，其土壤类型各异，有别于地带性土类，因而显出土壤的区域性。这种分布虽然因生物气候带不同而有所变化，但主要是由中、小地形、水文地质条件、成土母质及人为改造地形而形成的。我国东北的盐渍土壤区，草甸黑土区，就是由于地区水文、地质、地形特征不同，在寒温带森林草原土壤带内所表现的土壤区域性。

第五节　我国土壤主要类型

一、东北地区主要土壤类型

（一）棕色针叶林土

（1）分布概况　在东北地区分布在大兴安岭北纬 $46°30'\sim53°30'$ 之间，集中分布在北段，以楔形向南延伸，最后以岛状退到一些中间顶部，分布在海拔 $800\sim1700m$ 范围内，北靠黑龙江畔，南达牛汾台索伦阿尔山地区，西北部到额尔古纳河，东北部约到呼玛，主要占据漠河，塔河两县和新林，呼中两区大部分面积，呼玛也有少部分分布，在长白山和小兴安岭至东部山地海拔 $800m$ 以上也有少量垂直分布。

（2）形成条件　大兴安岭棕色针叶林土区的气候属于寒湿带大陆性季风气候，年平均温低于 $-4℃$。平均气温在 $0℃$ 以下，可长达 $5\sim7$ 个月。$\geqslant10℃$ 积温在 $1400\sim1800℃$ 左右，年降水量约 $450\sim750mm$，冬季积雪覆盖厚度可达 $20cm$。湿润度小于 1.0，气候特点寒冷湿润。土壤冻结期长，冻层深厚，可达 $2.5\sim3m$ 之间，并有岛状永冻层。冻层造成特殊水文条件，温度梯度引起汽化水上升，在冻层中随温度下降而凝结，在冻融过程中可使水分大量积聚于表层，使表层呈现过湿状态；另一方面冻层可阻碍物质向土层深处淋溶，甚至在冻层之上形成上层滞水而发生侧向移动。低温和冻层对棕色针叶林土形成有显著影响。主要植被为明亮针叶林、局部有暗针叶林。

（3）基本性质

① 机械组成　全剖面含有石砾，质地多为轻壤-重壤，$<0.001mm$ 黏粒所示的黏化率 $B/A>1.2$，说明黏粒有下移趋势。

② 土壤有机质　Ah 层有机质急剧下降至 3% 以下，腐殖质组成以富里酸为主，$H/F<1$，C/N 比变化范围宽表层可达 $20\sim40$ 或 >40，下层逐减。

③ 土壤pH 与盐基饱和度　pH 为 $4.5\sim5.5$（水），pH 层交换性 Ca^{2+}、Mg^{2+} 含量较高，盐基饱和度为 $20\%\sim60\%$，B 层一般 $>50\%$，但在交换性 Al^{3+} 高的土壤中可 $<50\%$。

④ 土壤矿物含量组成　表层，亚表层 SiO_2 明显聚积，淀积层 R_2O_3 相对积累，SiO_2/R_2O_3 为 $4.3\sim5.8$。黏土矿物在剖面上分布，上层以高岭石，蒙脱石为主，下层以水云母，绿泥石，蛭石为主，矿物也发生了明显蚀变。

⑤ 土壤肥力较低，表层由于土温低，又呈粗有机质状态，营养成分多为有机态，有效性低，土壤全磷，有效磷均低。

⑥ 土壤水分物理性质　表层有机质含量高，因而容重低，Ah 层 0.9～1.0，总孔隙度 64%～74%，随深度的增加，土体之间变化显著。

（二）暗棕壤

（1）分布概况　暗棕壤又名暗棕色森林土，是黑龙江省山区面积最大的土类，主要分布在小兴安岭和由完达山，张广才岭及老爷岭组成的东部山地，另外，大兴安岭东坡亦有一定面积分布，地理范围大致北起黑龙江，南到镜泊湖，东至乌苏里江，西到大兴安岭，本土类型垂直分布，大兴安岭东坡分布于 600m 以下，小兴安岭 800m 以下，东部山地在 900m 以下，全省暗棕壤面积有 1594.9 万 hm^2，占黑龙江省土地面积的 36%。

（2）基本性质

① 表层有机质含量高，5%～10%，高 20%，由表向下锐减，表层 $H/F>1.5$，向下降低。

② 土壤阳离子交换量 25～35mol/kg、pH5～6 和盐基饱和度 60%～80% 以表层最高，向下锐减。

③ 铁和黏粒有明显的移动过程，而铝移动不明显。

④ 土壤水分状况　终年处于湿润，表层含水量高，由表向下急剧降低，土壤温度低。

⑤ 质地大多为壤质。

（三）白浆土

（1）分布概况　主要分布黑龙江和吉林两省的东北部，大兴安岭东坡也有分布，垂直分布高度，最低为海拔 40～50m 的三江平原，最高在长白山 700～900m。黑龙江省有 4961 万亩，占全省总面积 7.47%。

（2）基本性质

① 机械组成　以粗粉沙和黏粒为最多，质地比较黏重。

② 水分物理性质　白浆土水分多集中在 Bt 层以上。

③ 有机质含量及组成　荒地 A 层有机质可达 6%～10%，开垦后三年迅速下降至 3%。以胡敏酸为主，$H/F>1$，白浆层和淀积层 $H/F<1$。

④ pH 及代换性能　A 层呈微酸性，少数呈酸性或中性。白浆层和淀积层以中性居多，代换性能以 A 和 B 层以下比较高，E 层较低。阳离子以钙、镁为主，有少量钠、钾，盐基饱和度 70%～90%。

⑤ 养分状况　N、P 分配规律 Ah>E>Bt，K 分配规律 E>Bt>Ah。

⑥ 矿物组成　以水云母为主，伴有少量高岭石、蒙脱石和绿泥石。硅铁铝率是上层大下层小。而黏粒的化学组成在剖面上、下无显著差异。

（四）黑土

（1）分布概况　位于北纬 44°～49°，东经 125°～127°。主要分布黑龙江和吉林省的在中部，集中在松嫩平原的东北部，小兴安岭和长白山的山前波状起伏的台地或漫岗地，北自黑龙江省嫩江，北安，沿滨北线经南到哈尔滨、长春、公主岭一带，呈弧形分布，在黑龙江省东部地区的集贤、富锦、宝清、桦川、佳木斯一带有分布。

（2）中心概念　黑土是温带半湿润气候、森林草甸或草甸草原植被下发育的土壤。具有松软暗色表层、黏化淀积层，AB 层有明显的舌状向下过渡，微酸至中性，无石灰反应，盐基饱和度>70%。

（3）形成条件　气候属于温带半湿润季风气候区，夏季温暖多雨，时间短而日照时间长，冬季严寒，土壤结冻时间长而日照时间短；平均温 0.5～6℃，≥10℃ 的有效积温约为

2000~3000℃，无霜期 110～140d，干燥度≤1，为半湿润气候区，年降雨量为 500～600mm，雨量集中在 6～8 月份或 7～9 月份，夏季气温高，雨量充沛，有利于作物生长。

（4）基本性质

① 土壤质地较黏重，一般为重壤或轻黏土，存在"上壤下黏"或"上黏下黏"的质地层次，下层略有黏化现象，黏粒由上向下移。

② 有良好的粒状团粒状结构，黑土的有机无机复合体超过 50%，腐殖质以胡敏酸为主，有利于土壤结构的形成，稳定性强，荒地和新垦黑土的水稳性团粒较多，可达 20%。

③ 黑土的容重变动在 0.8～1.5g·cm^{-3} 之间，荒地表层和耕层土壤容重较小，约在 1 左右，下层土壤，特别是淀积层和犁底层容重较高（＞1.3），耕层的孔隙度可达 50%～60%，下层降至 45%～60%，毛管孔隙可占 30%～40%，通气孔隙一般为 10%～30%，通气性差。

④ 黑土的水热状况，田间持水量一般为 25%～45%，饱和持水量为 50%～60%，随着地区，气候及地形的差异，除黑油砂和黑油土外，黑土春季冷浆，不发小苗。在低洼地因水偏多，地温低，有粉种可能。秋雨多时有秋涝、早霜。腐殖质含量较高，一般在 3%～5%，多者可达 8%～10%。$H/F=1.5～2.5$，代换容量较高，一般为 30～40me/100g 土，代换性盐基以钙，镁为主，盐基饱和度可达 85%～90%。

⑤ 中性反应，pH6.5～7.0；黑土养分储量丰富，全氮量 0.1%～0.6%，全磷量 0.1%～0.3%，全 K 高达 1%～3%，速效养分除 K 较充足外，氮、磷不能满足需要。此外，黑土的耕性较好，因其富含有机质，结构较好，耕作省劲，垡块易碎。

（五）黑钙土

（1）分布概况　北纬 43°～48°，东经 119°～126°，东北呼兰河为界，西到大兴安岭西侧，北至齐齐哈尔以北，南达西辽河南岸。黑钙土在黑龙江省主要分布在西部各县，如肇东、肇州、肇源、龙江、齐齐哈尔及大兴安岭，呼盟部分地区，在松嫩原地区，黑钙土常与盐碱土相间分布。

（2）基本性质

① 黑钙土一般为轻壤至中壤，黏粒在心土层一般高于表土和底土层。耕性较好。

② 黑钙土的腐殖质层较厚，多在 30～50cm，有机质在表层最高，一般为 3%～4%，由东向西腐殖质层逐渐变薄，含量逐渐减少。

③ 黑钙土的氮钾素含量较丰富，磷、钾含量略低，由于土温较高，微生物活动旺盛，土壤中速效养分仍较高，黑钙土的肥力虽不及黑土，但仍是一种潜在肥力较高的土壤。微量元素 Fe、Mn、Zn 较少，有时出现缺素症。

④ 表层代换容量较高，在 20～40me/100g 土，多数在 30～40me/100g 土，盐基饱和度一般在 90% 以上，以钙、镁为主表层呈中性到微碱性，向下逐渐变碱。结构性较好。

⑤ 在地形低平地区，土壤中有少量可溶性盐分，具有轻度盐积化特征。

由于气候条件的差异，导致有机质层厚度和含量由东向西，自北向南明显的变薄，变少，而钙积层出现的部分位置含量则增加。

（六）草甸土

（1）分布概况　主要分布在东北平原，内蒙古及西北地区的河谷平原或湖盆地区。

（2）基本性质

① 有机质含量高，一般为 5%～6%，多者可达 10%，腐殖质主要分布在表层，向下急剧减少，组成以胡敏酸为主。

② 土壤营养丰富，但有效性差，氮、磷、钾含量均较高，潜在肥力高，但由于土壤水多，温度低，微生物活动差，养分转化慢，常在苗期养分供给不足，发锈，明显缺磷。伏后

地温上升，养分释放加快，作物生长茂盛，易造成徒长，贪青晚熟。

③ 理化性较好，团粒结构发达，一般呈中性反应，代换容量高，可达 20～40me/100g 土，盐基饱和度高达 80%～90% 左右，阳离子组成以 Ca、Mg 为主，保肥力强。

④ 耕性不良，垦后 3～4 年以后，有机质大量分解，团粒结构破坏，显示黏朽，湿时泥泞，干时很硬，耕作费力，质量差，干时出大垡块，宜耕期短。

（七）盐碱土

（1）分布概况　盐碱土主要分布在内陆干旱，半干旱和海滨地区。如黑龙江省属于内陆盐土，它集中分布在西部嫩江平原，以安达为中心的乌裕尔河，双阳两无尾河下游低地，碱泡子周围和波状起伏平原中大片的低洼地，包括肇东，肇源，肇州，安达，青岗，兰西，明水，林甸，富裕，泰来，齐齐哈尔，甘南，龙江县等。

（2）基本性质

① 盐土的基本性质　盐土剖面盐分积累有明显的表聚特征，向下层减少，中性盐为主的盐土 pH 值多在 7.5～8.5，结特性弱，分散性小，凝聚性大，胶体的碱化度低，物理性质高好。苏达盐土，兼有盐土和碱土的某些特征，含盐量虽不高，但因含苏打，碱性强，pH 值达 9～10，碱化度达 70%～80%，分散性强，湿时膨胀，干时收缩，物理性质很坏，改良困难。

② 碱土的基本性质

1）表层盐分含量少，下层含量高，有明显底聚特点，盐分含量在 0.3%～1.3%，比盐土少。

2）地下水位低，矿化度小，土壤和地下水中的盐分组成以苏达为主，下层为混合盐类。碱化度高，代换性钙、镁较少，而代换性钠在 20% 以上，并含有较多苏达，呈碱性反应。

3）碱土的代换总量约在 20～30me/100g 土，碱土淀积层物理性质不良，干缩产生裂缝，湿时膨胀堵塞孔隙，黏重、坚硬、不透水，碱土的肥力低。

二、华北及淮北平原的主要土壤

华北及淮北平原是指北起燕山南麓，西到太行山东麓，东至渤海，南至淮河以北，由西南徐缓倾向东北，是我国主要的农业生产基地。

（一）华北及淮北平原的自然条件

（1）气候　华北平原的气候特征是冬季寒冷干燥，春季干旱多风沙，夏季炎热多暴雨，秋季天气晴朗，属于暖温带半干旱、半湿润大陆性季风气候。华北平原的年平均温度为 9～15℃，无霜期为 200～240d。土壤冻结期为三个多月，土壤冻结层不深。有效积温为 3200～4500℃。年降雨量般在 400～700mm 之间，年变幅很大，并由东南向西北递减。雨量分配不均，6～8 三个月的雨量占年雨量的 70%。年蒸发量般在 1800～2000mm 之间，为降水量的 3～4 倍，以春夏两季蒸发量为最大。华北平原每年风沙日数一般为 40～80d，大部分发生在春天。

（2）成土母质　华北平原的成土母质各地不同。山麓洪（冲）积平原多为洪（冲）积物，天行山麓的洪积物和洪积冲积物多来自黄土高原，为再积黄土物质，质地较均，轻壤质。燕山山麓的洪积物多来自岩石风化物，质地不致，多砂质至轻壤质，甚至含砾石。在广大的冲积平原上，母质多属河流冲积物，富含碳酸钙，其含量可达 6%～14%，由于河水分选作用及河流改道，平原地区的冲积物类型极为复杂。以层状沉积物为主，且以轻壤土为主。

（3）地形　华北平原的地势自山地向渤海倾斜，海拔在 100m 以下，及至滨海地带仅为 2～3m。地面坡度非常平缓，但由于支流交互沉积，平原并不平整，均有一定的起伏，属微度起伏的平原。全区按地理位置和地形分为冲积扇山麓平原和冲积滨海平原两部分。

① 冲积扇山麓平原　分布于太行山东麓及燕山南麓，由许多冲积扇相连而成。冲积扇平原的坡度多为 1/200 到 1/2000，地表排水良好。冲积扇上部由于地势高，且沟多，地下水位深 6～10m；冲积扇中部较平缓开阔，侵蚀减少，地下水位为 5～6m，冲积扇上中部的主要土壤是褐土，冲积扇下部和平原交接处是交接洼地，面积很大，由于地势低，坡降平缓，地下水位普遍提高，地下水位变动在 1.5～2.0m 间，常有夜潮现象，其主要土壤是潮土。

② 冲积平原　冲积平原是华北平原的主体，面积辽阔，是由淮河、海河与黄河三条河系冲积而成。地形平坦，坡度般在万分之几，由于河流泛滥和改造，致使地形错综复杂。在平原中多见的小地形，有古河道遗留下来的自然堤（缓岗），与缓岗相连的，但尚有槽状洼地、碟形洼地、河旁洼地、平浅洼地以及沙丘、河漫滩、小型冲积锥等。

③ 滨海平原　指各大河下游的三角洲平原和沿海的狭长地带的滨海洼地、滨海沙堤而言。海拔仅 2～3m，地下水位高，一般小于 1.5m，矿化度为 10g/L，主要土壤为盐土。

（4）地下水状况　华北平原的地下水的分布情况与地形相符合。冲积扇和山麓平原的地下水埋深大于 4m，有时达 7～8m 以上。矿化度均小于 1g/L，水质良好，在平原地区，其南部地下水埋深多在 2～4m，北部地势较低，埋深 2m 或小于 2m。平原地区的地下水矿化度极不一致，一般为 2～5g/L。在湖泊洼地出现较高矿化度的水，可达 10g/L，滨海平原的地下水位浅，一般小于 1.5m，矿化度为 10～30g/L，在海边可达 30～50g/L。冲积扇以下的交接洼地，地下水位接于地表，为 0.5～1.0m，有时地表积水。

（二）华北平原的土壤分布概况

华北平原地带性土壤为棕壤或褐色土。平原耕作历史悠久，各类自然土壤已熟化为农业土壤。从山麓至滨海，土壤有明显变化。沿燕山、太行山、伏牛山及山东山地边缘的山前洪积－冲积扇或山前倾斜平原，发育有黄土（褐土）或潮黄垆土（草甸褐土），平原中部为黄潮土（浅色草甸土），冲积平原上尚分布有其他土壤，如河流岸边有风沙土；河间洼地、扇前洼地及湖泊周围有盐碱土或沼泽土；黄河冲积扇以南的淮北平原有大面积的沙姜黑土（青黑土）；淮河以南、苏北、山东南四湖及海河下游一带尚有水稻土。黄潮土为华北平原最主要耕作土壤，耕性良好，矿物养分丰富，在利用、改造上潜力很大。平原东部沿海一带为滨海盐土分布区，经开垦排盐，形成盐潮土。它是冲积平原富含碳酸钙的近代河流冲积物，经过潮土化过程和熟化过程形成的农业土壤。

（三）华北平原的土壤基本性质

黄潮土的有机质含量仅为 0.5%～1.0% 之间，因而颜色较浅，土壤含碳酸钙量较高（8%～12%），为强石灰反应的土壤，pH 值约在 8.0 左右。由于母质为河相冲积体，故质地层次分明，可以见到两个层。这类土壤含氮量少，磷中等而富含钾，钾的含量可达 2.0%～2.6%。

砂姜黑土全剖面呈暗灰青色，质地为重壤到轻黏土。有机质含量不高，约为 1.0%～1.45%，除结核体外，一般无石灰反应，呈中性反应。砂姜层位于黑土层之下，其基色暗灰而多棕黄色斑，重壤土质，有锈斑而显潜育现象。有的剖面因受后期黄土性泛滥物覆盖，而呈复钙现象，形成小米粒状或粉状石灰沉积体，俗称"面砂姜"，其土体有石灰反应。

褐土的农业生产性状是质地均匀，不砂不黏，特别是发生在再积黄土上的褐土；质地多为砂壤到中壤，无明显的犁底层，疏松而热潮，通气透水性良好。但是由于腐殖质含量低（0.5%～2%），质地轻，所以保水保肥，供水供肥性能不如黄潮土，往往作物生长后劲不足。

三、长江中下游平原的旱地土壤

长江中下游平原北以秦岭、淮河，南以大巴山为界，东至黄海，西至陇南山地的东侧。

包括东海滨海平原，长江三角洲，河谷冲积平原和湖泊平原。是我国重要的粮棉生产基地。

（一）长江中下游平原的自然条件

（1）气候及水文特征　长江中下游平原属北亚热带季风气候。夏季高温，具有亚热带的特点，冬季的低温时间短，春寒显著。年均温 15～18℃，大于 10℃有效积温 4509～5000℃，比黑土地区多一倍，无霜期 200～250d，日均温度在零度以下的时间，一般不到15d。全年降雨量为 750～1100mm，由沿海向内陆，由南向北逐减。春旱的时间不长，夏初入霉，湿度大，秋季干旱时间长，但土壤湿度不低；雨量集中在 6～9 月，占全年降水量的60%～70%。本区山地丘陵的水分补给，主要靠大气降水。在平原地区，江、河、湖和地下水也是土壤水分和农业用水的重要给源。水利资源丰富，长江中下游、太湖、里下河等地区素有"水乡泽国"之称。但在雨季，山洪和水土流失都很严重，常造成平原地区泛滥，在湖泊洼地，宣泄困难，形成大面积的洪涝与内涝。本区的地下水一般都为淡水，水质良好，适于灌溉。

（2）地形与母质　本区除鄂西山地及淮阳山地外，大部为平缓的丘陵和平原地形。丘陵可进一步划分为石质低丘陵、切割丘陵、平缓低丘及微度起伏的平岗地等地貌单元。平原区主要分布于湖北省江汉平原和苏、皖、浙北部的长江下游平原，地势平缓，由于河流的交互沉积，局部地区并不平整，因此，有大平小不平的特点。主要由泛滥带、自然堤、河湖漫滩和河湖洼地等地貌单元组成。土质肥沃，水源充足，是本区粮食和经济作物的主要产区。

（二）长江中下游平原的主要旱地土壤分布

灰潮土是长江中下游各省的大河两岸冲积平原上的旱地土壤。它主要分布在湖北省的江汉平原，湖南省的湘江等下游沿岸及沿洞庭湖平原，江西赣江下游沿岸及平原；安徽、江苏及上海的沿江平原以及浙江省钱塘江下游两岸。

黄棕壤主要分布于长江中下游的丘陵岗地，在江苏、安徽两省的长江和淮河两岸，湖北省的长江北岸和汉水两岸，鄂北、豫西、陕南和陇南也有分布。黄棕壤的黄土状母质广泛分布在江淮缓岗地区，质地黏重，厚度由数米到十几米不等。

（三）长江中下游平原的主要旱地土壤基本性质

灰潮土耕层土质疏松，通气透水良好，水、肥、气、热性质协调，微生物活动旺盛，适种性强，可种植多种作物，产量较高。土壤湿润，稳水性好，抗旱能力较强，作物生长期可以得到地下水的补给，大部分地区没有盐渍化。土性湿暖、稳温、稳肥性好，作物前期起身快，后期不脱肥，施肥效果明显。

黄棕壤是亚热带黄壤地带与暖温带棕壤地带之间过渡地带的土壤。土质黏重，耕性不良，耕作阻力大，耕层浅薄。表层腐殖质含量只有 1%左右，底层更低，因此土壤含氮量和氮素养料供应水平都比较低。含磷量也不高，速效磷含量微少。标志着土壤保肥能力的代换总量约为 20～30me/100g 土，保肥能力很大。盐基饱和度在 80%～90%，中性反应无石灰反应，不发小苗，发老苗，前劲差，后劲足，籽粒饱满。

四、黄土高原的主要土壤

黄土高原是指太行山以西，秦岭以北，贺兰山和阴山以南，祁连山以东的大片疏松黄土覆盖的高原。包括山西、陕西的中部和北部；甘肃的东北部，青海东部和宁夏的东南部，面积共有 20 万 km²。这一地区表面平坦，由于水土流失严重，被冲沟切割得支离破碎，沟整面积约占 50%，相对深度可达几十米，许多地区一直切割到基岩。

（一）黄土高原地区的自然条件

（1）气候特点　黄土高原地区属暖温带半干旱季风大陆性气候。本区主要受蒙古高压气流的控制，尤其是冬季，因此冬季降水少，有时无水。年降水量为 350～700mm，各地变幅大，不稳定。降雨集中，在 7、8、9 三个月占全年雨量的 60%。夏季东南海洋性季风来临，则炎热多雨。年蒸发量约为1800～2000mm，为降水量的3～4倍。本区年均温-1～6℃，大于10℃有效积温为3200～4500℃。无霜期，北部为200d，南部可达270d。土壤冻结，土壤冻深为50～70cm。全年日照时数在3000h以上，光能和日照条件充足。

（2）地形、母质和植被的特点　黄土是本区主要的成土母质，深厚，疏松，质地均匀，垂直结构发达，透水性强，耕性良好。机械组成中粉砂含量常在50％以上，含有大量碳酸钙（10％～15％）。全区地形可分为石质山地，黄土丘陵和沿河阶地；农业地形分三种类型：川地、坑地和梁峁丘陵地。黄土高原的自然植被以旱生的阔叶林和灌木草原为主，植被稀疏。引起了极严重的水土流失。

① 川地　主要指河流南岸的滩地。地势平坦，土层深厚，引水方便，是高产稳产的米粮川，如渭河流域的关中平原，汾河流域的晋南地区。

② 坑地　地势高平，位于川地之上，水土流失比梁峁部分轻，便于耕种。但地下水位低，过去只有降水量充足或灌溉条件好的地区，才是重要的农业基地。

③ 梁峁丘陵地　约占黄土高原总面积面80％左右，水土流失十分严重。梁是指被切割成鱼脊形的高地，却是梁地的前额。

（二）黄土高原地区的主要土壤分布概况

娄土，曾称为褐土、埋藏褐土、灰褐土和埋藏栗钙土等。它出现在暖温带的南部，为温暖半湿润区。分布在陕西的关中平原，晋南，豫西，处于黄河及其支流两岸，如陕西的"八百里秦川"，山西的运城，临汾盆地。

黑垆土是腐殖质钙层土中面积最小的类型。零星散布在侵蚀非常严重的黄绵土中间，以其有灰暗的像垆灰颜色的土层而得名。它也是由黄土母质形成的。主要分布在我国黄土高原的陕西北部、宁夏南部、甘肃东部三省的交界地区。往东穿过黄河，顺着吕梁山山脚向西北沿着长城一线延伸到内蒙古的赤峰附近，断续分散，长约1500km，常出现在土壤侵蚀较轻，地形较平坦的黄土源区。

黄绵土是黄土母质经直接耕种而形成的一种幼年土壤。因土体疏松、软绵，土色浅淡。主要特征是剖面发育不明显，土壤侵蚀严重。广泛分布于中国黄土高原，以甘肃东部和中部、陕西北部、山西西部面积较广。

（三）黄土高原地区的土壤的基本性质

（1）娄土　质地为中壤至重壤，物理黏粒约在50％左右，质地层次多为上壤下黏，孔隙度也在50％左右，容重1.2～1.3g/cm³，透水性能可达120～130mm/h，一般雨水不发生严重的地表径流。娄土的有机质一般约在1.0％～1.5％，胡敏酸与富里酸比为1.2～1.5，腐殖质酸钙占90％以上，几乎不含活性胡敏酸。土壤pH7.0～8.5之间，养分特点是富含钾，而氮的含量较低，一般只有0.06％～0.1％左右。这种土壤的有机质、氮素和有效磷的含量都有待提高。娄土的耕性，虽然水稳性团粒含量不高，但土粒相互凝集而呈团聚体状态，并具有疏松和假砂的性质，所以耕性是良好的。

（2）黑垆土　黑垆土全剖面都有石灰反应，几乎从表层起就可见菌丝体。碳酸钙含量约为1.5％～15％，pH8～9，土壤富含钾，而缺少氮、磷。腐殖质层很厚但含量却很低，一般为0.8％～1.3％。胡敏酸和富里酸比值为2左右，土壤代换总量约在5～17me/100g土，其中85％～98％为钙离子所饱和，其次是镁离子，盐基饱和，二三氧化物和二氧化硅没有发现移动现象，黑垆土不砂不黏，疏松多孔，耕性良好。深耕时应保留一定厚度的垆土层，以利托水托肥。黑垆土的抗蚀力小，在于旱多风或暴雨季节，水蚀和风蚀现象严重。

（3）黄绵土　黄绵土的腐殖质含量很低，一般在1％以下，氮素养料缺乏，磷素含量中等，钾素含量丰富，强石灰反应。黄绵土质地松软，耕性好，宜耕范围宽，雨后一天便可下地，不粘锄，不易板结。土性热潮，早春升温快，发苗迅速，土壤透水性强，排水容易，而保水保肥力差，所以灌水宜勤浇少灌。

五、西北干旱地区的主要土壤

西北干旱区主要包括新疆、青海西北部、甘肃河西走廊和内蒙的西北干旱部分，它位于欧亚大陆中心。由草甸草原的黑钙土继续向干旱地区过渡，则就相继出现干草原景观、荒漠草原和荒漠景观，因而也就相应地出现栗钙土、棕钙土、灰漠土和棕漠土。

（一）西北干旱区的自然条件

（1）气候与水文条件 我国西北荒漠地带，距离海洋非常远，四周多为高山环绕，海洋潮湿水气难以到达，气候十分干旱，造成"没有灌溉就没有农业的特殊灌溉农业地带"。这种干旱和强烈蒸发的气候，造成土壤以上升水流为主，淋溶和脱盐过程极端微弱，土壤的现代积盐过程占主导地位。全年日照时数可达 2800～3000h 时，日照率一般在 60％～70％，最高可达 80％，是全国光能资源非常丰富的地区之一。热量资源也很丰富，北疆的有效积温为 2200～4000℃，平均持续期约 130d，南疆介于 4000～4500℃间，平均持续期为 180d，农作物复种条件较好。气温的日变化幅度都在 11℃，最高可达 16℃以上，有利于作物体内营养物质的积累，特别是甜瓜等瓜果糖分的积累。

新疆地区由于地形十分封塞，南北疆有大面积的沙漠，同时气候干旱，降水极少蒸发特大，所以河流的流量和长度都受到限制，常消失于沙漠之中或渗入地下变为潜流，或注入低的湖泊，以致形成若干闭流盆地。南山冰雪融水是河流主要补给源，全疆有 94％以上的耕地主要靠河水，泉水灌溉。

（2）地形与母质条件

高山区：本区四周为高山环绕，中有天山横贯东西，把新疆分割成南疆与北疆。山系都在 4000m 以上，山顶终年积雪，冰雪融化成为河流及农业灌溉的主要水源。

山前丘陵区：这是高山带与平原盆地之间的过渡地形区，由若干东西走向的相平行的低山组成，众山之间形成面积不等的山间平原，多为老耕地。

平原盆地：在高山或低山丘陵之间分布着许多盆地，主要有①准噶尔盆地，库尔班通古特沙漠分布在这里；②塔里木盆地，塔克拉玛干沙漠分布在这里；③哈密和吐鲁番盆地，它是为良好的农业区。此外，还有青海西北部的柴达木盆地，甘肃河西走廊及零星分布的山间盆地平原。

（3）自然植被 栗钙土带为温带干草原景观，主要植被为针茅、碱草、兔子毛蒿、隐子草，扁穗鹅冠草和黄花苜蓿、麻黄、甘草等，越向干旱，其灌木和半灌木成分越增加。

棕钙土带为荒漠草原景观，有大量的蒿属成分，外貌单调，草层矮小，稀疏，在有地下水影响的地区则生长荔草或甘草等盐化草甸植被。

灰漠土和棕漠土带则为干旱和极端干旱的荒漠景观，植物不仅极端稀疏，而且在植物的生理结构上表现出极端的旱生类型，如琵琶柴、小叶假木贼、梭梭、麻黄、红柳、霸王鞭等耐旱、耐盐、深根、多肉汁的灌木、小灌木，覆盖度 1％～5％，甚至为不毛之地。

（二）西北干旱区土壤分布概况

（1）栗钙土 栗钙土土带主要分布在内蒙古高原，鄂尔多斯东部，甘肃、宁夏、青海及新疆也有分布。

（2）棕钙土 与栗钙土相比较，其腐殖质累积过程更弱，而石灰的聚积过程则大为增强，钙积层的位置在剖面中普遍升高，形成于温带荒漠草原环境，主要分布于内蒙古高原的中西部、鄂尔多斯高原的西部和准噶尔盆地的北部，是草原向荒漠过渡的地带性土壤。

（3）灰漠土 灰漠土是灰棕色荒漠土的简称，也称为灰棕土和灰漠钙土。主要分布在新疆准噶尔盆地、塔里木盆地、柴达木盆地、河西走廊和阿拉善高原。

（4）棕漠土（棕色荒漠土的简称） 它是混暖带极端干旱荒漠地带的土壤。广泛分布在新疆塔里木盆地边缘和东疆的广大戈壁地区。

（三）西北干旱区土壤基本性质

栗钙土理化性状的特点是表土腐殖质含量较高，在2%～5%。腐殖质组成中胡敏酸占绝对优势可达70%以上，富里酸含量为16%～20%，并且多与钙离子相结合，游离的富里酸只占10%、所以活动的腐殖质酸是很少的。钙积层中碳酸钙的含量可达30%以上，表层呈中性，下层呈微碱性反应。腐殖质层的盐基代换总量可达20～30me/100g土，盐基饱和，代换性阳离子以钙为主，镁次之，还有少量的钠。

棕钙土的理化性状的特点是腐殖质含量少（<1.5%），碳酸钙在表层开始便有明显的积聚，而在钙积层其含量可达20%以上，并含有一定量的石膏。棕钙土的母质一般比较松散，甚至表土可能有砾石覆盖而形成"砾面"。盐基饱和，代换总量约为25me/100g土，钙占70%，镁占25%以下，还有代换性钠离子。

灰漠土理化性质的特点是腐殖质含量很低（0.3%～0.7%），并且腐殖质组成中富里酸大于胡敏酸。自表层开始便有碳酸钙的聚积，土体的含盐量，一般约在1%左右，因此往往容易发生盐碱化现象。因风化程度低，矿物以水云母、长石、方解石为多。

棕漠土的形态特征是，通常地表有砾幕覆盖，表层有不太明显的孔状荒漠结皮，有机质含量通常<0.3%，在结皮以下为红棕色，玫瑰红色的铁质染色层，厚约3～8cm。碳酸钙在表层最多，结皮层以下有石膏积聚。剖面中下部含有盐分，少者也超过1%，可形成坚硬的盐盘。

六、江南地区的红壤和砖红壤性土壤

红壤和砖红壤性土壤是我国重要的土壤资源，盛产粮、棉、油料作物和许多重要的林木。这类土壤广泛分布在北起长江，南至南海诸岛，东迄东南沿海和台湾诸岛，西到横断山脉南缘的丘陵山地和高原。集中分布于广东、广西、福建、江西、湖南、浙江、云南、贵州和台湾诸省区；在湖北、四川、安徽和西藏也有分布。总面积约为17亿亩，约占全国土地面积的12%，是我国面积最大的土壤资源之一。

（一）红壤

（1）分布概况　红壤是我国分布面积最大的土壤，它分布在长江以南的广阔低山丘陵地区，包括江西，湖南的大部分地区。除此之外，在云南，广西，广东，福建，台湾的北部以及浙江，四川，安徽，贵州的南部都有红壤的分布。

（2）理化性状　①全剖面呈酸性，pH为5.0～5.5；②黏土矿物主要为高岭石、赤铁矿，黏粒硅铝率为2.0～2.2；③交换量低，常为5～10cmol/kg土，细土的CEC/黏粒<0.24；④土壤中有较多的游离态Fe、Al，而P易被固定，细土游离Fe_2O_3不小于2%。

（二）砖红壤

（1）分布概况　热带海南岛、雷州半岛、云南和台湾南部。年平均气温为24℃左右，积温在9000℃左右，年降雨量在2000mm左右。原生植被为热带雨林或季雨林，可发育在任何母质上。

（2）理化性状　①全剖面呈酸性，pH为4.5～5.5之间；②黏土矿物主要为高岭石和三水铝石，黏粒硅铝率<1.75；③土壤盐基强烈淋失，交换量低，常为5cmol/kg土左右；④土壤中有大量的游离态Fe、Al，而P易被固定。

七、云贵高原的黄壤

我国黄壤主要分布在云贵高原及四川盆地边缘山地，广西山地及鄂西、湘西等地的黄壤带与红壤组合交替分布。与红壤比较，黄壤分布于湿凉的气候区，在山地垂直分布的结构中，黄壤分布在红壤之上。黄壤是云贵高原的主要旱地土壤，而云贵高原南部为我国西南地区亚热带及热带作物和经济林开发利用的基地之一。

（1）分布概况　在中亚热带山地，在南亚热带和热带的山地也有分布，主要以四川、贵州两省为主。

（2）理化性状　①全剖面呈酸性到强酸性，pH 为 4～5 之间；②黏土矿物主要为高岭石、拜来石和埃洛石，黏粒硅铝率为 2.5 左右；③土壤盐基较红壤高，交换量为 10～20cmol/kg 土。

复习思考题

1. 何谓岩石矿物的风化？并叙述岩石风化的类型？
2. 叙述成土因素对土壤形成的作用？
3. 农业土壤剖面有哪些层次构造？
4. 我国土壤是如何进行分类的？对不同类型的土壤如何改良利用？

第五章　土壤退化与土壤质量

土壤退化，自古有之。我国鄂尔多斯高原大夏国的毁灭，汉代奢延、高望，唐代宥州、大石砬等古城的消失；弱水下游居迁——黑城垦区的荒废；塔克拉玛干沙漠河流沿岸鄯善、且末、精绝等绿洲的不复存在；这些都是人类破坏土壤资源，引起土壤生产力下降，土壤退化所造成的。

第一节　土壤退化的概念和分类

一、土壤退化的概念

（一）土壤退化（soil degradation）的概念

土壤退化是指在各种自然和人为因素影响下，导致土壤生产力、环境调控潜力和可持续发展能力下降甚至完全丧失的过程。概括说，土壤退化是指土壤数量减少和质量降低。数量减少表现为表土丧失、或整个土体毁坏、或被非农业占用。质量降低表现为物理、化学、生物方面的质量下降。土壤退化可分为显型退化和隐型退化两大类型。前者是指退化过程（有些甚至是短暂的）可导致明显的退化结果，后者则是指有些退化过程虽然已经开始或已经进行较长时间，但尚未导致明显的退化结果。

土壤退化往往是自然因素和人为因素综合作用的动态过程。自然因素包括破坏性自然灾害和异常的成土因素（如气候、母质、地形等），它是引起土壤自然退化过程（侵蚀、沙化、盐化、酸化等）的基础原因。而人与自然的不和谐即人为因素是加剧土壤退化的根本原因。

（二）土壤退化的影响因素

1. 自然因素

（1）气候　我国地域辽阔，气候类型复杂多样，在广大的西北内陆地区，降水量少，植被稀疏，属于生态脆弱带，土壤沙化严重，其周围地区也严重受到沙漠化危害和威胁。气候愈干旱，蒸发愈强烈，土壤积盐也愈多，长期发展下去形成盐渍土。长江以北处于半湿润、半干旱气候条件下的黄淮海平原和东北松辽平原，蒸发量大于降水量，在此情况下，土壤及地下水中的可溶性盐类则随上升水流蒸发、浓缩、累积于地表。受季风气候的影响，我国东部大部分地区降雨集中，且多暴雨，是影响土壤侵蚀的重要因素。地处高纬度的东北及西北内陆地区，属于寒温带干旱、半干旱气候，冬季寒冷而漫长，易形成土壤的冻融侵蚀和盐渍化。在三北地区，冬春季多大风，是形成土壤风蚀沙化及风沙危害的主要原因。

（2）成土母质　它决定着土壤的先天特性。例如，土壤矿质养分数量、土壤矿物中的养分转化的难易、土壤养分的均衡性以及土壤质地等，影响着土壤中重金属等有害物质的背景值。土壤的先天性差异会影响土壤的理化性质，进而影响土壤生物学性质和土壤生态学性质。石灰岩地区的植物种类和板页岩地区的植物种类是有很大差异的，石灰岩地区的生态也比板页岩地区的生态要脆弱得多。

（3）生物　生物与土壤是相互依存的。好的土壤是生物多样性的基础，而生物是保护土壤、积累养分、提高土壤肥力的最主要因素。而我国植被覆盖率仅12.9%，且分布不均匀，黄土高原区低达 3％～6.5％，华北大部分地区亦在 10％以下，森林覆盖率较高的南方，大部分省区亦在 25％以下。四川省仅为 13.3％，川中盆地丘陵区 53 个县、市中有 1/2 覆盖率不到 3％。随着植被覆盖率的降低，森林的水土保持能力以及防风固沙能力减弱，导致水土流失日益增大，沙化面积扩大。

（4）地形　因海拔高低、坡的陡缓和向背造成能量和物质在地表的分布和运动方向、运动速度的差异。我国是一个多山的国家，海拔大于 500m 的山地、丘陵、高原占陆地总面积的 84％，平原仅占 12％。山地多，地形起伏大，为土壤重力侵蚀、山体滑坡、泥石流等土壤灾害的形成提供了条件。侵蚀严重的黄土高原，丘陵地貌占 70％以上，且坡度陡，土壤质地疏松，植被稀少，是黄土地区发生强烈土壤侵蚀的主要原因。对于内流封闭盆地、河谷盆地、冲积平原和干旱、半干旱地区的微斜平地及各种洼地等地貌形态，有利于土壤盐碱化的形成。

（5）灾害　强烈地震会改变原有地貌和水文状况，火山喷发会毁灭生物，海啸、飓风、洪灾、泥石流、森林大火等对原有生态都会造成灾难性影响。

（6）时间　随着时间的推移，如果土壤处于退化之中，土壤质量会逐步下降。如果土壤处于修复或康复之中，土壤质量会逐步得到恢复或提高。因此，时间是累加器。

2. 人为因素

（1）森林砍伐　包括刀耕火种在内的毁林开垦是人为引起土壤退化的首要因素。在全球范围内，亚洲因森林砍伐引起土壤退化的面积达 298 万公顷，南美为 100 万公顷。资料表明，热带雨林植被覆盖下的土壤，每年每公顷地只冲走表土 58.5kg。但雨林砍烧后，采用坡地种稻时，其径流量为雨林的 4.5 倍，而土壤冲刷量则是雨林的 149 倍。

（2）过度放牧　过度放牧不仅导致植被的退化，而且还引起土壤变紧实，以及水蚀和风蚀的发生。过度放牧引起的土壤退化在非洲和西亚表现得尤为突出，分别占到全球过度放牧退化土壤面积的 35.8％和 19.3％。在我国半干旱农牧交错带草原土壤中，29％的土壤沙化是由过度放牧造成的。

（3）不合理的农业活动　氮肥施用过多造成土壤中亚硝酸盐的大量聚集。磷肥施用过多会引起土壤缺铁、缺锌。农药、城市垃圾的施用和塑料地膜残留于土壤中引起土壤污染。西北干旱地区使用低质量灌溉水和大水漫灌引起的土壤次生盐渍化。全球不合理的农业管理引起土壤退化的最大分布地区是亚洲和非洲，其面积分别为 204 万 hm^2 和 121 万 hm^2。

（4）工业活动　据不完全统计，我国工业"三废"污染的耕地达 4 万 hm^2，乡镇企业污染的耕地亦有 1.87 万 hm^2。可见，土壤退化与工业活动息息相关。

二、土壤退化的分类

土壤退化虽自古有之，但土壤退化的科学研究一直是比较薄弱的。联合国粮农组织 1971 年才编写了《土壤退化》一书，我国 20 世纪 80 年代才开始研究土壤退化分类。所以目前还没有一个统一的土壤退化分类体系，仅有一些研究结果，现列举有代表性的两种分述如下。

（1）联合国粮农组织采用的土壤退化分类体系　1971 年联合国粮农组织在《土壤退化》一书中，将土壤退化分为十大类：即侵蚀、盐碱、有机废料、传染性生物、工业无机废料、农药、放射性、重金属、肥料和洗涤剂。此外，后来又补充了旱涝障碍、土壤养分亏缺和耕地非农业占用三类。

（2）我国对土壤退化的分类　中国科学院南京土壤研究所借鉴国外的分类，将我国土壤退化分为土壤侵蚀、土壤沙化、土壤盐化、土壤污染以及不包括上述各项的土壤性质恶化、耕地的非农业占用 6 类（见表 5-1）。在这 6 类基础进一步进行 2 级分类。

表 5-1　中国土壤退化二级分类体系

一　级		二　级	
A	土壤侵蚀	A_1	水蚀
		A_2	冻融侵蚀
		A_3	重力侵蚀
B	土壤沙化	B_1	悬移风蚀
		B_2	推移风蚀
C	土壤盐化	C_1	盐渍化和次生盐渍化
		C_2	碱化
D	土壤污染	D_1	无机物(包括重金属和盐碱类)污染
		D_2	农药污染
		D_3	有机废物(工业及生物废弃物中生物易降解有机毒物)污染
		D_4	化学肥料污染
		D_5	污泥、矿渣和粉煤灰污染
		D_6	放射性物质污染
		D_7	寄生虫、病原菌和病毒污染
E	土壤性质恶化	E_1	土壤板结
		E_2	土壤潜育化和次生潜育化
		E_3	土壤酸化
		E_4	土壤养分亏缺
F	耕地的非农业占用		

第二节　我国土壤资源的现状与退化的基本态势

一、我国土壤资源的现状与存在问题

（1）我国人均土壤资源占有率低　截至 2008 年全国耕地面积为 18.2574 亿亩，约占国土面积 12.7%，居世界第四位，但人均耕地只有 1.39 亩，仅及世界人均土地面积的 40%，排在世界第 67 位。在人口稠密的南方地区大多省份人均耕地低于 1 亩，例如广东省 1986 年人均耕地仅有 0.6 亩，不到全国人均耕地的一半，在人口密集的潮汕平原，人均耕地只有 0.3 亩。全国草地面积约 60 亿亩居世界第二位，林地面积 19 亿亩居世界第 8 位，但人均草地 4 亩，仅为世界平均数的 1/2，居世界第 138 位；人均林地面积 1.6 亩，仅为世界平均数的 1/6，居世界第 119 位。因此，我国土壤资源总量虽较大，但人均占有量少，人地矛盾尖锐（图 5-1）。

（2）我国土地资源空间分布不均匀，水土资源匹配不协调，区域开发利用压力大　我国土地（壤）资源不仅数量有限，而且区域分布差异很大。从东向西，由平原、丘陵到西藏高原，形成我国土地资源空间分布上的 3 个台阶，其中山地和高原占 59%，盆地和平原仅占 31%。90% 以上的耕地和陆地水域分布在东南部，是我国主要的农区和林区；一半以上的林地集中在东北和西南山地；80% 以上的草地在西北干旱和半干旱地区，这一特点决定了我国土地资源和耕地资源空间分布存在十分不均的矛盾，农业开发的压力大，水土资源不协调。

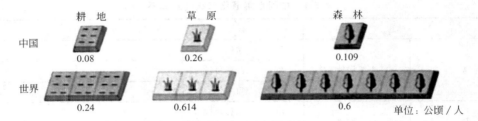

图 5-1　中国人均耕地、草原、森林面积与世界的比较（1995）

长江流域及长江以南，河川径流量占全国的 82％，耕地只占全国的 36％；黄淮海平原耕地占全国的 17％，河川径流量只占全国的 4％，这种水、土资源的不协调极大地限制了华北地区的农业发展。

（3）生态脆弱区域范围大、类型多　生态脆弱区也称生态交错区（ecotone），是指两种不同类型生态系统交界过渡区域。这些交界过渡区域生态环境条件与两个不同生态系统核心区域有明显的区别，是生态环境变化明显的区域，已成为生态保护的重要领域。我国是世界上生态脆弱区分布面积最大、脆弱生态类型最多、生态脆弱性表现最明显的国家之一。生态脆弱区主要分布在北方干旱半干旱区、南方丘陵区、西南山地区、青藏高原区及东部沿海水陆交接地区。行政区域涉及黑龙江、内蒙古、吉林、辽宁、河北、山西、陕西、宁夏、甘肃、青海、新疆、西藏、四川、云南、贵州、广西、重庆、湖北、湖南、江西、安徽等 21个省（自治区、直辖市）。主要类型包括：东北林草交错生态脆弱区、北方农牧交错生态脆弱区、西北荒漠绿洲交接生态脆弱区、南方红壤丘陵山地生态脆弱区、西南岩溶山地石漠化生态脆弱区、西南山地农牧交错生态脆弱区、青藏高原复合侵蚀生态脆弱区和沿海水陆交接带生态脆弱区。而且相当比例的贫困区分布在生态脆弱区，生态环境脆弱是导致当地居民贫困的重要原因之一，反过来贫困又加剧了对生态环境的破坏，贫困-生态破坏的恶性循环不断加剧（见图 5-2）。

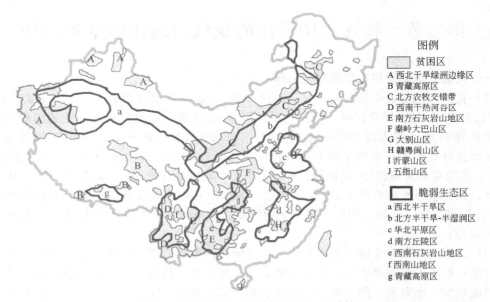

图 5-2　中国贫困地区与生态脆弱地区分布

（4）耕地土壤质量总体较差，自维持能力弱，后备耕地资源少　我国 1.22 亿 hm² 耕地中，瘠薄地、干旱缺水地、坡耕地、风沙地、盐碱地、渍涝地、潜育化地等低产土壤占2/3，肥力低下的超低产田土壤占 1/3。土壤养分状况失衡，耕地缺磷面积达 51%，缺钾面积达 60%。黄淮海平原、三江平原、黄土高原、北方旱区、南方红黄壤地区是我国农产品的富集区，而中低产田却占到 80%。我国较易开发利用的土地，基本上已被开发，据测算，可供开垦农田的约为 2 亿亩，而这些资源 60% 以上分布在水源不足和水土流失、沙化、盐碱化严重的地区，开发利用的制约因素很多。因此，可供开垦的后备耕地资源数量很少，严重不足。

（5）耕地面积锐减，非农业占用逐渐增加　由于城镇化、工矿企业和民用建设等占用了大量土地，耕地和可耕地面积逐渐减少，加剧了土壤资源紧缺的矛盾。目前，城市向郊区的扩张、乡镇企业和各项建设蚕食着土地，耕地面积锐减。据国土资源部公布的 2008 年全国土地利用变更调查结果显示，在 2008 年度新增建设用地 548.2 万亩中，建设占用农用地 466.8 万亩，其中占用耕地 287.4 万亩。此外，灾毁耕地有 37.2 万亩，生态退耕 11.4 万亩，因农业结构调整减少耕地 37.4 万亩，耕地合计减少 373.4 万亩。同年经土地整理复垦开发补充耕地 344.4 万亩。截至 2008 年耕地面积比 2007 年度净减少 29 万亩。照此趋势，耕地数量越来越接近保证粮食安全的 18 亿亩"红线"。为了满足众多人口对农产品总量的需求，必然造成现有土壤资源的高强度、超负荷开发利用，导致土壤质量下降。

二、我国土壤退化的现状与基本态势

（1）土壤退化的面积广，强度大，类型多　据统计，我国土壤退化总面积达 460 万 km²，占全国土地总面积的 40%，是全球土壤退化总面积的 1/4（见图 5-3）。其中水土流失面积达 356.92 万 km²，占国土总面积的 37.18%（其中：水蚀面积占 16.79%，风蚀面积占 20.39%），每年流失土壤 50 亿吨，流失的土壤氮、磷、钾养分约 4000 多万吨，相当于 100 个年生产 40 万吨化肥厂的产量。荒漠化土地总面积达 263.62 万 km²，沙化土地面积达 173.97 万 km²，占国土面积的 18.1%（见图 5-4）。我国天然草原面积约占国土面积的 41%，但有 90% 的天然草原出现不同程度的退化。土壤环境污染日趋严重，据估计，中国受污染的耕地面积约 2000 万 hm²，占耕地总面积的 1/5，多数集中在经济较发达的地区。现代盐渍土面积为 3693 万 hm²，1733 万 hm² 的潜在盐渍土，主要分布在东北、华北、西北内陆地区以及长江以北沿海地带等 17 个省（区）。目前黄淮海平原盐渍化土地面积仍然达到 2000 万亩左右；松嫩平原盐渍化土壤面积达 350 万 hm²，占该区土地面积的 20%。全国各地都发生着类型不同、程度不等的土壤退化现象。

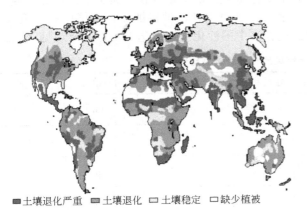

■土壤退化严重 ■土壤退化 □土壤稳定 □缺少植被

图 5-3　世界土壤退化状况

图 5-4　中国沙漠化状况卫星照片

（2）土壤退化发展快、影响深远　中国土壤从 20 世纪 50 年代到 90 年代，几十年时间就发生了质的变化，有些土壤退化现象更是在很短的时间内形成并迅速发展。如土壤污染、土壤侵蚀等，许多土壤退化的现象几乎到了日常可以观察到的程度。近60年来，沙漠面积已由15亿亩扩大到25亿亩，已有66.7万 hm^2 耕地、235万 hm^2 草地和639万 hm^2 林地变成流沙。荒漠化年均扩展速率达4%以上。由于风沙的影响，许多地方人畜已失去生存条件，成为"生态难民"。而青藏高原已成为新的风沙起源地。青藏高原荒漠化土地已达50多万 hm^2，占青藏高原的20%，比20个世纪70年代净增4万 km^2，增长率超过8%，青海湖正日渐萎缩。土壤流失的发展速度也十分引人注目，水土流失面积由1949年的150万 hm^2 发展到20世纪90年代中期的200万 hm^2。黄河流域年入河泥沙16亿吨；40年来，黄河下游河床高程已普遍抬高2m，河道河底平均高程高出背河地面3～5m，最大达10m。长江流域每年土壤流失量24亿吨。盐碱地每年还以1.5%的速度发展，严重威胁着农牧业生产、生态环境和粮食安全。近十余年来土壤酸化不断扩展，且越来越多的证据表明土壤有机污染物积累在加速。

第三节　土壤退化主要类型及其防治

一、土壤沙化和土地沙漠化

沙漠化是目前全球面对的最为严重的生态环境-社会经济问题之一。目前世界上约有1/6的人口受到沙漠化的影响，70%的旱地和1/4的陆地受到沙漠化威胁。据估计，每年由于沙漠化造成的损失是人类治理沙漠化所花费的五倍。从20世纪60年代末期到70年代初期西非持续的特大干旱更加速了沙漠化的发展，导致了严重的社会经济问题，引起全世界的广泛关注。1977年联合国在内罗毕召开了第一次世界沙漠化大会后，各国相继开展了沙漠化研究。

（一）土壤沙化和土地沙漠化的基本概念

世界沙漠化会议认为沙漠化乃是干旱、半干旱及半湿润地区生态退化过程，包括土地生产力完全丧失或大幅度下降、牧场停止适口牧草生长、旱作农业歉收，由于盐渍化和其他原因，使水浇地弃耕。显然这是一个典型的广义沙漠化概念，被许多国外专家学者所接受。根据中国的实际情况，将狭义的沙漠化定义为：沙漠化是干旱、半干旱和部分半湿润地带在干旱多风和疏松沙质地表条件下，由于人为高强度土地利用等因素，破坏了脆弱的生态平衡，使原非沙质荒漠的地区出现了以风沙活动为主要标志的土地退化过程。而土壤沙化是土地沙漠化的一种具体表现形式，通常是土壤遭受水力、风力或者化学侵蚀后，土壤中黏粒流失，剩下粗粒，发生土壤结构破坏、功能退化的过程。中国沙化土地已达174万 km^2，见表5-2。

表 5-2　我国土壤风沙化分级及其比例

类型	吹蚀深度	风沙覆盖/cm	0.01mm 土粒损失/%	生物生产力下降/%	分布面积/万 hm^2	占全部/%
轻度风蚀沙化（潜在沙漠化）	A 层剥蚀<1/2	<10	5～10	10～25	15.8	47.31
中度风蚀沙化（发展中沙漠化）	A 层剥蚀>1/2	10～50	10～25	25～50	8.1	24.25
重度风蚀沙化（强烈沙漠化）	A 层殆失	50～100	25～50	50～75	6.1	18.26
严重风蚀沙化（严重沙漠化）	B 层殆失	>100	50	>75	3.4	10.18

注：引自陈隆亨，1998。

（二）中国土壤沙化和土地沙漠化的特点和分布

我国是世界上受沙化危害最严重的国家之一，一是面积大、分布广。据国家林业局第二次沙化土地监测结果显示，截至 2005 年底，全国沙化土地面积达 174.3 万 km²，占国土面积的 18%，涉及全国 30 个省（区、市）841 个县（旗）。八大沙漠、四大沙地是我国主要沙源地，南方沿江、河、海也有零星沙地分布。全国流动沙丘面积 42.72 万 km²，固定及半固定沙地 46.30 万 km²，戈壁及风蚀劣地 71.14 万 km²，其他 14.14 万 km²。我国西北、华北、东北，形成一条西起塔里木盆地，东至松嫩平原西部，长约 4500km、宽约 600km 的风沙带危害北方大部分地区（见图 5-5）。二是扩展速度快，发展态势严峻。据动态观测，20 世纪 70 年代，我国土地沙化扩展速度每年 1560km²，80 年代为 2100km²，90 年代达 2460km²，21 世纪初达到 3436km²，相当于每年损失一个中等县的土地面积。

图例：
- 严重沙化
- 重沙化
- 正在沙化
- 潜在沙化
- 轻度沙化
- 河湖岸沙地
- 干旱谷风移
- 潜在风移
- 河岸古河床
- 流动沙丘
- (半)固定沙地
- 风蚀地
- 戈壁

图 5-5　中国沙漠化土地分布图

根据土壤沙化区域差异和发生发展特点，我国沙漠化土壤大致可分为三种类型。

（1）干旱荒漠地区的土壤沙化　分布在内蒙古的狼山—宁夏的贺兰山—甘肃的乌鞘岭以西的广大干旱荒漠地区，沙漠化发展快，面积大。据研究，甘肃省河西走廊的沙丘每年向绿洲推进 8m。该地区由于气候极端干旱，土壤沙化后很难恢复。

（2）半干旱地区土壤沙化　主要分布在内蒙古中西部和东部、河北北部、陕北及宁夏东南部。该地区属农牧交错的生态脆弱带，由于过度放牧、农垦，沙化成大面积区域化发展，这一沙化类型区人为因素很大，土壤沙化有逆转可能。

（3）半湿润地区土壤沙化　主要分布在黑龙江、嫩江下游，其次是松花江下游、东辽河中游以北地区。呈狭带状断续分布在河流沿岸。沙化面积较小，发展程度较轻，并与土壤盐渍化交错分布，属林—牧—农交错的地区，降水量在 500mm 左右。对这一类型的土壤沙化，控制和修复是完全可能的。

（三）土壤沙化和土地沙漠化的成因

根据研究结果，将沙漠化成因归为两类，即自然成因和人为成因。

在我国干旱半干旱地区，沙漠化自然发生发展的现象是普遍存在的。如滩地的自然风蚀、流动沙丘的自然前移、风口地段植被的自然破坏等，均属于自然成因的沙漠化。关于自然成因的沙漠化机制，可以归结为两点：一是全球气候变化异常，特别是中纬度地区的气候正在朝着暖干的方向发展，造成大的生态背景有利于沙漠化的发生；二是存在一些不利的自然因素，如气候干旱、降水变率大、土壤沙粒含量高及疏松易于流动等，特别是强劲频繁的起沙风为沙漠化的发生提供了强大的动力。但在自然界，自然生态系统总是存在着一定的自我调节能力，当生态系统受到轻度损伤时，会通过自我修复而保持生态系统的稳定。因此，自然形成的沙漠化往往规模小、程度低，并可得到自然恢复。关于沙漠化的自然成因已初步形成了一些理论，如过渡带理论、脆弱生态理论、全球气候变化理论等。

由于沙漠化主要发生于人类历史时期，尤以近 100 年中发展为快。关于沙漠化的人为成因，目前比较统一的认识是在大的不利环境背景条件下，由于人口压力持续增长和普遍采用滥垦、过度放牧、滥伐等粗放掠夺式生态经营方式，造成植被破坏，沙漠化迅速发展。关于沙漠化的人为成因，也已初步形成了诸如农牧交错带北移错位、人口危险阈值、人口压力与资源环境容量失衡等一些理论。

我国的沙漠化过程按其发生性质可以分为沙质草原荒漠化、固定沙区（沙地）活化和沙丘迁移入侵 3 种类型。根据野外调查及航空卫星照片的分析，人为因素引起的土壤沙化占总沙化面积的 94.5%，其中农垦不当占 25.4%，过度放牧占 28.3%，森林破坏占 31.8%，水资源利用不合理占 8.3%，开发建设占 0.7%。单纯由风力作用的沙丘前移所形成的沙漠化土地仅占 5.5%，可见人为因素是沙漠化过程中的活跃和主要因素。

（四）土壤沙化和土地沙漠化的危害

沙化和沙漠化是当今世界人类共同面临的一个重大环境及社会问题，是地球的癌症。

（1）缩小了人类的生存和发展空间　全国沙化土地面积相当于 10 个广东省的面积，五年新增面积相当于一个北京总面积，我国每年新增 1400 万人口，而耕地却在逐年减少，建国以来，全国已有 1000 万亩耕地，3525 万亩草地和 9585 万亩林地成为流动沙地。风沙逐步紧逼，2.4 万个村庄、乡镇受危害，使数万农牧民被迫沦为生态难民，一些村庄、县城被迫多次搬迁，内蒙古阿拉善盟 85% 的土地已经沙化，并以每年 150 万亩的速度在扩展，专家预言，额济纳绿洲 50 年后将成为第二个"罗布泊"并非危言耸听。北京风沙源地之一，浑善达克沙地 7 年流沙面积增加 93%，坝上地区 9 年流沙面积增加 91%。

（2）导致土地生产力的严重衰退　据中科院兰州沙漠研究所测算，我国每年风蚀损失折合化肥 2.7 亿吨，相当于全国农用化肥产量的数倍。沙漠化使全国草场退化达 20.7 亿亩，占沙区草场面积的 60%，每年少养羊近 5000 多万只；耕地退化 1.16 亿亩，占沙区耕地面积的 40%。沙化地区耕地产量个别地方亩产几公斤，且要多次播种耕作。

（3）造成严重的经济损失　据《中国荒漠化灾害的经济损失评估》，我国每年沙化造成的直接经济损失达 540 亿元，相当于西北数省财政收入的数倍。1993 年 5 月西北地区特大沙尘暴，新、甘、宁、内四省区 72 个县（旗）受灾，116 人死亡，12 万头牲畜损失，500 万亩农作物受害，直接经济损失超 4 亿元。沙区有国家级贫困县 101 个，占全国贫困县 592 个的 17%。

（4）加剧了生态环境的恶化　我国每年输入黄河的 16 亿吨泥沙中有 12 亿吨来自沙化地区，严重的水土流失使黄河开封段成为"悬河"。全国特大沙尘暴频发，20 世纪 60 年代 8 次，70 年代 13 次，80 年代 14 次，90 年代 23 次。大气尘埃增加，空气污染加重，环境质量下降。

（五）土壤沙化和土地沙漠化的防治

沙化和沙漠化的防治必须重在防。从地质背景上看，土地沙漠化是不可逆的过程。防治重点应放在农牧交错和农林草交错带，在技术措施上要因地制宜。

（1）加强教育宣传，完善法制　加强环保宣传的广度和深度，使全民树立科学的环保观念，与此同时，鼓励和组织民间环保行动，特别是植树种草和退耕还林两个方面。只有全民树立了科学的环保观念，才能使广大人民群众自觉地配合政府的防沙政策，甚至自觉地加入治沙大军,而在治沙的行动中,又加深了对环保的进一步理解。

(2)退耕还林、还草,营造防沙林带,实施生态工程 对于坡度大于25度的山旱地,实施种草种树。但要注意以切实提高退耕农牧民的收入为退耕还林、还草的根本切入点。营造防风固沙林是治理土壤沙化的主要措施。构建"绿色长城",因地制宜地采取生物固沙和工程固沙相结合方法,控制沙化的进展。

(3)调整产业结构,合理利用土壤资源,建立生态复合经营模式 在生态脆弱区,要通过封山禁牧、轮牧、休牧,保障生态用水,使生态休养生息,促进植被恢复,加快土壤沙化防治步伐。在地广人稀、降雨条件适宜、土壤沙化轻微的地区,通过退耕还林、封育保护、转变农牧业生产方式,建立林农草复合经营模式,依靠生态的自我修复能力,提高植被覆盖程度,进一步减轻土壤沙化。

(4)合理开发水资源 这一问题在新疆、甘肃的黑河流域应得到高度重视。塔里木河建国初年径流量 $100\times10^8\,m^3$,20世纪50年代后上游站尚稳定在 $40\times10^8\sim50\times10^8\,m^3$。但在只有2万人口、$2000\,hm^2$ 多土地和30多万只羊的中游地区消耗掉约 $40\times10^8\,m^3$ 水,中游区大量耗水致使下游断流,300多千米地段树、草枯萎和残亡,下游地区的4万多人口、1万多公顷土地面临着生存威胁。因此,应合理规划,调控河流上、中、下游流量,避免使下游干涸、控制下游地区的进一步沙化。

(5)控制农垦 土地沙化正在发展的农区,应合理规划,控制农垦,草原地区应控制载畜量。草原地区原则上不宜农垦,旱粮生产应因地制宜控制在沙化威胁小的地区。

二、土壤侵蚀

(一)土壤侵蚀的类型及其表征

1.土壤侵蚀的概念和类型

土壤侵蚀(soil erosion)是指地球表面的土壤及其母质在水力、风力、冻融、重力以及人类不合理的生产活动等外动力作用下,发生的各种破坏、迁移和沉积的过程,也称土壤流失。根据土壤侵蚀外动力,土壤侵蚀的类型可分为水力侵蚀、风力侵蚀、重力侵蚀、冻融侵蚀及直接由人为因素造成的人为侵蚀。

(1)水力侵蚀 是指由降水及径流引起的土壤侵蚀,习惯上称为水土流失。由于发育的地貌部位、产生的地貌后果及危害性质的不同,水蚀又可分为面蚀和沟蚀两类。

① 面蚀(surface erosion) 斜坡坡面上,降水和径流使土层比较均匀剥蚀的侵蚀形式,含溅蚀、片蚀和细沟侵蚀等不同发展阶段。

溅蚀 雨滴直接打击地面,使土壤的细小颗粒从土体表面剥离出来,并被溅散的雨滴带起而产生位移的过程(见图5-6)。溅蚀是在地面径流发生前的水蚀,是水蚀过程的开端。溅蚀使土壤结构破坏,并增加地表径流的紊动性和浑浊度;土壤细小颗粒随水下渗,堵塞土壤孔隙,减少了土壤渗透能力,从而增加地表径流量和径流的冲刷搬运能力。采用"覆盖耕作法"和"免耕法"可消除或减缓坡耕地的溅蚀。

片蚀 又称片状侵蚀,是在地面发生了雨滴击溅,产生了浅而分散的层流(实际上是不固定的微小流水的汇聚)的情况下所引起的土粒比较均匀流失的现象。片蚀实质上是以地面径流的悬移作用为主,使土层减薄,质地变粗、土壤肥力减退。一般发生在地面比较平缓临近分水岭及细沟间的地段,常被人们所忽视。黄土地区,由于土壤剖面被全部蚀去,成土母质早已裸露,这里的片蚀称为母质片蚀。在植被较差的撂荒地或荒坡上,地面裸露部分常有片蚀发生,由于这种片蚀在坡面上的分布情况和鱼鳞相似,故又称鳞片状面蚀(见图5-7)。

② 沟蚀(gully erosion) 又名沟状侵蚀或线状侵蚀,径流集中成股流,强烈冲刷土壤或土体,并切入地面,形成大小侵蚀沟的过程。根据沟蚀发生形态和演变过程,通常分为细沟侵蚀、浅沟侵蚀、切沟侵蚀、冲沟侵蚀和河道侵蚀等不同阶段。

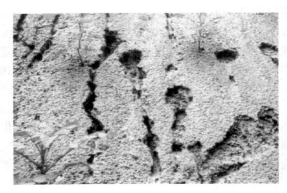

图 5-6　雨滴溅蚀

图 5-7　鱼鳞状侵蚀

细沟侵蚀　暴雨时，坡面径流逐步汇集成小股水流，并将地面冲成深度和宽度一般均不超过 20cm 的方向，互相平行地分布在坡地上，有时也可能形成复杂的细沟网（见图 5-8）。细沟出现在分水线以下不远的地方，不仅数量很多，分布很密，位置也极不固定，随时为耕耘作业所填平，实际上和片蚀一样，是对整个坡面起相对均匀的侵蚀作用。从细沟侵蚀的结果看，往往和片蚀的结果掺合而不能区分。在细沟侵蚀中，由于股流作用，土粒的分离和搬运速度都比片蚀大，被移走的土壤包括很多没有完全被分散的小土块，以推移为主，并将地面刻画出线状沟形，因此，也可把细沟侵蚀划入沟蚀范畴。

图 5-8　细沟侵蚀

图 5-9　基岩上的浅沟侵蚀

浅沟侵蚀　地面径流进一步集中为较大股流，冲刷力增大，向下切入心土，形成纵断面与斜坡平行，无明显沟缘的浅槽沟形的过程（见图 5-9）。它的沟形比较稳定，一般并不阻止横坡耕作耕犁通过，但耕犁已不能使它完全消失。

切沟侵蚀　未被防治的细沟、浅沟、集流洼地、道路及人畜留下的沟槽，在间歇性坡面股流或洪水冲刷下形成沟身切入母质层或风化层，具有很明显的沟头、沟壁的侵蚀沟的过程。沟头多呈跌水状或陡坡状，较大的切沟有一个以上的沟头；沟壁很陡，沟床下切至少在 1m 以上，深的可达数米，在土层深厚的黄土区，可达数十米，因此横过切沟的耕作已不可能。

冲沟侵蚀　由切沟侵蚀发展而来，沟床纵断面与所在坡面不一致，规模远大于切沟，谷宽与深可达数十米至上百米，长度以千米计。

（2）风力侵蚀　是指在气流冲击作用下，土粒、沙粒或岩石碎屑脱离地表，被搬运和堆积的过程，表现为扬失、跃移和滚动三种运动形式。主要分布在我国西北、华北和东北的沙漠、沙丘和丘陵沙地。

（3）重力侵蚀　是指地面岩体或土体物质在重力作用下失去平衡而产生位移的侵蚀过程。可分为崩塌、滑塌、滑坡、陷穴、泻溜等，一般都发生在侵蚀活跃的坡面和沟壑中。

（4）冻融侵蚀　是高寒地区由于温度的变化，导致土体或岩石中的水分发生相变，体积发生变化，以及由于土壤或岩石不同矿物的差异胀缩，造成了土体或岩石的机械破坏，被破坏的土体或岩块在重力等作用下被搬运、迁移、堆积的整个过程。冻融侵蚀多发生在高纬度、高海拔、气候寒冷的区域，是除水蚀和风蚀之外的第三大土壤侵蚀类型。

（5）人为侵蚀　指人们在改造利用自然、发展经济过程中，移动了大量土体，而不注意水土保持，直接或间接地加剧了侵蚀，增加了河流的输沙量。侵蚀方式主要是挖掘、运移和淤积。随着现代化生产和人民生活水平的提高，土壤人为侵蚀日趋严重。

2. 土壤侵蚀强度的表征

衡量土壤侵蚀强度的数量指标主要采用土壤侵蚀模数，即单位面积和单位时段内的土壤侵蚀量，其单位为吨每平方公里年 [t/(km² · a)] 或采用单位时段内的土壤侵蚀厚度，其单位名称为毫米每年（mm/a）。根据土壤侵蚀模数对区域划分土壤流失强度（表 5-3）。对重力侵蚀，一般按地表破碎程度进行分级（表 5-4）。

表 5-3　土壤流失强度分级指标（水电部，1984）

土壤流失强度分级	土壤平均侵蚀模数/[t/(km² · a)]	平均流失厚度/(mm/a)
1. 无明显侵蚀	<200 或 500 或 1000(不同地区)	<0.16 或 0.4 或 0.8
2. 轻度侵蚀	200 或 500 或 1000(不同地区)～2500	0.16 或 0.4 或 0.8～2
3. 中度侵蚀	2500～5000	2～4
4. 强度侵蚀	5000～8000	4～6
5. 极强度侵蚀	8000～15000	6～12
6. 剧烈侵蚀	>15000	>12

表 5-4　土壤重力侵蚀分级指标（水电部，1984）

重力侵蚀分级	侵蚀形态面积占沟坡面积/%	重力侵蚀分级	侵蚀形态面积占沟坡面积/%
1. 轻度侵蚀	<10	4. 极强度侵蚀	35～50
2. 中度侵蚀	10～25	5. 剧烈侵蚀	>50
3. 强度侵蚀	25～35		

（二）我国土壤侵蚀状况和特点

具有三个特点：一是土壤侵蚀面积大，分布范围广。我国现有土壤侵蚀面积 484.74 万 km²，其中水力侵蚀面积 161.22 万 km²，风力侵蚀面积 195.70 万 km²，还有 127.82 万 km² 的冻融侵蚀区。发生范围仅次于土壤沙化和沙漠化，主要发生地区是黄河中上游黄土高原地区、长江中上游丘陵地区和东北平原地区（见图 5-10）。这些地区是我国重要的农、林业生产区域，水土流失已超过允许流失量多倍。二是流失强度大，侵蚀严重区比例高。我国年均土壤侵蚀总量 45.2 亿吨，主要江河的多年平均土壤侵蚀模数为 3400t/(km² · a) 之多，部分区域侵蚀模数甚至超过 3 万 t/(km² · a)，侵蚀强度远高于土壤容许流失量。按照水土流失面积占国土面积的比例及流失强度综合判定，我国现有严重水土流失县 646 个。三是侵蚀成因复杂，区域差异明显。东北黑土区、北方土石山区、黄土高原区、长江上游及西南诸河区、北方农牧交错区、西南岩溶石漠化区、南方红壤区等各区域的自然和经济社会发展状况差异较大，土壤侵蚀的主要成因、产生的危害、治理的重点各有不同。例如，黄土高原总面积 53 万 hm²，水土流失面积达 43 万 hm²，占总面积 81% 左右，其中严重流失面积约 11 万 hm²，土壤流失以沟蚀为主，片蚀次之。长江流域在 20 世纪 50 年代初水土流失面积为 36.38 万 hm²，1985 年扩大到 56.2 万 hm²，新增土壤流失面积 54.48%。而东北地区开发晚，但这些年来水土流失也较为严重，如 50 年代初水土流失总面积约 10 万 hm²，至

50 年代末增加到 18.5 万 hm²，80 年代末增加到 28.1 万 hm²。土壤流失主要发生在黑土、黑钙土地区，尤其是丘陵漫岗地形，以片蚀为主。进入 90 年代后，土壤流失不仅没有被控制，反而很快的发展，这一趋势构成了我国农业持续发展的严重阻遏因子。

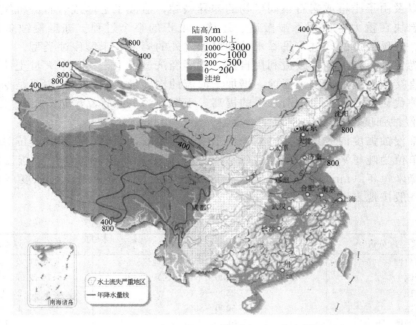

图 5-10　中国水土流失严重地区分布图

（三）影响土壤侵蚀的因素

影响土壤侵蚀的因素分为自然因素和人为因素。自然因素是土壤侵蚀发生、发展的先决条件，或者叫潜在因素，人为因素是加剧土壤侵蚀的主要原因。

1. 自然因素

（1）气候　气候因素特别是季风气候与土壤侵蚀密切相关。季风气候的特点是降雨量大而集中，多暴雨，因此加剧了土壤侵蚀。最主要而又直接的是降水，尤其暴雨是引起水土流失最突出的气候因素。所谓暴雨是指短时间内强大的降水，一日降水量可超过 50mm 或 1h 降水超过 16mm 的都叫做暴雨。一般说来，暴雨强度愈大，水土流失量愈多。

（2）地形　是影响水土流失的重要因素，而坡度的大小、坡长、坡形等都对水土流失有影响，其中坡度的影响最大，因为坡度是决定径流冲刷能力的主要因素。坡耕地种植使土壤暴露于流水冲刷是土壤流失的推动因子。一般情况下，坡度越陡，地表径流流速越大，水土流失也越严重。

（3）土壤　是侵蚀作用的主要对象，因而土壤本身的透水性、抗蚀性和抗冲性等特性对土壤侵蚀也会产生很大的影响。土壤的透水性与质地、结构、孔隙有关，一般来说，质地沙、结构疏松的土壤易产生侵蚀。土壤抗蚀性是指土壤抵抗径流对它们的分散和悬浮的能力。若土壤颗粒间的胶结力很强，结构体相互不易分散，则土壤抗蚀性也较强。土壤的抗冲性是指土壤对抗流水和风蚀等机械破坏作用的能力。据研究，土壤膨胀系数愈大，崩解愈快，抗冲性就愈弱，如有根系缠绕，将土壤团结，可使抗冲性增强。

（4）植被　它破坏后使土壤失去天然保护屏障，成为加速土壤侵蚀的先导因子。据中国科学院华南植物研究所的试验结果，光板地的泥沙年流失量为 26902kg/hm²，桉林地为 6210kg/hm²，而阔叶混交林地仅 3kg/hm²。因此，保护植被，增加地表植物的覆盖，对防治土壤侵蚀有着极其重要意义。

2. 人为因素

人为活动是造成土壤流失的主要原因，表现为植被破坏（如滥垦、滥伐、滥牧）和坡耕地垦殖（如陡坡开荒、顺坡耕作、过度放牧），或由于开矿、修路未采取必要的预防措施等，都会加剧水土流失。

（四）土壤侵蚀的危害

（1）破坏土壤资源，威胁国家粮食安全　由于土壤侵蚀，大量土壤资源被蚕食和破坏，沟壑日益加剧，土层变薄，土地被切割得支离破碎，耕地面积不断缩小。随着土壤侵蚀年复一年的发展，势必将人类赖以生存的肥沃土层侵蚀殆尽。

（2）使土壤肥力和质量下降　土壤侵蚀使大量肥沃表土流失，土壤肥力和植物产量迅速降低。通过水土流失的土壤，土壤板结，土质变坏，土壤通气透水性能降低，使土壤肥力和质量迅速下降。

（3）恶化生态环境，加剧贫困　由于严重的水土流失，导致地表植被的严重破坏，自然生态环境失调恶化，洪、涝、旱、冰雹等自然灾害接踵而来，特别是干旱的威胁日趋严重。

（4）破坏水利、交通工程设施　水土流失带走的大量泥沙，被送进水库、河道、天然湖泊，造成河床淤塞、抬高，引起河流泛滥，这是平原地区发生特大洪水的主要原因。由于一些地区重力侵蚀的崩塌、滑坡、或泥石流等经常导致交通中断，道路桥梁破坏，河流堵塞，已造成巨大的经济损失。

（五）土壤侵蚀的防治

（1）树立保护土壤，保护生态环境的全民意识　土壤侵蚀问题是关系到区域及至全国农业及国民经济持续发展的大问题。要在处理人口与土壤资源，当前发展与持续发展，土壤治理与生态环境治理和保护上下工夫。要制定相应的地方性、全国性荒地开垦，农、林地利用监督性法规，制定土壤流失量控制指标，要像环境保护一样处理好土壤侵蚀。

（2）防治兼顾、标本兼治　对于土壤流失应因地制宜，搞好防治。可以从以下几方面着手。

① 无明显流失区在利用中应加强保护。这主要是在森林、草地植被完好的地区，采育结合、牧养结合，制止乱砍滥伐，控制采伐规模和密度，控制草地载畜量。

② 轻度和中度流失区在保护中利用。在坡耕地地区，实施土壤保持耕作法。对于农作区，可实行土壤保护耕作，如紫色土实行聚土免耕垄作，一般农田可实行免耕，少耕或轮耕制。丘陵坡地梯田化，横坡耕地，带状种植。

③ 在土壤流失严重地区应先保护后利用。土壤流失是不可逆过程，在土壤流失严重地区要将保护行放在首位。在封山育林难以奏效的地区，首先必须搞工程建设，如高标准梯田化以拦沙蓄水，增厚土层，培育森林植被。在江南丘陵、长江流域可种植经济效益较高的乔、灌、草本植物，以植物代工程。例如香根草、百青草在江南丘陵防止土壤流失上十分见效，并以保护促利用。这些地区宜在工程实施后全面封山、恢复后视情况再开山。

总之，防治土壤侵蚀，必须根据土壤侵蚀的运动规律及其条件，采取必要的具体措施。

三、土壤盐渍化与次生盐渍化

土壤盐渍化是指易溶性盐分在土壤表层积累的现象或过程，也称盐碱化。主要发生在干旱、半干旱和半湿润地区。盐碱土的可溶性盐主要包括钠、钾、钙、镁等的硫酸盐、氯化物、碳酸盐和重碳酸盐。硫酸盐和氯化物一般为中性盐，碳酸盐和重碳酸盐为碱性盐。

（一）土壤盐渍化类型

（1）现代盐渍化　在现代自然环境下，积盐过程是主要的成土过程。

（2）残余盐渍化　土壤中某一部位含一定数量的盐分而形成积盐层，但积盐过程不再是目前环境条件下主要的成土过程。

（3）潜在盐渍化　心底土存在积盐层，或者处于积盐的环境条件（如高矿化度地下水、强蒸发等），有可能发生盐分表聚的情况。

我国盐渍土地总面积14.89亿亩，其中现代盐渍土壤5.54亿亩，残余盐渍化土壤约6.75亿亩，潜在盐渍化土壤2.60亿亩；全国受盐碱化危害的耕地达1.4亿亩。主要分布在新疆、河西走廊、柴达木盆地、河套平原、银川平原、黄淮海平原、东北平原西部以及滨海地区。

（二）土壤次生盐渍化及其成因

归结起来：①由于发展引水自流灌溉，导致地下水位上升超过其临界深度，使地下水和土体中的盐分随土壤毛管水通过地面蒸发耗损而聚于表土。②利用地面或地下矿化水（尤其是矿化度大于3g/L时）进行灌溉，而又不采取调节土壤水盐运动的措施，导致灌溉水中的盐分积累于耕层中。③在开垦利用心底土积盐层的土壤过程中，过量灌溉的下渗水流溶解活化其中的盐分，随蒸发耗损聚于土壤表层。④滨海区由于频繁海潮带入土体中大量盐类，在强烈蒸发作用下向地表积累而形成滨海盐渍化。另外，在北方保护地土壤上，在缺少雨水淋洗的条件下，连年大量施肥，发生次生盐渍化的现象非常普遍。

土壤次生盐渍化还包括土壤次生碱化。它是在原有盐渍化基础上，钠离子吸附比增大，pH升高现象。其原因有：①盐渍土脱盐过程中土壤含盐下降，交换性钠活动性增强，钠饱和度升高，pH升高；②低矿化碱性水灌溉引起土壤次生碱化。

（三）盐渍化的危害

（1）引起植物"生理干旱"　当土壤中可溶性盐含量增加时，土壤溶液的渗透压提高，导致植物根系吸水困难，轻者生长发育受到不同程度的抑制，严重时植物体内的水分会发生"反渗透"，招致凋萎死亡。

（2）盐分的直接毒害作用　当土壤中盐分含量增多，某些离子浓度过高时，对一般植物直接产生毒害。特别是碳酸盐和重碳酸盐等碱性盐类对幼芽、根和纤维组织有很强的腐蚀作用，会产生直接危害。同时，高浓度的盐分破坏了植物对养分的平衡吸收，造成植物某些养分缺乏而发生营养紊乱。如过多的钠离子，会影响植物对钙、镁、钾的吸收，高浓度的钾又会妨碍对铁镁的摄取，结果会导致诱发性的缺铁和缺镁症状。

（3）降低土壤养分的有效性　盐渍化土壤中的碳酸盐和重碳酸盐等碱性盐在水解时，呈强碱性反应，高pH条件会降低土壤中磷、铁、锌、锰等营养元素的溶解度，从而降低了土壤养分对植物的有效性。

（4）恶化土壤物理和生物学性质　当土壤中含有一定量盐分时，特别是钠盐，对土壤胶体具有很强的分散能力，使团聚体崩溃，土粒高度分散，结构破坏，导致土壤湿时泥泞干时板结坚硬，通气透水性不良，耕性变差。不利于微生物活动，影响土壤有机质的分解与转化。

（四）土壤盐渍化的防治

由于水盐运动共轭性，其防治应围绕"水"字做文章。

（1）合理利用水资源　合理利用水资源，应发展节水农业。节水农业的实质是采取节水的农业生产系统、栽培制度、耕作方法。我国长时间来用水洗盐，实际上在干旱、半干旱地区，土体中盐分很难排至0.5g/kg以下。采用大灌大排办法已愈来愈不能适应水资源日益紧张的国情。因此，只有发展节水农业才是出路。具体做法如下。

① 实施合理灌溉制度　在潜在盐渍化地区的灌溉，即考虑满足作物需水，又要起到调节土壤剖面中的盐分运动状况。灌水要在作物生长关键期，如拔节、抽穗灌浆期效果最佳。

② 采用节水防盐的灌溉技术　我国95%以上的灌溉面积是常规的地面灌溉。近年来的

研究表明，在地膜栽培基础上，把膜侧沟内水流改为膜上水流，可节水 70% 以上。同时，推广水平地块灌溉法，代替传统沟畦灌溉，改长畦为短畦，改宽畦为窄畦，采用适当的单宽流量，可达到节水 30%～50%。这些措施可减少灌溉的渗漏损失与蒸发，从而防止大水漫灌引起的地下水位上升。在有条件的地方，可发展滴灌、喷灌、渗灌等节水灌溉技术。

③ 减少输配水系统的渗漏损失　这是在潜在盐渍化地区防止河、渠、沟边次生盐渍化的重要节水措施。有关资料表明，未经衬砌的土质渠道输水损失达 40%～60%，渠系的渗水还带来大量的水盐，由于渗漏水补偿，引起周边地下水抬高，直接导致土壤次生盐渍化。

④ 处理好蓄水与排水及引灌与井灌的关系　根据南京土壤研究所在河南浸润盐渍区的研究表明，单一的引黄灌区使地下水位抬升，发生明显的土壤次生盐渍化。单一的井灌区，由于地下水的连续开采，地下水资源日益紧张。而井渠结合的灌溉区，地下水位能保持恒稳，又不至于发生次生盐渍化。

（2）农业措施　包括种稻、平整土地、耕作、客土、施肥等。其中应用较为广泛的是放淤改良和种植水稻。放淤形成的淤泥层可以有效地阻止底层盐碱的上返；种稻既可以达到洗盐的目的，又可以充分利用大面积的盐渍土资源，合理耕作和大量施用有机肥料也是改良盐渍土的有效措施。

（3）化学措施　施用石膏可以有效地改善碱土的不良特性。石膏与土壤游离的 Na_2CO_3、$NaHCO_3$ 反应，生成 Na_2SO_4 和 $CaCO_3$ 沉淀，胶体上交换性 Na^+ 和 Ca^{2+} 也可以发生类似的反应，土壤中的 Na^+ 被 Ca^{2+} 取代，形成易溶性硫酸盐。而硫酸盐又易于淋洗，从而消除游离碱和代换性钠，降低了碱性，改善了土壤物理性质。

另外，电流改良法、暗管排水和种植耐盐碱植物也是利用改良盐碱土的有效方法。

四、土壤潜育化与次生潜育化

（一）土壤潜育化与次生潜育化的概念

土壤潜育化是土壤处于地下水和饱和、过饱和水长期浸润状态下，在 1m 内的土体中某些层段氧化还原电位（Eh）<200mV，并出现因 Fe、Mn 还原而生成的灰色斑纹层、或腐泥层、或青泥层、或泥炭层的土壤形成过程。土壤次生潜育化是指因耕作或灌溉等人为原因，土壤（水稻土）从非潜育型转变为高位潜育型的过程。常表现为 50cm 土体内出现青泥层。

我国南方有潜育化或次生潜育化稻田 400 多万 hm^2，约有一半为冷浸田，是农业发展的又一障碍。广泛分布于江、湖、平原，如鄱阳平原、珠江三角洲平原、太湖流域、洪泽湖以东的里下河地区，以及江南丘陵地区的山间构造盆地，以及古海湾地区等。

（二）次生潜育化稻田的形成原因

其形成与土壤本身排水条件不良，水过多以及耕作利用不当有关。

（1）排水不良　土壤处于洼地、比较小的平原、山谷涧地等地区，排水不良是形成次生潜育化的根本原因。

（2）水过多　首先是水利工程，沟渠水库周围由于坝渠漏水。其次可能是潜水出露，如湖南的"滂泉田"，排灌不分离，串灌造成土壤长期浸泡。

（3）过度耕垦　我国南方 20 世纪 60～70 年代大力推广三季稻，复种指数大大提高，干湿交替时间缩短，犁底层加厚并更紧实，阻碍了透水、透气，故易诱发次生潜育化。另外，次生潜育化与土壤质地较黏、有机质含量较高也有关。

（三）潜育化和次生育化土壤的危害

（1）还原性有害物质较多　强潜育性土壤的 Eh 大多在 250mV 以下。Fe^{2+} 含量可高达 $4 \times 10^3 \, mg/kg$，为非潜育化土壤的数十至数百倍，易受还原物质毒害。

（2）土性冷　潜育化或次生潜育化土壤的水温、土温在 3～5 月间，比非潜育化土壤分别低 3～8℃和 2～3℃，是稻田僵苗不发、迟熟低产的原因。

（3）养分转化慢　土壤的生物活动较弱，有机物矿化作用受抑制，有机氮矿化率只有正常土壤的 50%～80%。土壤钾释放速率低，速效钾、缓效钾均较缺乏，还原作用强，有较高的 CH_4、N_2O 源。

（四）改良和治理

潜育化和次生潜育化土壤的改良和治理应从环境治理做起，治本清源、因地制宜、综合利用。主要方法措施如下。

（1）开沟排水，消除渍害　在潜育化和次生潜育化土壤周围开沟，排灌分离，防止串灌。明沟成本较低，但暗沟效果较好，沟距以 6～8m（重黏土）和 10～15m（轻黏土）为宜。

（2）多种经营，综合利用　潜育化和次生潜育化土壤可以施行与养殖系统结合，如稻田—鱼塘、稻田—鸭—鱼。或开辟为浅水藕、荸荠等经济作物田。有条件可实施水旱轮作。

（3）合理施肥　潜育化和次生潜育化土壤氮肥的效益会降低，宜施磷、钾、硅肥以获增产。

（4）开发耐渍植物品种　这是一种生态适应性措施。探索培育耐潜育化水稻良种，已收到一定的增产效果。

第四节　土壤质量及评价

一、土壤质量的概念

土壤质量（soil quality）最初的含义，在美国主要是指土壤潜在侵蚀和土壤养分状况，在欧洲主要关注环境质量，后来这一概念的意义得到扩展，包括了土壤研究中的其他许多领域，如盐碱化、板结、酸化和生物活性下降等。土壤质量的研究最初集中于生产食物和纤维的农业土壤，以后扩展到了牧场土壤和森林土壤，以后又包含了受工业、军事、建筑和采矿影响的土壤，城市土壤以及使用污泥、固体废弃物的农业用地。按照目前国际大多数科学家普遍接受的看法，土壤质量是指土壤在生态系统的范围内，维持生物的生产力、保护环境质量以及促进动植物与人类健康行为的能力。

目前还有一个与土壤质量并存的概念——土壤健康（soil health），多数研究者认为土壤质量与土壤健康这两个概念可以通用，一般农学家、农业生产者及大众媒体倾向于用土壤健康，并用描述性的和定性的特征为基础，用直接的价值评断（从不健康到健康）来刻画其性质；而土壤学家、环境科学家更偏向于用土壤质量，因为他们注重土壤的分析性和数量化的特征以及不同土壤功能之间这些特征的量化联系。

二、土壤质量评价的指标体系

（一）选择评价土壤质量参数指标的原则

土壤质量主要取决于土壤的自然组成部分，也与由人类利用和管理导致的变化有关。为了便于在实践中应用，土壤质量参数指标的选择应符合以下条件。

（1）代表性（representative）　指标与环境自然过程要有良好的相关性，能正确反映出土壤基本功能，是土壤中决定物理、化学及生物学过程的主要特性，对表征土壤功能是有效的。

（2）灵敏性（sensitive）　能灵敏地指示土壤与生态系统功能与行为变化，如果所选指标对土壤变化反应不敏感，则对监测土壤质量变化没有使用价值。如黏土矿物类型对土壤生态系统功能与行为的变化不敏感，不宜作为土壤质量指标。但是，指标的灵敏性要以监测土壤质量变化的时间尺度而定。

（3）通用性（universal）　一方面能适用于不同生态系统，另一方面能适用于时间和空间上的变化。而且要立足于综合的、系统的观点，选取那些有重要影响的指标，尤其是不要遗漏制约土壤生产力的主要指标。

（4）经济性（economic）　选取的土壤质量指标要易于定量测定，测定过程简便快速，测定或分析花费较少。如 ^{15}N 丰度需要质谱仪进行复杂的分析，因而不宜作为土壤质量指标。

（二）土壤质量评价的指标

（1）定性指标　定性数据因为不能量化而被视为"软"数据，常常不能得到科学家和技术专家们足够的重视，而农民及其他直接使用土壤的人却是通过这些不能量化的指标认识土壤质量的，在研究者和用户之间进行必要的沟通是非常重要的。例如 Romig 等设计的土壤健康卡，通过农民对耕层、蚯蚓、径流、积水、植物生长状况、耕作难易程度和产量等指标进行描述，简单的分成差、一般和好三个等级，获得土壤的部分描述性指标，再根据农民对这些指标的评分得到土壤的健康状况。该打分卡可以促进农民对土壤质量的认识，激励土地所有者和使用者认真考虑土地管理措施是否合理。

（2）定量指标　很多土壤质量评价选择 20 多个土壤性质作为土壤质量评价指标体系，这些指标可按照传统的土壤性质分成三类：土壤物理指标、土壤化学指标和土壤生物学指标。

① 土壤质量的物理指标　包括土壤质地及粒径分布、土层厚度与根系深度、土壤容重和紧实度、孔隙度及孔隙分布、土壤结构、土壤含水量、田间持水量、持水特征、渗透率和导水率、土壤排水性、土壤通气、土壤温度、障碍层次深度、土壤侵蚀、氧扩散率、耕性等。

② 土壤质量的化学指标　包括土壤有机碳和全氮、矿化氮、磷和钾的全量和有效量、CEC、土壤 pH、电导率（全盐量）、盐基饱和度、碱化度、各种污染物存在形态和浓度等。

③ 土壤质量的生物学指标　包括土壤微生物、土壤动物和植物，是评价土壤质量和健康状况的重要指标之一。土壤中许多生物可以改善土壤质量状况，也有一些生物如线虫、病原菌等会降低土壤质量。目前应用较多的指标是土壤微生物指标，而中型和大型土壤动物指标正在研究阶段。土壤质量的生物学指标包括微生物生物量碳和氮，潜在可矿化氮、总生物量、土壤呼吸量、微生物种类与数量、生物量碳/有机总碳、呼吸量/生物量、酶活性、微生物群落指纹、根系分泌物、作物残茬、根结线虫等。

三、土壤质量的评价方法

土壤质量是土壤的许多物理、化学和生物学性质，以及形成这些性质的一些重要过程的综合体现。目前评价土壤质量的研究，国际上尚无统一的标准，国内外提出的土壤质量评价方法主要有以下几种。

（1）多变量指标克立格法（MVIT）　Smith（1993）利用多变量指标克立格法来评价土壤质量。这种方法可以将无数量限制的单个土壤质量指标综合成一个总体的土壤质量指数，这一过程称为多变量指标转换（multiple variable indicator transform），是根据特定的标准将测定值转换为土壤质量指数。各个指标的标准代表土壤质量的最优的范围或阈值。

（2）土壤质量动力学法　Larson（1994）提出土壤质量的动力学方法，从数量和动力学特征上对土壤质量进行定量。某一土壤的质量可看作是它相对于标准（最优）状态的当前状态，土壤质量（Q）可由土壤性质 qi 的函数来表示：$Q = f(qi \cdots n)$。

描述 Q 的土壤性质 qi 是根据土壤性质测定的难易程度、重现性高低及对土壤质量关键变量的反映程度来选择的最小数据集。

（3）土壤质量综合评分法　Doran 等（1994）提出土壤质量的综合评分法，将土壤质量评价细分为对 6 个特定的土壤质量元素的评价，这 6 个土壤质量元素分别为作物产量、抗侵蚀能力、地下水质量、地表水质量、大气质量和食物质量，根据不同地区的特定农田系统、地理位置和气候条件，建立数学表达式，说明土壤功能与土壤性质的关系，通过对土壤性质的最小数据集评价土壤质量。

（4）土壤相对质量法　通过引入相对土壤质量指数来评价土壤质量的变化，这种方法首先是假设研究区有一种理想土壤，其各项评价指标均能完全满足植物生长的需要，以这种土壤的质量指数为标准，其他土壤的质量指数与之相比，得出土壤的相对质量指数（RSQI），从而定量地表示所评价土壤的质量与理想土壤质量之间的差距，这样，从一种土壤的 RSQI 值就可以表示土壤质量的升降程度，从而可以定量地评价土壤质量的变化。

（5）主成分分析法　它是把多个指标化为少数几个综合指标的一种统计分析方法。通过降维找出能反映原来变量的信息量的几个综合因子，这几个综合因子彼此之间互不相关，从而达到简化的目的。

（6）灰色关联分析法　该方法是根据序列曲线几何形状的相似程度来判断灰色过程发展态势的关联程度。灰色关联分析法具有方法简单、计算量小、理论可靠等特点。目前主要与 GIS 结合运用。

（7）聚类分析法　先将需要聚类的样品各自看成一类，然后确定类与类之间的相似性统计量，并选择最接近的两类或若干类合并成一个新类，计算新类与其他各类之间的相似性统计量，再选择最接近的两类或若干类合并成一个新类，直到所有样品合并成一类为止。

（8）3S 技术自动化评价法　用 GPS 技术自动获取采样点信息，利用 RS 快速获取土地利用现状数据，利用 MapGIS 对数据进行矢量化，在 ArcGIS 下对采样点属性进行 Kriging 插值形成各指标分布图和隶属度分布图，最后利用指数和公式在 ArcGIS 下自动运算形成土壤质量分布图，构成 3S 技术的土壤质量自动化评价流程。

复习思考题

1. 我国土壤退化的现状与态势怎样？
2. 我国沙漠化土壤大致可分为哪几种类型？
3. 影响土壤沙化的因素及危害有哪些？
4. 土壤流失、土壤盐渍化可分为哪几种类型？
5. 选择评价土壤质量参数指标的条件有哪些？

第六章　土壤环境背景值和容量

土壤环境背景值和土壤环境容量是确定土壤污染、预测其环境效应和制定土壤环境质量标准的重要内容和基础性研究资料。我国自 20 世纪 70 年代开始先后开展了土壤背景值和土壤环境容量的研究，积累了丰富的研究数据，为土壤科学研究和环境保护提供了基础性资料。

第一节　土壤环境背景值

一、土壤环境背景值概念

土壤环境背景值（soil environmental background value）从理论上是指土壤在自然成土过程中，构成土壤自身的化学元素的组成和含量，即未受人类活动影响的土壤本身的化学元素组成和含量。

当今的工业污染已充满了世界的每一个角落，即使是农用化学物质的污染也是在世界范围内扩散的。例如在南极冰层中发现有机氯农药的积累，在南极企鹅体内也检测出 DDT 含量。因此，"零污染"土壤样本是不存在的，土壤环境背景值也是相对的。它只能代表土壤某一发展、演变阶段的一个相对意义上的数值，其实践上的定义是指严格按照土壤环境背景值研究方法所获得的尽可能不受或少受人类活动影响的土壤化学元素的自然含量。

将我国部分地区几个土类的背景值和美国与全世界的土壤平均背景值列于表 6-1，从表中可看出，我国土壤中的金属元素含量有些变异很大，呈对数正态分布，其背景值以几何均值乘、除几何标准差表示其范围值。有些变异数小，以算术均值加、减标准差表示其范围值。与世界土壤相比，我国土壤的砷、锌、铜高于世界均值；汞、锰、钴在世界范围值之中；镉、铬、镍低于世界均值；铅的变异超出世界平均范围。

二、影响土壤环境背景值的因素

（1）成土母岩、母质的影响　土壤是母质在各种成土因素作用下发育而成的，而母质主要是岩石的风化物和各种类型的堆积物，这样母岩－母质－土壤之间发生了血缘上的联系。母体岩石（母岩）的矿物组成及化学组成，直接影响到母质及其发育的土壤的性质，特别在发育程度较浅的土壤中，这种联系表现得更明显，因此，各种岩石的元素组成和含量不同是造成土壤环境背景值差异的根本原因之一。母质在成土过程中的各种元素重新分配，是土壤环境背景值有差异的重要原因。辽宁省土壤环境背景值调查研究课题协作组调查结果表明，不同母质上发育的褐土中，Cu、Pb、Ni、Zn、Cd、Cr、Hg、As 等 8 种元素的含量顺序为：红土＞基性岩风化物＞花岗岩风化物＞黄土地。表 6-2 列出了环境条件对背景值影响的变异系数，从中可看出母质的重要地位。

（2）地理、气候条件的影响　地形条件对地球表面水分、热能、母质等重新分配，影响土壤中元素的聚集和流失。低洼地带、丘陵坡脚等地，过多地接受坡上下来的物质，元素含量增高，生物富集作用也加强。而山地、丘陵的顶部，残积物就很薄，水土流失严重，金属元素的含量也相对减少。表 6-3 对不同地形中土壤元素含量作了比较。气候条件对母质和土壤的风化、淋溶作用导致土壤环境背景值产生差异。

表 6-1　土壤背景值比较表

地点	土壤	Hg	Cd	As	Pb	Cr	Ni	Cu	Zn	F	Mn	Co
北京	褐土	0.04÷1.67 (114)	0.118±0.024 (116)	8.13±1.8 (118)	14.41±4.22 (118)	58.13±12.3 (114)	23.68±6.4 (119)	19.99±7.8 (118)	56.73÷1.35 (118)	335.6±46.9 (119)	513.9±79.7	10.49±43.25 (69)
黄河下游	潮土	0.022÷1.73 (184)	0.091÷1.23 (168)	12.94÷1.21 (171)	14.49÷1.25 (169)	536÷1.16 (169)	24.9÷1.23 (171)	21.4÷1.28 (160)	65.1÷1.18 (160)	452÷1.17 (166)	600±144 (160)	—
胶东	棕壤	0.042÷2.16 (54)	0.040÷1.23 (52)	8.22±2.9 (53)	13.4±4.18 (53)	52.7÷1.38 (55)	19.9÷1.52 (49)	14.4÷1.51 (54)	42.0±11.4 (54)	—	—	10.25±2.48 (170)
太湖	水稻土	0.163÷1.63 (158)	0.116÷1.63 (157)	8.80±2.33 (160)	20.39±4.1 (150)	65.72±13.59 (168)	29.12±7.41 (167)	22.78±5.18 (170)	73.02±20.61 (165)	—	—	13.0±2.49 (49)
黔中北	黄壤	0.190÷1.63 (64)	0.194±0.14 (126)	25.0±13.2 (131)	29.30±12.8 (129)	87.8±31.8 (131)	35.9±16.2 (130)	35.9±18.6 (130)	93.4±33.9	—	—	—
陕北	黄绵土	0.0604±0.33 (102)	0.101±0.026 (102)	10.6±1.82 (102)	11.6±3.24 (102)	55.3±5.85 (102)	28.4÷1.2 (102)	19.3÷1.17 (102)	54.2÷1.14 (102)	429±69.3 (47)	—	—
关中上	塿土	0.086÷1.65 (102)	0.118÷1.27 (105)	12.7±1.72 (104)	16.30±2.96 (101)	652.7÷1.08 (104)	30.5±2.99 (105)	23.5±2.36 (105)	65.8±7.13 (105)	439±61.4 (62)	—	—
川西	水稻土	0.161÷1.6 (149)	0.162÷1.45 (152)	6.62±2.29 (155)	23.3±4.6 (152)	70.7±7.1 (156)	28.0±7.1 (155)	28.9±6.8 (155)	79.9÷1.23 (151)	474.4÷1.19 (152)	281.1÷1.49 (153)	12.9±3.2 (154)
川东	紫色土	0.0628÷1.8 (118)	0.141±0.047 (119)	5.45±1.52 (118)	18.1±4.29 (107)	64.3±1.3 (121)	30.0±9.4 (121)	59.7±44.1 (109)	71.1±18.2 (119)	—	519±81.7 (121)	1.18±1.14 (171)
新疆	耕灌土	0.0317÷1.98 (51)	0.120±0.0196 (40)	9.35±1.17 (47)	13.5±1.22 (151)	39.6±7.54 (150)	26.34÷1.22 (152)	35.8÷1.24 (151)	76.7÷1.13 (151)	636.4÷1.18 (52)	—	—
长白山	暗棕壤	0.055±0.02	0.076±0.074 (9)	—	31.4±5.88 (17)	66.7±19.84 (21)	30.0±5.76 (20)	20.4±7.83 (20)	94.0±7.83 (20)	94.0±31.31 (21)	832±485 (21)	26.6±7.70 (71)
美国密里州	农业土壤	0.039	<1	8.7	20	54	14	13	49	270	740	10
世界	土壤	0.03~0.1	0.5	5	15.25	100~300	40	15~40	50~100	—	500~1000	10~15

注：括号内为样本容量。

表 6-2　各类环境条件的变异系数

环境因子	Cd	Zn	Cu	Pb	Ni	Cr	Hg	As
母质	0.73	0.27	0.23	0.19	0.33	0.38	0.38	0.55
土壤类型	0.70	0.27	0.36	0.23	0.30	0.27	0.69	0.38
水系	0.44	0.33	0.24	0.23	0.26	0.26	0.50	0.24
土壤分区	0.39	0.27	0.21	0.15	0.16	0.13	0.45	0.08
利用类型	0.54	0.22	0.27	0.14	0.13	0.15	0.20	0.28

注：引自袁丙，1987。

表 6-3　不同地形的土壤元素含量比较　　　　单位：mg/kg

地形	土壤	母质	Cu	Pb	Ni	Zn	Cd	Cr	Hg	As
丘陵顶部	棕壤性土	花岗岩风化物	19.91	18.62	19.24	70.90	0.18	62.34	0.03	7.20
漫岗、高阶地	棕壤	花岗岩风化物	21.28	19.52	23.70	76.70	0.13	76.72	0.09	9.80
漫岗、高阶地	棕壤	黄土状物质	22.21	20.91	21.11	53.93	0.09	51.11	0.04	7.95
丘陵底部	潮棕壤	黄土状物质	48.48	21.16	25.94	61.64	0.17	61.38	0.08	9.85

注：引自王维刚等，1987。

（3）人为活动的影响　人类的各种活动，如开矿、修路、施肥、养殖等都对土壤中元素的组成、含量及形态产生影响。

三、研究土壤环境背景值的意义

（1）土壤环境背景值是环境科学的基础资料　对土壤环境背景值进行研究，不仅可以了解土壤的形成过程，也有助于掌握土壤所处环境的历史变迁。也是研究和确定土壤环境容量，制定土壤环境标准的基本数据。

（2）土壤环境背景值是评价土壤环境质量的基础　评价土壤环境质量、划分土壤质量等级或评价土壤是否已发生污染、划分污染等级，均必须以区域土壤环境背景值作为对比的基础和评价的标准，并用以判断土壤环境质量改善和污染程度，以制定防治土壤污染的措施。

（3）为农业和工业生产服务　在土壤污染评价，污水灌溉与植物施肥上是一个不可缺少的依据，在种植业规划，提高农、林、牧、副业生产水平和产品质量及食品卫生、环境医学等方面土壤环境背景值也是重要的参比数据。

（4）为防治地方病服务　地方病如克山病、大骨节病和地方性甲状腺肿、地方性氟中毒，都与该地区某种元素缺乏或过剩有关，因此，了解各种元素的土壤环境背景值对掌握地方病的发病规律，做好预防和救治工作具有十分重要的意义。

四、土壤环境背景值的确定

在地球上很难找到绝对不受人类活动影响的土壤，要获得一个尽可能接近自然土壤化学元素含量的真值是相当困难的。也就是说，确定土壤环境背景值是一项难度很高的基础性研究。各国都很重视土壤背景的研究，例如美国、英国、德国、加拿大、日本以及俄罗斯等国都已公布了土壤某些元素背景值。我国也将土壤环境背景值列入"六五"和"七五"国家重点科技攻关项目，并于1990年出版了《中国土壤元素背景值》一书。各国虽然在获取土壤环境背景值的具体方法或环节上不完全相同，但都必须建立一个完善的工作系统。通常，土壤背景的研究应建立包括情报检索、野外采样、样品处理和保存、实验室分析质量控制、分析数据统计检验、制图技术等构成的工作系统。土壤环境背景值研究是以土壤学特别是土壤分析为主线，涉及多学科，技术要求高的一个系统。具有较严密的结构性、整体性及目的性，对各子系统都有严格的技术质量控制。

五、土壤环境背景值的应用

土壤环境背景值在土壤污染评价、污水灌溉与植物施肥上是一个不可缺少的依据。在环境质量评价、土地资源评价与国土规划以及环境医学和食品卫生等方面有重要的实用意义。

土壤环境背景值主要应用在以下几个方面。

（1）农田施肥　土壤环境背景值反映了土壤的化学元素的丰度，在研究化学元素特别是微量元素的生物有效性时，土壤环境背景值是预测土壤元素丰缺程度、制定施肥计划、方案的基础数据。

（2）土壤污染评价　土壤环境背景值是土壤污染评价不可缺少的依据。土壤质量评价，划分质量等级和进行污染评价，划分污染等级均需要以土壤环境背景值作为基础参数和标准，进而对土壤质量进行预测和调控及制定土壤污染防治措施等。

（3）计算土壤环境容量　土壤环境背景值是研究和确定土壤环境容量，制定土壤环境标准不可缺少的基础数据。

（4）环境医学和食品卫生　土壤环境背景值反映了区域土壤生物地球化学元素的组成与含量。通过对元素背景值的分析，可以找到土壤、植物、动物和人群之间某些异常元素的相互关系。例如，已证实在低硒土壤背景区域，是克山病、大骨节病及动物白肌病的发病区，这是由于土壤缺硒，使得整条食物链缺硒，最终导致人体内硒营养失常，危害人体健康。土壤环境背景值对人类健康的影响，有大量的问题没有被揭示，是一个很有实际意义的研究领域。

可见，土壤环境背景值作为一个"基准"数据，不仅仅在土壤学、环境科学上有重要意义，在农业、医学、国土规划等方面都有重要的应用价值。

第二节　土壤环境容量

随着环境污染、人口增长、资源耗损问题的发展，人类面临着自身环境的容量问题。如何正确地认识环境的容量和合理利用有限的容量，已涉及到人类生活和生产的许多方面，成为人们广泛关注的问题。土壤环境容量涉及土壤污染物的生态效应、环境效应以及污染物的迁移、转化和净化规律，具有多方面的应用价值。

一、土壤环境容量的概念

（一）环境容量（environmental capacity）

环境容量是指在一定条件下环境对污染物最大容纳量。大气、水、土地、动植物等都有承受污染物的最高限值，就环境污染而言，污染物存在的数量超过最大容纳量，这一环境的生态平衡和正常功能就会遭到破坏。环境容量一般可以分为三个层次。①生态的环境容量：生态环境在保持自身平衡下允许调节的范围；②心理的环境容量：合理的、游人感觉舒适的环境容量；③安全的环境容量：极限的环境容量。

（二）土壤环境容量（soil environmental capacity）

（1）土壤环境容量概念　土壤环境容量可以从环境容量派生，土壤环境容量定义为土壤环境单元一定时限内遵循环境质量标准，既保证农产品产量和生物学质量，同时也不使环境污染时，土壤所能允许承纳的污染物的最大数量或负荷量（carrying capacity）。由定义可知，土壤环境容量实际上是土壤污染物的起始值和最大负荷量之差。因此，衡量土壤允许量时需要有一个基准含量水平，这个水平所获得的容量称为土壤静容量，即土壤标准容量。它反映了污染物生态效应所容许的最大容纳量，但尚未考虑和顾及到土壤环境的自净作用与缓冲性能。也即外源污染物进入土壤后的累积过程中，还要受土壤环境地球化学背景与迁移转化过程的影响和制约，如污染物的输入与输出、吸附与解吸、固定与溶解、累积与降解等，这些过程都处于动态变化中，其结果都能影响污染物在土壤环境中的最大容纳量。因而目前的环境学界认为，土壤环境容量应是静容量加上这部分土壤的净化量（土壤动容量），才是土壤的全部环境容量。

（2）土壤环境容量表示及计算方法　土壤环境容量主要包括土壤静容量和土壤动容量两个方面。

① 土壤静容量　以静态观点表征使土壤达到环境标准所能许可容纳的污染物量。土壤静容量可采用下式计算

$$C_s = M(C_i - C_{Bi})$$

式中，C_s 为土壤静容量（kg/hm²）；M 为耕层土重（一般取 2250000kg/hm²）；C_i 为 i 元素的土壤环境标准值（mg/kg）；C_{Bi} 为 i 元素的土壤环境背景值（mg/kg）。

② 土壤动容量　是以动态观点表征土壤容纳的能力。它考虑土壤污染物在累积过程中，污染物的输入与输出，固定与释放，累积与降解和净化过程，它更能反映实际情况。

以浓度单位表示的土壤环境动容量的计算公式为：$C_A = K(C_i - C_{Bi})$

式中，C_A 为土壤动容量 [kg/(hm²·a)]；$K = (A'/A) \times 100\%$，K 称为某污染物在某一土壤环境中的年净化率；A 为某污染物对土壤环境的输入量（单位负荷量）；A' 为经过一年后，被净化的量（年输出量）。

动容量与静容量的关系式为：$C_A = K \cdot C_s$

土壤静容量和土壤动容量相加构成了土壤环境容量。

二、土壤环境容量的确定

欲确定土壤环境容量必须进行生物试验，就农作物而言多为盆栽试验。经过生物试验取得土壤环境容量需要经历较长的时间，而且所得结果是因土因植物而异的。人们设想任何植物从任何土壤中吸收某一有害物质时，土壤、植物双方的供、求关系是统一的，供方（土壤）的有害物只能在适于求方（植物）可能吸收的条件下才能进入株体。因此，土壤中有害物质的形态及其对植物的有效性，是决定植物是否吸收与吸收多少的限制条件。在进一步研究土壤有害元素的形态和为与植物吸收中毒的关系中发现，用化学容量法代替生物学容量法求取土壤临界浓度是可行的。

土壤的化学容量法是以有害物在土壤中达到致害生物时的有效浓度为指标，确定土壤容量的方法。此法的好处是简便易行，且指标易于统一。此法的建立不仅是经过大量生物试验的证明，而且是对有害元素在土壤中的形态转化及其危害临界值所进行的大量研究中逐渐总结出来的。

因为土壤环境容量是建立在"黑箱"理论上，即只管输入和输出而问期间发生的过程，所以还存在许多问题，需要继续研究：①缺乏长期试验结果；②选用化合物的类型有一定的局限性；③缺乏复合污染试验；④没有反映总量和有效态关系中一系列过程。

三、土壤环境容量的影响因素

（1）土壤的元素组成，机械组成，有机质和矿物质的成分、含量、pH 值，氧化还原电位等对土壤环境容量有显著的影响。不同类型土壤的环境容量也有明显的差异，例如土壤 Cd、Cu、Pb 容量大体上由南到北随土壤类型的变化而逐渐增大，而 As 的变动容量在南方酸性土壤的容量一般较高，北方土壤一般较低。

（2）化学元素或化合物的存在形态及其物理、化学性质。如当红壤中添加浓度同为 10mg/kg 的 $CdCl_2$ 和 $CdSO_4$ 时，糙米中 Cd 浓度分别为 0.65mg/kg、1.26mg/kg。

（3）区域自然环境条件，如气候条件、植被、地形、水文条件等。

（4）土壤与大气、水、植被等环境要素间元素迁移的通量。

（5）土壤环境的生物学特性是指植被与土壤生物（微生物和动物）区系的种属与数量变化。它们是土壤环境中污染物的吸收固定、生物降解、迁移转化的主力，是土壤生物净化的决定性因素。

（6）社会技术因素，尤其是改善土壤性质、提高肥力水平等。

四、土壤环境容量的应用

（1）制定土壤环境质量标准　土壤环境质量标准的制定比较复杂，目前各国均未有完善的土壤环境质量标准。通过土壤环境容量的研究，在以生态效应为中心，全面考察环境效应、化学形态效应，元素净化规律基础上提出了各元素的土壤基准值，这为区域性土壤环境标准的制订提供了依据。

（2）制定农田灌溉水质标准　我国是一个农业大国，大部分农田在干旱、半干旱地区的农田灌溉成为发展农业的命脉。随着用水量与日俱增、水资源日益匮乏，发展污水灌溉势在必行。制订农田灌溉水质标准、把水质控制在一定浓度范围是避免污水灌溉污染的重要措施。用土壤环境容量制订农田灌溉水质标准，既能反映区域性差异，也能因区域性条件的改变而制订地方标准。

（3）制定农田污泥施用标准　污泥允许施入农田的量决定于土壤容许输入农田的污染物最大量，即土壤动容量或年容许输入量，而土壤环境容量是计算该值的一个重要参数。

（4）进行土壤环境质量评价　土壤环境质量评价分为污染现状评价和预测评价。在土壤环境容量研究中，获得了重金属土壤临界含量，在此基础上提出了建议的土壤环境质量标准，为准确评价土壤环境质量提供了评价标准。

（5）进行土壤污染预测　土壤污染预测是制订土壤污染防治规划的重要依据。目前，大多数以土壤残留率为计算机模拟成的预测模型，土壤环境容量是进行预测的一个重要指标。

（6）对污染物总量控制　土壤环境容量充分体现了区域环境特征，是实现污染物总量控制的重要基础。以区域能容纳某污染物的总量作为污染治理量的依据，使污染治理目标明确。以区域容纳能力来控制一个地区单位时间污染物的容许输入量。在此基础上可以合理、经济地制定总量控制规划，可以充分利用土壤环境的纳污能力。

（7）在农业对策上的应用　根据土壤环境容量理论，在污染地上设法减少施肥引起的污染输入量，改污染地为种子田，合理规划土壤利用方式，筛选对各污染物忍耐力较强、吸收率低的作物，发展生态农业。另外，提高有机质含量，防止工矿污水浸入农田，防止土壤盐碱化和改良作物品种等都能发挥土壤潜力，充分利用土地资源，提高土壤环境容量。

复习思考题

1. 什么是土壤环境背景值？有何特点？
2. 土壤环境背景值在环境科学和土壤科学中有什么意义和作用？
3. 土壤环境容量的概念是什么？目前确定土壤环境容量有些什么方法？
4. 土壤环境容量有何用途？
5. 你对土壤化学环境与生命的关系是怎样认识的？

第七章 土壤污染和防治

随着我国工业的发展，工厂的废水、废气、废渣的排放，大量施用农药，造成了土壤的污染，使土壤的理化性质和生物学性质恶化，影响植物的正常发育，甚至通过食物链的传播，影响人体健康。据不完全调查，我国遭受不同程度污染的农田已达 1000 万 hm^2，污水灌溉污染耕地 3250 万亩，固体废弃物堆存占地和毁田 200 万亩，合计约占耕地总面积的 1/10 以上，其中多数集中在经济较发达的地区。据估算，全国每年因重金属污染的粮食达 1200 万吨，造成的直接经济损失超过 200 亿元。随着人们认识的提高，我国的土壤污染形势局部地区有所改善，但总体形势比较严峻。

第一节 土壤环境污染概述

一、土壤污染的概念及危害的特点

（一）土壤污染（soil pollution）的概念

是指人类活动或自然因素产生的污染物通过不同途径进入土壤，其数量超过土壤的净化能力从而在土壤中逐渐积累，并达到一定程度，引起土壤质量恶化、正常功能失调甚至某些功能丧失的现象。

土壤被污染的程度主要决定于进入土壤的污染物的数量、强度和土壤自身的净化能力大小，当进入量超过净化力，就将导致土壤污染。

（二）土壤污染危害的特点

（1）隐蔽性 土壤污染与大气污染、水体污染不同，大气和水体污染比较直观，有时通过人的感觉器官就能判断，而土壤污染通常只能通过分析化验才能做出判断。另外，土壤从开始污染到导致后果有一个长时间的、间接、逐步积累的过程，往往通过农作物，再通过食物引起人们健康的变化才被认识和发现。

（2）持久性 进入土壤的污染物，由于受到土壤理化性质的限制，移动速度缓慢，虽然部分可被土壤净化，但未被净化的部分、净化过程的中间产物及最终产物都会在土壤中残留和累积下来，很难排出土体。而且土壤污染和破坏后很难恢复，特别是重金属污染几乎是不可逆的，又往往不易采取大规模的消除措施。

（3）间接有害性 土地污染后，后果是相当严重的。第一，污染物通过食物链危害动物和人体健康；第二，土壤层污染通过地下渗漏，造成地下水污染，或通过地表径流污染水域；第三，土壤污染地区若遭风蚀又可将污染的土粒吹扬到远方，扩大浸染面。所以土壤污染又间接地污染了水和大气，成为二次污染源。

二、土壤自净能力及土壤污染的判定指标

（1）土壤自净能力 污染物进入土壤后经历一系列的物理、化学和生物化学过程，自动地被逐渐分解、转化或排出土体，其结果使土壤中的污染物数量减少，但减少的速度受制于土壤物理化学及生物学性质，从而使土壤表现出净化污染物的能力，这一能力称为土壤的自净能力（self-pruification）。

土壤净化过程主要是污染物在土体内可以挥发、稀释、扩散而降低污染浓度，减少毒性；或经沉淀变为难溶化合物；或被胶体牢固地吸附，而难以被植物利用暂时退出生物小循环，脱离食物链；或通过化学和生物降解，变为毒性较小、无毒性甚至营养物质；或从土体迁移至大气和水体。由于土壤具有净化作用，因此，土壤不仅是污染物的载体，而且是污染物的净化剂。随着工农业的发展，若不及时采取措施，污染物进入土壤的数量必将不断增加，在污染与净化的矛盾中，污染过程将成为主要方面。

（2）土壤污染的判定指标　目前度量土壤污染与否的指标有以下几个。

① 土壤背景值和土壤环境容量　采用当地数值。这是揭示当前土壤是否有污染物进入的临界点，是保持当前土壤良好状态的目标值。若土壤中化学物质含量高于此值，则要警惕，找出和控制污染源，防止污染物继续进入，保护土壤环境质量。

② 植物体中污染物的含量　植物吸收土壤营养物质的同时，也会将土壤中的污染物质吸收体内，据研究，植物体中污染物的含量和土壤污染物含量之间存在着一定相关性，因而可以作为土壤污染指标之一。

③ 生物指标　土壤中的污染物质会对植物、动物和微生物产生直接或间接的影响，因此，调查植物生长发育是否受到抑制，生态环境有无变异，微生物群体有无变化，以及植物性食物对人体健康的危害程度可以判断土壤是否污染。

第二节　土壤污染源及污染物

一、土壤中污染物质的来源和种类

（1）土壤污染物质的来源　土壤污染的发生特征是与土壤所处的地位和功能相联系的，首先，土壤是农业生产的劳动对象，为了从土壤中索取更多的生物量并提高其质量，人们向土壤施入农药、化肥并进行灌溉，与此同时也使污染物质进入了土壤；其次，土壤历来作为废弃物的处理场所，废弃物的倾倒使大量污染物质进入土壤；第三，大气或水体中的污染物质在迁移转化中进入土壤，而使土壤受到污染。

由于人类活动造成污染物进入土壤，称为人为污染源，即污染物主要来自工业和城市的废水和固体废物、农药和化肥、牲畜排泄物、生物残体和大气沉降物等。此外，在自然界中某些矿床或物质的富集中心周围，经常形成自然扩散晕，而使附近土壤中某些物质的含量超出土壤正常含量范围，而造成土壤的自然污染。

（2）土壤污染物质的种类　土壤污染十分复杂，污染类型多，污染物的种类也极为繁多，既有化学污染也有物理污染、生物污染和放射污染等，其中以土壤的化学污染最为普遍、严重和复杂。土壤的化学污染物质主要分为无机污染物和有机污染物两大类。

① 无机污染物　土壤中的无机污染物包括对生物有危害作用的元素和化合物，主要是重金属、放射性物质、营养物质和其他无机物质等。重金属（包括类金属）如汞、镉、铬、铅、砷、铜、锌、钴、镍、硒等；放射性物质主要指铯、锶、铀等；营养物质主要指氮、磷、硫、硼等；其他物质主要指氟、酸、碱、盐等。

② 有机污染物　土壤中主要的有机污染物是化学农药，化学农药的种类繁多，目前大量使用的农药约50余种，主要有有机氯类、有机磷类、氨基甲酸酯类、苯氧羧酸类、苯酰胺类等。酚、多环芳烃、多氯联苯、甲烷、油类等也是土壤中常见的有机污染物。

③ 固体废物　主要指城市垃圾和矿渣、煤渣、煤矸石和粉煤灰等工业废渣。固体废物的堆放占用大量土地而且废物中含有大量的污染物，污染土壤恶化环境，尤其城市垃圾中的废塑料包装物已成为严重的"白色污染"物。

④ 病原微生物　生活和医院污水、生物制品、制革与屠宰的工业废水、人畜的粪便等

是土壤中病原微生物的主要来源。

⑤ 放射性污染物　一是核试验，二是原子能工业中所排出的三废。土壤受到放射性污染是难以排除的，只能靠自然衰变达到稳定元素时才结束。

二、重金属对土壤的污染与危害

土壤重金属污染物（heavy metal pollutant）主要有铜、铬、镉、砷、汞等。土壤中重金属来源主要是"三废"的排放所致。下面介绍几种主要重金属来源及危害。

（1）镉（Cd）　我国土壤中镉含量为 $0.01\sim0.70mg/kg$，平均为 $0.097mg/kg$。主要来自冶炼厂、电镀厂、电池、磷肥等。在土壤中过量的镉，不仅能在植物体内残留，而且也会影响植物对磷钾的吸收，对植物的生长发育产生明显的危害。镉能使植物叶片受到严重伤害，致使生长缓慢，植株矮小，根系受到抑制，造成生物障碍，降低产量，在高浓度镉的毒害下发生死亡。镉对人体可产生毒性效应，长期摄入微量镉，引起骨痛病等。

（2）铬（Cr）　我国土壤铬含量小于 $80mg/kg$，一般为 $50\sim60mg/kg$。主要污染源有炼钢厂、铬矿、电镀、鞣革、颜料、合金、油漆、印染、胶印等排放的三废。

金属铬无毒性，三价铬有毒，六价铬毒性更大，还有腐蚀性。对皮肤和黏膜表现为强烈的刺激和腐蚀作用，还对全身有毒性作用。铬对种子萌发，植物生长也产生毒害作用。

（3）砷（As）　土壤中砷含量为 $0\sim195mg/kg$，平均 $9.36mg/kg$。污染源：有色金属开采和冶炼、土法炼砷、含砷农药、磷肥、煤等。低浓度的砷对植物生长有刺激作用。当植株摄入过量砷时，就会受害。致使植物的生长发育受到显著抑制。

（4）铅（Pb）　土壤中铅含量为 $2\sim200mg/kg$，一般为 $13\sim42mg/kg$。污染源：铅锌矿开采、含铅汽油、蓄电池、青铜冶炼、颜料、釉彩、涂料、医药、化学试剂等排放的三废。铅可影响植物的光合作用，抑制养分吸收，使植物受害。铅对植物根系生长影响显著，致使植物染色体和细胞核的畸变也是典型的中毒症状。

（5）汞（Hg）　土壤中汞平均含量为 $0.065mg/kg$。其污染来自工业污染、农业污染及某些自然因素如火山作用等。汞的天然释放是土壤中汞的重要来源，农业污染大部分是有机汞农药所致、工业污染主要是含汞废水、废气、废渣排放而污染土壤。

土壤中汞含量过多，引起植物汞中毒，严重情况下引起叶子和幼蕾掉落。汞化合物侵入人体，被血液吸收后可迅速弥散到全身各器官。当重复接触汞后，就会引起肾脏损害。

（6）锌、铜、镍、锰　除镍以外都是植物生长所需的微量元素，但在土壤中累积量超过一定限度，对植物有害，而成为土壤的污染物。若植物受铜毒会使光合作用减弱，叶色褪绿，引起缺铁，抑制生长。锌对植物的毒害首先表现在抑制光合作用，减少 CO_2 固定；其次影响韧皮部的输送作用，改变细胞膜渗透性，而导致生长减缓和失绿症，严重时致死。

三、土壤的有机物污染与危害

土壤有机污染物主要有农药、三氯乙醛（酸）、矿物油类、表面活性剂、废塑料制品等。

（1）农药　田间施用农药，有些黏附于植物的外表，有些非极性亲脂性农药则能够渗透到植物的根、茎、叶和种子之中，极性化合物能通过水溶液为根所吸收。这些农药虽然受到外界的环境和体内酶的作用逐渐降解，但速度是缓慢的，直到植物收获时仍可能有一定量的残留。农药对昆虫、水生动物、飞禽、野兽等会产生直接或间接的影响。

（2）三氯乙醛（酸）　三氯乙醛（CCl_3CHO）是很多化工产品、药物和农药的合成原料。在微生物作用下氧化为强烈毒性的三氯乙酸（CCl_3COOH），并在土壤中有较长的残留期（$70\sim100d$）。三氯乙醛易与水合成水合氯醛晶体 $CCl_3CH(OH)_2$，易溶于水和有机溶剂，酸性条件下稳定，碱性条件下易分解。水合氯醛对动物有镇静、麻醉作用，对植物的毒害作用是破坏植物细胞原生质的极性结构和分化，使细胞和核的分裂、增殖作用紊乱，生长畸形，降低新陈代谢的功能。

（3）油类污染物　矿物油是各种烷烃、芳烃的混合物，来自石油工业。动、植物油来自城镇生活污水、家畜屠宰场、食品加工及油脂工业废水，主要成分是甘油酯和脂肪酸。

土壤油类污染物主要来自污灌，及溢油事故、油页岩矿渣、油类药剂、车辆污染及土壤中的生物合成。油类污染物对土壤物理性质（堵塞土壤孔隙）和化学性质（油类分解需消耗大量氧气；矿物油类 C/N 高，与植物争氮；油类对土壤氨化、硝化作用有阻抑作用）都有影响。它可直接经植物表皮渗入细胞间隙，并在体内再分配，使植物蒸腾作用、呼吸作用、光合作用受到影响。植物对油类的敏感程度不一，薯类和豆类比谷类作物和棉花更敏感。蔬菜中，番茄、甘薯和莴苣抗性较强，可耐受 3% 的土壤含油量。

（4）表面活性剂污染物和废塑料制品　主要来自生活中洗涤剂的大量应用。高浓度时降低土壤微生物种群数，高浓度钠离子使土壤胶体高度分散，土壤结构性变差。主要来自城市垃圾和农用塑料薄膜，性质稳定，不易分解。进入土壤后使土壤性状变劣，不利植物生育。

四、土壤的化肥污染与危害

（1）增加土壤重金属　从化肥的原料开采到加工生产过程中，一些肥料中含有少量的重金属元素、有机副成分、放射性元素等。例如磷肥，其原料为磷矿，除了与它伴存的主要有害成分氟和砷外，加工过程还带进其他重金属，如表 7-1，其中最值得注意的是镉、砷、锌。因重金属在土壤中移动性小，所以长期施用磷肥所造成重金属潜在污染不容忽视。

表 7-1　磷肥中重金属含量　　　　　　　　　单位：mg/kg

取样地点	肥料名称	砷	镉	铬	铜	镍	铅	锶	钛	钡	锌
山东德州	普钙	51.3	1.4	464	60.6	12.4	170.4	330	109.5	54.3	215.3
北京密云	普钙	22.1	0.2	129.7	54.2	10.6	41.5	245.7	103.2	31.5	325.3
北京昌平	普钙	23.5	1.8	89.7	62.9	15.1	71.0	315.3	170.3	21.3	276.0
北京通县	普钙	36.4	1.9	39.9	61.4	10.1	124.1	267	123.9	20.8	253.2
云南	磷矿粉	25.0	3.8	47.3	54.2	12.6	242.1	464.5	76.1	19.7	225.3
贵州	磷矿粉	13.5	5.8	49.8	83.9	16.7	876.4	486.1	99.2	29.2	330.2
湖北	磷矿粉	90.1	2.1	39.8	76.5	13.8	379.8	459.5	79.7	25.2	274.2
湖南	磷矿粉	32.4	1.6	39.9	50.2	11.1	202.8	500	65.0	20.6	199.7
浙江义乌	钙镁磷肥	6.2	—	1057.2	63.2	345.6	—	414.9	208.3	104.1	169.4
湖南	铬渣磷肥	67.7	—	5144	48.0	181.8	—	189.5	114.3	105.2	768.8
天津	铬渣磷肥	26.9	—	3328	51.3	139.5	—	455	255.7	32.9	150.9
日本复合肥		—	4.7	79.7	36.6	10.1	—	46.8	270.1	93.6	106.8
罗马尼亚复合肥		15.0	30.4	205.3	42.3	15.6	2.6	1135.3	158.2	46.4	466.1

注：引自张夫道，1985。

（2）促进土壤酸化　某些化学肥料施到土壤中后离解成阳离子和阴离子，由于植物吸收其中的阳离子多于阴离子，使残留在土壤中的酸根离子较多，从而使土壤（或土壤溶液）的酸度提高，这种通过作物吸收养分后使土壤酸度提高的肥料就叫生理酸性肥料，例如硫酸铵，作物吸收其中的 NH_4^+ 多于 SO_4^{2-}，残留在土壤中的 SO_4^{2-} 与植物代换吸收释放出来的 H^+（或解离出来的 H^+）结合成硫酸而使土壤酸性提高。因此长期施用硫铵、氯化铵、尿素等生理酸性肥料将导致土壤酸化。表 7-2 是不同氮肥引起的土壤变酸。

表 7-2　氮肥引起的土壤 pH 变化

氮肥品种	年用量/（kg N/hm²）	灰色森林土（三季作物后）	暗棕色脱碱土（一季作物后）	黑钙土（三季作物后）
不施肥	0	6.14	5.55	5.88
硝酸铵	202	5.40	5.33	5.34
硫酸铵	202	4.76	5.09	5.14
硝酸钙	56	5.96[①]		6.05[②]
尿素	202	5.26	5.24	5.51
硫铵+ATC	56	5.97[①]		5.98[②]

① 原土 pH 为 5.95；② 原土 pH 为 6.03。

（3）土壤中营养成分比例失调与植物 NO_3^- 积累　虽然我国的化肥总产量和总用量居世界前列，但不意味着我国在化肥合理使用技术上也处于前列。相反，我国部分农村在施用化肥方面存在着盲目性、严重不合理、不科学的问题，造成了化肥资源的浪费，还导致土壤养分不均衡，增加了环境风险。特别在蔬菜生产上，氮肥施肥量大，其次为磷肥，而钾肥用量很少。蔬菜需钾量往往比需氮多，其结果是使土壤钾急剧消耗，植物生长不良，且易引起蔬菜体内硝酸盐和亚硝酸盐的累积，使农产品品质下降。经饮食进入人体的硝态氮（NO_3^--N）在胃肠中可还原生成亚硝态氮（NO_2^--N），后者能迅速进入血液，将血红蛋白中的低铁氧化成高铁，使其形成无法运载氧气的高铁血红蛋白，造成人体缺氧，患高铁血红蛋白症。亚硝态氮还可与次级胺结合，形成强致癌物质亚硝胺，诱发人体消化系统癌变。因此，联合国粮农组织和世界卫生组织（WHO/FAO）规定：亚硝酸盐每日允许摄入量（ADI值）为0.13mg/kg体重，若成人体重为60kg，则日摄入量不能超过7.8mg；硝酸盐ADI值为3.6mg/kg体重，若成人体重为60kg，则日摄入量不能超过216mg。

（4）降低土壤微生物活性　微生物虽然个体微小，但数据众多，土壤中多种多样的反应都离不开微生物的参与。研究表明，在化肥施用合理时，对微生物活性有促进作用，过量则反而降低其活性。表7-3中数据表明，多数微生物活性可能与土壤酸度的变化、重金属的增加和营养成分不协调等原因有关。

表 7-3　施用硫酸铵与微生物繁育的关系　　　　　　　　　单位：菌数个/克土

硫酸铵用量/(kg/hm²)	微生物总数	氨化菌数	真菌数	放线菌数	纤维分解菌数	硝化菌数	反硝化菌数
240	898	883	0.37	15.7	7.4	0.9	0.9
405	189540	189512	0.27	27.9	8.7	0.53	0.53
637.7	>189540	>189512	0.23	34.8	11.3	0.05	0.05
930	1297	1270	0.19	24.8	10.1	0.03	0.03
1057.5	560	544	0.26	16.8	9.4	0.15	0.15

注：引自原农牧渔业部环保所，《全国主要污水灌区农业环境质量普查评价》，1984。

综上所述，化肥给土壤增加养分的同时，也带进了有害成分，它们从多方面综合影响生物活动，从而使作物减产，品质下降，甚至毒害人畜，因此要重视化肥的科学合理施用。

第三节　污染物在土壤中的迁移与净化

进入土壤中的化学污染物（如重金属、农药）的转归表现为化学污染物在土壤中的迁移、转化、降解和残留。因此，研究污染物的转归对土壤卫生防护有重要意义。

一、污染物在土壤中的迁移

污染物在土壤中的迁移一般指由外力作用（如农田土壤翻耕、地表径流和土壤水渗滤、淋溶等作用，见图7-1、图7-2、图7-3）引起转移。内在形式一般通过质流和扩散两种作用完成（见图7-4）。

二、污染物在土壤中的转化和降解

化学物质通过物理、化学、生物学作用而改变其化学结构和性质的过程叫转化。由复杂化合物逐步转变为简单化合物的过程谓之降解。

（一）农药转化和降解的过程

主要有光化学降解、化学降解和生物降解等作用。

图 7-1　土壤翻耕

图 7-2　渗滤、淋溶

图 7-3　地表径流

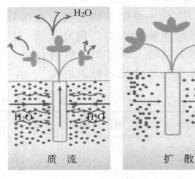

图 7-4　质流和扩散示意图

（1）光化学降解指土壤表面接受太阳辐射和紫外线能量而引起农药的分解作用。这是农药转化和消失的一个主要途径。大部分除草剂、DDT 以及某些有机磷农药等都能发生光化学降解作用。

$$
\text{N-3,4-二氯苯基-}N',N'\text{-二甲基脲} \xrightarrow[O_2]{hv} \text{N-(3,4-二氯苯基氨基甲酰)-}N\text{-甲基甲酰胺}
$$

N-3,4-二氯苯基-N′,N′-二甲基脲　　　　　　N-(3,4-二氯苯基氨基甲酰)-N-甲基甲酰胺

（2）化学降解主要是水解和氧化作用。这种降解与微生物无关，但受土壤的温度、水分和 pH 的影响。许多有机磷农药进入土壤后，可进行水解。如马拉硫磷和丁烯磷可进行碱水解，二嗪磷则进行酸水解。

（3）生物降解主要是土壤中的微生物对有机农药的降解起着重要的作用。它对有机农药的生物化学作用主要有：脱氯作用、氧化还原作用、脱烷基作用、水解作用、环裂解作用等。

脱氯作用：有机氯农药，在微生物的还原脱氯酶作用下，可脱去取代基氯。如有机氯农药 DDT［2,2-双（4-氯苯基)-1,1,1-三氯乙烷］性质稳定，在土壤中残留时间长（4～30 年），通过微生物作用脱氯，使 DDT 变成滴滴滴（DDD）［2,2-双（4-氯苯基)-1,1-二氯乙烷］，或脱氢脱氯变为 DDE［2,2-双（4-氯苯基)-1,1-二氯乙烯（滴滴涕降解产物)］，而 DDE 和 DDD 都可以进一步氧化为 DDA［2,2-双（对-氯苯基）乙酸］。DDE 和 DDD 的毒性虽然比 DDT 低的很多，但仍有慢性毒性。在环境中应注意这类农药及其分解产物的积累。

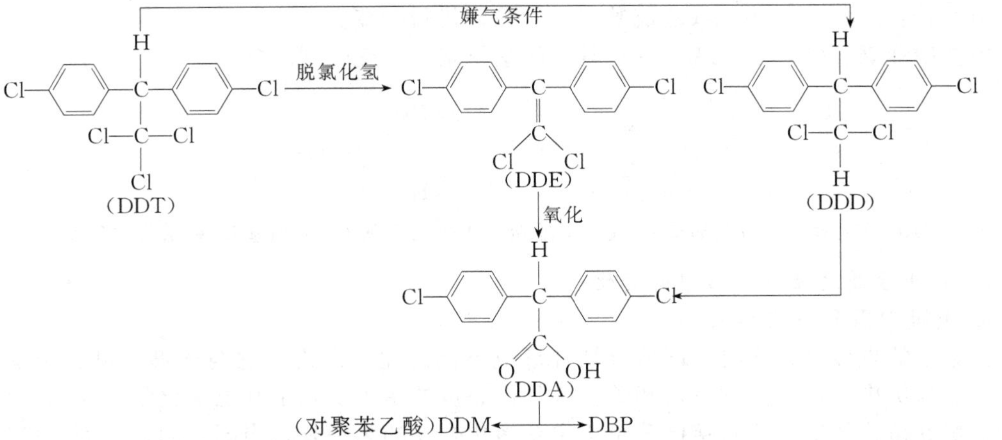

嫌气条件

（DDT）　脱氯化氢　→　（DDE）　→　（DDD）

氧化 ↓

（DDA）

（对聚苯乙酸）DDM ← → DBP

脱烷基作用：当农药分子中的烷基与 N、O 或 S 原子相联结时，在微生物作用下，常发生脱烷基作用。

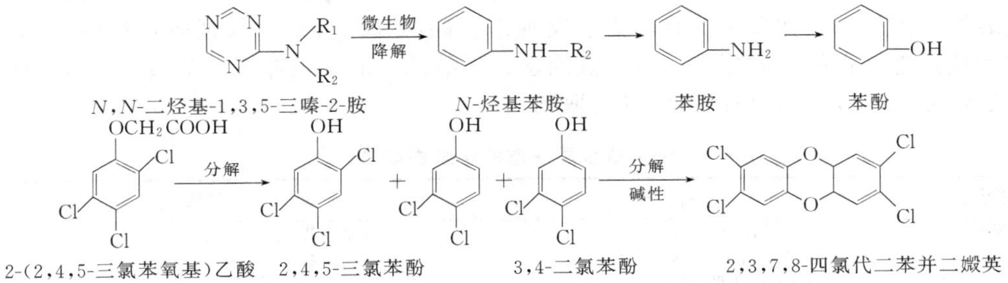

微生物降解

N,N-二烃基-1,3,5-三嗪-2-胺　→　N-烃基苯胺　→　苯胺　→　苯酚

OCH₂COOH

2-(2,4,5-三氯苯氧基)乙酸　分解　→　2,4,5-三氯苯酚　+　3,4-二氯苯酚　分解碱性　→　2,3,7,8-四氯代二苯并二噁英

二噁英是迄今为止的已知物质中毒性最强的化合物，也是强烈的致癌物质。

苯环破裂作用：许多细菌和真菌，能引起芳香环破裂。芳环破裂是芳环有机物在土壤中彻底降解的关键性步骤。如 2,4-D 在无色杆菌的作用下降解为 CO_2、H_2O 和 Cl^- 等。

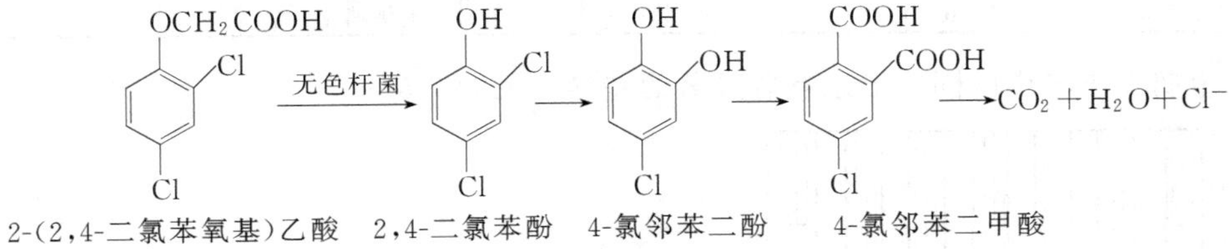

2-(2,4-二氯苯氧基)乙酸　无色杆菌　→　2,4-二氯苯酚　→　4-氯邻苯二酚　→　4-氯邻苯二甲酸　$\longrightarrow CO_2 + H_2O + Cl^-$

氧化还原作用：许多农药在微生物作用下，可发生氧化反应。某些农药在厌氧环境，经厌氧微生物作用可发生还原作用。

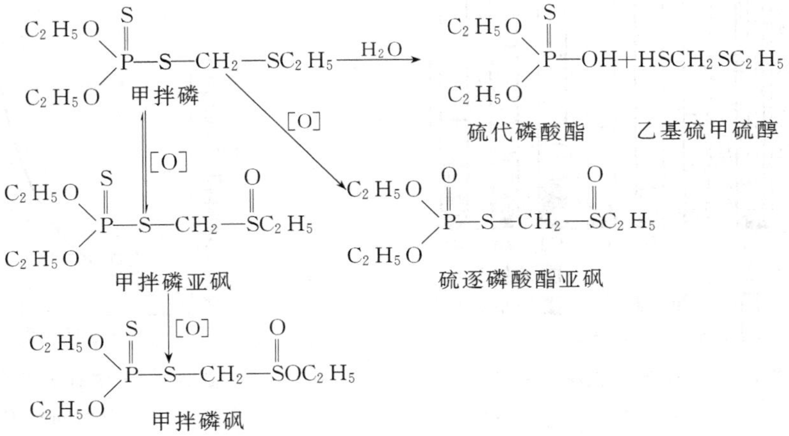

甲拌磷　$\xrightarrow{H_2O}$　硫代磷酸酯　+　乙基硫甲硫醇

[O] ↓

甲拌磷亚砜　硫逐磷酸酯亚砜

[O] ↓

甲拌磷砜

第七章　土壤污染和防治　117

甲拌磷：O,O-二乙基-S-（乙硫基甲基）二硫代磷酸酯。

甲拌磷亚砜：O,O-二乙基-S-（乙基亚砜基甲基）二硫代磷酸酯。

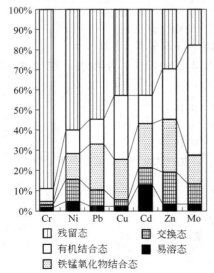

乙基对硫磷

O,O-二乙基-O-（对硝基苯基）硫代磷酸酯　　O,O-二乙基-O-（对氨基苯基）硫代磷酸酯

（二）重金属元素在土壤中的转化

1. 土壤中重金属的形态

土壤中的重金属元素与不同成分结合形成不同的化学形态，它与土壤类型、土壤性质、污染来源与历史、环境条件密切相关。各种形态量的多少反映了其土壤化学性质的差异，同时也影响其植物效应。要直接区分土壤中众多化合物的类型是相当困难的，因而人们通常所指的"形态"为重金属与土壤组分的结合形态，即"操作定义"。目前土壤重金属的形态分级的操作定义大多根据各自研究目的和对象来确定。Tessier 等（1979）提出的连续提取法有一定的代表性（表7-4）。主要分为水溶态、交换态、碳酸盐结合态、铁锰氧化物结合态、有机结合态和残留态。根据不同形态，可用蒸馏水、醋酸钠-醋酸缓冲液、草酸-草酸盐或盐酸羟胺、次氯酸钠、H_2O_2、焦磷酸钠等提取剂。

表 7-4　土壤中重金属形态的连续提取法

重金属形态	提 取 剂	操 作 条 件
Ⅰ 水溶态＋交换态	1mol/L MgCl₂(pH7.0)	室温下振荡 1h
Ⅱ 碳酸盐结合态	1mol/L CH₃COONa·3H₂O（CH₃COOH 调 pH5.0）	室温下振荡 6h
Ⅲ 铁锰氧化物结合态	0.04mol/L NH₂OH·HCl 溶液［25%（体积分数）CH₃COOH,pH2.0］	96℃±3℃水浴提取,间歇搅拌 6h
Ⅳ 有机结合态	0.02mol/L HNO₃＋30%H₂O₂(pH2.0)	85℃±2℃水浴提取 3h,最后加 CH₃COONH₄ 防止再吸附,振荡 30min
Ⅴ 残留态	HF-HClO₄	土壤消化方法

不同重金属在土壤中的同一形态有着显著的差异，见图7-5。

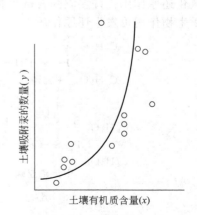

图 7-5　重金属在土壤中的结合
　　形态（Salomons et al.1995）

图 7-6　土壤有机质含量与吸附
　　汞数量间的关系

2. 影响重金属存在形态的主要土壤因素

(1) 土壤胶体、腐殖质的吸附和螯合作用　重金属可被土壤吸附处于不活化状态。土壤腐殖质能大量吸附重金属离子，使重金属离子通过螯合作用而稳定地被留在土壤腐殖质中，从而使重金属毒物不易迁移到水和植物中，减轻其危害。例如土壤中汞的形态分布，绝大部分为固定态。这主要是由于土壤对汞有强烈的吸附作用。Hg^{2+}、Hg_2^{2+} 可被带负电的土壤胶体吸附，$HgCl_3^-$ 等可被带正电的胶体所吸附，而土壤中有机胶体对汞的吸附比黏土矿物、氧化物高得多。图 7-6 表明，土壤吸附汞的数量与其有机质含量呈正相关，即土壤有机质含量越高其重金属含量也越高。土壤对汞的吸附还受到

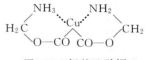

图 7-7　氨基乙酸铜

pH 值的影响，在 pH 值在 1～8 范围内，吸附量随 pH 值增高而增大。在螯合物氨基乙酸铜中，铜以主键和羟基相联结，以副键与氨基相连接成图 7-7 稳定的结构。

(2) 土壤 pH 的影响　在酸性土壤中多数重金属离子变成易溶于水的化合物，容易被植物吸收或迁移；在碱性土壤中多数重金属离子溶解度降低，植物难以吸收。因此，土壤受镉污染后用石灰调节土壤 pH 可明显降低植物中的镉含量。

从表 7-5 可看出，在相同 Pb 添加量而 pH 不同的土壤中，所栽种的大豆对 Pb 的吸收表现出随着 pH 升高而降低的趋势。在 pH4.5 处理中添加 Pb 1000mg/kg 时反而比 500mg/kg 的植株 Pb 含量低，这可能是因为在低 pH 和高浓度 Pb 处理中，大豆根已经受到 Pb 的伤害而使吸收受阻所致。

表 7-5　pH 对大豆植株（地上部分）Pb 含量的影响（Miller *et al.* 1975）

pH	土壤中添加 Pb 的量/(mg/kg)			
	0	250	500	1000
7.9	4.0	4.6	8.9	13.4
7.0	2.8	9.8	16.9	45.4
6.0	4.9	21.5	46.6	52.9
4.5	9.4	62.3	127.8	83.9

(3) 土壤氧化还原状态的影响　在还原条件下，许多重金属形成不溶性的硫化物被固定于土壤中，而降低其毒性，通气后其毒性增强。但砷与重金属不同，在还原状态下的三价砷比五价砷容易被植物吸收，且毒性也增强。不同农业管理措施，例如水肥管理可造成氧化还原电位的差异，从而影响植物对重金属毒害的抗性。由表 7-6 可见，由于烤田处理使糙米中重金属的含量有一定程度的增加。

表 7-6　水稻不同生育期烤田处理土壤 *Eh* 的变化及其对糙米重金属含量的影响

元素	土壤含量/(mg/kg)	处理	*Eh*(分蘖期)/mV	*Eh*(拔节期)/mV	*Eh*(乳熟期)/mV	糙米含量/(mg/kg)
Cd	3	烤田	308	293	233	0.278
		淹水	234	281	224	0.145
Pb	500	烤田	289	305	261	0.500
		淹水	255	270	255	0.225
Cr	100	烤田	264	266	274	0.230
		淹水	258	261	266	0.210

注：引自许嘉琳等，1995。

(4) 土壤质地　一般而言，土壤质地越黏重，其吸附重金属的能力就越强；重金属进入土壤后迁移的可能性就越小。从表 7-7 可看出，土壤质地对醋酸铵可提取镉和 DTPA 可提取镉均有明显影响，即随着土壤质地的黏重，两种提取液提取的镉量均随之减少，而小麦籽

粒的吸收量也随着土壤质地的黏重而降低。

表 7-7　土壤质地对可提取态 Cd、麦粒吸收 Cd 的影响（Cd 的投加量 10mg/kg）

质　　　地	麦　粒		CH_3COONH_4 提取 Cd		DTPA 提取 Cd	
	含量/(mg/kg)	吸收率/%	含量/(mg/kg)	吸收率/%	含量/(mg/kg)	吸收率/%
黏质土	0.25	2.5	0.72	7.2	4.62	46.2
壤质土	0.38	3.8	0.86	8.6	4.79	47.9
砂质土	0.63	6.3	1.13	11.3	6.12	61.2

注：引自许嘉琳等，1995。

（5）土壤的阴离子和阳离子组成　土壤中的阴离子、阳离子组成及其数量对土壤中重金属、类金属的存在形态及其毒性影响显著。例如，土壤中某些常量元素与砷的形态及其化合物关系密切，Fe^{3+}、Al^{3+}、Ca^{2+} 的浓度增加可使土壤中砷元素更多地以砷酸铁、砷酸铝、砷酸钙等化合物形态存在，使其可溶性下降、毒性降低；而在盐化土壤或碱化土壤中，由于 Na^+ 浓度高，致使砷元素易呈砷酸钠形态存在，其活性与毒性也随之升高。

Cd、Zn 共存对植物吸收 Cd 和 Zn 均有影响，从图 7-8 可看出，当 Zn/Cd 比值增大时，小麦吸收镉量会随之降低，土壤 Zn/Cd 比值与小麦吸收镉之间呈负指数关系。

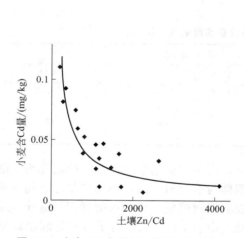

图 7-8　小麦 Cd 含量与土壤 Zn/Cd 关系
（夏增禄等，1984）

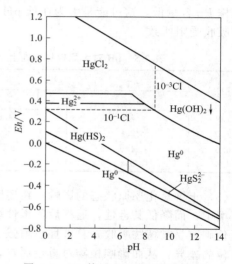

图 7-9　Hg 体系 Eh-pH 稳定范围图

Cu、Pb、Zn、Cd 等金属离子在土壤中的存在形态除受其进入土壤时的初始形态影响外，也与土壤的化学组成直接相关，这是因为这些重金属离子与不同阴离子化合，其生成物活性与毒性可以相差很大。如镉离子与不同阴离子化合可以生成 $CdCl_2$、$CdSO_4$ 和 $CdCO_3$，而这些化合物的毒性各不相同。

3. 典型重金属在土壤中的行为和植物中的累积规律

（1）汞（Hg）　汞进入土壤后 95% 以上能迅速被土壤吸持或固定，主要是土壤黏土矿物和有机质对汞有强烈的吸附作用，因此汞容易在表层累积，并沿土壤的纵深垂直分布递减。

土壤中的汞分为金属汞、无机和有机化合态汞，有 0、+1、+2 三种价态（图 7-9）。

在正常的土壤 Eh 和 pH 范围内，汞能以零价状态存在是土壤中汞的重要特点。在还原条件下 Hg^{2+} 可被还原成 Hg^0；但在好氧条件下又可被氧化成 Hg^{2+}。Hg^{2+} 在含有硫化氢的还原条件下，将生成难溶的 HgS；当氧充足时它又可被氧化成亚硫酸盐或硫酸盐，使 HgS 转化成 Hg^{2+}。在嫌氧条件下，无机汞在某些微生物的作用下可甲基化转化成为剧毒的可溶性有机汞——甲基汞（CH_3Hg^+）和二甲基汞 [$(CH_3)_2Hg$]。植物能直接通过根系吸收汞，在很多情况下，汞化合物可能是在土壤中先转化为金属汞或甲基汞后才能被植物吸收。植物吸收和累积与汞的形态有关，其顺序是：氯化甲基汞＞氯化乙基汞＞醋酸苯汞＞氯化汞＞氧化汞＞硫化汞。可以看出，挥发性高、溶解度大的汞化合物容易被植物吸收，汞在植物各部分的分布是根＞茎、叶＞籽实。这种趋势是由于汞被植物吸收后，常与根中的蛋白质结合而沉积于根上，阻碍了地上部分的运输。

（2）镉（Cd） 污水、废水中的镉可被土壤吸附，一般在 $0\sim15$cm 的土壤表层累积，15cm 以下含量显著减少。土壤中的镉以 $CdCO_3$、$Cd_3(PO_4)_2$ 及 $Cd(OH)_2$ 的形态存在，其中以 $CdCO_3$ 为主，尤其是在 pH＞7 的石灰性土壤中（图 7-10）。土壤中的镉的形态可划分为可给态和代换态，它们易于迁移转化，而且能够被植物吸收。不溶态在土壤中累积，不被植物所吸收。镉是植物体不需要的元素，但许多植物均能从水和土壤中摄取镉、并在体内累积。镉在植物各部分的分布基本上是：根＞叶＞枝的干皮＞花、果、籽粒。

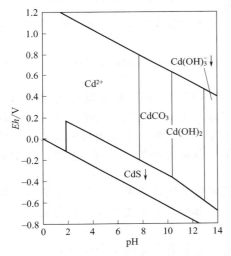

图 7-10 Cd 体系 Eh-pH 稳定范围图

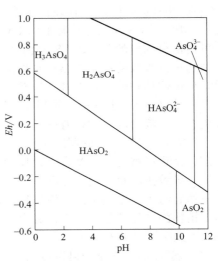

图 7-11 As 体系 Eh-pH 稳定范围图

（3）砷（As） 由于土壤 Ca、Fe、Al 中均可固定砷，通常砷集中在表土层 10cm 左右，只有在某些情况下可淋洗至较深土层，如施磷肥可稍增加砷的移动性。

土壤中的砷多呈砷酸形态，包括砷酸盐（五价）和亚砷酸盐（三价）（图 7-11）。无机或有机砷化合物都有毒性，但有机砷对植物的可给性或毒性较弱，且易在土壤中转化为无机态。无机态亚砷酸盐类的毒性比砷酸盐类强。土壤对砷有吸附作用，主要是铁铝氢氧化物，其次为有机胶体。被吸附的砷，1/3 以上为代换态，其余为固定态。

土壤中砷的可给性受 pH 值的影响很大，在接近中性的情况下，砷的溶解度较低。土壤中的砷酸和亚砷酸随氧化还原电位的变化而相互转化。

植物在生长过程中，可从外界环境吸收砷，并且有机态砷被植物吸收后，可在体内逐渐降解为无机态砷。砷可通过植物根系及叶片的吸收并转移至体内各部分，砷主要集中在生长旺盛的器官。栽培实验表明，植物根、茎叶、籽粒含砷量差异很大，如水稻含砷量分布顺序是稻根＞茎、叶＞谷壳＞糙米，呈现自下而上递降的变化规律。

（4）铬（Cr） 一般以三价和六价两种价态存在，以三价铬为主（图 7-12）。三价铬性质稳定且难溶于水，当土壤 pH 提高到 5.5 时，就会全部生成沉淀。当土壤中有强氧化剂存在时，三价铬能被氧化为六价铬。六价铬对植物和动物毒性强，且在土壤中有较大的移动性。而当土壤有机质含量较高及在强还原条件下，六价铬能被还原成三价铬。

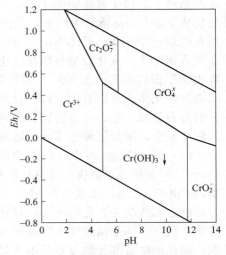

图 7-12　Cr 体系 Eh-pH 稳定范围图

植物从土壤中吸收铬绝大部分累积在根中，植物吸收转移系数很低，可能原因是：第一，三价铬还原成二价铬在被植物吸收的过程在土壤-植物体系中难以发生，三价铬的化学性质和三价铁相似，但 Fe^{3+} 还原成 Fe^{2+} 比 Cr^{3+} 还原为 Cr^{2+} 容易得多，因此，植物中铁含量显然要比铬高几百倍；第二，六价铬是有效铬，但植物吸收六价铬是受到硫酸根等阴离子的强烈抑制，所以铬是重金属元素中最难被吸收的元素之一，其在蔬菜体内不同部分分布也呈根＞叶＞茎＞果的趋势。

（5）铅（Pb）　土壤中铅主要以 $Pb(OH)_2$、$PbCO_3$ 和 $PbSO_4$ 固体形式存在。土壤溶液可溶性铅含量极低，Pb^{2+} 可置换黏土矿物上的 Ca^{2+}，因此，它在土中很少移动，但高 pH 的土壤变酸时，可使部分固定的 Pb 变得较易活动。

植物根部吸收的铅主要累积在根部，只有少数才转移到地上部分，积累在根、茎和叶内的铅，可影响植物的生长发育，使植物受害。

（6）钴（Co）　土壤中的钴以 Co^{2+} 或 $CoCO_3$、CoS 形式存在。在土壤中可被吸附、固定或螯合。被吸附的钴往往有一部分是代换态，但只能与 Cu^{2+}、Zn^{2+} 交换，不能与 Ca^{2+}、Mg^{2+} 或 NH_4^+ 交换。钴的固定是参与到黏土矿物的晶格中，有一部分则可能类似 K^+ 的晶格固定。钴也可被有机物螯合，致使中上层钴有向下层移动的趋势，土壤呈酸性，将加重淋浴作用，导致土壤垂直侵蚀迁移。

植物容易吸收土壤中的可溶性钴和代换性钴主要通过根吸收土壤中的钴，然后有一部分转运到植物的其他部位，地下部分含钴量通常大于地上部分，如大麦中含钴量分布为：根＞茎＞叶＞颖和芒＞籽实。

（7）硒（Se）　土壤中硒浓度为 0.1～2.0mg/kg，与土壤发育的母岩密切相关。硒一般以亚硒酸铁形态在富铁层中累积并降低了硒的活性，在碱性土壤中 $2SeO_3^{2-}+O_2 \longrightarrow 2SeO_4^{2-}$ 的反应很容易发生，硒氧化成较易溶的硒酸，可以通过淋溶作用而迁移或从这些土壤中排出，所以碱性较强的土壤含硒较少。

硒在植物体内分布是根＞茎、叶＞果，地下部分含硒量大于地上部分。双槽毒野豌豆和帝王羽状花等，是硒的指示植物。

（8）锌、铜、镍、锰　一般分布于表层，氧化状态多为可溶态，而在还原条件下变得难溶，酸性条件下多为可溶态，碱性条件下变为难溶态。

三、重金属和农药的残留

土壤中的重金属由于化学性质不甚活泼，迁移能力低，另外土壤中有机、无机组分吸附、螯合限制重金属的移动能力。因此，一旦污染，几乎可以长期以不同形式存在于土壤中，同时也可经植物吸收和富集。农药进入土壤中，水溶性农药易随降水渗透入地下水，或由地表径流横向迁移、扩散至周围水体。脂溶性农药，易被土壤吸附，移动性差而被植物根系吸收，引起食物链高位生物的慢性危害。污染物在土壤或植物中的残留情况常用半衰期和残留期表示，前者是指污染物浓度减少50%所需的时间，后者表示污染物浓度减少75%～100%所需的时间。据报道，含有铅、砷、汞等农药的半衰期为10～30年，有机氯农药也需

2～4 年，有机磷农药为 2 周到数周。

第四节　土壤污染的防治

一、提高保护土壤资源的认识

在环境三要素中，土壤污染远远没有像空气、水体污染那样受到人们的关注和重视，重视不够的原因是多方面的：一是从土壤污染本身的特点看，土壤污染具有渐进性、长期性、隐蔽性和复杂性的特点。它对动物和人体的危害则往往通过农作物包括粮食、蔬菜、水果或牧草，即通过食物链逐级积累危害，人们往往身处其害而不知所害，不像大气、水体污染易被人直接觉察。二是从土壤污染的原因看，土壤污染与造成土壤退化的其他类型不同。土壤沙化（沙漠化）、土水流失、土壤盐渍化和次生盐渍化、土壤潜育化等是由于人为因素和自然因素共同作用的结果。而土壤污染除极少数突发性自然灾害如活动火山外，多是人类活动造成的。当今人类活动的范围和强度可与自然的作用相比较，有的甚至比后者更大。三是从土壤污染与其他环境要素污染的关系看，在地球自然系统中，大气、水体和土壤等自然地理要素的联系是一种自然过程的结果，是相互影响，互相制约的。土壤污染绝不是孤立的，它受大气、水体污染的影响。土壤作为各种污染物的最终聚集地，据报道，大气和水体中污染物的 90% 以上，最终沉积在土壤中。反过来，污染土壤也将导致空气或水体的污染。例如，过量施用氮素肥料的土壤，可能因硝态氮（NO_3-N）随渗滤水进入地下水，引起地下水中的硝态氮（NO_3-N）超标，而水稻土痕量气体（NH_4、NO_x）的释放，被认为是造成温室效应气体的主要来源之一。所以防治土壤污染必须在环境和自然资源管理中实现一体化，实行综合防治。

二、土壤污染的防治措施

土壤资源一旦受污染，就很难治理，重金属污染实际上是不可逆转的。因而土壤资源管理更需要"先防后治，防重于治"。

（一）土壤污染的预防措施

（1）执行国家有关污染物的排放标准　要严格执行国家部门颁发的有关污染物管理标准，如《农药登记规定》（1982）、《农药安全使用规定》（1982）、《工业"三废"排放试行标准》（1973）、《农用灌溉水质标准》（1985）、《生活饮用水质标准》（1956）、《征收排污染暂行办法》（1982）以及国家部门关于"污泥施用质量标准"，加强对污水灌溉、固体废弃物的土地处理管理。

（2）建立土壤污染监测、预测与评价系统　以土壤环境标准或基准和土壤环境容量为依据，定期对辖区土壤环境质量进行监测，建立档案材料，参照国家组织建议和我国土壤环境污染物目录，确定优先检测的土壤污染物和测定标准方法，按照优先污染次序进行调查、研究。加强土壤污染物总浓度的控制与管理。在开发建设项目实施前，对项目建设、投产后土壤可能受污染的状况和程度进行预测和评价。分析影响土壤中污染物的累积因素和污染趋势，建立土壤污染物累积模型和土壤容量模型，预测控制土壤污染或减缓土壤污染对策和措施。

（3）发展清洁生产　发展清洁生产工艺，加强"三废"治理，有效地消除、削减控制重金属污染源。所谓清洁生产工艺是采用环境保护战略，以降低生产过程和产品对人类和环境的危害，从原料到产品最终处理的全过程中减少"三废"的排放量，以减轻对环境的影响。

（二）污染土壤的治理措施

土壤受污染的面积及表土之体积通常都相当庞大，复育工作十分困难。虽然已经发展出来的方法很多，但是真正已达到实用阶段的却很少。以下是几种较为可行的方法。

1. 工程措施

包括客土、换土、翻土、隔离、清洗、电化学方法等。

客土法是向受到污染的农田加入未受污染的土壤，加入的土壤覆盖在表层或与原有土壤混匀，使耕层土壤污染物浓度降低。

换土法是把已受污染的土壤移走后，在原有的位置入新的未受污染的土壤。

翻土法是通过深翻、混拌措施，将未受污染或污染较轻的下层土壤移至表层并与原表层混合，使原本聚积在表层的污染物分散到更深层次的土壤中，从而达到稀释污染物在表层土壤中浓度的一类方法。

隔离法是用各种防渗材料，如水泥、黏土、石板、塑料板等，把污染土壤就地与未污染土壤（或水体）分开，以阻止和减少污染物向未污染土壤扩散的一类方法。

清洗法是用清水或在清水中加入能增加重金属水溶性的某种化学物质，清洗污染土壤，将污染物洗出土体的一类方法。

电化学法是在用水饱和后的土壤中插入若干个电极，然后接通低强度直流电产生大量的H^+，这些H^+把污染重金属离子自土壤胶体上交换下来而使之进入土壤溶液，再通过电渗透的方法将其移到阴极附近的土壤中，然后设法把这部分土壤除去。

近年来，把污水、大气污染治理的磁分离技术、阴阳离子膜代换法等引进土壤治理过程中，开辟了土壤污染治理的新途径。

2. 生物修复技术

生物修复技术是利用特定的动物、植物和微生物吸收或降解土壤中的污染物的工程技术系统。如蚯蚓或某些鼠类能吸收土壤的镉，降解某些农药。羊齿类、铁角蕨类植物（图7-13、图7-14），对土壤镉的吸收率可达10%，连种几年可明显降低土壤中镉的含量。该技术始于1989年3月。美国阿拉斯加海岸被石油污染，采用了两组亲脂性微生物后，使其净化过程加快了两倍。

图 7-13　羊齿类植物

图 7-14　铁角蕨类植物

（1）微生物修复　利用微生物降解土壤中有机污染物，或通过生物吸附、生物氧化和还原作用改变有毒元素的存在形态，降低其在环境中的毒性和生态风险。微生物修复有以下几种生物类型。

① 土著微生物　环境中固有的微生物。由于微生物的种类多、代谢类型多样，"食谱"广，凡自然界存在的有机物都能被微生物利用、分解。例如，假单胞菌属的某些种，甚至能分解90种以上的有机物，可利用其中的任何一种作为唯一的碳源和能源进行代谢，并将其分解。再如杀虫剂、除草剂、增塑剂、塑料、洗涤剂等，都已陆续地找到能分解它们的微生

物种类。据报道，能够降解烃类的微生物有 70 多个属、200 余种；其中细菌约有 40 个属。可降解石油烃的细菌即烃类氧化菌广泛分布于土壤、淡水水域和海洋。细菌产生的特殊酶还原重金属。一些微生物对 Cd、Co、Ni、Mn、Zn、Pb 和 Cu 等有较强的亲合力。

② 外来微生物　需大量接种高效菌。土著微生物生长速度太慢、代谢活性不高，或者由于污染物的存在而造成土著微生物数量下降，因此需要接种一些降解污染物的高效菌，提高污染物降解的速率。例如，处理 2-氯苯酚污染的土壤时，只添加营养物，7 周内 2-氯苯酚浓度从 245mg/L 降为 105mg/L，而同时添加营养物和接种恶臭假单胞菌（*P. putida*）纯培养物后，4 周内 2-氯苯酚的浓度即有明显降低，7 周后仅为 2mg/L。采用外来微生物接种时，会受到土著微生物的竞争，需要用大量的接种微生物形成优势，以便迅速开始生物降解过程。科学家们正不断筛选高效广谱微生物和在极端环境下生长的微生物，包括可耐受有机溶剂、可在极端碱性条件下或高温下生存的微生物，运用于生物修复工程中去。

目前用于生物修复的高效降解菌大多系多种微生物混合而成的复合菌群，其中不少已被制成商业化产品。如光合细菌（Photosynthetic Bacteria，缩写为 PSB），这是一大类在厌氧光照下进行不产氧光合作用的原核生物的总称。目前广泛应用的 PSB 菌剂多为红螺菌科（*Rhodospirillaceae*）光合细菌的复合菌群。日本 Anew 公司研制的 EM 生物制剂，由光合细菌、乳酸菌、酵母菌、放线菌等共约 10 个属 80 多种微生物组成。其他用于生物修复的微生物制剂尚有 DBC（Dried Bacterial Culture）及美国的 LLMO（Liquid Live Microorganisms）生物活液，后者含芽孢杆菌、假单胞菌、气杆菌、红色假单胞菌等七种细菌。

③ 基因工程菌（GEM）　自然界中的土著菌，通过以污染物作为其唯一碳源和能源或

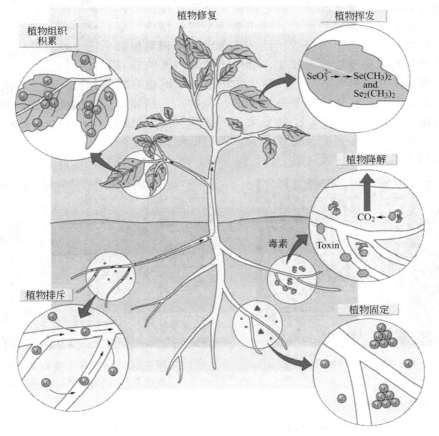

图 7-15　植物修复重金属污染土壤的机理示意图

以共生代谢等方式，对环境中的污染物具有一定的净化功能，有的甚至达到效率极高的水平。但是对于日益增多的大量人工合成化合物，就必须采用基因工程技术，将降解性质粒转移到一些能在污水和受污染土壤中生存的菌体内，定向地构建高效降解难降解污染物的工程菌的研究具有重要的实际意义。

（2）植物修复　植物修复技术是以植物忍耐和超量积累某种或某些化学元素的理论为基础，直接利用有生命的绿色植物及与其共存微生物体系清除或降低环境污染物的一项新兴技术。近年来的研究表明，植物修复是一种比微生物修复更经济更适于现场操作的去除环境污染物的技术。利用适当的植物不仅可去除环境中的有机污染物，还可去除环境中的重金属和放射性元素。植物修复重金属的方式主要有三种（图7-15）。

① 植物固定　是利用植物及一些添加物质使环境中的金属流动性降低，生物可利用性下降，使金属对生物的毒性降低。然而植物固定并没有将环境中的重金属离子去除，只是暂时将其固定，使其对环境中的生物不产生毒害作用，没有彻底解决环境中的重金属问题。

② 植物挥发　是利用植物去除环境中的一些挥发性污染物，即植物将污染物吸收到体内后又将其转化为气态物质，释放到大气中。由于这一方法只适用于挥发性污染物，应用范围很小，并且将污染物转移到大气中对人类和生物有一定的风险，因此它的应用将受到限制。

③ 植物吸收　是目前研究最多并且最有发展前景的一种利用植物去除环境中重金属的方法，它是利用能耐受并能积累金属的植物吸收环境中的金属离子，将它们输送并贮存在植物体的地上部分。植物吸收需要能耐受且能积累重金属的植物，因此研究不同植物对金属离子的吸收特性，筛选出超量积累植物是研究的关键。根据美国能源部规定，能用于植物修复的最好的植物应具有以下几个特性：一是在污染物浓度较低时也有较高的积累速率；二是能在体内积累高浓度的污染物；三是能同时积累几种金属；四是生长快，生物量大；五是具有抗虫抗病能力。经过不断的实验室研究及野外试验，人们已经找到了一

图 7-16　Zn富集植物遏蓝菜

些能吸收不同金属的植物种类（图7-16、图7-17、图7-18），并逐步向商业化发展。

图 7-17　Mn富集植物商陆

图 7-18　As污染土壤修复工程
（蜈蚣草）（湖南郴州，陈同斌等）

（3）生物修复的优缺点

优点：①操作简单，操作人员直接暴露在这些污染物上的机会减少；②费用低，为现有环境工程技术如传统的化学、物理修复经费的30％～50％；③环境影响小，不会形成二次

污染或导致污染物转移,遗留问题少;④可以进行大面积处理;⑤可最大限度地降低污染物浓度,并且污染物可在原地降解清除。

缺点:①生物不能降解所有进入土壤中的污染物,污染物的难生物降解性、不溶性以及与土壤腐殖质或泥土结合在一起常常使生物修复不能进行;②生物修复需要对污染地区的状况和存在的污染物进行详细的现场考察,且耗资巨大,如在一些低渗透性的土壤中可能不宜使用生物修复技术,因为这类土壤或在这类土壤中的注水井会由于菌生长过多而阻塞;③特定的生物只降解特定类型的化学物质,结构稍有变化的化学物质就可能不会被同一生物降解;④生物活性受温度和其他环境条件影响;⑤有些情况下,不能将污染物全部去除,因为当污染物浓度太低不足以维持降解细菌一定数量时,残余的污染物就会留在土壤中。

3. 化学措施

施用沉淀剂、吸附剂或抑制剂等降低土壤污染物的水溶性、扩散性和生物有效性,从而降低污染物进入生物链的能力,减轻对土壤生态环境的危害。

例如在某些重金属污染的土壤中加入石灰、硫化物、磷酸盐、矿渣等沉淀剂,使重金属生成氢氧化物沉淀。或添加膨润土、合成沸石等交换量较大的物质来吸附土壤中的重金属,可以显著地降低土壤中镉等重金属的有效态浓度。通过离子间拮抗作用来降低植物对某种污染的吸收,常常是经济有效的。例如有试验报道,施用工业硫酸锌可抑制植物对镉的吸收;Ca^{2+} 能减轻 Cu、Pb、Cd、Zn、Ni 等重金属对水稻、番茄的毒害。

4. 农业措施

农业措施包括增施有机肥提高环境容量、控制土壤水分、选择适宜形态化肥和选种抗污染农作物品种等。

(1) 增施有机肥提高环境容量 可提高土壤胶体对重金属和农药的吸附能力。有机质又是还原剂,施用有机肥可促进土壤中的镉形成硫化镉沉淀,有利于高价铬变成毒性较低的低价铬。土壤有机质含量增加,还能提高微生物和酶系的活性,加速有机污染物的降解。

(2) 控制土壤水分 土壤的氧化还原状况影响着污染物的存在状态,通过控制土壤水分,调节土壤氧化还原条件以及 S^{2-} 含量,可起到降低污染物危害的作用。据研究水稻在抽穗到成熟期,无机成分大量向穗部转移,此时减少落干、保持淹水可明显减少水稻籽实中镉、锌、铜、铅等重金属的含量。

(3) 合理施用化肥 有选择地施用化肥有利于抑制植物对某些污染物的吸收,降低植物体内污染物的浓度。研究表明,不同形态肥料降低植物体内重金属(镉)浓度能力的大小顺序是:①氮肥:$Ca(NO_3)_2 > NH_4HCO_3 > NH_4NO_3$、$CO(NH_2)_2 > (NH_4)_2SO_4$、$NH_4Cl$;②磷肥:钙镁磷肥 $>Ca(H_2PO_4)_2>$ 磷矿粉、过磷酸钙;③钾肥:$K_2SO_4>KCl$。

(4) 选择抗污染农作物品种 选择植物吸收污染少或食用部位污染物累积少的作物,也是防治土壤污染的有效措施。例如,与菠菜、小麦、大豆吸镉数量较多不同,玉米、水稻吸镉量少,所以在镉污染土壤上应优先选择种植玉米和水稻等作物。另外,在中、轻度重金属污染的土壤上,不种叶菜、块根类蔬菜而改种瓜果类蔬菜或果树,也能有效地降低农产品中的重金属浓度。

(5) 改变耕作制度 对于污染较重的农田,可改做繁育种田。改变耕作制度,调整种植结构,如改粮食、蔬菜作物为花卉、苗木、棉花、桑麻类,就能够避免由于土壤污染而造成的食物链污染。

总之,在防治土壤污染的措施上,必须考虑到因地制宜,既消除土壤环境的污染,也不致引起其他环境污染问题。土壤污染的防治仍是一项具有极大难度的系统工程。

复习思考题

1. 什么叫土壤污染？用哪些指标衡量土壤是否污染？
2. 土壤污染的特点是什么？
3. 举例说明污染土壤的主要污染物质及其主要来源。
4. 治理土壤污染的措施有哪些方面，哪些是行之有效的，哪些是难以实现的，哪些仍处于试验阶段？

第八章　土壤资源与改良利用

　　土壤资源（soil resource）是人类生活和生产最基本、最广泛、最重要的自然资源。是指承担农、林、牧业生产和再生产的各类土壤的总称，或具有农、林、牧业生产性能的土壤类型的总称。其特点是：具有生产性、可更新性、可培育性。如果开发、利用不当，土壤肥力会随之下降。这就要求人类不断深入认识土壤资源的特性、变化规律，合理开发、科学利用，以获取更多、更持久的经济、社会和生态效益。土壤资源的位置有固定性，面积有其有限性，同时具有其他资源不能代替的性质。在人口不断增加的情况下，应合理利用和保护土壤资源。

第一节　土壤资源

一、世界土壤资源概况

　　在 2002 年全世界土地资源面积为 13066.88 万 km^2 中，其中耕地面积为 1404.13 万 km^2，占 10.74％；多年生作物面积为 136.58 万 km^2，占 1.05％；多年生牧场面积为 3471.73 万 km^2，占 26.57％；其他面积为 8054.44 万 km^2，占 61.64％。世界及各大洲土地资源类型及比例见表 8-1，世界土地资源类型的洲间布局见表 8-2。

表 8-1　世界及各大洲土地资源类型及比例

项目	土地面积/万 km^2	所占比例/％	耕地面积/万 km^2	所占比例/％	多年生作物面积/万 km^2	所占比例/％	多年生牧场面积/万 km^2	所占比例/％	其他面积/万 km^2	所占比例/％
世界总计	13066.88	100.0	1404.13	10.7	136.58	1.0	3471.73	26.6	8054.44	61.6
亚洲	3097.85	100.0	511.70	15.5	61.69	2.0	1110.50	35.8	1413.96	45.6
非洲	2962.66	100.0	184.90	6.2	25.79	0.9	900.45	30.4	1851.51	62.5
北美洲	2143.90	100.0	257.27	12.0	15.09	0.7	349.04	16.3	1522.50	71.0
南美洲	1753.24	100.0	112.64	6.4	13.95	0.8	515.89	29.4	1110.76	63.4
欧洲	2260.10	100.0	287.22	12.7	16.77	0.7	182.87	8.1	1773.24	78.5
大洋洲	849.14	100.0	50.39	5.9	3.28	0.4	412.99	48.6	382.47	45.0

　　注：资料来源于《国际统计年鉴》，2005。

表 8-2　世界土地资源类型的洲间布局

项目	土地面积/万 km^2	所占比例/％	耕地面积/万 km^2	所占比例/％	多年生作物面积/万 km^2	所占比例/％	多年生牧场面积/万 km^2	所占比例/％	其他面积/万 km^2	所占比例/％
世界总计	13066.88	100.0	1404.13	100.0	136.58	100.0	3471.73	100.0	8054.44	100.0
亚洲	3097.85	23.7	511.70	36.4	61.69	45.2	1110.50	32.0	1413.96	17.6
非洲	2962.66	22.7	184.90	13.2	25.79	18.9	900.45	25.9	1851.51	23.0
北美洲	2143.90	16.4	257.27	18.3	15.09	11.0	349.04	10.0	1522.50	18.9
南美洲	1753.24	13.4	112.64	8.0	13.95	10.2	515.89	14.9	1110.76	13.8
欧洲	2260.10	17.3	287.22	20.5	16.77	12.3	182.87	5.3	1773.24	22.0
大洋洲	849.14	6.5	50.39	3.6	3.28	2.4	412.99	11.9	382.47	4.7

　　注：资料来源于《国际统计年鉴》，2005。

据联合国粮农组织（FAO）估计，全世界现有耕地（140232 万 hm^2，2005 年）约占地球陆地总面积的 10％，其中以俄罗斯、美国、加拿大、印度和中国等国的耕地面积较大。尽管还有 1600 万 km^2 的土地有待开发，然而有些在现有条件下是难以利用的，例如冻土、沙漠、裸岩、陡坡山地等，真正肥沃而便于耕种的土地大部分已被开垦、利用。世界上，耕地与人口分布极不相适应。亚洲地区人口占世界总人口的 56％，而可耕地却只占 20％，其中 77％为已经开垦（表 8-3）。

表 8-3　全球不同土壤类型面积及可耕地所占比例

土壤类型	面积/百万 hm^2	可耕地所占比例/%	土壤类型	面积/百万 hm^2	可耕地所占比例/%
山地土壤	2590	9	新成土	约 1100	—
旱成土	2470	9	老成土	730	37
淋溶土	1730	37	灰化土	560	17
始成土	约 1100	20	有机土	120	<1
软土	约 1100	约 60	变性土	240	约 60
氧化土	约 1100	约 60			

注：按美国农业部土壤系统分类制统计。

已有 15％的土地（约 20 亿 hm^2，其中约 10％的可耕地）在过去的一万年中已被人为诱发的土壤退化所掠夺，加上其他无生产力的土地，共计 45 亿 hm^2。在农业土地中有约 25％（12.3 亿 hm^2）因不恰当的管理及牧地的过度放牧等而遭受人为退化，然而，不尽快采取更新和恢复措施，至少有一部分在不久的将来转化为强度退化，成为农业水平上的不可垦土地。据研究，水蚀是造成这种程度退化的主要动力。就世界上土壤资源的旱、涝分布而言，全世界约有 28％的土壤遭受干旱、涝洼影响。在灌溉土地中，约有 50％以上严重遭受次生盐化、碱化及涝洼等退化作用。

由于社会和自然原因，世界土壤资源的数量和质量正在不断下降，主要表现在以下几方面。

（1）土壤肥力下降　据统计，世界土壤资源养分亏损面积达 23％；热带地区中亏损最多的是磷、钙、镁、锌、硼等；南美酸性土中缺乏氮、磷养分者占 90％以上，缺钙者占 70％，缺锌者占 62％，据报道，世界土壤腐殖质损失的动态是 1 万年内损失了 3130 亿吨土壤有机碳，平均年损失量为 3130 万吨，最近 300 年内土壤有机碳损失了 900 亿吨，年均损失量为 3 亿吨，最近 50 年内土壤有机碳的损失量为 380 亿吨，年均损失量为 76 亿吨。

（2）土壤严重退化　主要是土壤盐碱化、沙化、沼泽化和受化学污染的情况日益严重。迄今，良田仅占世界土地总面积的 11％，干旱土壤占 28％，薄层粗骨土壤占 22％，沙化、盐化土壤占 23％，渍水冷冻土壤占 6％，其他占 10％。世界各大洲干旱、半干旱地区均有不同程度的盐碱土分布，其面积约占干旱区面积的 39％，主要分布在亚欧大陆、北美洲大陆西部、非洲大陆北部。其他干旱、半干旱地区均有分布。此外在滨海地区和旱作土壤灌溉区，也有滨海盐土和次生盐土发生。

土壤沙化也是干旱、半干旱地区土壤资源的一种退化现象。联合国环境规划署（UNEP）估计，沙漠化威胁着世界土地表面积的 1/3（约 4800 万 km^2），影响至少 8.5 亿人的生活。据联合国的统计资料表明，沙漠化土地正以每年 5 万～7 万 km^2 的速度扩展。

（3）土壤遭受侵蚀　世界每年因森林砍伐而引起侵蚀的土地面积达数亿亩。

（4）农田被侵占　每年约有数千万亩农地被工业、交通运输业等侵占。

二、我国土壤资源概况

我国地域辽阔，自然条件复杂，土壤类型多样，山多平原少，存在着人均耕地少，中低产土壤面积大，开发利用不充分、不合理等问题。我国有 960 万 km² 的国土（不算领海面积）。从土地面积看，位居世界第三位，是一个土地资源相当丰富的国家。同时我国又是世界人口最多的国家，2006 年国家统计局公布的耕地面积是 1.218 亿 hm²，人均占有量不足世界平均水平的 40%。可见，我国是人均占有土地资源紧缺的国家。随着经济建设的发展，城镇人口的增加，耕地每年减少，土地利用不当，土地资源退化，生态环境恶化。此外，工业的发展，产生大量"三废"，以及过量施用化肥、农药带来的土壤污染等，严重阻碍经济建设和损害人们的健康。我们必须高度重视土地资源和环境的保护，合理开发利用。

（一）我国土壤资源的特点

我国陆地面积约为世界陆地面积的 6.4%，亚洲大陆面积的 22.1%。我国的土壤资源从北到南横跨不同的生物气候带，具有三大特点。

（1）土壤类型多，资源丰富　根据现行中国土壤分类方案可分为 46 个土类，130 多个亚类，各自具有不同的生产力和发展农、林、牧的适宜性（见表 8-4）。不但具有世界上主要的森林土壤，而且具有肥沃的黑土、黑钙土以及其他草原土壤，同时还具有世界上特有的青藏高原土壤，因此对发展农、林、牧生产具有广泛的应用价值。

表 8-4　我国主要土类的土壤资源面积

土　类	面积/万 hm²	土　类	面积/万 hm²	土　类	面积/万 hm²
砖红壤	393.0	灰钙土	537.2	沼泽土	1260.7
赤红壤	1778.7	棕钙土	2649.8	泥炭土	148.1
红壤	5690.2	灰漠土	458.6	草甸盐土	1044.0
黄壤	2324.7	灰棕漠土	3071.6	漠境盐土	287.3
黄棕壤	1803.7	棕漠土	2428.8	滨海盐土	211.4
黄褐土	381.0	黄绵土	1227.9	酸性硫酸盐土	2.0
棕壤	2015.3	红黏土	183.6	寒原盐土	68.3
暗棕壤	4018.9	新积土	429.4	碱土	86.7
白浆土	527.2	龟裂土	67.6	灌淤土	152.7
棕色针叶林土	1165.2	风沙土	6752.7	灌漠土	91.5
漂灰土	—	石灰（岩）土	1078.0	水稻土	2978.0
灰化土	—	火山灰土	19.7	草毡土	5351.3
燥红土	69.8	紫色土	1889.1	黑毡土	1943.3
褐土	2515.9	石质土	1852.2	寒钙土	6882.0
灰褐土	617.6	粗骨土	2610.3	冷钙土	1129.7
黑土	734.7	磷质石灰土	—	冷棕钙土	95.8
灰色森林土	314.8	草甸土	2507.0	寒漠土	896.0
黑钙土	1321.1	砂姜黑土	376.1	冷漠土	521.9
栗钙土	3748.6	山地草甸土	418.2	寒冻土	3063.4
栗褐土	481.9	林灌草甸土	247.6		
黑垆土	255.3	潮土	2565.9		

注：面积标"—"者为零星分布（中国土壤，1998）。

（2）山地土壤资源多，平原面积少　平原盆地只占国土面积的 26%，丘陵占 10%，山地高原占 64%，而且许多海拔在 2000m 以上。寒漠、冰川有 2 万 km²；沙漠、戈壁约 110 万 km²；石质山约 43 万 km²。土地面积中有 20% 开发利用是有困难的，但广阔的丘陵、山地，复杂而多变的山地气候，也为发展多种果林、药材等经济林木及开发牧场提供了场所。

据统计，我国土壤资源适于发展农业或农林结合的土壤约 263.33 万 km²，占全国土壤资源总面积 27.4%，适于发展林业和林农结合的土壤约 243.33 万 km²，占总面积 25.38%；适于发展牧业或牧农、牧林结合的土壤面积为 234.47 万 km²，占总面积 24.42%，仅部分适于林业或牧业的高山及亚高山土壤，面积为 198.66 万 km²，占总面积 20.7%；尚难开发利用的石质山地及其他土地，共约 20.24 万 km²，占总面积 2.1%。

表 8-5 各地区土地利用情况（2007 年）

地区	土地调查面积/万 hm²	农用地/万 hm²	#耕地/万 hm²	#林地/万 hm²	#园地/万 hm²	#牧草地/万 hm²	建设用地/万 hm²	居民点及工矿用地/万 hm²	交通运输用地/万 hm²	水利设施用地/万 hm²
全国	95069.3	65702.1	12173.5	23611.7	1181.3	26186.5	3272.0	2664.7	244.4	362.9
北京	164.1	110.0	23.2	68.9	12.1	0.2	33.3	27.5	3.1	2.6
天津	119.2	69.9	44.4	3.6	3.6	0.1	36.0	27.5	2.1	6.5
河北	1884.3	1307.9	631.5	441.7	70.5	80.1	178.2	153.5	11.9	12.9
山西	1567.1	1014.2	405.3	442.0	29.5	65.8	86.5	77.0	6.2	3.3
内蒙古	11451.2	9522.4	714.6	2182.3	7.3	6562.5	147.8	122.7	15.8	9.2
辽宁	1480.6	1123.0	408.5	569.9	59.7	34.9	139.1	115.2	9.1	14.8
吉林	1911.2	1639.4	553.5	924.5	11.5	104.4	106.0	83.8	6.6	15.6
黑龙江	4526.5	3792.6	1183.8	2288.4	6.0	220.1	148.3	115.7	11.8	20.9
上海	82.4	37.5	26.0	2.4	1.2		24.3	22.2	1.9	0.2
江苏	1067.4	672.8	476.4	32.4	31.8	0.1	190.2	158.1	12.7	19.4
浙江	1054.0	869.9	191.8	563.7	67.8	0.1	101.3	78.7	9.0	13.6
安徽	1401.3	1119.3	572.8	359.7	34.1	2.8	165.2	132.6	9.9	22.7
福建	1240.2	1074.0	133.3	831.1	63.1	0.3	63.1	49.4	7.6	6.1
江西	1668.9	1417.1	282.7	1032.0	27.7	0.4	94.0	66.3	7.2	20.5
山东	1571.3	1157.2	750.7	136.0	101.2	3.4	248.9	207.2	16.2	25.5
河南	1655.4	1228.3	792.6	301.9	31.5	1.4	217.8	187.5	12.1	18.2
湖北	1858.9	1465.6	466.3	793.9	42.6	4.4	139.0	100.0	9.0	30.0
湖南	2118.6	1790.7	378.9	1191.1	49.2	10.4	137.4	108.2	9.7	19.4
广东	1798.1	1489.9	284.8	1013.1	99.7	2.7	177.7	144.6	12.0	21.1
广西	2375.6	1786.9	421.5	1160.2	54.0	71.8	94.4	70.2	8.7	15.5
海南	353.5	282.4	72.8	148.1	53.2	1.9	29.6	22.1	1.4	6.1
重庆	822.7	693.6	223.9	329.3	24.3	23.7	58.6	48.4	4.8	5.5
四川	4840.6	4241.9	595.0	1968.2	72.1	1371.1	158.8	135.2	13.4	10.2
贵州	1761.5	1525.2	448.8	791.2	12.1	159.8	55.2	45.3	5.9	4.0
云南	3831.9	3176.5	607.2	2214.3	84.4	78.2	79.9	61.8	9.8	8.3
西藏	12020.7	7760.6	36.1	1268.3	0.2	6444.2	6.6	4.1	2.4	0.1
陕西	2058.0	1847.6	404.9	1035.4	70.5	306.6	80.9	70.3	6.5	4.1
甘肃	4040.9	2388.1	466.0	514.8	19.9	1261.4	97.2	87.8	6.5	2.9
青海	7174.8	4372.0	54.2	266.1	0.7	4034.9	32.5	24.6	3.1	4.7
宁夏	519.5	417.6	110.6	60.6	3.4	226.7	20.9	18.4	1.8	0.7
新疆	16649.0	6308.1	411.4	676.5	36.5	5111.9	123.4	98.9	6.2	18.4

注：资料来源于国土资源部。

（3）耕地面积少、分布不平衡　据统计，全国耕地面积约 100 万 km^2，只占全国总土地面积的 10.41%，而印度、丹麦、法国、德国等国的耕地在总土地中占的比例都在 30% 以上，有的甚至超过 50%，我国耕地只占世界同类耕地的 7%，居世界第四位。人均耕地面积 $933m^2$（即 1.4 亩），远低于世界人均 $2867m^2$（即 4.3 亩）的占有水平。同时分布上又很不平衡，约 85% 的耕地集中于仅占全国土地面积 44% 的东部季风区 22 个省（市）内，其中大部分分布于温带、暖温带和亚热带的湿润、半湿润地区。而占全国面积一半以上的西部各省、区，其耕地只占全国耕地的 15%，耕地只占这些省（区）土地总面积 23.3%，总的来说，我国人均耕地不仅少，而且分布也过于集中。见表 8-5。

（二）我国土壤资源的利用

（1）农业土壤资源　指耕地和宜垦地。主要分布于东半部的大平原和三角洲。这些地区地形平坦、雨量充沛、冷热适宜、土壤养分储量和土层厚度均能满足作物或经济林木生长的需要。东部平原地区的土壤类型多属由草甸土或沼泽土起源的耕种土壤；东部丘陵和山地的土壤类型，自北而南为黑土、棕壤、褐土、黄棕壤、黄褐土、红壤、砖红壤等，此类土壤大多经开垦熟化而成各种耕种土壤，肥力较高，也是中国土壤开发利用历史悠久的地区。但由于中国疆土从北到南的水热条件差异大，因而有可能出现不同的利用类型。如在秦岭-淮河-线以北地区，农业土壤资源的利用类型以旱地为主；该线以南地区则水田居多。中国西半部因丘陵和山地面积大，并受寒冷、干旱、侵蚀以及盐害等因素的影响，农业土壤资源较少，除四川盆地和陕西渭河谷地、汉中盆地耕地比较集中外，一般分布极为分散。但在云贵高原地区，某些山间小盆地却常是农业土壤资源高度集中的地方。西部地区的耕种土壤以秦岭为界，其北主要起源于黑垆土、褐土、灰钙土和漠境土壤；其南主要起源于黄褐土、紫色土、黄壤、红壤、砖红壤，以及在各种沉积物上发育的草甸土。农业土壤资源不仅在很大程度上决定着所能获得的生物产品的种类、质量和数量，而且在一定程度上影响整个国民经济的发展。

（2）林业土壤资源　指林地及宜林地。主要分布于暗棕壤为主的东北地区大、小兴安岭和长白山地，以红壤、砖红壤为主的江南丘陵地及云南高原，以及以棕壤、黄棕壤为主的川西、藏东高原的边缘山地。全国森林面积为 26.2 亿亩（2005），森林覆盖率仅占国土面积的 18.21%，远远低于世界平均森林覆盖率的水平且分布极不平衡。许多地方由于森林植被破坏，气候干燥，土壤缺水，侵蚀严重。

（3）牧业土壤资源　指牧场和草地。占国土总面积的近 40%。主要分布在以黑钙土、栗钙土、灰钙土为主的内蒙古、宁夏、甘肃、青海等地，以及以高山、亚高山草甸土、草原土为主的青藏高原东部、川西高原和新疆地区山地。在新疆地区的低平区域，黑钙土、栗钙土、棕钙土、灰钙土、灰漠土、风沙土以及草甸土、沼泽土等也是重要的牧业土壤资源。上述几大牧区中的绝大部分具有优良的草原，适宜放牧多种畜群。有条件可采取草场灌溉、施肥、培育人工牧草和改善天然牧草组成等改良措施，以提高牧业土壤资源的生产力。

（4）利用和保护　土壤资源的合理利用措施主要包括：因地因土制宜地规划农、林、牧业等生产用地，注意用地与养地相结合，实行科学的耕作、灌溉和排水，重视有机肥料和化学肥料的应用，以保持土壤有机质含量和矿质养分的平衡，并不断提高土壤肥力等。保护土壤资源的主要目的在于不使土壤因人类不合理的活动而发生退化，如山区的水土流失、干旱地区的次生盐渍化和沼泽化、草原地区的沙漠化，以及一般农田受农药和重金属的严重污染等。中国土壤退化的问题主要表现在西北黄土高原地区和南方丘陵红壤地区约各有 40 万余平方公里的水土流失面积，黄河、长江每年挟带的泥沙量也十分巨大，全国沙化面积达 2000 万亩；黄淮海平原 2.7 亿亩耕地中约有 5000 万亩旱、涝盐碱地未得到改良，同时次生盐渍化又时有发生。制止滥伐森林、乱垦草原、烧山耕种、陡坡开荒和不合理的拦河、围湖造田等行为，对于维护生态平衡、保护土壤资源具有重要意义。

（三）我国土壤资源存在的问题

（1）耕地逐年减少，人地矛盾突出　从1950年至1980年不到30年的期间，我国人均占有耕地少了667m²（1亩）。据中国国土资源部2007年《国土资源公报》，全国现有耕地18.26亿亩，全国耕地当年净减少61.01万亩。随着人口每年持续增长，生存空间则越来越小（图8-1）。

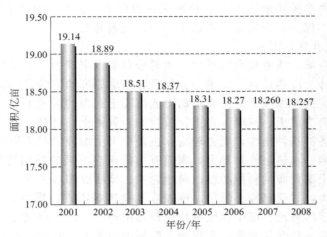

图8-1　中国耕地变化动态（2008年国土资源公报）

（2）土壤侵蚀严重，危害巨大　由于植被破坏，利用不当，土壤侵蚀现象已越来越严重。水土流失总面积达150万km²，几乎占国土总面积的1/6，每年流失土壤50万吨，相当于流失氮、磷、钾肥4000万吨。水土流失对水利、交通、工矿事业等也带来巨大危害。

（3）土壤资源退化，肥力下降　由于土壤侵蚀和垦殖利用不合理，使土壤退化，生产力下降。土壤退化实际包括了土壤环境以及土壤物理，化学和生物学等特性劣化综合表征，如表现在有机质含量下降，营养元素短缺，土壤结构破坏，土壤侵蚀，土层变薄，土壤板结，土壤碱化、沙化诸方面劣化表征。

（4）土壤盐碱化、沙化加剧　我国盐碱土主要在黄淮海平原、东北西部、河套地区、西北内陆干旱半干旱地区，以及滨海地带，估计总面积20万km²以上。

根据中国国家林业局于2006年6月17日的公布，中国沙漠化土地达到1739700km²，占国土面积18％以上，影响全国30个一级行政区（省、自治区、直辖市）（见表8-6）。

沙漠化初期阶段是潜在性沙漠化，仅存在发生沙漠化的基本条件，如气候干燥、地表植被开始被破坏，并形成小面积松散的流沙等；发展阶段，地面植被开始被破坏，出现风蚀、地表粗化、斑点状流沙和低矮灌丛沙堆，随着风沙活动的加剧，进一步出现流动沙丘或吹扬的灌丛沙堆；形成阶段地表广泛分布着密集的流动沙丘或吹扬的灌丛沙堆，其面积占土地面积50％以上。因此，保护和利用好土地，封沙育草，营造防风沙林，实行林、牧、水利等的综合开发治理将会充分发挥植群体效应以达到退沙还土的目的。

（5）土壤污染日益严重，农田生态恶化　工业"三废"的排放，农药、化肥的大量使用，导致进入土壤的有害物质逐年增多，土壤中有毒、有害物质的含量达到危害植物正常生长发育的程度，并通过食物链的传递，影响到人类的健康。

表 8-6　各地区荒漠化和沙化土地面积

地区	荒漠化土地		沙 化 土 地	
	面积/万 hm²	占全国比例/%	面积/万 hm²	占全国比例/%
全国	26361.68	100.00	17396.63	100.00
北京	0.72	⋯	5.46	0.03
天津	1.08	⋯	1.56	0.01
河北	231.67	0.88	240.35	1.38
山西	162.77	0.62	70.55	0.41
内蒙古	6223.82	23.61	4159.36	23.91
辽宁	68.73	0.26	54.96	0.32
吉林	20.26	0.08	71.07	0.41
黑龙江			52.87	0.30
上海				
江苏			59.09	0.34
浙江			0.01	⋯
安徽			12.69	0.07
福建			4.51	0.03
江西			7.50	0.04
山东	99.39	0.38	79.38	0.46
河南	1.04	⋯	64.63	0.37
湖北			19.16	0.11
湖南			5.88	0.03
广东			10.95	0.06
广西			21.16	0.12
海南	3.63	0.01	6.34	0.04
重庆			0.27	⋯
四川	46.80	0.18	91.44	0.53
贵州			0.67	⋯
云南	3.44	0.01	4.53	0.03
西藏	4334.87	16.44	2168.43	12.46
陕西	298.78	1.13	143.44	0.82
甘肃	1934.78	7.34	1203.46	6.92
青海	1916.62	7.27	1255.83	7.22
宁夏	297.45	1.13	118.26	0.68
新疆	10715.83	40.65	7462.83	42.90

注：本表为第三次全国荒漠化和沙化监测（2004 年）资料。

三、土壤资源评价

（一）土壤资源评价的种类

土壤资源质量评价与数量统计，均以土壤图为基础，一般以最小制图单位（土种或土系）为评价单元。各国所进行的土壤资源评价都是首先根据规划的目的，按不同的要求和地区特点来选择与确定土壤资源评价的原则、依据和方法。土壤资源评价最初主要是为提高农作物产量服务，以后逐渐发展到单项适宜性评价，随工矿业和城市的发展，北美为农业服务的土壤资源评价减少，多数转向非农业土壤资源评价。而在发展中的国家仍以为农业服务的土壤资源评价为主。

（1）农业土壤资源评价　主要评价影响作物产量的土壤特性，为提高农作物产量服务。是发展最早的土壤资源评价。如美国《评价土壤资源普查指南》（1977～1978）曾列举农作物土壤评价的诊断指标有：①根际深度；②石砾含量百分数；③质地剖面；④结构；⑤排水（地表和土体内）；⑥有效含水量；⑦有机质；⑧天然化学肥力。并将上述土壤特性分成等级：1级为完全适于发展农业，2、3级对农业有轻度到中度的限制，4级对农业有严重的限制，5级则不宜发展农业。农业土壤资源评价逐渐向经济价值高的农作物评价方向发展。

（2）林业土壤资源评价 根据土壤、气候、植被、地貌和岩性等自然条件，评价某区发展森林的可能性，并将发展森林可能性划分为等级，编制等级图，评价土壤生产商品木材的能力。分为7级：第1级，土地对生产商品木材没有限制性因子。木材年生长量为 $3.14m^3/hm^2$ 以上。第2级，土地对生产商品木材略有限制性，土壤缺水，土层薄，肥力低。木材年生长量为 $2.58\sim3.14m^3/hm^2$。第3级，有中等限制，主要为土层薄，土壤湿度过大或缺乏水分，肥力较低。木材年生长量为 $2.01\sim2.58m^3/hm^2$。第4级，略有严重限制，主要为土壤湿度不足，土层薄，结构不良，过多碳酸钙，肥力低，并且山丘多为背风方向。木材年生长量 $1.44\sim2.01m^3/hm^2$。第5级，有严重限制，主要为土壤湿度过大或缺乏水分，基岩裸露，土层极浅，碳酸盐含量大，并且山丘多为背风向。木材年生长量为 $0.88\sim1.44m^3/hm^2$。第6级，有极严重的限制，主要为土层过浅，基岩裸露，土壤湿度过大或缺乏水分，可溶性盐含量大，肥力低，洪水灾害。木材年生长量 $0.28\sim0.88m^3/hm^2$。第7级，土地不宜生产商品木材，土层过浅，基岩裸露，周期性洪水或经常遭受洪水，土壤侵蚀严重，可溶性盐毒害，山丘多为背风向。

（3）牧业土壤资源评价 根据适于生长牧草的土壤结持性程度不同和排水能力而评价其等级。第1级土层深厚，排水优良，质地为壤土，具有良好的结持性，可经受牲畜、交通工具的重压而不致破坏其结构。第2级分布于旱季地区，土壤排水不良，土层较浅，含石砾，有洪水灾害，质地黏重，结构经受不住交通工具重压和牲畜践踏。第3级地势低洼，潜育化严重，交通不便或夏季长期干旱，产草量低或者为缺水草场，只适宜做割草场。第4级分布在较寒冷的山地，坡度陡峻，岩石裸露，土层浅薄，生长季短，不宜放牧。

（4）工程土壤资源评价 包括规划密集或分散的住宅区、商业区、工矿业区、文化区，以及相应的交通运输系统的土壤调查制图和评价。适于工程建筑的土壤特性为：①土壤地势略高，微倾斜，排水优良，没有洪水威胁，便于污水排放，无土壤侵蚀的危险；②土壤结持力强，地基属坚硬岩石承载力高；③土壤收缩—膨胀率低；④土壤质地以细砂或砂壤为主，干容量小；⑤土壤含水率和腐殖质含量低。

（5）旅游与环境土壤资源评价 为旅游资源开发、环境保护服务。两者的共同原则是：维护自然生态平衡、环境质量较好，风景优美。适于旅游土壤资源的土壤特性为：渗透力强（雨后地面不积水），适宜的田间持水量小于30%，结持力强，坡度平坦。环境土壤资源评价更多地重视土壤的污染状况及承受污染能力的环境容量大小，以及绿化环境的土壤自然特性，如土层厚薄、砾石含量、土壤湿度、质地、结构等。

（二）土壤资源评价的依据和原则

土壤资源评价的主要依据是土壤生产力。土壤生产力的高低包括质和量两个方面。质的方面主要表现为土壤对发展农业、林业、牧业生产的适宜性和限制性。量的方面主要表现在作物、饲草、树木的单位面积产量。同时土壤生产力是土壤属性和土壤肥力的主要表现，也是土壤利用方向的基准。因此，土壤和利用方向都是土壤资源评价的依据。此外，还要调查当地土壤利用的历史和现状，总结群众用土、改土经验，观察在不同利用方式下土壤的演变情况，作为土壤质量评价的依据。进行土壤资源评价所掌握的原则如下。

（1）以土壤生产力作为土壤资源评价的基础 土壤生产力是反映土壤在一定的利用方式下所表现出生产性能与肥力水平的数量与质量指标。与土壤生产力相关的土壤环境因素，如水肥气热诸因素及土壤肥力水平（潜在与有效肥力）都是进行土壤资源评价的重要依据。

（2）以土壤的利用方向和土宜作为土壤资源评价的中心 包括农、林、牧利用的适宜性和适宜度。适宜性是反映土壤资源适宜利用的方式；适宜度主要反映土壤资源利用于农、林、牧的质量水平。

（3）以各种因素的综合分析作为土壤资源评价的重要环节　影响土壤利用的因素很多，包括温度、水分、母质、水文地质等土壤环境因素，土壤质地、土层厚度、土体构型及养分含量等土壤肥力因素。这些因素都对农、林、牧各业的生产有不同的影响。

（4）坚持当前与长远、养地与用地相结合的原则，作为土壤资源评价的出发点　由于土壤资源的利用方式是可以改变的，因而在土壤资源评定中，应坚持当前与长远、养地与用地相结合的原则，合理利用、保护土壤资源，以不断提高土壤生产力。

（三）土壤资源评价的方法

目前，我国土壤资源评价的常用方法有两种，一种是定性评价的等级法，另一种是计量评价的指数法。

1. 等级评价法

根据土壤肥力高低、障碍因素表现的程度、利用现状及改良的难易程度来划分等级。具体方法是可以按主导因素法划等分级，也可按各种因素综合评价法来划等分级；所划分出来的分级单位名称可用等、级，也可用适宜性等表示。例如，对某地区盐化土壤的评价中，首先按照盐渍化程度进行分等，将其分为5等。

Ⅰ等：非盐化，0～30cm 土层含盐量＜20g/kg 土；

Ⅱ等：轻盐化，0～30cm 土层含盐量 20～50g/kg 土；

Ⅲ等：中盐化，0～30cm 土层含盐量 50～150g/kg 土；

Ⅳ等：重盐化，0～30cm 土层含盐量 150～300g/kg 土；

Ⅴ等：盐矿化，0～30cm 土层含盐量＞300g/kg 土。

在等的下面，按土壤基础养分含量进一步分级（表8-7）。

表 8-7　盐化土壤分级标准

类　别	潜 在 养 分		速 效 养 分	
	有机质/(g/kg)	全氮/(g/kg)	速效磷/(mg/kg)	水解氮/(mg/kg)
1级(高)	＞20	＞1.0	＞200	＞600
2级(中)	10～20	0.5～1.0	100～200	400～600
3级(低)	＜10	＜0.5	＜100	＜400

根据上述评价，将所评价的土壤划分为5等15级，即每种土有5等，每个等又分3级。实践中，具体划级时，不一定所有的等都必须划出三个级，有的等也许只能划分出两个级。

2. 指数评价法

首先评定土壤资源类型质量，再评定区域土壤质量。类型评价是区域评价的基础。步骤如下。

（1）明确评价目的　评价的土壤资源是用于发展农、林、牧生产的哪一方面或某几方面。

（2）确定评价指标　根据土壤质量评价指标涉及内容，可将土壤质量指标分四个方面。

① 土壤肥力　土壤肥力因素包括水、肥、气、热四大肥力因素，具体指标有土壤质地、紧实度、土层厚度、耕层深度、土壤结构、土壤含水量、田间持水量、土壤排水性、渗滤性、有机质、全氮、全磷、全钾、速效氮、速效磷、缓效钾、速效钾、微量元素全量和有效量、pH、CEC、土壤通气、土壤热量、土壤侵蚀状况、潜育化程度或氧化还原电位，或还原性物质含量，石灰或石膏、盐磐层等，或其含量、铁结核或铁磐层，障碍层等。

② 土壤环境质量　气候的水热状况、地形、海拔、坡度、坡向、切割或破碎程度、植被、母质类型及其特性、水文地质条件、背景值、盐分种类与含量、硝酸盐、碱化度、农药残留量、污染指数、植物中污染物、环境容量、地表水污染物、地下水矿化度与污染物、重

金属元素种类极其含量、污染物存在状态及其浓度等。

③ 土壤生物活性　微生物量、C/N、土壤呼吸、微生物区系、磷酸酶活性、脲酶活性等。

④ 土壤生态质量　节肢动物、种群丰富度，多样性、优势性、均匀度指数、杂草等。

（3）拟定分级标准和指数系统　对所选定的各个评价指标，分别逐一拟定分级标准，并订好指数系统。分级标准采用数量分级，如遇不能计量化的项目，可用性状特征来表示。

为了便于划分，级别不宜过繁，一般在 10 级以内为宜。指数系统可用整数或小数两种方式表示。为了简化综合评价的计算，指数拟定可用定等级法，即分出 1、2、3、4……等即可；或按小数分等。无论从 0～10 或 1～0 均应以简化计算和分级方便为原则，如表 8-8。

表 8-8　农用土壤资源评价项目分级标准和指数举例

环境条件项目	土壤热量	分级指标/℃	12～15		14～16		16～20		5～10	
		指数	4		3		2		1	
	坡度	指标/°	<3	3～5	5～15		15～25	25～35		>35
		指数	5	4	3		2	1		0
土壤属性项目	有机质	指标/(g/kg)	>40		30～40		20～30		15～20	10～15
		指数	5		4		3		2	1
	全氮	指标/(g/kg)	>2.0		1.5～2.0		1.2～1.5		1.0～1.2	0.7～1.0
		指数	5		4		3		2	1
	有效土层厚度	指标/cm	>50		30～50		20～30		10～20	<10
		指数	5		4		3		2	1
经济技术项目	化肥施用水平	指标/(kg/hm²)	750		600		375		150	
		指数	4		3		2		1	
	产量	指标/(kg/hm²)	3000～4500		1500～3000		750～1500		<750	
		指数	4		3		2		1	

（4）加权处理评价指标　对所选取评价项目的指数分配，应该根据其对土壤质量影响的强度，进行加权处理，不能均权对待。对影响土壤质量较大的项目，指数分配应较一般项目有所提高，如土壤坡度在水土流失区影响土壤质量高低，可分为 0～5 个指数。若土壤 pH 值影响较少，可分 0～2 个指数，甚至不选用这个项目。但养分含量影响较突出，指数范围应适当宽些，可划分为从 1～5 个指数。

（5）综合评价　根据各个单项评价的分级标准和指数系统，综合成整体的定量数据。一般采用单项评价指数的乘积与加和两种方式计算：

① 乘积方式为：$S = A \cdot B \cdot C \cdot D \cdots$

式中，S 代表土壤质量总指数；A、B、C、$D \cdots$ 分别代表各评价项目的指数。

根据土壤质量总指数 S，再划分为相应的指数幅度，从而评定其质量等级。如表 8-9。

表 8-9　土壤质量总指数幅度及等级划分

等级	I	II	III	IV	V	VI
指数	>90	70～90	50～70	35～50	25～35	<25

② 加和方式为：将各单位评价指数相加，求得总指数。

$$S = A + B + C + D + \cdots$$

式中，S 代表土壤质量总指数；A、B、C、D…分别代表各评价项目的指数。

然后，根据总指数再分等级，最后进行各级别土壤类型面积的汇总统计。

3. 区域土壤资源评价

土壤分布具有明显的区域性特征。在同一区域内，一般总是由几种土壤组合而成。在土壤类型评价的基础上，还需按区域组合进行进一步评价，即将该区范围内的所有土壤组合类型，进行按区综合评价。土壤区域评价一般按以下方法步骤进行。

（1）列出土壤类型评价的指数和质量等级（见表 8-10）

表 8-10　某区域土壤类型评价

土壤类型	A	B	C	E	F	H
综合指数	3	4	4	3	3	1
等级	I	II	III	IV	V	VI

（2）分区列出不同土壤类型面积及其占该区总面积的百分数（见表 8-11）。

表 8-11　某地土壤区资源区域评价

土壤类型	一分区		二分区		三分区		四分区		五分区		六分区		各类土壤及区域土壤总面积	各类土壤面积占区域土壤总面积
	/hm²	/%	/hm²	/%	/hm²	/%	/hm²	/%	/hm²	/%	/hm²	/%	/hm²	/%
A	20	17	30	26	15	14	16	16	25	21	15	15	121	18
B	25	21	20	18	20	19	15	15	13	11	10	10	103	16
C	15	13	10	9	24	22	20	20	16	21	6	6	101	15
D	10	9	18	16	10	9			5	4	15	15	58	9
E	16	14	20	18	18	17	21	21	15	13	25	25	115	17
F	20	17			20	19	10	10	20	17			70	11
G	10	9							15	13			25	4
H			15	13			20	20					65	10
总计	116	100	113	100	107	100	102	100	119	100	101	100	658	100
区域土壤质量指标	316		285		332		295		339		244			
等级顺序	3		5		2		4		1		6			

（3）根据上列百分比值，乘以各土壤类型相应的质量等级指数，然后将各土壤类型的乘积相加，所得的加和即为区域土壤质量指数。

（4）将各分区土壤质量指数，按数值大小分段，得出各分区土壤质量等级。如将区域土壤质量指数＞300 者划为高质量，250～300 为中等质量，＜250 为低质量。上列属于高质量的有一、三、五分区；中等者为二、四分区；低等者为六分区。或按区域土壤质量指数大小，直接排定一、二、三、四、五、六级亦可，可不分高、中、低三档次。

上述评价可反映区域质量的下列特性：根据各分区土壤质量等级，参照各种土壤类型面积占区域土壤总面积的百分比，可估量全区域土壤质量结构特点，即全区土壤类型质量中各土类所占比例的大小。

第二节　土壤的培肥

土壤肥力是土壤的基本属性和本质特征，是土壤为植物生长供应和协调养分、水分、空气和热量的能力，是土壤物理、化学和生物学性质的综合表现。人类在生产活动中，对土壤肥力的发展有极重要的影响，在生产中常采用一系列措施，如施肥、灌溉、耕作等来培肥土壤，提高土壤肥力，这个过程叫土壤的培肥过程。

一、肥沃土壤的一般特征

我国土壤资源极为丰富，农业利用方式十分复杂，因此高产稳产肥沃土壤的性状也不尽相同。肥沃土壤的性状既有共性，也可因不同土壤类型而有其特殊性。但比较起来，高度肥沃土壤比同地区一般土壤具有以下特征。

（1）耕层深厚，土层构造良好　耕层深厚和良好的土层构造是高产土壤的基础。高产土壤要求整个土层厚度一般在1m以上，并具有深厚的耕作层，约20～30cm左右。高产土壤质地较轻，疏松多孔，孔隙度52％～55％左右，通气孔隙10％～15％。犁底层不明显，心土层较紧实，质地较重，即为上虚下实的层次构造。表土可通气、透水、增温，好气性微生物活动旺盛，土壤养分易分解，有利于幼苗的出土和根系的下扎，也有利于耕作管理等。耕作层下部为破除犁底层的活土，有一定的通气透水能力，又能保水保肥。心土层较紧实，质地较重，可托水、托肥。

（2）有机质和养分含量丰富　肥沃土壤的养分含量不在于愈多愈好，而要适量协调，达到一定的水平。北方高产旱作土壤，有机质含量一般在15～20g/kg以上，全氮含量达1.0～1.5g/kg，速效磷含量10mg/kg以上，速效钾含量150～200mg/kg以上，阳离子交换量20cmol（＋）/kg以上。肥沃土壤具有良好的养分供应能力和较高的养分供应强度，即土壤养分供应容量大、强度高。高度熟化的肥沃土壤，有机质含量较高，含有效养分丰富。土壤保肥供肥性能良好，肥劲稳而长，能满足植物生长发育的需要。

（3）酸碱度适宜，有益微生物活动旺盛　肥沃土壤的酸碱度范围为微酸性到微碱性。因为，多数植物适宜于中性、微酸或微碱环境。也有利微生物的活动，如一般细菌和放线菌适宜中性环境，固氮菌适于pH值6.8，硝化细菌适于pH值6～8。过酸过碱的土壤微生物活动受到影响，不利于养分的转化。碱性过强，土壤中钙、镁、锰、铜等养分有效性降低，酸性过强，土壤中钼的有效性降低。

（4）土温稳定，耕性良好　肥沃土壤一般都具有良好的物理性质，质地适中，耕性好，有较多的水稳性团聚体，非毛管孔隙和毛管空隙的比例为1：（2～4），土壤容重1.10～1.25g/cm³，土壤总孔度55％或稍大于55％，其中通气孔度一般在10％以上，有良好的水、气、热状况。

（5）地面平整　地面平整可以有效地防止水土流失和地表冲刷，促进降水渗入土体，有利于土体内水分，养分均匀分布。

例如肥沃水稻土的一般特征如下。

① 构造良好　肥沃水稻土要求土壤具有鲜明的层次，水、肥、气、热协调。具有松软肥厚的耕作层：厚度一般为18～22cm左右，耕性良好，软而不烂，深而不陷，耕时松脆易散；既滞水又透水发育良好的犁底层：厚度8～10cm左右，紧实度适中，既有较好的保水保肥能力，又有一定的渗水性；通气透水性好的斑纹层（心土层、潜育层）：30～40cm，爽水而不漏水；埋藏较深保水性较强的底土层（又叫淀积层或青泥层）。肥沃水稻土的潜育层一般在土表80cm以下。

② 养分丰富　肥沃水稻土的有机质含量达20～40g/kg以上；全氮量为1.3～2.3g/kg，全磷和全钾量分别为10～15g/kg以上，CEC在10～25cmol（＋）/kg；盐基饱和度60％～80％；微量元素充足；pH值为6.0～7.0。土壤氧化还原电位 $Eh>300mV$。

③ 保水能力适当　肥沃水稻土既有较强的保水性，又有一定的渗漏性。一般肥沃水稻土多为爽水田，日渗漏量为7～15mm，灌一次水能保持5～7d。漏水田渗漏量太大，漏水漏肥。囊水田渗漏性极差，水分多空气少，常因有毒物质过多的累积而抑制水稻的生长。

④ 有益微生物活动旺盛 肥沃水稻土土壤中固氮菌、硝化细菌、好气性纤维分解菌以及反硝化细菌等细菌的数量多，活动旺盛，生化强度高〔指呼吸强度和氨化强度，呼吸强度以每千克土壤每小时释放的 CO_2 的质量 g 表示，氨化强度以每 100g 土含氨态氮的质量（mg）表示〕，保温性能好，升温降温比较缓和。

二、培肥土壤的措施

长期农业生产实践证明，土壤是可以通过人工措施加以培肥的。由于影响土壤肥力发挥的因素不同，因而土壤培肥的途径也是多种多样的。生产中土壤培肥的常用措施如下。

（1）综合治理、统筹安排 根据制约土壤肥力提高的因素，采取各种不同的以治水改土为中心的农田基本建设措施，实行山、水、林、田、路综合治理。因地制宜地进行农、林、牧、副、渔统筹安排，是从根本上改造不利生产环境和土壤环境，定向培肥土壤，提高土壤肥力，建设高产稳产农田、确保农业生产持续性增产的重要战略措施。

（2）植树造林、生物改土 植树造林，保持水土，涵养水源，调节雨量，减少水、旱灾害，为培肥土壤建立稳固基础。国内外长期实践证明，种植绿肥或者与豆科作物轮作，是用地养地、培肥地力、改良土壤的有效措施。

（3）增施有机肥料、培育土壤肥力 增施有机肥或农家肥，对提高土壤肥力有特殊作用。有机肥可改良土壤的理化及耕作性能，提高植物营养水平，促进土壤有益微生物的活动，有利于保水保肥，增加通透性。

（4）合理耕作改土，加速土壤熟化 合理的耕作可以调节土壤固液气三相物质比例，增强土壤通透性。深耕结合施有机肥料，是增肥改土的一项重要措施。深耕的作用是加厚耕作层，改善土壤结构和耕性，降低土壤容重，使土肥水相融，促进微生物的活动，改善作用的环境条件，加速土壤熟化，一般深耕在 $30\sim50cm$。另外，免耕技术、深松以及其他耕、耙、磨、压等措施，或采用旱改水田，也可加速生土熟化，加厚土层，改善土壤结构，提高土壤肥力。

（5）客土改土 压沙、风化石、塘泥、沟渠泥、垃圾泥、表土等，进行客土改土，也可改善土壤结构，提高土壤肥力。风沙土地区的引水拉沙、引洪灌淤、砂田渗泥等措施也是相当有效的改良措施。

（6）合理轮作倒茬、用地养地结合 轮作倒茬一方面要考虑茬口特性，另一方面要考虑作物特性，合理搭配耗地作物、自养作物、养地作物等。正确的轮作可使土壤养分、水分合理利用，充分发挥生物养地培肥增产作用。同时还可以减少病虫对作物的危害，促进丰产丰收。

（7）发展旱作农业，建设灌溉农业 旱作土壤是指降水量低（年均降水量 $250\sim500mm$）或降水量虽然多（年均降水量 $500\sim700mm$），但分配不匀，而且无灌溉条件的农业土壤。发展灌溉，实现农业水利化是提高单产的重要措施，但要防止次生盐渍化等现象发生。

第三节 主要低产土壤的改良利用

低产土壤通常是指以当地大面积近三年平均单产为基准，低于平均单产 20% 以下为低产田的土壤，处于平均单产 ±20% 以内的为中产田土壤，二者一起统称为中低产田土壤。

一、低产土壤形成的原因

低产田土壤的原因包括自然环境因素和人为因素两个方面。自然环境因素包括坡地冲蚀、土层浅薄、有机质和矿质养分少、土壤质地过黏或过砂、土体构型不良、易涝或易旱、土壤盐化、过酸或过碱等；人为因素包括盲目开荒，滥砍滥伐、水利设施不完善，落后的灌溉方法、掠夺性经营、不合理的施肥等所导致的土壤肥力日益下降。

根据低产原因和土壤特性，可将我国低产田土壤分为七种类型：瘠薄型、滞涝水田型、滞涝旱地型、盐碱型、坡地型、风沙型、干旱缺水型。

我国低产田土壤分布广泛，全国各地均有，主要集中在北方旱农地区、黄淮海平原地区、三江平原地区、松辽平原地区、江南丘陵地区等。

二、低产土壤的改良利用

低产土壤的改良最为重要的是在搞清低产原因的基础上，有针对性的统筹规划、综合治理；加强农田基本建设；改善和保护农业生态环境；培肥土壤、提高土壤肥力；因地制宜、合理利用。决不能搞形式主义、一刀切。

（1）红黄壤类低产土壤及其改良　红黄壤类低产土壤主要的改良措施如下。

① 合理规划，发挥区域的气候与土壤优势　例如一般除适种水稻、小麦、玉米等粮食作物外，在砖红壤地区可种植橡胶、咖啡、可可、剑麻、香茅、油棕和椰子等经济植物；在赤红壤地区可种龙眼、荔枝、甘蔗、洋桃、木瓜、香蕉、菠萝、芒果、首乌、砂仁、杜仲、灵芝、益智，三七等药材；在红壤黄壤地区可种植杉木、马尾松、竹子以及茶叶，柑橘、油茶和油桐，逐步建成我国粮、经、林、果、糖与药材的重要基地。

② 因地种植　如砖红壤丘陵缓坡土壤肥力较高且环境湿润，等高种植橡胶、油棕、胡椒、咖啡等热带经济林木，而云南大叶茶、三七、萝芙木等喜阴作物应种植在阴坡或间作在其他经济林内；易受干旱威胁的缓坡地，适于发展剑麻、菠萝、香茅、甘蔗、木薯等耐旱的植物，在瘠薄的土壤可间种葛藤、蝴蝶豆、猪屎豆、玫瑰茄等；在黄壤山地的林间种植当归、天麻、灵芝等人工药材等。特别要指出的是，有水源的地区，旱地改水田是利用改良红黄壤，提高作物产量的有效途径。所以，旱改水既是灌排结合的标准比较高的水利土壤改良工程措施，又是变低产为高产、利用与改良相结合的增产途径。

③ 增施有机肥料　红黄壤低产原因之一是土壤中缺乏有机质。提高土壤有机质含量是改良的关键。在正常施用农家肥料的同时，还必须尽量多的安排间作套种绿肥作物，把用地和养地结合起来，把冬季与夏季绿肥，豆科与非豆科，高秆与矮秆，宽叶与窄叶，浅根与深根的不同绿肥，因地制宜地进行搭配，既可充分利用光热营养，还可增加绿肥，改良土壤。

④ 氮磷配合、以磷增氮　红黄壤的磷素含量低，有效磷更缺，所以在红黄壤上施用磷肥的效果一般很显著。在红黄壤新开垦地、低产旱地和水田施用磷矿粉的效果也比较显著，尤其是多年生经济林和橡胶、茶叶柑橘，油菜，荞麦和绿肥作物等对磷矿粉有很强的吸收能力，因而效果更为显著。红黄壤的氮素也比较缺乏。因此必须磷氮配合施用。合理施用氮磷化肥，不仅能解决作物缺氮，而且更能发挥磷肥的效果。

⑤ 施用石灰，调节土壤 pH 值　在红黄壤类土壤上施用石灰是传统的有效措施，可改变红黄壤酸黏等不良性状。施石灰中和过强的酸性，提高土壤中有益微生物的活性，促进养分转化，改良土壤结构，从而改变红黄壤的酸、黏、板等不良性状。石灰适宜用量要因土而定，一般用量为 $500\sim1300kg/hm^2$。

⑥ 深耕晒垡、客土掺沙　深耕晒垡结合施用有机肥料或者秸秆还田是熟化红黄壤的重要措施。黏土熟化重在深耕，但深耕深度要因土制宜。晒垡可以改良土壤耕性，加速养分的转化与释放，增产效果显著，特别是较冷湿黏重的黄壤，晒垡效果更好。客土掺沙，也是改良土壤黏重耕性不良的好办法。

⑦ 兴修水利、旱地改水田　红黄壤地区季节性干旱比较严重，影响当地农业生产，应兴修水利、实行旱地改水田以彻底解决干旱威胁，这样可充分发挥当地气候资源的优势。

（2）低产水稻土的改良及其利用　一般将低产水稻土分为 4 大类型：①冷浸田的改良一

一般采用开沟排水，落干晒田，以改善土壤的水、热、气状态。水旱轮作，冬季犁翻晒白。氮磷钾肥料配合使用，改善土壤结构。施用石灰，消除有毒物质，实行轮作等措施。②黏结田改良采用客土掺砂、种植绿肥、增施有机肥、深耕深松等措施，改善土壤质地。③沉板田最主要的改良是客土掺黏（客入塘泥、河泥、湖泥、草皮土、老墙土等），种植绿肥，增施有机肥，以改善土壤物理结构，提高保蓄能力。并深翻、合理使用化学肥料等。④泛酸田（反酸田、矾田、磺酸田）改良主要是淹水压酸是在水稻生长期间保持一定的浅水层以压酸，要注意勤换水；淡水洗酸是种植水稻之前排水落干，使之充分氧化后，引淡水冲洗以排酸；石灰中和是在种植前耕作时土壤施用石灰以中和酸度；填土压酸是指客土垫高田面以降低表层土壤的酸度；种植绿肥，大量施用有机肥，以提高土壤的缓冲能力是有效的改良措施。

（3）盐碱土的改良和利用　治理盐碱地的措施有水利改良措施（灌溉、排水、放淤、种稻、防渗等）、农业改良措施（平整土地、改良耕作、客土、施肥、播种、轮作、间种套种等）、生物改良措施（种植耐盐植物和牧草、绿肥、植树造林等）和化学改良措施（施用改良物质，如石膏、磷石膏、亚硫酸钙等）四个方面。由于每一项措施都有一定的适用范围和条件，因此必须坚持因地制宜，抗旱、治涝、治盐碱相结合的综合治理方针。

① 冲洗　即利用灌溉水溶解并排去土壤中过多的盐碱成分。

② 排水　指利用明沟、暗管（陶瓷管、PVC塑料管、鼠管等）或者明暗结合的各种形式，排除积水，降低地下水位，地下水的深度控制指标危险线：0～100cm，警戒线：100～200cm，安全线：200～300cm。盐碱土的一大特点是地下水位高，蒸发量大，把大量带有盐碱的水通过毛细管水蒸发后，将盐碱留于地面，治盐碱首先要降低地下水位。

排水沟的深度：一段控制地下水位的末级排水沟（农排）深度是要求在临界深度以下。所谓临界深度，就是在干旱蒸发积盐季节不致引起土壤表层蒸发积盐的最浅的地下潜水的埋藏深度。临界深度（m）一般等于毛管排水强烈上升高度（m）＋安全超高（m）。

③ 井灌井排　利用机井灌排，加强土壤水分的垂直下降运动，促进地面水与地下水的循环，使土壤向脱盐方向发展。其他如渠灌沟排、井灌沟排、渠灌暗派、渠灌井排、井沟渠结合等方式的灵活运用，都是盐碱土改良实践中结合当地实际情况摸索出来的有效方法。

④ 合理耕作　合理耕作包括合理施肥，可改善土壤结构，加速盐碱土的改良过程。施有机肥改盐治碱。农业上改造盐碱地的行之有效的办法是在盐碱地上施用有机肥，有机肥不但能改善土壤结构，而且在腐烂过程中还能产生酸性物质中和盐碱，有利于作物根系生长，提高幼苗的成活率。

⑤ 化学改良措施　例如施用酸性肥料、硫酸钙或石灰石粉与石油工业副产品树脂酸混合施用，改良盐碱化土壤都能起到较好的改良效果。

⑥ 生物措施改土　在一些盐碱土区可采用各种饲料作物（或绿肥）或采用水稻或其他农作物轮作都能起到加速脱盐和提高盐碱土的肥力等效果。在重盐碱地上，先种抗盐碱力强的草或绿肥植物，长到一定程度后把草或绿肥植物翻入土中，以增加土壤有机质，改善土壤水、肥、气条件，提高土壤肥力，降低盐碱含量。

（4）土壤沙漠化及其治理　导致土壤沙漠化主要有两个方面因素，恶劣的自然条件是基础，人类不合理的利用是条件。防治土壤沙漠化必须以防为主，治理为辅。应遵循因地制宜的原则，宜林的种树，宜草的放牧，宜耕的种植作物。充分利用降雨，推广抗旱保墒和节水灌溉技术。建立防护林带（网），降低风速，改善小气候。

（5）土壤侵蚀及其治理　土壤侵蚀也称水土流失，是指表层土壤或成土母质在水、风、重力等力量的作用下，主要是水的作用下，发生各种形式的剥蚀、搬运和再堆积的现象。

治理水土流失的方法有生物措施和工程措施两种。生物措施包括植树造林、种草护坡、覆盖地表、等高种植、免耕、少耕、间作套种等耕作技术，修筑梯田是最常用而有效防治水土流失的工程措施。不管采取哪种措施都要考虑经济效益和生态效益相结合，例如植树要选栽速生、优质木材树种或经济林木，种草要考虑能起水土保持作用的优质牧草或绿肥。

（6）土壤酸化及其治理　酸性土壤占世界可耕地面积高达 50%，是作物生产的一个重要限制因素。中国是世界上最大的农业国，而酸性土壤的面积高达 200 万 km² 以上。这些酸性土壤主要分布在华南的热带和亚热带地区。因此，可施入生石灰和合理施用碱性肥料改良土壤。

（7）砂姜黑土的利用与改良　砂姜黑土近年来高产面积在不断扩大、而且适种性广，具有很大的增产潜力。但中低产田面积仍占多数，其原因主要是具有不良的土壤性状和自然环境（低洼易涝），具体表现在旱涝、瘠、僵、凉等方面，主导低产因素因地而异。因此应因地制宜，采取相应排水、灌溉、培肥、合理种植等综合改良利用措施。

（8）荒漠土壤的利用与改良　开垦利用荒漠土壤，主要采取以下措施。

① 充分利用水源并建立完善的灌排系统　是开拓利用与改良荒漠土壤的基本保证，这样既可解决干旱，又可保证土壤盐碱化的改良。采用现代化的节水灌溉技术，以保证水资源的充分利用。如喷灌、滴灌、侧灌、渗灌等。

② 建立防护林体系　是防止风沙危害、减少田面蒸发、改善农田生态条件的重要措施，这已为我们开发荒漠地区的大量实践所证明。

③ 加强现代化的土壤管理　因为荒漠区一般人均土地面积较宽，必须有一套节水农业的土壤管理措施，例如少耕与免耕的问题，合理的种植制度问题，与上述两方面有关的农业机具的配套问题等，以达到高质、高效和高产的目的。

④ 进行荒漠区与半荒漠区土地利用的总体开发规划　因为这是生态最脆弱的地区，要保护高山冰川，山地林带与山地牧场，要充分利用荒漠与半荒漠区的光热资源，发展其棉花、瓜果、葡萄与甜菜的优质产品基地。

复习思考题

1. 土壤资源的概念、特性？
2. 土壤资源存在的主要问题？改良途径有哪些？
3. 土壤资源评价的目的、依据和原则是什么？
4. 肥沃土壤的一般特征是什么？
5. 培肥土壤的措施有哪些？
6. 低产土壤形成的主要原因有哪些？

第九章　植物营养与施肥原理

植物营养与施肥原理是植物对营养物质的吸收、运输、转化和利用的规律及植物与外界环境之间营养物质和能量交换的基本原理。并在此基础上通过施肥手段为植物提供充足和比例适当的养分，创造良好的营养环境，提高植物营养效率，从而达到明显提高植物产量和改善产品品质的目的。

第一节　植物必需营养元素

一、植物体的组成

植物的组成十分复杂，其成分几乎包括自然界存在的全部元素，现已确定有近 60 多种。一般新鲜植物中含水分 75%～95%，干物质 5%～25%。不同植物水分含量不同，即使是同一种植物，不同的部位、不同的器官水分含量也不同。如多汁的植物（如番茄的果实）水分占 90% 以上，休眠的器官（如种子）中水分含量较低，一般在 10% 以下。在干物质中，从化合物的类型看，主要含有碳水化合物占 60%，木质素占 25%，蛋白质占 10%；脂肪、蜡质、单宁等占 5%；从元素的类型看，碳 44%，氢 8%，氧 40%，氮 1.5%，灰分元素 6.5% 左右。由此可见，碳、氢、氧三种元素占植物干重的 90% 以上，氮和灰分元素的含量虽然不到 10%，但在植物生活中，却是非常重要的。所谓灰分是指新鲜植物经过充分燃烧后剩余的残留物质，称为灰分。新鲜植物经过充分燃烧，C、H、O、N 四种元素以气体挥发在空气中，剩余的就是灰分。灰分中所含有的元素，称为灰分元素。在灰分元素中有钾、钙、镁、铝、锌、铁等金属元素，亦含有磷、硫、硅、硼等非金属元素，各种元素在植物体内的含量见表 9-1。

表 9-1　高等植物必需营养元素及其较适合的含量

营养元素	植物可利用的形态		在干组织中的含量/%	营养元素	植物可利用的形态		在干组织中的含量/%
大量元素	碳(C)	CO_2	45.0	微量元素	氯(Cl)	Cl^-	0.01
	氢(H)	H_2O	6.0		铁(Fe)	Fe^{2+}、Fe^{3+}	0.01
	氧(O)	O_2,H_2O	45.0		锰(Mn)	Mn^{2+}	0.005
	氮(N)	NO_3^-,NH_4^+	1.5		硼(B)	BO_3,$B_4O_7^{2-}$	0.002
	磷(P)	PO_4^{3-},HPO_4^{2-},$H_2PO_4^-$	0.2		锌(Zn)	Zn^{2+}	0.002
	钾(K)	K^+	1.0		铜(Cu)	Cu^{2+},Cu^+	0.0006
	钙(Ca)	Ca^{2+}	0.5		钼(Mo)	MoO_4^{2-}	0.00001
	镁(Mg)	Mg^{2+}	0.2				
	硫(S)	SO_4^{2-}	0.1				

植物体中的灰分元素有几十种，但它们并非都是植物生长所必需的营养元素。为了寻求植物营养的必需营养元素，许多学者和科学家做了大量的实验。1840 年德国植物生理学家萨克斯利用水培方法培养出完全正常的植株，证明了高等植物必需营养元素有 16 种（如

图 9-1），即碳、氢、氧、氮、磷、钾、钙、镁、硫、铁、锰、硼、锌、铜、钼、氯。从表 9-1 可知，含量占植物干重 0.1% 以上的元素，称大量元素，含量低于 0.1% 的元素，称为微量元素。大量元素与微量元素之间并没有截然界限，大量元素之所以称之为大量元素，不仅仅因为植物需要量大，更重要的是其对植物生长发育影响很大。

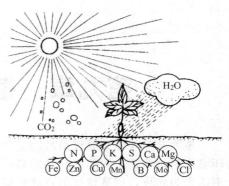

图 9-1　植物必需养分及来源

二、植物必需营养元素及其判断的标准

植物体中至少有 60 多种化学元素，但是它们并非全部都是植物生长所必需的营养元素，实验证明，植物体内的营养元素的有无及含量多少，并不能作为营养元素是否是必需的营养元素，同时也会吸收一些它并不必需的元素，甚至有可能是有毒害作用的元素。确定某种元素是不是作物生长所必需的，不是根据它们在作物体内的含量多少，而是根据它们在作物生长过程中所起作用来决定的。1938 年阿隆（Arnon）和斯托德（Stout）进行了精密的无土栽培试验后，提出了判断某种元素是不是植物必需营养元素的三条标准。

确定的三条标准有：①看它是不是完成作物从种子到种子整个生活周期所不可缺少的；②缺少时，会出现专一的、特殊的缺素症，唯有补充了该种元素以后症状才会消失；③这种元素在作物营养生理上必须起直接作用的效果，而不是起改善环境的间接作用。

第二节　植物对养料的吸收

施肥的目的是为了营养植物，促进植物的生长发育，达到高产优质。为了合理施肥，须先了解植物如何吸收养料。由于植物吸收养料，无论是根或叶，也无论是离子态或者分子态，都必须通过原生质膜。要弄清植物吸收养料的作用，须先讨论生物膜，特别是原生质膜。

一、生物膜

植物细胞的原生质是被一层选择透性膜所包被着的。植物细胞与外界环境之间发生物质交换都必须通过这个膜来进行。植物细胞内部又分成若干细胞器或一些区域，它们也都是被膜包被着的。这些膜上存在着不同的酶系统，所以各种细胞器执行着不同代谢功能。现在我们着重介绍原生质膜（plasmalemma）。

原生质膜结构比较复杂。近年来研究原生质膜的结构，认为蛋白质和类脂排列并非像前所述的那样有规律，类脂双分子层上下两侧也并非均有蛋白质层。因为蛋白质分子是借助于分子间的引力和极性基间的静电吸引而镶嵌在膜内类脂双分子层中，甚至穿过整个膜。这些蛋白质分子的位置还会随着细胞内部的变化而变更位置，所以称为生物膜的流动镶嵌假说（图 9-2）。

由于质膜是由脂类物质、蛋白质和水分子共同组成的。所以水分可自由透过，一些脂溶性的化合物也能透过。由于膜中类脂是双分子层，起着细胞通透性屏障的作用，所以离子态

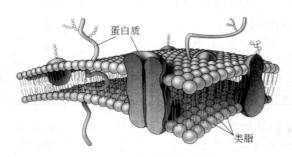

图 9-2　生物膜结构示意图

蛋白质

类脂

养料吸收后就不容易向细胞外扩散。而质膜中的类脂都是一种有序的流体，称为液晶态。类脂处于液晶态时，离子或小分子比较易通过；类脂处于凝胶状态，则不易通过。膜上有各种蛋白质和酶，现已观察到有 ATP 酶，它与能量代谢有关，所以它和养料的主动吸收有关。从动物和细菌细胞中已分离出许多种透过酶，其作用是专门负责某一种分子或离子透入膜内。透过酶也就是离子或分子透过膜的载体。所以离子或分子的选择吸收就和膜上载体有关。质膜的流动镶嵌假说，对于解释植物对养料的吸收，植物的抗寒、抗旱，以及磷、钾等的营养作用都有密切的关系。

二、根部对无机态养料的吸收

根部对无机态养料的吸收有主动吸收和被动吸收。主动吸收又称代谢吸收，是一个需要消耗能量的代谢过程，而且有选择性。被动吸收又称非代谢吸收，不需消耗能量，属物理的或物理化学的作用。植物吸收养料常常是两者结合进行。

（一）无机态养料的被动吸收

无机态养料可通过下列几种途径被植物吸收。

（1）截获　是指根系伸展于土壤中直接吸收的养分。一般截获吸收的养分仅占 3% 左右。

（2）扩散　根系先吸收根际土壤的养分，使土体与根表之间形成养分浓度差，使土壤溶液中的养分由高浓度向低浓度的根表扩散，再扩散到根系的自由空间。随着养分的不断进入，自由空间中的养分不断增加，当增加到一定程度，就与外界土壤溶液的养分浓度达到平衡，通过扩散作用透过细胞质膜而进入细胞内。通常把距根尖几毫米到十几毫米范围内的土壤称为根际土壤，把细胞壁和细胞质膜之间的空间称为自由空间。除溶于土壤溶液中的离子态养料和某些有机态养分可以通过扩散作用被吸收外，某些气态物质如 NH_3、CO_2 及 O_2 等也可被吸收。此外，有些小分子化合物如 H_2O_2、CH_3OH 等也可由扩散作用被吸收。

（3）质流　指靠植物的蒸腾拉力将远处的养分运输到细胞中。植物体中的水分是不断蒸发的，蒸发的水分是由根表土壤中的水分补给的。作物为了维持正常的蒸腾作用，必须不断地吸收周围环境中的水分，由于根表土壤水分缺乏，土体中的水分就会不断地流向根表土壤，以便满足植物的蒸腾需要，产生了质流作用。

扩散和质流作用是使土体养分移至根表经常起作用的主要方式。但在不同的情况下，这两种方式对养分的迁移所起的作用却不完全相同。如图9-3所示，一般认为在距离长时，质流是补充养分的主要形式，而在距离短时，扩散作用则更为重要。

（4）离子交换　在植物学中学过根细胞质膜的最外层为蛋白质片，而蛋白质属于两性胶体，在不同的情况下，可以带正负两种电荷，其中最多是氢离子。由于所有的离子外围都有一层水衣，氢离子也同样，使它具有运动能，向根外扩散，结果使根细胞和土壤溶液之间产生了负电位差。使土壤中的阳离子就能向根部移动，最后吸附在根细胞的表面，同时根外氢离子则被排到土壤溶液中，形成根和土壤溶液间的离子交换（图9-4）。

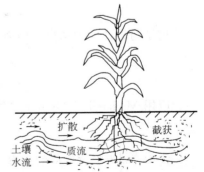

图 9-3　根系吸收养分的示意图

此外，根细胞呼吸所产生的碳酸，在土壤溶液中解离为 H^+ 和 HCO_3^-，它们可以和土壤胶体表面所吸附的交换性阴、阳离子进行离子交换，被释放出来，最后被作物吸收（图9-5）。

（5）杜南平衡　以质膜为界，分成内外两部分，质膜是一种半透膜，可以使小分子及离

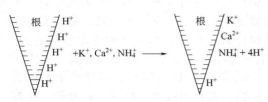

图 9-4　根系上的氢离子与
土壤中阳离子的交换作用

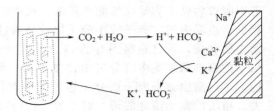

图 9-5　根系呼吸产生碳酸与
黏粒吸附离子的交换作用

子自由透过，而大分子不能透过。细胞内原生质中的蛋白质是大分子胶体，它不能透过，并且它带有大量的负电荷，因此它就成为细胞内不扩散基。因而引起阴、阳离子被动进入。当到达平衡时，内外两相的离子浓度乘积相等。

以上介绍了五种被动吸收形式，它们都是从高浓度向低浓度的地方运输，不需消耗能量。然而，植物体中的离子态养料浓度常比外界土壤溶液中养料浓度高，有时高达十倍、百倍，但植物仍能逆着浓度梯度并有选择的吸收。这种现象单从被动吸收是很难解释的，只能用主动吸收来加以解释。

（二）无机态养料的主动吸收

目前，从能量的观点和酶的动力学原理来研究植物主动吸收矿质养料，并提出载体假说、载离子体假说和离子泵假说。

1. 载体假说

（1）载体假说的理论依据　最早提出载体（carriers）概念的是 Pfeffer（1900），他认为：离子通过质膜的运输与细胞的代谢产物或某种富含能量的物质有关，这种能运输离子的物质被称为离子载体（ion carrier）。后来有人用载体具有专一性（即某一载体只能同某种或某几种化学性质近似的金属离子结合）来解释根系吸收离子的选择性和离子间的竞争现象。Epstein 等人（1952）根据培养试验的结果应用酶的动力学原理分析了养分浓度对于植物吸收养料速率的影响之后认为：载体与离子的关系近似于酶与底物的关系。因此，载体假说是以酶的动力学说为理论依据的。

根据酶动力学原理，酶与底物的关系为：

$$S + E \underset{K_2}{\overset{K_1}{\rightleftharpoons}} ES \overset{K_3}{\longrightarrow} E + P$$

底物　酶　酶-底物　酶　新底物

离子与载体的关系也同样为：

$$S + C \underset{K_2}{\overset{K_1}{\rightleftharpoons}} SC \overset{K_3}{\longrightarrow} S' + C$$

离子（外）载体　离子-载体　离子（内）载体

应用 Michaelis—Menten 方程求出：

$$v = \frac{v_{max} \cdot S}{K_T + S}$$

式中，v 为吸收反应的速率；v_{max} 为载体被饱和的最大吸收速率；K_T 为离子-载体在膜内的解离常数；$K_T = \dfrac{K_2 + K_3}{K_1}$，相当于酶促反应的米氏常数（$K_m$）；$S$ 为膜外离子浓度。

上式中，当 $v = \dfrac{1}{2} v_{max}$ 时，$K_T = S$。

由于 K_T 与 K_1 成反比，因此，K_T 值愈小，载体对离子的亲和力愈大，吸收离子的速率则愈快。所以，K_T 值是载体对离子亲和力的倒数。K_T 值决定于各种载体的特性，而与载体结合位置的总浓度 C 无关。当离子浓度在一定范围内很大时，v_T 值的大小决定于载体浓度（全部载体的负载能力），而载体浓度的高低则因作物种类不同而异。

根据以上原理，研究各种作物根（或叶片）在不同浓度溶液中吸收各种离子的速度，求出 K_T 值，就可以判断载体与离子的亲和程度。比如大麦离体根在不同浓度的氯化钾溶液中，于30℃吸收钾离子的速度测定其 K_T 值为 0.021mol/m^3，钠离子 K_T 值为 0.32mol/m^3，这表明大麦根对钾离子的亲和力远远大于钠离子，所以在钾、钠离子同时存在时，则可选择吸收钾离子，这就说明应用酶促动力学的原理可以解释吸收钾离子远远大于钠离子。载体对离子有不同的 K_T 值，这与酶对底物具有不同的 K_m 值有类似之处，由此可见，植物主动吸收养料的载体假说可以应用酶促动力学原理加以说明。

（2）载体运输的机理　载体运输的机理目前有几种模型，即扩散模型（载体带着离子在膜内扩散）、变构模型（载体蛋白构象的改变使载体与被运物的亲和力改变，进而将离子放到膜内）和旋转模型（载体带着离子在质膜上旋转将离子"甩"进细胞质膜内）。在这些作用机理中，多用扩散模型和变构模型来解释植物的主动运输（吸收）。

① 扩散运转（即扩散模型）　载体可能是亲脂性的类脂化合物分子磷酸化载体，它能在质膜的类脂双分子层中扩散，从膜的外侧扩散到内侧，碰到内蛋白层中的磷酸激酶，磷酸激酶能使细胞内的 ATP 水解，把 ATP 中的一个含有高能键的磷酸释放出来，转给载体，使载体磷酸化（即获得能量）。形成磷酸化载体（即活化载体），由于载体是亲脂性的，可在质膜类脂双分子层扩散，当扩散到靠近土壤溶液时，就能和土壤溶液中的离子结合，形成磷酸化载体离子，继续扩散，当它有机会遇到磷酸脂酶时，通过酶的水解作用释放能量，把离子和无机磷从载体的结合部位上解离出来，释放到细胞内。如图 9-6 所示，磷酸化载体变为原来的载体。

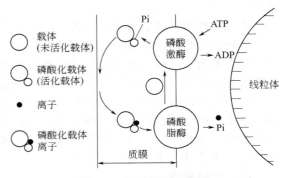

图 9-6　扩散运转示意图

没有装载离子的载体（即非磷酸化载体），再碰到磷酸激酶变为磷酸化载体，继续把养分由外侧运进细胞内。释放出来的无机磷酸离子扩散到叶绿体或线粒体中，在那里与 ADP 重新合成 ATP，为载体的活化提供能量。由于这些过程不断进行，根外溶液中的养分就源源不断地进入细胞内。

② 变构运转（即变构模型）　载体蛋白是大分子化合物，可能类似动物体内的透过酶，它能从膜一侧伸展到另一侧。当离子（或分子）扩散到外侧时，与载体蛋白结合，在 ATP 影响下，载体蛋白通过构象的改变将离子（分子）转运到膜内侧，并释放到膜内。

有人认为，这种载体蛋白类似变构酶，具有两种形态的转换和两个结合部位，这种酶不仅可与底物结合，而且可与非底物分子结合，这种与非底物结合的部位，称别构部位；这种非底物分子称别构效应物。别构部位与别构效应物相互作用，使酶由一种形态转变为另一种形态，这种转变称为别构转变。因此，酶的转变是由别构效应物所控制。ATP 是别构效应物，Ⅰ 和 Ⅱ 是酶的两种形态。

转变前 ATP 和底物分别在质膜的内外两侧，然后 ATP 和底物分别进入变构酶的两个结合部位，由于别构效应物与别构部位相互作用，使酶从形态Ⅰ转变为形态Ⅱ，而别构效应物是磷酸化剂，其作用是磷酸化作用，这时 ATP 转变为 ADP，ADP 不适合别构部位，因此脱离，底物也脱离，变构酶恢复到原来形态，ADP 和无机磷通过氧化磷酸化或光合磷酸化作用，合成 ATP，继续将底物转运到细胞内。

2. 载离子体假说

近年来，载离子体（ionophores）的研究引起了人们的重视。载离子体的作用可分为两类：一类是载离子体和被运载的离子形成络化物，以促进离子在膜的脂相部分扩散，从而使离子扩散到细胞内，或者使离子扩散到载体中；另一类是载离子体能在膜内形成临时性的充水孔，离子通过充水孔透过质膜。

3. 离子泵假说

Hoagland（1944）提出了离子泵概念，离子泵指逆着电化学势梯度主动运载离子的做功者，一般把能逆电化学梯度而运输的膜载体称为"泵"。离子泵假说认为，在膜内腺苷三磷酸酶的作用下，腺苷三磷酸（ATP）所释放出的能量可将离子泵入。具体过程是首先腺苷三磷酸水解，导致腺苷二磷酸和 H^+ 的产生，然后 H^+ 被泵到膜外，而腺苷二磷酸留在膜内。此时，所产生的膜内外质子电动势梯度可以将阳离子泵入。此外，腺苷二磷酸与水发生反应使细胞质中的 OH^- 浓度增加，OH^- 能启动阴离子载体，从而导致阴离子的选择性吸收。现已证明，在根细胞的液泡膜、质膜表面等处都存在着腺苷三磷酸水解酶和腺苷三磷酸酶。一般认为，在细胞膜上可能有不同的离子泵，例如钾泵、氢泵等。

三、根部对有机态养料的吸收

采用灭菌培养、示踪元素进行试验表明，植物非但能吸收矿质养料，也能吸收有机态养料。如氨基酸、核酸、腐殖酸等都能被植物直接吸收。过去人们总认为土壤中有机质必须经过矿质化后，植物才能吸收，看来这种看法是不全面的。土壤和肥料中的有机态养料也可被植物吸收，因此有机肥料不仅能提高土壤肥力，而且也能直接营养植物，既能肥土，又能肥苗，这是有机肥料的特点。一般地来讲，脂溶性的化合物比较容易透过质膜，脂溶性愈强，愈易透过。如处在凝胶态，则不易透过。目前关于有机态养料吸收，研究很少，而且也有争论，还有待于进一步研究。

四、根外营养

植物除了通过根部吸收养分外，还可以通过茎叶吸收养分。把植物通过茎叶吸收养分营养自己的现象称为根外营养。许多研究证明，植物茎叶吸收的营养元素和根部吸收的机理一样，能在植物体内被同化和运转，所以茎叶吸收养分也是植物营养的一种方式，特别是在根部吸收养分能力减弱时，及时通过叶部补充养分是很有意义的。当作物发生意外情况（如根受到某些伤害）或是土壤条件对施肥不利时，用根外施肥是十分必要的。

一般在作物整个营养期间，叶部都能吸收养分，但吸收的强度则不同，这与作物代谢作用有密切关系，同时也与肥料的种类有关，其渗透性好的肥料（如尿素）易被叶部吸收。

根外营养的特点如下。①叶子直接吸收养料，避免有效养分降低。通过叶面直接供给有效养分，作物吸收快，避免有效养分的固定，这对微量元素施肥尤为重要。②叶部吸收养分快，保证养分及时供应。尿素施于土壤中需 4～5d 见效，而根外喷施尿素往往 1～2d 就有明显效果，不仅如此，叶部吸收尿素后向其他部分运转养分速度快，这对消除某种缺素症或作物因遭受自然灾害需要迅速补救时有重要作用。③肥料用量小，既经济又有效。根外喷肥一般用量仅是土壤施肥量的 1/10～1/5，因此，可大大减少肥料的投资，尤其是对一些微量元素肥料，还可避免因用量过大或施肥不匀而造成的危害。④促进根部营养，增强作物的代谢。根外喷肥可提高光合作用和呼吸作用强度，促进酶的活性，它能直接影响作物体内一系列重要的生理活动过程。作物体内代谢加强以后，又能促进根部施肥，二者是相互补充的，在后期根系吸收能力减弱时，根外施肥可避免作物脱肥早衰的危险。

值得注意的是根外营养虽有很多优点，但它并不能完全代替土壤施肥，所以，根外营养只能是解决某些特殊问题的一种辅助性的施肥措施。

第三节　影响植物吸收养料的外界环境条件

植物吸收养料随着外界环境条件不同而变化。影响植物吸收养料的外界环境条件主要有温度、通气、土壤反应、养料浓度和离子间的相互作用等因素。

一、气候条件

（1）温度　在一定温度范围内，一般 6～30℃，随着温度增加，呼吸作用加强，植物吸收养料的能力也随着增加（如图 9-7）。根系吸收养分要求适宜的土壤温度为 15～25℃。温度过低过高都不利于作物的正常生长，如温度过低，作物生命活动受到抑制，代谢缓慢，本身所需要养分减少，使呼吸作用减弱，不能正常提供植物吸收养料所需要的能量，吸收养料减少；另外温度低，土壤微生物活动弱，有机态养料分解和转化慢，向作物提供有效养分减少。当温度超过 30℃ 以上时，养分吸收显著减少，温度超过 40℃ 以上，会引起体内酶的变性，影响养料吸收，可见温度过高过低都不利于养料的吸收。

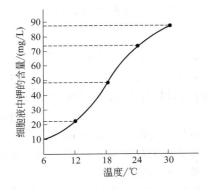

图 9-7　温度对大麦吸收钾离子的影响　　图 9-8　大麦离体根培养在不同氧张力下吸收磷的情况

（2）通气　通气有利于有氧呼吸，故能促进养分吸收。图 9-8 是大麦离体根培养在不同氧张力下吸收磷的情况。有氧呼吸能形成很多 ATP，供吸收养分之用。因此，雨水多，通气不良，促使土壤养分流失、渗漏，同时也阻碍根系对养分吸收，甚至会产生一些对作物有毒的还原性物质；相反，雨水过少，土壤水分含量下降，增施肥料不仅无效，反而由于局部浓度过高，易发生“烧苗”现象，即浪费了经济，又没达到壮苗的目的，土壤通透性好，易于养分吸收，提高肥料的利用率。

（3）光照　光照条件好，光合作用旺盛，作物对养料需要量增多，同时光合作用产物——碳水化合物，可源源不断地供给根系需要，根系获得能量，吸收养分能力就会增强；反之，就会下降。

二、土壤条件

（1）土壤反应　土壤 pH 值高和低，直接影响植物吸收养料的多与少、快与慢及吸收离子的种类。当 pH 值低时，酸性土壤，吸收阴离子多于阳离子；当 pH 值高时，碱性土壤，吸收阳离子多于阴离子。产生的原因主要是由于细胞内部带电性决定的。因为根细胞是由蛋白质组成的，蛋白质是两性胶体，在酸性条件下，氢离子多，抑制了蛋白质分子中羧基的解离，使蛋白质分子以带正电荷为主，故更多吸收阴离子。反之，则以负电荷为主，吸收阳离子。

$$R \overset{COOH}{\underset{NH_3^+}{\big\langle}} \overset{H^+}{\underset{\rightleftharpoons}{}} R \overset{COOH}{\underset{NH_2}{\big\langle}} \overset{OH^-}{\underset{\rightleftharpoons}{}} R \overset{COO^-}{\underset{NH_2}{\big\langle}} + H_2O$$

（2）土壤养料浓度　土壤中养料浓度的高低，直接影响植物吸收养料的机理。有人认为，在低浓度时，主要靠载体透过质膜，因为离子与载体的亲和力是受一定浓度的影响，浓度过高，亲和力小，从而影响选择性吸收；在高浓度下，是以扩散作用进入细胞内的。对于养料浓度的不同，吸收分为主动和被动。这就形成了植物吸收养分的二重图型（见图 9-9）。这种现象的出现，对施肥起到指导意义。因此，在施肥时要控制施肥量，不宜一次施得过多，宜少量分次施肥。

（3）离子间的相互作用　离子间的相互作用对根系吸收的影响是极其复杂的，主要表现为离子间的对抗作用和协助作用。

① 离子间对抗作用　所谓离子间对抗作用是指在溶液中某一离子的存在能抑制另一离子吸收的现象。离子间对抗作用，主要表现在对离子的选择性吸收上。一般认为阳离子与阳离子或阴离子与阴离

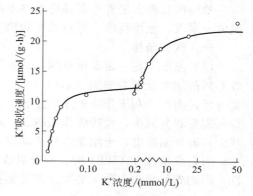

图 9-9　大麦在不同的 KCl
溶液中吸收 K^+ 的速度

子之间都有对抗作用。据培养试验证明，在阳离子中，如 K^+、Rb^+、Cs^+ 之间，Ca^{2+}、Sr^{2+} 与 Ba^{2+} 之间；在阴离子中，如 Cl^-、Br^- 与 I^- 之间，SO_4^{2-} 与 SeO_4^{2-} 之间，$H_2PO_4^-$ 与 OH^- 之间，NO_3^- 与 Cl^- 之间，都有对抗作用。离子间的对抗作用的原因可能是多方面的。从离子水合半径看，K^+ 为 0.532nm，Rb^+ 为 0.509nm，Cs^+ 为 0.505nm，离子水合半径相近，认为它们是在载体上同一个结合部位，所以彼此间相互抑制。载体解说还认为：离子水合半径小的离子比水合半径大的离子更易于被吸收。离子间的这种对抗作用只适于低浓度的情况，当离子浓度增高时，离子进入根内的机制大多属于被动吸收。

② 离子间的协助作用　离子间的协助作用是指在溶液中某一离子的存在有利于根系对另一些离子的吸收。离子间的协助作用主要表现在阴离子与阳离子之间，以及阳离子与阳离子之间。我国植物生理学家罗宗洛（1931）研究，钙的存在能促进铵、钾和铷的吸收。也有人研究镁、锶、镭、铝在低浓度时也有助于钙的吸收。西木斯（Sims J. L，1972）等人所做的水稻土培试验（土壤 pH 值＝6）表明，当不施氮时，钙对磷有协助作用；氮量高时，钙对钾有协助作用。

离子间产生协助作用的原因，尚未完全弄清楚。Ca^{2+} 对多种离子有协助作用，一般认为是由于它具有稳定质膜结构的特殊功能，有助于质膜的选择性吸收，提高 K^+、NH_4^+ 等阳子的渗透性；另一种意见认为，Ca^{2+} 的协助作用是"维茨效应"，即 Ca^{2+} 影响质膜的透性。

上述两种作用是相对的，一般只对某些作物和离子（养分）的某一浓度范围而言。在农业生产中对两种以上离子间的协助作用与对抗作用，应当加以利用，只有这样才能充分发挥有利因素，克服不利因素，达到合理施肥、提高肥效的目的。

第四节　作物的阶段营养

正常的营养是作物高产、优质的基础。因此，为了使作物丰产，必须根据作物的营养特

点、土壤、气候等因素，合理地施用肥料，以最大限度地满足作物对各种养分的需要。所以，作物的营养特点是合理施肥的一项重要依据。

一、作物各生育时期的营养特性

作物在从种子萌发经营养生长、生殖生长到形成种子的整个生长周期内，要经历几个不同的生长发育阶段，即植物营养期、植物营养临界期和最大效率期。而把作物从种子到种子的整个生活周期称为生长期。

（一）植物营养期

虽然植物有机体的营养过程是在整个生活周期中进行的，但是它从环境中吸收营养物质的时期，并不是发生在整个生长期内，比如：在生长初期，它是从种子或根茎中吸取养料，到了生长末期，许多作物都停止吸收养料，有时还从根部排出养料，发生外渗现象，因此，植物营养期，就时间而论不与生长期相一致，所以，植物营养期是指植物通过根系从土壤中吸收养分的整个时期。

不同作物其生长期和营养期不同。就早晚稻来讲，早稻生长期短，其营养期也较短；而晚稻生长期长，其营养期也较长。农民的经验已经指出，早稻应以基肥为主，并早施追肥；而晚稻则应提高追肥比例，分次施用。

人参和西洋参是同属不同种的药用植物，都是多年生的，约5~6年。人参与西洋参同时播种，西洋参比人参晚出苗一周，西洋参的种子成熟也比人参晚一个多月，因此，人参与西洋参的生长期和营养期是不同的。所以，它们在整个生长期中需要经过出苗期→展叶期→开花期→绿果期→红果期→枯萎期等不同的生育时期，而营养期是从展叶期到枯萎期。实验证明，西洋参的营养期比它晚，而且长。

因此，在施肥时要考虑营养期短的作物应早施肥，营养期长的作物应分次施肥。

（二）植物营养临界期和最大效率期

植物营养临界期是指某种营养元素过多或过少或营养比例失调，对于植物生长发育起着显著不良作用，以后再施肥也不能挽救的时期。在临界期，作物对某种养分的要求在绝对数量上虽然不多，但很迫切，作物因某种养分缺少或过多而受到损失，即使在以后该养分供应正常时也很难弥补。

作物营养的临界期，多出现在作物生育前期，但是不同养分的临界期在时间上不完全相同。一般作物在生长初期对外界环境条件比较敏感。不少试验指出，大多数作物磷营养的临界期多出现在幼苗期，因为从种子营养转到土壤营养时，种子中所贮存的磷（植素态磷）已消耗，而此时根系甚小，吸收能力也很弱，当磷供应不足时，不但幼苗的生长会受到严重影响，而作物还会减产。所以施用磷肥作种肥是一项增产的有效措施。

作物氮营养临界期也在生育前期，例如，冬小麦的氮营养临界期是在分蘖和幼穗分化期，这时供给适量的氮素，就能增加分蘖数，并为形成大穗打好基础。如果供氮不足，分蘖数和花数就会减少；相反，如果这时氮素过多，则无效分蘖增加，幼穗分化也受影响，甚至造成早期郁蔽，穗小、粒少，或者倒伏，严重影响产量。钾营养临界期，据资料显示，水稻在分蘖初期和幼穗形成期。总之，保证苗期的氮、磷营养是很重要的，但是必须注意，苗期一般需要养分较少，所以，是否需要施用苗肥，应根据土壤肥力水平、播前的施肥量和幼苗的长相酌情而定。

植物营养最大效率期是指某种养分能发挥最大增产效能的时期。在这个时期作物对某种养分的需求量和吸收量都是最多的。这一时期，也正是作物生长最旺盛的时期，吸收养分的能力特别强，如能及时满足作物养分的需要，其增产效果非常显著。据试验，玉米氮营养最大效率期一般在喇叭口至抽雄初期；小麦氮营养最大效率期在拔节至抽穗；棉花的氮营养最大效率期在开花至盛铃期。

综上所述，作物的营养临界期和营养最大效率期是整个营养期中两个关键性的施肥时期，对提高作物产量具有重要意义。作物营养虽有其阶段性和关键时期，但也不可忽视作物吸收养分的连续性。任何一种作物，各生育阶段对养分的要求是相互联系、彼此影响的，一个时期营养的好坏，必然会影响到下一时期作物的生育与施肥效果。

二、作物根的特性

（1）根系阳离子代换量（CEC）　根系阳离子代换量是根系吸附交换性阳离子总量，其单位为 [cmol(+)/kg]。根系阳离子代换量越大，吸收能力越强。CEC 与细胞壁中果胶酸含量有关，若果胶酸含量高，CEC 越大，则吸收养分越多。另外，CEC 与植物地上部分阳离子钙、镁、钾、钠等含量成正相关，相关系数为 +0.895 左右，CEC 大，吸收阳离子越多。此外与阴离子磷也成正相关，CEC 高时，对难溶性磷利用率高，吸收强。常用 CaO/P_2O_5 比率来衡量，因为 CEC 大，对钙的结合能力也大，这样磷的有效性增强。前苏联曾用 32 种植物研究根系阳离子代换量与吸收磷矿粉中钙和磷的能力，结果表明，凡是植株中 CaO/P_2O_5 比率在 1.3～8.0 范围，大多数在 1.3～4.0 之间的植物就具有利用磷矿粉的能力，并把 $CaO/P_2O_5 > 1.3$ 作为利用难溶性磷的一个生理指标。中国农科院土壤研究所也进行了类似的试验，结果指出，凡是利用磷灰石粉能力较强的作物 CaO/P_2O_5 为 1.2～3.2，因此，根系阳离子代换量与作物吸收养料的强弱有关。

（2）作物根系代谢作用　根系代谢作用与养料吸收有密切关系，许多人试验证明，根系代谢对 N、P、K 的吸收各有不同的途径，但都与呼吸作用有关。叶片进行光合作用形成糖，运入根部，经"糖酵解"、"三羧酸循环"，形成各种有机酸如丙酮酸、α-酮戊二酸、延胡索酸、草酰乙酸等，它们都是氨的受体，可形成各种氨基酸，其中，最主要的是谷氨酸，因为它可以通过转氨基作用，形成各种不同的氨基酸，最后合成蛋白质。另外，在根呼吸过程中，呼吸作用与磷酸化作用相偶联，吸收无机磷，形成腺苷三磷酸（ATP），不少人用 ^{32}P 试验证明，磷的吸收首先参加到腺苷三磷酸的组成中，然后转入己糖磷酸盐和核蛋白等分子中。虽然无氧呼吸也有 ATP 形成，但数量少，供给吸收的能量也少，所以土壤要通气。

（3）根际微生物与作物营养的关系　根际微生物是指距根 2mm 范围内根际土壤中的微生物。如细菌、放线菌、真菌等。各种作物在生长期间，根部常分泌各种代谢产物，根际微生物的食料主要来自根的分泌物，而微生物活动，促使土中养料转变为有效形态或制造养料供给植物利用，彼此有利。

但是当土中养料不足时，微生物和高等植物之间会发生争夺养料现象。由于根际微生物需要养料营养自己，高等植物也需要养料进行生长，但此时养料大多数为微生物所吸收，植物得不到足够的养料，从而影响植物的生长。所以施肥不单单是营养植物，而且还要营养土壤中无数微生物，使高等植物和微生物之间经常处在正常共生共荣关系中。

第五节　施肥的基本原理

合理施肥是保证农业持续、稳定增产的重要措施之一。劳动人民在长期的农业生产实践中，积累了丰富的施肥经验。许多科学家通过科学实验和实践经验的总结，揭示出一些有关合理施肥方面的规律性认识，如养分归还学说、最小养分律学说、报酬递减律等。这些学说和规律性认识对指导合理施肥都有重要作用。

一、必需元素不可代替律

植物必需的各种营养元素，尽管植物对它们的需要量有所不同，特别是对肥料三要素

N、P、K 来说，在生产上非常强调，但这并不意味着其他的必需元素就不重要或是可有可无的。实践证明，作物对各种营养元素需要量的差别，可达十倍、百倍，甚至十万倍，但这些营养元素在作物体中的营养作用都是同等重要的。在必需营养元素中，任何一种营养元素的特殊生理功能都不能被其他元素所代替，只要缺少一种营养元素，则作物生长发育和新陈代谢就要受到影响，这种现象被称为必需元素不可代替律（或同等重要律）。如果叶绿素中含有大量的氮素却不含铁，由于铁与叶绿素形成关系密切，缺氮不能形成叶绿素，同样缺铁也不能形成叶绿素，因此对叶绿素形成来讲氮和铁是同样重要的。

植物通过它的选择吸收性能从土壤中吸收的各种养分虽然不能互相代替，但在数量上却有多有少，差别很大，也就是说，植物对各种养分的需要量还有一定的比例关系，为此，需要通过施肥加以调节，使之大体上符合作物的需要，以维持养分的平衡。土壤养分平衡是作物正常生长发育的重要条件之一。因为当土壤在任何一种必需养分供给不足时，作物的生长都会受到明显的抑制，产量不可能提高。但是如果施肥过多，尤其是偏施某种养分，破坏了养分平衡，对作物的不利影响也很大。人为施肥造成的养分比例不平衡称为养分比例失调。养分比例失调往往造成作物对某些养分的过量吸收，造成肥料的浪费，或者影响作物对其他养分的吸收，或者影响作物体内的代谢过程，降低产量和品质，严重时还会造成肥害，甚至环境污染，危害人类。理论和实践证明，在土壤严重缺磷（或缺钾）的情况下，由于限制因子是磷，以致单纯施用氮肥并无任何增产效果。近年来随着化学氮肥用量的迅速、大量增加，土壤中磷、钾的消耗又得不到补充，从而氮磷或氮钾失调的现象有所发展，影响了氮肥的肥效。在这种情况下，重视养分的平衡供应，氮磷与氮钾配合施用，不仅可以充分发挥各种养分的增产作用，而且能够在不增加施肥量的条件下发挥各种养分间的相互促进作用，提高施肥的经济效益。

二、养分归还学说

19 世纪中期，德国化学家李比希根据前人的研究和他本人的大量化学分析资料，提了养分归还学说（theory of nutrient returns）。其中心内容是：植物仅从土壤中摄取为其生活所必需的矿物质养分，由于不断地栽培作物，这种摄取势必引起土壤中矿物质养料的消耗，长期不归还这部分养料，会使土壤变得十分瘠薄，甚至寸草不生。轮作倒茬只能减缓土壤中养分的贫竭和较协调地利用土壤中现存的养分，但不能彻底解决问题。应该指出的是：养分虽然应当归还，但并不是作物取走的所有养分都必须全部以施肥的方式归还给土壤，应该归还哪些元素，要根据实际情况加以判断。中国农科院植物研究所用小麦、大麦、玉米、高粱和花生等作物进行的测定结果表明，不同营养元素在归还给土壤的程度上，大致可分为低度、中度和高度三个等级（见表 9-2）。

表 9-2　不同元素的归还比例

归还程度	归还比例/%	元　素	补充要求
低度归还	<10	氮、磷、钾	重点补充
中度归还	10~30	钙、镁、硫、硅	依土壤和作物而定
高度归还	>30	铁、铝、锰	一般不必补充

注：归还比例是指以根茬方式残留给土壤的养分占吸收总量的百分数。

从表中可以看出，氮、磷、钾三种元素是属于低度归还的营养元素，经常需要以施肥的方式加以补充。豆科作物因有根瘤菌共生，能够固定空气中的氮素，需要补充的较少，是个例外。属于中度归还的钙、镁、硫、硅等元素，虽然作物地上部分所取走的数量大于根茬残留给土壤的数量，但由于土壤和作物种类不同，施肥上也应有所区别。例如在华北石灰性土壤上，即使种植喜钙的豆科作物，也不考虑归还钙素的问题，但在华南缺钙土壤上，则必须使用石灰。至于铁、锰等元素，作物需要量少，归还比例大（甚至可多达80%以上），土壤中的含量也较多，一般不必补充。但在一定的土壤条件下，对于某些作物适量补充这些元素仍然是必不可少的。

三、最小养分律

最小养分律也是李比希在试验的基础上最早提出来的重要施肥原理之一。最小养分律是指在作物所需要的必需营养元素中，只要一种营养元素不足，其他元素都满足的情况下，作物生长发育和产量就要受到该不足元素的限制。它的中心意思是：植物为了生长发育，需要吸收各种养分，但是决定植物产量的却是土壤中那个相对含量最小的有效养分。在一定限度内，产量随着最小养分的增减而变化（见图9-10）。

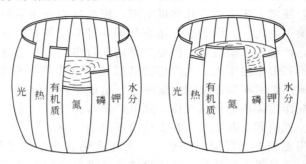

图9-10　影响植物产量的限制因子示意图

应该指出，图9-10只是表示作物对养分需要的程度，并不是说作物对氮、磷、钾的绝对需要量是相等的。另外，图中只表明了三种主要养分，并未将其他必需养分表示出来。根据最小养分律指导施肥实践时要注意以下几点。

① 最小养分不是指土壤中绝对含量最少的养分，而是指按照作物对养分的需要来讲，土壤中相对含量最少（即土壤供给能力最小）的那种养分。

② 最小养分是限制作物生长和提高产量的关键，为此在施肥时必须首先补充这种养分。

③ 最小养分因作物产量水平和化肥供应数量不同而有变化。当某种最小养分增加到能够满足作物的需要时，就不再是最小养分了（见图9-11），其他元素又会成为新的最小养分。

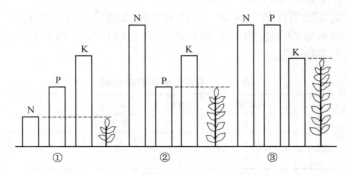

图9-11　最小养分随着条件而变化示意图

④ 最小养分一般是指大量元素，对某些土壤和某些作物来说，也可能是指某种微量元素。

⑤ 如果不是最小养分，即使它的用量增加很多，也不能使作物增产。例如在极端缺磷的土壤上，单纯增施氮肥并不增产。

新中国成立60年来，我国农业生产发展的历史充分证明，最小养分律是选择肥料品种时必须遵循的规律，它对于合理施肥，维持养分平衡、促进农业生产的发展具有重要意义。解放初期，我国农田土壤普遍缺氮，氮就是当时限制产量提高的最小养分，那时增施氮肥的增产效果非常明显。20 世纪 60 年代以后，由于化学氮肥施用数量逐年增加，在作物氮素营养较为充裕的情况下，不少地区出现了氮肥增产效果不显著的现象，此时土壤供磷水平相对不足，磷就成了进一步提高产量的最小养分。因此，在施氮肥的基础上增施磷肥，氮磷配合施用，作物产量又大幅度增加，特别是在严重缺磷地区，施用磷肥的增产效果更为突出。到了 20 世纪 70 年代，随着复种指数的提高，单位面积产量的增加，对肥料的需要又提出了新的要求。例如，在南方水稻产区，在增施氮、磷肥的基础上配合施用钾肥，增产效果明显。这说明了在作物对氮、磷营养基本得到满足后，钾就成为限制产量的最小养分。同样道理，对微量元素肥料的需要也是这样。

四、报酬递减律

18 世纪后期，欧洲经济学家根据投入与产出之间的关系，提出了报酬递减法则（或定律）。它的主要内容是：在一定的土地或土壤上投入劳力和资金后，单位投资和劳力所得到的报酬随着投入劳力和投资数量的增加而递减。也就是说，最初投入的单位劳力和资金所得到的报酬最高，随着投入劳力和资金的增加，每单位投资和劳力所得到的报酬依次递减。在前人工作的基础上，德国农业化学家米切里西（E. A. Mitscherlich，1909）通过用砂培所作的燕麦磷肥试验，结果表明：在其他技术条件（如品种、灌溉、密度等）相对稳定的前提下，随着施肥量的增加，作物产量也随着增加，但是施肥量越多，每一单位数量肥料所增加的产量越少，即作物的增产量随着施肥量的增加而逐渐减少（表 9-3）。

表 9-3　燕麦磷肥试验（砂培，1909）

施磷量(P_2O_5)/g	干物质/g	用公式的计算值	P_2O_5 的增产量/g
0	9.8 ± 0.50	9.80	
0.05	19.3 ± 0.52	18.91	9.11
0.10	27.2 ± 2.00	26.64	7.73
0.20	41.0 ± 0.85	38.63	5.99
0.30	43.9 ± 1.12	47.12	4.25
0.50	54.9 ± 3.66	57.39	2.57
2.00	61.0 ± 2.24	67.64	0.34

注：引自腊塞尔，《土壤条件与植物生长》。

报酬递减律是客观的经济规律，报酬递减现象已为国内外无数肥料试验的结果所证实。在施肥实践中，一方面我们要承认，特别是在化肥用量不断增加的情况下，不可避免地会出现报酬递减现象。另一方面，利用报酬递减律，经常研究投入（施肥）和产出（报酬）的关系，并据以确定既高产又经济的最适施肥量，对获得最好的或较好的经济效益有很大作用。

报酬递减律是有前提的，即假定其他生产条件保持相对稳定、固定不变，此时，递加某一个或一些生产条件（如施肥），会出现报酬递减现象。但是，从长远来看，人类社会是发展的，各项技术条件也会不断得到革新和改进，因此产量也就能够逐步提高，永远不会到顶。不过在生产条件相对稳定的情况下，产量增长也有一定限度，不可能凭主观想象无限地提高。

第六节　环境条件与施肥

一、气候条件与施肥

（1）温度与雨量　在高温多雨年份，作物生长快，需肥多，肥料效果显著，反之，在低温、干旱的条件下，肥料效果不好，增产作用低，应该少施肥。因为施肥既浪费肥料，又会造成局部浓度过高引起烧苗的现象。

（2）光照　光照条件影响作物的光合作用，而光合作用产物——糖是供给根呼吸作用的能源，能源不足，必然影响养分的吸收。

（3）土壤水分与施肥的关系　雨水过多过少都对植物生长有影响。雨水过多，土壤中养料易淋失，加之光照不足，土壤通气性差，既影响地上部分光合作用，又影响根系吸收养分，因而影响产量。例如人参虽然属于阴性植物，但含水量大于60％时，人参根易腐烂，影响根吸收养料，施肥就无法达到预期目的。雨水过少，作物生长缓慢，溶解于水的养料少，当然作物吸收养料就得不到满足。

二、土壤肥力与施肥

（一）我国土壤养分含量

土壤养分含量主要是指土壤的有机质和氮、磷、钾，此外，钙、镁、硫和微量元素也包括在内，它们是作物养分的主要来源。

（1）土壤有机质　农田土壤有机质含量和全氮量密切相关，一般全氮量相当于该土壤有机质的8％～12％。因此，有机质含量多少就直接影响着土壤氮素的供应。一般以有机质含量2.5％以上为高量（黑土可达2.5％以上，泥炭5％以上），1％～2.5％为中量，1％为低量。按照这个标准，除东北地区的黑土以外，我国农田土壤有机质含量都比较低，且第二次土壤普查结果表明：我国绝大部分土壤有机质含量在1％左右，因此，施用氮肥增产显著。

（2）土壤养分全量　土壤全氮量和土壤有机质含量有一定关系，有机质含量高的土壤，含氮量也高。但不是对所有的土壤都使用同一个比例数字。我国农业土壤的全氮量范围在0.04％～0.3％。土壤全磷包括有机态含磷化合物和无机磷酸盐，有机态磷占全磷量的1/3到1/2。矿物态磷酸盐占土壤全磷含量的1/2至2/3。无机态磷主要是以磷灰石形态存在。矿物态磷和无机态磷溶解度都小，在作物营养上作用不大。而有机态含磷化合物都不溶于水，不能被作物直接吸收利用，必须经过微生物分解才能释放磷酸，供作物吸收利用。因此，土壤全磷只是磷酸的贮备，它和速效磷酸不成比例关系。贮备量多时，有效磷量不一定多，贮备量少时有效数量肯定要少。有人区分全磷含量0.15％以上为高量；0.08％以下为低量；0.08％～0.15％为中量。按这个标准划分，东北黑土区为高量。全钾在地壳成分中的含量为2.58％，折合K_2O为3.1％。我国土壤的全钾量各地很不相同，高的达2.8％左右，低的只有0.5％或更低。我国农业土壤含钾量，总的来讲，还是比较多的，但各种土壤差异悬殊。总的趋势是由东到西，由南到北土壤含钾量逐渐增加。但是，养分全量只能作为评价土壤肥力状况的参考，不能用来指导施肥。

（3）速效性养分　速效养分是指水溶性和代换性养分的总和。

① 速效性氮　包括铵态氮、硝态氮、可溶性氨基酸和酰胺等。

1）酸水解氮　是用丘林法即用0.5mol/L硫酸提取土壤而测得酸水解氮的含量，其分级指标如下：＞6～8mg/100g土为高量；5～6mg/100g土为中等；＜4～5mg/100g土为低等。

2）碱水解氮　是用1mol/L氢氧化钠提取土壤而测得碱水解氮的含量，其分级指标如下：＞110～130mg/kg土为高量；90～110mg/kg土为中等；50～70mg/kg土为低等。

从以上数据可以看出，用碱水解氮比酸水解氮高，大约高2～2.5倍。

② 速效性磷　通常用Olsen法，即用0.5mol碳酸氢钠提取土壤而测得速效磷的含量，其分级指标如下：10～15mg/kg土为高量；5～10mg/kg土为中等；＜5mg/kg土为低等。

③ 速效性钾　是用 1mol/L 中性醋酸铵提取土壤而测得速效钾含量，其分级指标如下：100～120mg/kg 土为高量；80～100mg/kg 土为中等；<80mg/kg 土为低等。

以上速效性氮、磷、钾的各种指标，可以用来指导施肥，但具体情况必须因地制宜。

（二）土壤供肥性

土壤供肥性是指土壤在作物整个生长过程中能及时供应作物所需养分的能力。它直接影响着植物的生长发育，是调节土壤养分和植物营养的主要依据。土壤供肥性主要表现在以下三个方面：①土壤供应速效养分的数量；②土壤迟效养分转为速效养分的速率；③速效养分持续供应的时间。

（1）供应数量　可用土壤供肥容量和土壤供肥强度来表示。土壤供肥容量是指土壤溶液中养分降低时，土壤固相补给养分的能力。也就是活化土壤潜在肥力的能力。用 Q 表示。土壤供肥强度是指土壤溶液中养分的浓度与作物根表面该养分浓度之差。用 I 表示。它是决定作物吸收养分的难易程度，浓度差越大，植物越易吸收。土壤供肥容量和土壤供肥强度之间关系如下：①如果 Q 大，I 大，说明养分充足，不致缺肥；②如果 Q 小，I 小，则必须及时施肥；③如果 Q 大，I 小，说明养分没能释放出来，则需要改善土壤养分的转化条件，促进养分的有效化；④如果 Q 小，I 大，说明贮备不足，要及时补充肥料，以免脱肥。

（2）转化速率　迟效养分转化为速效养分的速率是土壤供肥能力的重要指标。转化速率高，速效养分数量多，肥劲猛；否则速效养分的数量少，肥劲缓。因此要改善环境条件，加速迟效养分的转化。

（3）供应时间　速效养分持续供应的时间的长短，是土壤肥劲大小在时间上的表现，持续时间长，肥效长，有后劲。

（三）土壤保肥性

土壤保肥性是指吸收和保持作物所需要养分的能力。也就是说土壤吸收固、液、气态营养物质的能力。土壤保肥性与土壤吸收性能是分不开的。

1. 土壤保肥性决定因素

（1）土壤保肥性与土壤次生矿物有关　矿物种类不同，所带电荷数量不等，保存阳离子态养料的能力也有所不同。我国土壤分布最广的有蒙脱石、伊利石、高岭石三种黏土矿物，其中蒙脱石保存阳离子态养料的能力最大，伊利石次之，而高岭石最小。这是由于黏土矿物结构不一样，表面积就不同，CEC 越大，吸收表面积越大，保肥能力越强。

（2）土壤保肥性与土壤中有机胶体有关　腐殖质含量高的土壤，它的保肥力高。因为腐殖质胶体属于亲水胶体，腐殖质的组成主要是富里酸和胡敏酸，含有许多功能团如羧基、酚式羟基、醇式羟基及羰基等，它们在水溶液中易解离出氢离子，使有机胶体带负电荷，因此能保存阳离子态养料，所以施用有机肥，可以提高土壤保肥性。

（3）无机-有机复合体与土壤保肥性的关系　黏土矿物常与腐殖质之间以金属离子结合而形成复合体。据中国科学院土壤研究所报道，肥沃的土壤，吸附态腐殖质和紧密结合的腐殖质含量高，而松结合态的含量少，土壤团粒结构好，而松结合态的腐殖质含量高，团粒结构性差，所以土壤保肥性差。

2. 土壤保肥性与施肥的关系

当施入肥料后，肥料中阳离子就能和土壤胶体外所吸附的阳离子进行离子交换。对于黏土，以蒙脱石、伊利石为主，以及腐殖质含量高，则土壤保肥力较强，即一次可多施肥，养分不致流失。反之，像砂土，高岭石较多，腐殖质含量较少，则土壤保肥力弱，应少量多次施肥，可防止养分流失，避免浓度过高引起烧苗现象。

复习思考题

1．无机养料被动吸收的方式有哪几种？载体假说的内容是什么？
2．何为变构效应和根外营养？根外营养有哪些特点？
3．举例说明何为植物营养期、植物营养临界期和最大效率期？
4．最小养分律学说的主要内容以及如何应用该学说的理论指导施肥？
5．论述土壤供肥性及土壤保肥性表现的几个方面？

第十章 化学肥料

据联合国粮农组织（FAO）统计，化肥在对农作物增产的总份额中约占 40%～60%。中国能以占世界 7% 的耕地养活了占世界 22% 的人口，可以说化肥在我国农业生产上发挥着无可替代的巨大作用。

第一节 化学肥料概述

一、化学肥料在农业生产中的作用

世界农业生产的实践证明，充分合理使用化学肥料，是促进作物增产，加速农业发展的一条行之有效的途径。

（1）化肥与现代农业的发展 现代农业的主要特点是农业劳动生产率的极大提高，一个农业劳动力生产的产品，可以满足几十个人的需求。人们通常认为，这都是使用了农业机械的结果。其实，大量使用化肥也发挥了重要作用。使用农业机械，固然使每个人能耕种更多的土地，大大提高劳动生产率，但要在单位面积上收获更多的农产品，最迅捷的办法就是增加化肥施用量。只有把机械和化肥结合起来，才能极大地提高劳动生产率。

生产和使用化肥，是农业生产和科学实践发展到一定阶段的产物。农业生产的不同历史阶段，有不同的主要肥源，肥源的这种发展过程，大致如图 10-1 所示。

图 10-1　农业生产中肥源发展阶段

肥源发展的每一个阶段都以增加一种新肥源为特征，并且都不断丰富了施肥内容和促进了农业生产。从刀耕火种时代的灰肥，到粪肥和绿肥施用，这些肥源都没有超脱用土地自身的产品。直到 19 世纪中叶，人们逐渐认识到可以用无机养分即化肥来归还土壤，到 20 世纪初合成氨方法问世，化肥工业发展日新月异。

表 10-1 是一些国家化肥施用的情况。可见，在农业现代化的发展过程中，大量使用化肥是一种必然趋势。

表 10-1　世界上不同国家的化肥消费状况

国家类型	人口耕地比例/%		化肥消费比例/%		化肥消费水平/(kg/hm²)		
	人口	耕地	1950 年	1975 年	1967 年	1983 年	1989 年
发达国家	25	40	95	75	71.6	121.6	124.7
发展中国家	75	60	5	25	11.7	54.1	76.8

注：1. 化肥指养分量；2. 资料来源于国际钾肥研究所报告（1980）及 FAO 肥料年鉴。

我国1998年化肥产量已达2956万吨（纯养分，下同），占世界总产量的19%，居世界第一位；我国1998年化肥纯养分使用量达3816万吨，也居世界第一位。2006年我国将全部取消农业税，随着粮食价格上升，粮食播种面积增加和农民种粮积极性提高，预计2006年化肥需求将达5000万吨。

（2）化肥的增产作用　　在化肥产量不断增长的农业发展阶段和在化肥使用量的中低水平区间内，农作物产量随化肥使用量的增加而增加。近半个世纪以来，在世界不同地区不同作物上的肥效试验结果颇为一致，故世界各国对化肥增产作用的评价也基本相同。大致而言，化肥在粮食中的作用，包括当季肥效和后效，可占到50%左右（表10-2）。

表 10-2　化肥在粮食增产中的作用

年　份	作　者	化肥增产作用/%	备　注
1981～1983	中国全国化肥试验网	约47.8	水稻、小麦、玉米
1989	FAO	51.4	1961～1986年6.9万个试验平均结果
1990	R.G.Hoeft	40～50	对氮肥效果评价
1990	中国全国化肥试验网	53	70个5年以上定位试验结果

注：部分资料转引金继运，林葆，化肥利用率研讨会会议资料，1996。

（3）化肥对提高农产品质量的作用　　上海郊区在粮食作物上获得的试验资料表明，在低施肥量<5kg/667m² 氮基础上每增施5kg氮（折合每667m²施30kg碳铵或25kg硫铵），平均可使水稻或小麦籽粒中蛋白质的含量增加1%左右，若粮食平均每667m²产量300kg，即可因增施氮肥而增加蛋白质收获量3kg（表10-3）。

表 10-3　增施氮肥对稻谷品质的影响

处　理	产量/(kg/667m²)	稻谷粗蛋白质/%	备　注
单施有机肥	287.2	7.3	全部资料为5点平均值,碳铵施用量与稻谷粗蛋白质%之间的相关系数为r=0.94
有机肥＋碳铵15kg	373.4	7.5	
有机肥＋碳铵30kg	348.6	8.2	
有机肥＋碳铵45kg	361.1	8.5	
有机肥＋碳铵60kg	374.3	8.8	
有机肥＋碳铵75kg	382.6	8.9	
有机肥＋碳铵90kg	377.4	9.2	

随着稻谷蛋白质含量的增加，其氨基酸组成也有了相应改变（表10-4）。

表 10-4　增施氮肥对稻谷氨基酸含量的影响

处　理	氨基酸含量/%						
	总量	天冬氨酸	谷氨酸	丙氨酸	赖氨酸	组氨酸	精氨酸
无肥	8.08	0.811	1.11	0.446	0.267	0.136	0.563
有机肥	8.61	0.901	1.65	0.641	0.377	0.159	0.783
氮化肥	10.5	1.08	1.97	0.741	0.422	0.216	0.905

注：资料来源于上海市农业科学院测试中心。

增施磷、钾化肥，同样有利于改善农产品的品质（表10-5）。

表 10-5　平衡施用化肥对水果品质的影响

作物	可溶性糖/%		维生素C/(mg/100g)	
	习惯施肥	N、P、K平衡施肥	习惯施肥	N、P、K平衡施肥
甜橙	12.4	13.5	37.4	38.5
梨	11.2	12.1	—	—
西瓜	10.2	10.8	4.88	5.22

注：资料来源于上海市农业科学院土肥所。

（4）化肥对维持和提高土壤肥力的作用　持续平衡地对土壤施用化肥，在化肥与土壤的相互作用过程中，能促进土壤微生物的活动，能较长期的以化肥与其他物质的不同结合态残留于土壤，促进土壤中有机物的循环，减缓其消亡，起到维持和提高土壤肥力的作用。

（5）化肥养分含量高、肥效快　例如：尿素含氮为46％，1kg尿素相当于人粪尿70～80kg；1kg普通过磷酸钙相当于厩肥60～80kg。而且化肥多为水溶性或弱酸溶性，施入土壤后能迅速被作物吸收利用。

（6）化肥便于贮、运、施，利于农业机械化的实现　化肥除能在农业生产中发挥以上基本作用外，使用化肥与等养分有机肥相比，还可大大节约劳力，因其养分含量高，用量少，便于贮存、运输和施用，同时也有利于机械施肥。

二、化学肥料的种类

（1）氮肥：
- 铵态氮肥：如 $NH_3 \cdot H_2O$、NH_4HCO_3、$(NH_4)_2SO_4$ 等
- 硝态氮肥：如 $NaNO_3$、$Ca(NO_3)_2$、NH_4NO_3 等
- 酰胺态氮肥：如 $CO(NH_2)_2$、石灰氮等
- 长效氮肥：如包膜肥料、尿素甲醛等

（2）磷肥：
- 水溶性磷肥：如过磷酸钙、重过磷酸钙等
- 弱酸溶性磷肥：如钙镁磷肥、沉淀磷肥等
- 难溶性磷肥：如磷矿粉、骨粉等

（3）钾肥：如硫酸钾、氯化钾、草木灰等

（4）钙、镁、硫肥：如硝酸钙、碳酸钙、硫酸镁、氧化镁、硫磺、硫酸铵等

（5）微肥：如 $ZnSO_4$、$Na_2B_4O_7 \cdot H_2O$、$CuSO_4$、$FeSO_4 \cdot 7H_2O$ 等

（6）复合（混）肥：
- 化成复肥：如磷酸二氢钾、磷酸氢二铵等
- 掺合肥料：BB肥
- 混成肥料：各种作物专用肥

三、化学肥料的特点

化学肥料的主要成分是无机化合物，是由化肥厂将初级原料进行加工、分解或合成的。其特点是：①化学肥料所含营养成分较高，由于有效成分含量高，因而体积小，运输和施用都较方便；②肥效快，多数化肥是水溶性或弱酸溶性的，施入土壤后能迅速被作物吸收利用；③养分种类单一，化肥不像有机肥中营养元素种类多，每种化肥一般只含一种元素，最多两三种（复混肥除外），而作物正常生长需要十几种营养成分，所以化肥最好与有机肥混合施用；④施用方法不当时，容易发生烧根烧苗现象。

第二节　植物氮素营养与化学氮肥

氮是作物生长发育和必需营养元素之一，例如蛋白质、核酸、叶绿素、酶、维生素、生物碱和激素等都含有氮素。它对作物产量和品质的影响很大。从土壤普查和肥料试验的结果看，我国土壤普遍缺氮，各地施用氮肥都有显著的增产效果。施用氮肥在我国农业生产中有举足轻重的作用。

一、作物的氮素营养

（一）作物体内的氮素含量和分布

一般作物含氮量约为作物干物质重的 $0.3％～5％$，其含量的多少因作物种类、器官、发育时期不同而异。含氮量多的是豆科作物，例如大豆茎秆含氮量是 $2.49％$；非豆科作物

一般含氮量较少，例如禾本科作物一般干物质含氮量在 1% 左右。作物的幼嫩器官和成熟的种子含蛋白质多，含氮也多，而茎秆特别是衰老的茎秆含蛋白质少，含氮量也少，例如小麦的籽粒含氮量为 2.0%～2.5%，而茎秆含氮 0.5% 左右。

在作物的一生中，氮的分布是变化的，同一植物的各器官中氮的分布也不同（表 10-6）。

表 10-6　玉米各器官的含氮量

器官类别	叶	叶鞘	茎	雄穗	果　穗		
					籽粒	穗轴	苞叶
含氮量/%	1.34	0.34	0.18	0.96	1.34	0.41	0.55

（二）作物氮的营养特点

（1）氮是蛋白质和核酸的成分　氮构成氨基酸，氨基酸构成蛋白质，蛋白质含氮16%～18%。氮是含氮碱基的组分，碱基、戊糖又是核酸成分。核酸与蛋白质的结合组成核蛋白，是一切作物生命活动和遗传变异的基础。

（2）氮是叶绿素的重要成分　无论是叶绿素 a（$C_{55}H_{72}O_5N_4Mg$），还是叶绿素 b（$C_{55}H_{70}O_6N_4Mg$）都含氮。所以，作物缺氮叶子发黄，光合作用下降，产量低。

（3）氮是许多酶和多种维生素的成分　酶是由蛋白质构成的。许多维生素也含氮，B_1、B_2、B_3、B_6 等是辅酶的成分。缺氮后作物体内的代谢受影响。

（三）氮的吸收与同化

作物吸收的氮素形态主要是铵态氮和硝态氮，对其他的含氮化合物的吸收，包括一些分子较小的有机态氮，其数量都是有限的。作物吸收的铵态氮和硝态氮在体内的营养特点也是不同的。

（1）硝态氮的还原　硝态氮在作物体内不能直接同化为有机氮化合物，必须在作物体内还原为氨才能参与氨基酸的合成。其还原过程大致如下：$HNO_3 \rightarrow HNO_2 \rightarrow NH_3$。

硝态氮的还原过程所需的能量是由呼吸作用提供的，因此，一般在温度低、光照不足、呼吸作用受到抑制时，对作物吸收硝态氮有一定影响。

（2）铵态氮的同化　作物在土壤中吸收的铵态氮，或者由硝态氮还原成的氨，可直接与呼吸作用产生的酮酸结合生成氨基酸，氨基酸进一步合成蛋白质。当氮源充足时，作物吸收较多的氨，这时氨就被合成酰胺。作物体内酰胺形成具有重要意义。首先，酰胺是作物体内氨贮存的一种形式，它可以作为各种含氮物质合成时氮的来源。其次，也可消除作物体内游离氨积累过多的毒害作用。

（四）作物氮素营养失调症状

（1）作物氮素缺乏的症状　作物缺氮一般表现是生长受阻，植株短小，叶色变黄。氮在植株体内是容易转移的营养元素，故缺氮症状首先出现在老叶上，而后逐渐向上发展。缺氮引起叶绿素含量降低，使叶片的绿色转淡；严重缺氮时，叶色变黄，最后死亡。由于作物缺氮，蛋白质形成减少，导致细胞小而壁厚，特别是抑制了细胞分裂，使生长缓慢，植株短小。

（2）氮素供应过多的症状　对作物供应氮素过多，营养生长旺盛，营养体徒长。作物吸收氮素用于组成蛋白质、叶绿素及其他含氮化合物，从而大量消耗作物体内的碳水化合物，构成细胞壁的原料如纤维素、果胶等物质的形成受到严重的抑制，使整个植株变得柔软多汁；使作物容易倒伏和发生病虫危害；同时营养生长延长，出现贪青晚熟。

可见，氮素供应缺乏或过剩都可对作物的生长发育、产量和品质带来不利的影响。

二、土壤氮素状况

土壤氮素状况是土壤肥力的一项重要指标。了解土壤中氮素的含量、形态及其转化是保持和提高土壤肥力、合理施用氮肥的重要依据。

(一) 土壤中氮的含量和形态

(1) 土壤中氮的含量 一般农业土壤表层含氮量为 0.05%～0.3%，少数肥沃的耕地、草原、林地的表层土壤可达到 0.5%～0.6% 以上，而冲刷严重、贫瘠地的表层土壤可低至 0.05% 以下。

土壤氮含量与土壤有机质的含量一般是呈正相关的，土壤全氮量约为土壤有机质含量的 5%～10%。

(2) 土壤中氮的形态 土壤中氮的形态分为无机态和有机态两大类。当然，土壤空气中还有气态氮存在，但一般不计算在土壤含氮量之内。

① 无机态氮 无机态氮主要为铵态氮和硝态氮，有时有极少量的亚硝态氮。无机态氮通常只占全氮量的 1%～2%。但它们都是水溶性和交换性的能被作物直接吸收的速效养分，而且是作物吸收氮素的主要形态。这些养分除了人为施入农业土壤的含氮肥料外，主要是微生物活动的产物，它们不断为植物吸收利用和随水流失，其含量在不断地变化，所测结果，不仅有季节性差异，而且昼夜和晴雨天之间也有明显的差别。

② 有机态氮 土壤中的氮素主要以有机态存在，一般表层土壤中的有机态氮占全氮量的 90% 以上。土壤中的有机态氮按其分解难易可分为三类：a. 水溶性有机态氮。主要包括一些简单的蛋白质、氨基酸、胺盐及酰胺类化合物。含量一般不超过全氮量的 5%。b. 水解性有机态氮。它是经酸碱处理，能水解成为较简单的易溶性化合物或直接生成铵化合物的一类有机态氮。主要包括蛋白质、多肽类和核酸类等有机态氮。水溶性有机态氮和水解性有机态氮可占全氮量的 50%～70%。c. 非水解性有机态氮。这类氮素在土壤有机态氮总量中至少占 30%，高的可达 50%。这种形态的氮，既不溶于水，也不能用一般的酸碱处理使其水解。

(二) 土壤中氮素的平衡

氮是作物生产需要量较大的必需营养元素之一。在农业生产中，氮的转移也最活跃，其收入和支出的数量变化较大。

1. 农业土壤中氮的来源

(1) 施入的氮肥 包括化学肥料和含氮有机肥料，农业越发达的地区，这部分氮就越占主要地位。

(2) 生物固氮 生物固氮在整个自然界的氮素循环中具有十分重要的作用。据估计每年通过生物固氮从空气中固定的氮量全球可达 1 亿吨以上，豆科作物的根瘤菌每年每公顷可固氮约 50kg。

(3) 灌溉水带入 无论水田和旱地，灌水的补给也是氮素的一个来源。在污水灌溉地区，水中含氮量高，有时反使作物因氮过多而造成危害。

(4) 降雨带入 雷雨时空中放电，可使 N_2 氧化成 NO_2、NO 等含氮氧化物，随降雨带入土壤。工业烟道废气，含氮有机物的燃烧废气及铵化合物挥发的气体等，这些散布在大气中的含氮气体，也可随降雨带入土壤中，或以尘埃形式沉降到地面。

此外，动植物、微生物的遗体及排泄物也是土壤氮源。

2. 土壤氮素的去向

(1) 农产品的携出 作物吸收的氮，随着农产品的收获而带出土壤。

(2) 反硝化脱氮逸失 是水田氮素损失的主要途径（图 10-2）。

影响反硝化作用的因素有四个方面。一是氢的供应。由于反硝化作用是在还原状态下发

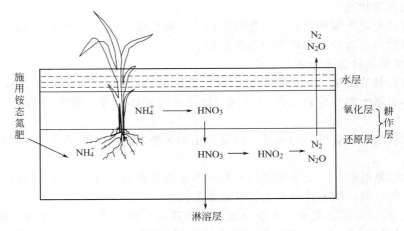

图 10-2 淹水土壤氮素转化示意图

生的，必须有还原剂氢的供应，而氢主要来源于土壤有机质的分解，据测定有机质含量在 1% 以下时，很少有反硝化作用产生；二是水和氧的供应。当含水量达到田间持水量的 80% 时，反硝化作用开始骤增，当达到 100% 时，反硝化作用达到高峰，当水中氧的含量 > 0.2% 时，反硝化作用受到抑制；三是受 pH 值的影响，在 pH4.0 时，很少有反硝化作用产生，随着 pH 值升高，反硝化作用逐渐增强，当 pH6.5～7.5 时，反硝化作用达到最大值，pH > 8.5 时反硝化作用停止；四是温度的影响，随着温度的升高，反硝化作用增强。

在旱田中，也有局部或短时间通气不良的地方，同样也会引起反硝化作用。反硝化作用产物 N_2O 在同温层可进行光化学反应，破坏臭氧。这是全球变暖的一个因素。

(3) 氨的挥发损失   氨化作用产生的 NH_3 和施入土壤的 NH_4-N 肥，以及能转化为 NH_4-N 的肥料，在 pH 值较高，施肥量较大时，有一部分氮素常以 NH_3 的形态存在，容易造成氮的挥发损失。这是因为 NH_3 和 NH_4^+ 在一定条件下可以互相转化，在酸性条件下多以 NH_4^+ 形态存在，而在碱性条件下多以 NH_3 形态存在（表 10-7）。

表 10-7   不同 pH 条件下 NH_3 与 NH_4^+ 的比例

土壤 pH 值	6	7	8	9	10	12
NH_3/%	0	5.8	14.3	40.0	72.0	93.0
NH_4^+/%	100	94.2	85.7	60.0	28.9	7.0

$$NH_3 \underset{OH^-}{\overset{H^+}{\rightleftharpoons}} NH_4^+$$

值得注意的是在 pH7 的条件下，就会有氨的挥发损失，NH_3 挥发后反应向左进行，造成 NH_3 的不断挥发，因此在大面积的石灰性土壤上，NH_3 的挥发成为土壤氮素损失的主要途径。

(4) 硝态氮的淋失 NO_3^- 为阴离子，不能被土壤胶体吸附保存，易随水淋失，在降雨量大的地区淋失更为严重，而且造成水质污染。

各种形态的氮源进入土壤后，随时都存在着吸收和释放过程，它们之间互相衔接，构成自然界的氮素循环（图 10-3）。因此，农业上要采取有效措施，将氮素损失降低到最低限度。

三、常用氮肥种类、性质和施用

氮肥的品种很多，按氮肥中氮素化合物的形态可分为四类，即铵态氮肥、硝态氮肥、酰

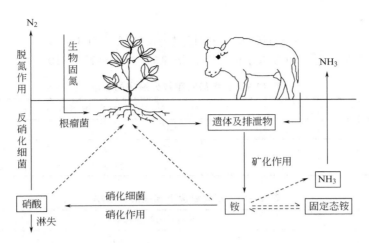

图 10-3　氮素循环示意图

胺态氮肥和长效氮肥。各类氮肥有其共同性质，但也各有特点。同类氮肥中的各个品种也有其各自的特殊性。

（一）铵态氮肥

凡是肥料中的氮素以铵离子（NH_4^+）或氨（NH_3）形式存在的，称为铵态氮肥。如碳酸氢铵、硫酸铵和氯化铵等。它们的共同特点如下。

① 易溶于水，作物能直接吸收利用，能迅速发挥肥效，为速效性氮肥。

② 施入土壤后，肥料中 NH_4^+ 能与土壤胶体上吸附的阳离子进行交换，而被吸附在土壤胶体上，成为交换态养分，在土壤中的移动性变小，不易流失。供肥时间较长，肥效较平稳。

$$\boxed{土壤胶体}\ Ca^{2+} + (NH_4)_2SO_4 \rightleftharpoons \boxed{土壤胶体}\ \begin{matrix}NH_4^+\\NH_4^+\end{matrix} + CaSO_4$$

$$\boxed{土壤胶体}\ \begin{matrix}H^+\\H^+\end{matrix} + (NH_4)_2SO_4 \rightleftharpoons \boxed{土壤胶体}\ \begin{matrix}NH_4^+\\NH_4^+\end{matrix} + 2H^+ + SO_4^{2-}$$

③ 遇碱性物质分解，释放出 NH_3 而挥发。

$$(NH_4)_2SO_4 + Ca(OH)_2 \longrightarrow 2NH_3\uparrow + CaSO_4 + 2H_2O$$

④ 在通气良好的土壤中，铵态氮可进行硝化作用，转变为硝态氮，增加了氮在土壤中的移动性，便于作物吸收，但也易造成氮素的损失。

（1）碳酸氢铵（NH_4HCO_3）　简称碳铵，含氮量 17％ 左右。碳铵产品的质量标准见表 10-8。

表 10-8　农用碳铵质量标准

指标名称		干碳酸氢铵	湿碳酸氢铵	
			一级	二级
氮(N)含量/%	≥	17.50	17.10	16.80
水分(H_2O)含量/%	≤	0.50	3.50	5.00

注：引自《化肥标准汇编》，1990。

① 性质　碳铵是白色的细粒结晶，有强烈的氨臭，对眼鼻有刺激作用。它易溶于水，溶解度为 21，其水溶液呈碱性反应，pH 值为 8.2～8.4。碳铵化学性质很不稳定，常温下

敞口放置就能分解。

$$NH_4HCO_3 \longrightarrow NH_3\uparrow + CO_2\uparrow + H_2O$$

分解的速度主要受温度和含水量的影响。请见表10-9和表10-10。

表 10-9　含水量对碳铵分解率的影响

温度/℃	肥料含水量/%	不同时间的分解率						
		1d	2d	3d	4d	5d	7d	10d
25~30	<0.5	0.71	1.09	1.47	1.79	2.09	2.86	3.97
	4.8	11.9	24.0	37.2	47.3	59.4	79.3	93.0

表 10-10　不同温度下碳铵的分解率

温度/℃	不同时间的分解率					
	1h	10h	1d	5d	10d	15d
16~20	0.5	1.8	3.5	10.6	18.0	26.1
20	0.5	4.0	8.9	48.1	74.1	77.3
32	0.9	8.4	19.0	67.9	93.8	97.7

因此，碳铵贮存、运输时，一定要密封、防潮、低温，以减少氨的挥发损失。

② 施用及肥效　碳铵可作基肥、追肥施用，但不宜做种肥及秧田追肥，以免伤害作物。碳铵不同施用方法的效果见表10-11。

表 10-11　碳铵不同施用法对水稻的肥效

施用法		平均667m² 产量/kg	667m² 增产/kg	增产/%	每千克化肥增产/kg
基肥	深施	368.9	56.7	18.2	3.3
	面施	349.1	36.9	11.8	2.1
	不施	312.2	—	—	—
追肥	球肥深施	360.5	53.0	17.2	3.04
	粉肥撒施	340.1	32.6	10.6	1.86
	不施	307.5	—	—	—

施用时，不论水田或旱地，均需深施，施后立即盖土，并且，深度要达 6~10cm 为好。因此，碳铵最简便有效的施用方法是基肥深施，即犁耙田之前施用，随即犁耙盖土，把肥料翻到表土之下，这样施用一般可提高施效 10%。如作追肥，最好是粒肥深施或球肥深施，如果是粉肥，在旱地应开沟开穴施用，施后立即盖土；在水田则要求田面有 3~4cm 水层，叶面无水，施后立即耕田。总之，深施盖土是碳铵施用的关键。

深施见效要比表施迟 2~3d，因此，最好能提早数天施用，并可适当减少用量。碳铵施用后，对土壤没有什么影响，因此可施于各种土壤和作物。

(2) 硫酸铵〔$(NH_4)_2SO_4$〕　简称硫铵。硫铵施入土壤以后，很快溶解于土壤水中，并解离成 NH_4^+ 和 SO_4^{2-}，是生理酸性肥料。

在酸性土壤上长期单独施用会增加土壤酸度。因此应配合石灰的施用中和土壤酸度。

$$\boxed{土壤胶粒}\,2H^+ + 2NH_4^+ + SO_4^{2-} \longrightarrow \boxed{土壤胶粒}\,2NH_4^+ + 2H^+ + SO_4^{2-}$$

在石灰性土壤上长期单独施用会使土壤变得板结，且易导致 NH_3 的挥发。

$$(NH_4)_2SO_4 + CaCO_3 \longrightarrow 2NH_3\uparrow + CO_2\uparrow + H_2O + CaSO_4$$

应重视配合施用有机肥，以保持土壤疏松。同时做到深施盖土，防止氮的损失。

（二）硝态氮肥

硝态氮肥是指肥料中的氮素以硝酸根（NO_3^-）形态存在的氮肥。如硝酸铵、硝酸钙、硝酸钠等，这类肥料的共同特点是：①易溶于水，各类硝态氮肥溶解度都很大，可被作物直接吸收，是速效性氮肥。②施入土壤后 NO_3^- 不能被土壤胶体吸附，易随水移动而引起 NO_3^- 的淋失，降低肥效。③在土壤通气不良的条件下，施入的硝态氮肥可进行反硝化作用，成为气态氮而损失。④多数硝态氮肥吸湿性强，吸湿潮解后结块，受热后分解放出氧气，助燃易爆，在贮存、运输和施用中应注意防潮和安全，不应与易燃物堆放在一起。

常用的硝态氮肥——硝酸铵（NH_4NO_3）简称硝铵。含氮量 34%，其中 NO_3^--N 和 NH_4^+-N 各占 50%。其质量标准见表 10-12。

表 10-12　农用硝酸铵质量标准

指标名称	结晶状			颗粒状		
	优等品	一等品	合格品	优等品	一等品	合格品
总氮量(以干基计)/% ≥	34.6	34.6	34.6	34.4	34	34
水分含量/% ≤	0.3	0.5	0.7	0.6	1.0	1.5

注：引自《中国化肥手册》，1992。

（三）酰胺态氮肥

凡是肥料中的氮素以酰胺基（$—CONH_2$）形态存在的氮肥就叫做酰胺态氮肥。目前常用的主要是尿素，它是我国重点生产的高浓度氮肥品种。

尿素 [$CO(NH_2)_2$] 含氮量 46%，农用尿素的质量标准见表 10-13。

表 10-13　农用尿素的质量标准

指标名称	一级品	二级品	指标名称	一级品	二级品
总含氮量(以干基计)/% ≥	46.0	46.0	水分含量/% ≤	0.5	1.0
缩二脲含量/% ≤	1.0	1.8	粒度(φ0.8～2.5mm)/% ≥	90.0	90.0

注：引自《化肥标准汇编》，1990。

（1）尿素施入土壤以后的变化　尿素施入土壤以后，开始以分子态溶解于土壤水中，溶于水中的尿素分子少部分被作物吸收利用，少部分被土壤吸附，绝大多数尿素在脲酶的作用下发生水解，转化为碳酸铵。碳酸铵进一步水解形成碳酸氢铵。尿素只有转化成铵态氮后才可被作物大量吸收利用，所以，氨的挥发损失仍是尿素的主要损失途径，应深施覆土。

（2）尿素根外追肥　尿素特别适宜根外追肥，它对于延长作物叶片的寿命，加强光合作用能力，减少秕粒，提高粒重有良好的效果。其主要原因有四个方面：①尿素是有机物，电离度小，不损伤作物茎叶；②尿素进入叶内时，引起质壁分离现象少；③尿素扩散性大，容易被叶子吸收，喷施 5h 后吸收 40%～50%，最后可吸收 90%；喷施 30min 后，叶子中的叶绿素含量增加；④尿素是水溶性的，分子体积小，并且具有吸湿性，容易呈溶液状透过半透膜被叶吸收。尿素的喷施浓度一般为 0.5%～2.0%（见表 10-14）。

表 10-14　主要作物喷施尿素适宜浓度

作物种类	适宜浓度/%	作物种类	适宜浓度/%
稻、麦、玉米	1.5～2.0	苹果、梨、葡萄	0.5
黄瓜、萝卜、白菜、甘蓝	1.0	番茄、花卉、温室黄瓜等	0.2～0.3
西瓜、茄子、土豆、花生	0.4～0.8		

注：缩二脲含量应低于 0.5%。

（四）长效氮肥

长效氮肥又称缓效氮肥。主要是控制氮肥溶解速度，使其氮肥缓释，延长肥效。如尿素甲醛、尿素乙醛、包膜肥料（硫衣尿素）等。共同特点是：①在水中溶解度小，肥料中的氮在土壤中释放慢，可减少氮的挥发、淋失、固定及反硝化脱氮而引起的损失；②肥效稳而长，能源源不断地供给作物整个生育期对养分的要求；③一次大量施肥不至于引起烧苗现象；④适用于砂质土壤和多雨地区及林木；⑤有后效，节省劳力。

四、提高氮肥利用率的措施

肥料利用率是指当季作物对施用肥料中的养分吸收利用的百分数。氮肥的高低是衡量氮肥施用是否合理的一项重要指标。我国氮肥利用率一般水田为 $20\%\sim50\%$，旱田为 $40\%\sim60\%$。影响氮肥利用率的因素很复杂，但最主要的是氮肥的合理分配与施用技术问题。

（一）氮肥的合理分配

（1）根据土壤条件　一般碱性土壤可以选用酸性或生理酸性肥料，如硫铵、氯铵等铵态氮肥，既能调节土壤反应，同时在碱性条件下，铵态氮也比较容易被作物吸收；而在酸性土壤上，应选用碱性肥料，如硝酸钠、硝酸钙等，可以降低土壤酸性，同时在酸性条件下，作物也易于吸收硝态氮。盐碱土不宜分配氯化铵，以免增加盐分，影响作物生长。排水不良、还原性强的水稻土中，硫铵易产生硫化氢的危害，硝铵易流失脱氮，均不宜分配。

（2）根据作物氮素营养特性　各种作物对氮的需要量不一样。一般叶菜类作物需氮多，水稻、小麦、玉米等作物需氮量也较多，而豆科作物只需在生长初期施用少量的氮肥。同种作物中，又有耐肥品种和不耐肥品种，需氮量也不同，必须根据作物种类的品种特性，合理分配氮肥，以提高氮素化肥的经济效益。如玉米在抽雄开花前后，需要氮素养分最多，重施穗肥能获得显著增产效果。早稻一般要蘖肥重，穗肥稳，粒肥补。晚稻除酌施分蘖肥外，要重施穗肥，看苗补施壮尾肥。因此，分配氮肥时，应根据作物不同生育期对氮素养分的要求，掌握适宜的施肥时期和施肥量，这是经济使用氮肥的关键措施之一。

（3）根据各种氮肥特性　各种氮肥的性质有差别，如碳铵和氨水中氨易挥发，宜作基肥深施。其他铵态氮肥品种，如硫铵、氯铵也可作基肥深施。硝态氮肥宜作旱田追肥。硫铵可作种肥，但要注意用量。干旱地区及旱地宜分配硝态氮肥。在多雨地区或多雨季节，宜分配铵态氮肥和尿素。

（二）提高氮肥利用率的措施

（1）氮肥深施　氮肥深施不仅减少肥料的挥发、淋失及反硝化损失，还可减少杂草和稻田藻类对氮肥的消耗。氮肥表层撒施，水稻只能吸收利用 $30\%\sim50\%$，而深施的利用率可达 $50\%\sim80\%$，比表施提高 $20\%\sim30\%$。深层施肥的肥效稳长，后劲足，有利根系发育、下扎，扩大营养面积。据报道，一般氮肥表施的肥效只有 $10\sim20d$，而深施的长达 $30\sim60d$，这就保证了后期植株有较好的营养条件，可巩固有效分蘖，增加穗粒数，从而获得高产。

（2）氮肥与其他肥料的配合施用　作物的高产、稳产、优质，需要多种养分的均衡供应，氮肥配合其他肥料施用对提高氮肥利用率和增产作用均很显著。氮素化学肥料配合有机肥料的使用，经常可获得较好的增产效果。有机肥与氮素化肥配合施用，两者可取长补短，缓急相济，互相促进，能及时满足作物各生育期对氮素和其他养分元素的需要。同时，有机肥又改善了土壤理化性质和生物性质，为提高氮肥利用率创造了条件。

（3）脲酶抑制剂和硝化抑制剂　使用脲酶抑制剂，是抑制尿素的水解，使尿素能扩散移动到较深的土层中，从而减少旱地表层土壤中或稻田田面水中铵态及氨态氮总浓度，以减少氨挥发损失。目前研究较多的脲酶抑制剂有 O-苯基磷酰二胺，N-丁基硫代磷酰三胺和氢醌。硝化抑制剂的作用是抑制硝化菌防止铵态氮向硝态氮转化，从而减少氮素的反硝化损失和硝酸盐的淋失。目前国内应用的硝化抑制剂主要有 2-氯-6（三氯甲基）吡啶（CP）、2-氨基-4-氯-6甲基嘧啶（AM）等。用量 CP 为所用氮肥含 N 量的 1%～3%，AM 为 0.2%。

第三节 植物磷素营养与磷肥

磷是植物营养三要素之一，它既是植物体内许多重要有机化合物的组成成分，又能以多种方式参与植物体的生理过程，对促进植物生长发育和新陈代谢有重要作用。地壳中磷（P_2O_5）的平均含量大约为 0.28%，而土壤中磷的含量（主要指表土）变异却很大。我国许多土壤磷素供应不足，因此，定向地调节磷素状况和合理施用磷肥，是提高土壤肥力，达到作物高产优质的重要措施之一。

一、植物的磷素营养

（一）植物体内磷素的含量、分布和形态

植物体内磷的含量（P_2O_5）一般为植株干物重的 0.1%～0.5%，但作物体内磷的含量因作物种类、生育期与组织器官等不同而不同。作物种子中含磷较多。不同作物种子中的含磷量也不同，禾谷类作物的籽粒往往低于豆科作物的种子，豆科作物的种子中含磷量又少于油料作物种子。作物其他部位磷的含量均不及种子多，通常叶片中磷的含量比茎和根要高。生育前期高于生育后期（如水稻分蘖期、幼穗分化期、孕穗期和抽穗期干物质含量分别为 0.65%、0.56%、0.29% 和 0.33%）；幼嫩器官高于衰老器官，繁殖器官高于营养器官。一般情况下，植物含量的次序是种子＞叶片＞根系＞茎秆。土壤有效磷高的植株含量比土壤缺磷的植株高。磷在植物体内的分布和运转与其代谢过程和生长中的转移密切相关。磷多分布在生长旺盛、富含核蛋白的新芽、根尖等部位，并随着生长中心而转移，具有很明显的顶端优势。它与蛋白质结合形成膜质结构，是作物体内酯的形成和其他生化作用的场所。磷在细胞中的分布，50% 分布在细胞质，21% 分布在细胞核，19% 分布在籽粒，10% 分布在线粒体。

（二）磷素的生理功能

植物体内有许多重要的有机磷化合物和无机离子，它们不仅是很多器官的组成成分，也参与许多重要的生命代谢过程。

1. 磷是作物体内许多重要有机化合物的组成成分

（1）核酸与核蛋白　磷是核酸的重要组成元素。没有磷的供应，就不能形成核蛋白。核酸是核糖、碱基和磷酸所组成的核苷酸的聚合物。由于核酸中核糖与碱基的种类不同，可分为核糖核酸（RNA）和脱氧核糖核酸（DNA）。缺磷时，影响核苷酸与核酸的形成，使细胞的形成和增殖受到抑制，导致作物生长发育停滞。

（2）磷脂　作物体内有多种磷脂，如二磷脂酰甘油、磷脂酰胆碱、磷脂酰肌醇等。多存在于种子的胚和幼嫩的叶子中。因磷脂具有亲水性和疏水性，所以能增强细胞的渗透性，并促进细胞中的油脂乳化，有利于脂肪的代谢与转化。磷脂又是两性化合物，既含有酸性基又含有碱性基，可以缓冲和调节原生质的酸碱反应。

（3）植素　是环己六醇磷酸酯的钙镁盐，是磷的一种贮藏形态，大部分积累在作物的种子中，是幼苗生长时的磷源。植素只有在作物开花以后，才在繁殖器官中迅速积累，成为贮藏形态。植素的积累使组织中无机磷浓度降低，也有利于淀粉的形成。

此外，作物体内含有多种高能磷酸化合物，如一磷酸腺苷（AMP）、鸟苷三磷酸（GTP）、胞苷三磷酸（CTP）和腺苷三磷酸（ATP）等，它们在物质新陈代谢过程中起重要作用，是作物体内能量贮存和供应的中转站。因此，提供充足的磷素营养，对促进高能磷

酸化合物的形成，保证作物体内各种生理代谢的顺利进行有重要作用。

2. 磷在植物代谢中的作用

（1）磷能加强光合作用并促进碳水化合物的合成与运转　在光合作用中，将光能转化为化学能，是通过光能磷酸化作用，把光能贮存在 ATP 的高能磷酸键中来实现的。

$$2ADP + 2Pi + 2NADP + 4H_2O \longrightarrow 2ATP + 2NADPH_2 + 2H_2O + O_2 \uparrow$$

其中，ATP 和 $NADPH_2$ 是 CO_2 固定还原的必需物质。在 CO_2 的固定过程中，C_3 植物是二磷酸核酮糖（RUBP）将 CO_2 羧化转变为磷酸甘油酸（PGA），以后进入卡尔文碳素还原循环，C_4 植物是由磷酸烯醇式丙酮酸（PEP）作为 CO_2 的受体，羧化后成为草酰乙酸（OAA），之后转化为苹果酸，再转化为丙酮酸，并将 CO_2 放出，由 RUBP 固定再进入卡尔文循环。在卡尔文循环中，三碳糖到七碳糖及蔗糖、淀粉、纤维素的转化、合成都需要磷的参加。

磷还参与叶绿体中三碳糖运转到细胞质和蔗糖在筛管内运输的过程。因为，它们均以磷酸酯的形态进行运转。因此，磷缺乏时，植株内蔗糖相对积累，并随之可能形成较多的花青素，于是在不少植株上会出现紫红色。

（2）促进氮素的代谢　磷是作物体内氮素代谢过程中酯的组成成分之一，如氨基转移酶其活性基为磷酸吡哆醛。在它的影响下，促进脱氧基作用和氨基转移作用等的进行。同时，磷能加强有氧呼吸作用中糖类的转化，有利于各种有机酸和 ATP 的形成，前者可以作为氨的受体形成氨基酸，而后者则为氨基酸和蛋白质的合成提供能源。

磷还有利于植物体内硝态氮的转化和利用。硝酸盐在硝酸还原酶的作用下先由硝酸还原成亚硝酸，这种酶是具有黄素腺嘌呤双核苷酸（FAD）的黄素蛋白。从亚硝酸到氨的还原过程中仍由黄素蛋白酶和多种金属离子参与完成，而磷则是上述酶的重要组成元素。此外，磷还能提高豆科作物根瘤菌的固氮活性，增加固氮量。

（3）促进脂肪的形成　油脂是由碳水化合物转化而来的，在糖转化为甘油和脂肪酸的过程中，以及酯合成脂肪时都需要磷的参加。而且许多油料作物对磷的供应特别敏感，缺磷时对生长和发育的影响更为显著。

3. 提高作物对外界环境的适应性

（1）磷能提高作物的抗旱、抗寒、抗病和抗倒伏能力　磷之所以能提高作物的抗旱能力，是由于磷可以提高细胞结构的充水度和胶体束缚水的能力，减少细胞水分的损失，并增加原生质的黏合性和弹性，从而增加了原生质对局部脱水的抵抗力。而且，磷酸能促进根系发育，使根群发达，增加吸收面积，加强对土壤水分的利用，从而减轻干旱的危害。由于磷能维持和调节作物体内新陈代谢过程，使之适应新的环境条件，在低温条件下仍能保持较高的合成水平，相应地增加体内可溶性糖类、磷脂等的浓度，提高作物的抗逆性。因此，对越冬作物和早稻秧苗增施磷肥，可减少作物受害的程度。磷素营养充足可使植株生长健壮，减少病菌侵染，增强抗病能力。

（2）磷能增加作物对外界酸碱的缓冲能力　磷供应充足时，体内无机磷约占全磷的一半。植株体内的磷酸盐能够增强原生质对酸碱变化的缓冲能力，以利细胞的生命活动能正常进行。反应式如下：

$$RH_2PO_4 + KOH \longrightarrow K_2HPO_4 + H_2O$$
$$K_2HPO_4 + HCl \longrightarrow KH_2PO_4 + KCl$$

这种缓冲作用在 pH 值 6～8 时最大，因而在盐碱地上增施磷肥可提高作物的抗碱力。酸性土壤增施磷肥可减轻作物受铝、铁、锰的毒害。

（三）磷素的吸收利用

土壤中的磷有多种形态，但植物能吸收利用的磷通常以磷酸盐的形式（$H_2PO_4^-$、

HPO_4^{2-} 和 PO_4^{3-}）被植物吸收利用，其中作物主要吸收正磷酸盐，也吸收偏磷酸盐和焦磷酸盐，它们被吸收后能很快转化为正磷酸盐被植物同化利用。

作物不仅能吸收无机态磷酸盐，也能吸收某些有机磷化合物，如己糖磷酸酯、蔗糖磷酸酯等。作物对磷的吸收受根系特性、土壤条件等因素影响。不同作物、甚至同一作物不同品种，对磷的吸收能力是不一样的，豆科绿肥、油菜、荞麦等是对磷酸盐最敏感的作物，其次是一般豆类、越冬禾本科作物，再次是水稻。

影响磷素吸收的土壤因素主要有：pH、通气状况、温度、质地以及土壤离子种类等。其中 pH 值的影响最为突出。因为各种形态的磷酸根离子在溶液中的浓度是受介质 pH 控制的。在酸性介质中有利于 $H_2PO_4^-$ 的生成；当 pH 值升至 7.2 时 $H_2PO_4^-$ 与 HPO_4^{2-} 两者数量相等；若 pH 继续升高，HPO_4^{2-} 与 PO_4^{3-} 将逐渐占优势。在土壤通气状况良好时和适宜的温度条件下，有利于作物对磷素的吸收。

（四）作物磷素营养失调症状

（1）缺磷 作物缺磷症状比较复杂，不同的作物表现不同，但一般表现有如下几种症状。植株生长缓慢，延迟成熟。叶片变小，叶色暗绿或灰绿，缺乏光泽。禾谷类作物分蘖延迟或不分蘖；延迟抽穗、开花和成熟；穗粒数少，籽粒不饱。十字花科和豆科作物易脱荚、种子小、不实粒多。薯类薯块变小，不耐贮藏。果树落花落果。缺磷较严重时，有些作物茎叶上会出现紫红色条纹或斑点。严重缺磷时，叶片枯死脱落。

（2）磷过多 主要表现出叶厚而密集，叶色浓绿。禾谷类作物无效分蘖多，空秕粒增加，繁殖器官过早发育，茎叶生长受到抑制，引起作物早衰。叶用蔬菜纤维增多。烟草的燃烧性变差。同时，磷素过多还会导致缺锌、铁、锰、硅等营养元素，因此，作物因磷素过多而引起的病症，通常以缺锌、缺铁、缺锰等的失绿症表现出来。

二、土壤的磷素状况

（一）土壤的磷素含量和形态

（1）土壤磷素的含量 土壤中的磷素来自土壤矿物质、有机质和所施用的含磷肥料。一般土壤表土全磷量范围为 0.02%～0.2%，平均约为 0.05%。

（2）土壤磷素形态 土壤磷素主要分为无机态磷和有机态磷两大类。土壤中有机态磷的总量约占土壤全磷的 20%～50%。其所占的比例随土壤有机质含量的增加而加大。土壤中无机态磷几乎全部为正磷酸盐，按照它们与不同阳离子相结合来划分，主要有三类。

（1）磷酸钙（镁）类（Ca-P） 这是石灰性土壤中磷酸盐的主要形态，其中磷酸钙盐又远多于磷酸镁盐。磷酸钙盐按其溶解度由小到大有如下顺序：

$$Ca_{10}(PO_4)_6 \cdot (OH)_2 < Ca_3(PO_4)_2 \cdot H_2O < CaHPO_4 < Ca(H_2PO_4)_2$$

　　　羟基磷灰石　　　　　　　磷酸三钙　　　磷酸二钙　　磷酸一钙

在一般土壤中，羟基磷灰石的含量最多。在农业土壤里施用的磷肥，其主要成分为水溶性磷酸一钙，虽然它对作物是有效的，但因其易于转化，产生一系列磷酸钙盐，最后成为羟基磷灰石。后者溶解度极小，稳定性大，是一种难溶性的磷素化合物。

（2）磷酸铁和磷酸铝类（Fe-P、Al-P） 在酸性土壤中，此类磷酸盐占无机磷的很大部分。土壤中最常见的磷酸铁和磷酸铝类矿物是粉红磷铁矿 [$FePO_4 \cdot 2H_2O$] 和磷铝石 [$AlPO_4 \cdot H_2O$] 等，其溶解度极小，尤其是后者。在积水的土壤中还会出现蓝铁矿 [$Fe_3(PO_4)_2 \cdot 8H_2O$]。在石灰性土壤中，Al-P 要多于 Fe-P，但两者都比 Ca-P 少得多。水稻土中的 Fe-P 因高价铁盐被还原为低价铁盐，溶解度有所提高，有效性增加。

（3）闭蓄态磷（O-P） 主要是由氧化铁胶膜包被着的磷酸盐。它在无机磷中占有相当大的比例，在强酸性土壤中可超过 50%，在石灰性土壤中可达 15%～30% 以上。在石灰性土壤中闭蓄态磷的膜是难溶性的钙质化合物。

（二）土壤中磷的转化

磷在土壤中的转化可概括为固定和释放两个方向相反的过程。

1. 磷的固定

土壤中速效磷酸盐有两类：一是土壤中水溶性磷酸盐，如 KH_2PO_4、NaH_2PO_4、K_2HPO_4、Na_2HPO_4、$Ca(H_2PO_4)_2$、$Mg(H_2PO_4)_2$ 等碱金属的正磷酸盐及碱土金属的一代磷酸盐；二是弱酸溶性磷酸盐，如 $CaHPO_4$、$MgHPO_4$ 等碱土金属的二代磷酸盐。这两类磷酸盐的高低，在一定条件下代表着土壤供磷能力。速效性磷转变为缓效性或难溶性状态称为磷的固定。磷的固定，在酸性土壤和石灰性土壤中较为严重，在中性土壤中也或多或少地发生着固磷现象。一般来讲，固定有以下几种情况。

（1）化学固定　由化学作用所引起的土壤中磷酸盐的转化大体上有两种类型：一种是为钙镁所控制的转化体系，它发生在石灰性土壤、中性土壤以及大量施用石灰的酸性土壤中：

$$磷酸一钙 \rightarrow 磷酸二钙 \rightarrow 磷酸八钙 \rightarrow 磷酸十钙$$
$$快 \qquad 慢 \qquad 慢$$

另一种则产生在酸性土壤中为铁铝所控制的转化体系，如：

$$PO_4^{3-} + Fe(OH)_3 = FePO_4 \downarrow + 3OH^-$$

可见，可溶性磷酸盐的固定在各类土壤中都可发生，形成钙、镁、铁、铝磷酸盐，有效性很低。

（2）吸附固定　土壤固相对溶液中磷酸根离子的吸附作用，称为吸附固定。在酸性土壤中，一些黏粒的表面有相当数量的氢氧根离子（OH^-）群，它们能与一代磷酸根离子（$H_2PO_4^-$）进行离子交换，而使磷酸根固定在黏粒的表面。在石灰性土壤中，碳酸钙表面也可吸附磷酸根离子。磷酸盐的吸附随 pH 提高而下降，即磷的有效性随 pH 升高而增加，但这是对吸附性磷而言，对于化学固定所形成的各种磷酸盐的有效性则随 pH 增高而下降。

（3）闭蓄作用　土壤中磷酸盐被铁（铝）质或钙质胶膜所包被而成为闭蓄态磷失去有效性的过程。这类形态的磷在未除去其外层胶膜时，很难发挥作用。闭蓄作用与氧化还原有关，闭蓄态磷随着淹水时间的延长，还原条件的加强，有效性不断提高。

（4）生物固定　指水溶性磷酸盐被土壤微生物吸收构成其躯体，使之变成有机磷化合物的过程。生物固定是暂时的，因微生物死亡后，有机态磷又可分解释放出有效磷供作物吸收。

2. 磷的释放

难溶性的无机磷化合物在长期的风化过程中，或是在有机酸、无机酸的作用下，逐渐变成易溶性磷酸盐的过程。或有机态磷化合物在土壤微生物作用下，进行水解，逐步释放出有效磷的过程。

难溶性的无机磷化合物变成易溶性磷酸盐的过程一般有以下三种情况。

（1）在土壤胶体所吸附的 H^+ 的作用下，难溶性的磷酸盐可转化为易溶性磷酸盐：

$$\boxed{土壤胶体} - 2H^+ + Ca_3(PO_4)_2 \longrightarrow 土壤胶体 - Ca^{2+} + 2CaHPO_4$$

（2）在作物根系分泌的有机酸及呼吸过程中形成的碳酸的作用下，难溶性的磷酸盐可转化为易溶性磷酸盐：

$$Ca_3(PO_4)_2 + H_2CO_3 \longrightarrow 2CaHPO_4 + CaCO_3 \downarrow$$

（3）在有机质分解时产生的酸或施用生理酸性肥料所产生的酸的作用下，难溶性的磷酸盐可转化为易溶性磷酸盐：

$$Ca_3(PO_4)_2 + 2CH_3COOH \longrightarrow 2CaHPO_4 + Ca(CH_3COO)_2$$

$$Ca_3(PO_4)_2 + H_2SO_4 \longrightarrow 2CaHPO_4 + CaSO_4$$

土壤中有机态磷化合物在土壤微生物作用下,进行水解,逐步释放出有效磷供植物利用。总之,土壤中磷的转化是有条件的,如土壤酸碱度、微生物活动、土壤活性铁、铝、钙的数量等,其中以 pH 值影响最大,一般 pH6~7.5 时,磷的有效性最高。生产上实行水旱轮作、增施有机肥、调节 pH 值等,可减少磷的固定,促进磷的释放。

三、常用的磷肥种类、性质和施用

磷肥的品种很多,性质也有很大差异。根据磷肥中磷酸盐的溶解性质,可把磷肥分为水溶性、弱酸溶性和难溶性磷肥三种类型。现将主要磷肥品种和性质和施用分述如下。

(一)水溶性磷肥

凡能溶于水的磷肥称为水溶性磷肥。包括普通过磷酸钙和重过磷酸钙等。它们的共同特点是:能溶于水,易被作物吸收利用,其主要成分是磷酸一钙 $[Ca(H_2PO_4)_2]$。磷酸一钙的肥效迅速,但它在土壤中不稳定,在各种因素作用下易转化为弱酸溶性磷酸盐,甚至进一步转变为难溶性磷酸盐,肥效降低。

1. 过磷酸钙

简称普钙,由磷矿粉用硫酸处理而制成,主要反应如下:

$$Ca_{10}(PO_4)_6 \cdot F_2 + 7H_2SO_4 + 3H_2O \Longrightarrow 3Ca(H_2PO_4)_2 \cdot H_2O + 7CaSO_4 + 2HF\uparrow$$

(1)成分和性质 它是一种多成分的混合物。有效成分为水溶性的磷酸一钙 $[Ca(H_2PO_4)_2 \cdot H_2O]$,还有约 50% 的硫酸钙 $[CaSO_4 \cdot 2H_2O]$ 及少量的游离酸(主要为硫酸及少量的磷酸),此外还有铁、铝、钙盐等杂质,如硫酸铁 $[Fe_2(SO_4)_3]$、硫酸铝 $[Al_2(SO_4)_3]$ 等。农用粉状过磷酸钙的质量标准见表 10-15。

表 10-15 过磷酸钙的技术指标

指标名称	特级品	一等品	二级品	三级品	四级品
有效 P_2O_5 含量/%	20.0	18.0	16.0~17.0	14.0~15.0	12.0~13.0
游离酸含量/%	3.5	5.0	5.5	5.5	5.5
水分含量/%	8.0	12.0	14.0	14.0	14.0

注:引自《化肥标准汇编》,1990。

过磷酸钙在贮存过程中,容易吸湿结块,并会引起各种化学变化,使水溶性磷变成难溶性磷,这种作用称为过磷酸钙的退化作用。其反应如下:

$$Fe_2(SO_4)_3 + Ca(H_2PO_4)_2 \cdot H_2O + 5H_2O \longrightarrow 2FePO_4 \cdot 2H_2O\downarrow + CaSO_4 \cdot 2H_2O + 2H_2SO_4$$

$Al_2(SO_4)_3$ 也可发生同样的反应。因此,在贮运过程中要注意防潮,避免雨淋。另外,该退化作用随温度的升高而加快,所以贮存时应放在阴凉、干燥的地方。

(2)施入土壤以后的变化 过磷酸钙施入土壤以后发生一系列变化。首先发生异成分溶解(如图 10-4),即 $Ca(H_2PO_4)_2 \cdot H_2O$ 变化成为 $CaHPO_4 \cdot 2H_2O$ 和 H_3PO_4,H_3PO_4 进一步解离为 $H_2PO_4^-$ 和 HPO_4^{2-},这样在施肥点上形成了 $Ca(H_2PO_4)_2 \cdot H_2O$、$CaHPO_4 \cdot 2H_2O$、H_3PO_4、$H_2PO_4^-$ 和 HPO_4^{2-} 的饱和溶液。因而肥料周围的磷酸浓度比原来土壤中磷酸离子高出 100~400 倍,一般可达 $(10\sim20)\times10^{-6}$。造成磷浓度极高和 pH 极低(pH 值 1.5 左右)。这种具有强酸性的饱和溶液向肥粒外面扩散,可持续 5 周左右,并在扩散的过程中发生磷的

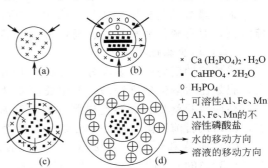

× $Ca(H_2PO_4)_2 \cdot H_2O$
· $CaHPO_4 \cdot 2H_2O$
○ H_3PO_4
+ 可溶性Al、Fe、Mn
⊕ Al、Fe、Mn的不溶性磷酸盐
→ 水的移动方向
→ 溶液的移动方向

图 10-4 过磷酸钙在土壤中转化

固定。

在酸性和中性土壤中，饱和溶液向外面扩散时，溶解土壤中的一部分铁、铝、钙，在浓度够大时，形成难溶性的磷酸铁和磷酸铝沉淀，从而使水溶性的磷被土壤"固定"。在石灰性土壤中，饱和溶液与钙生成磷酸二钙沉淀，磷也被"固定"。因此，磷的移动性小，离开施肥点外围即被"固定"。一般不超过 $1\sim3cm$，而绝大多数集中在施肥点周围 0.5cm 范围内。

（3）施用　正确的施用过磷酸钙必须针对其易被固定和移动性小的特点，尽量减少其与土壤的接触面和增加其与根系的接触面的原则，进行合理施用。

① 集中施用　过磷酸钙可以作基肥、种肥和追肥，都以集中施用效果好。基肥可采取条施或穴施的方法，深施到 10cm 左右的土层中。作种肥是将过磷酸钙集中施于播种行、穴中，或直接与种子拌合施用。拌种时，用量不宜过多，一般每 $667m^2$ 用 $3\sim4kg$ 的过磷酸钙与 $1\sim2$ 倍腐熟的有机肥或干细土混匀，然后与种子拌合，随拌随施。

② 与有机肥混合施用　过磷酸钙与有机肥混合施用，能减少与土壤的接触面，并且有机肥料中的有机胶体对土壤中三氧化物起包被作用，减少水溶性磷的接触固定。有机肥料在分解过程中产生各种有机酸，如柠檬酸、苹果酸等，这些酸的活性基（—COOH）具有强烈的络合 Fe、Al、Ca 等金属离子的能力，使之成为稳定的络合物，从而减少对水溶性磷的固定。

③ 在酸性土壤上配合施用石灰　在酸性土壤上配合施用石灰可以调节土壤酸度，促进微生物的活动，增加有机肥料中的有机酸，同时，石灰能使 pH 值升高，降低铁、铝的活性。因此，石灰与有机肥料配合更能降低磷的固定，提高过磷酸钙的肥效。

④ 分层施用　施用方法是：将磷肥用量的 2/3 作基肥深施，满足作物生育中、后期对磷的需要，另 1/3 作面肥或种肥施用，以供作物生长初期吸收。

⑤ 根外追肥　过磷酸钙作根外追肥，不仅避免了磷肥在土壤中的接触固定，而且用量省，见效快，尤其在作物生育后期，根系吸收能力减弱，且不易深施的情况下，效果更好。喷施前，先将过磷酸钙浸泡于 10 倍水中，充分搅拌，放置过夜，取其清液，稀释后喷施。施用浓度一般前期稀些，中后期浓些；双子叶作物稀些，单子叶作物浓些。例如水稻可用 $1\%\sim3\%$ 浸出液，而蔬菜喷施以用 $0.5\%\sim1.0\%$ 为宜。

2. 重过磷酸钙

简称重钙，它是一种高浓度的磷肥。它是先用过量的硫酸处理磷矿粉，得到磷酸后，再按比例加入磷矿粉，经充分作用即得重过磷酸钙产品。由于要经过两道工序才能制成，故称重过磷酸钙。其主要成分为 $Ca(H_2PO_4)_2 \cdot 2H_2O$，含有效磷 $(P_2O_5)40\%\sim50\%$，$4\%\sim8\%$ 的游离酸，不含硫酸钙、硫酸铁、硫酸铝等杂质，因此吸湿后不产生退化作用，但粉状较易结块。易溶于水，水溶液呈酸性反应。吸湿性和腐蚀性比过磷酸钙强。

重过磷酸钙的施用方法与过磷酸钙相同，只是施用量酌减，并注意施用均匀。因其不含硫酸钙，对喜硫的豆科作物、马铃薯、十字花科作物等肥效不如等磷量的过磷酸钙。

（二）弱酸溶性磷肥

弱酸溶性磷肥的主要成分是 $\alpha\text{-}Ca_3(PO_4)_2$。弱酸溶性磷肥在土壤中移动性差，不会流失，肥效比水溶性磷肥缓慢，但肥效持续时间较长。有较好的物理性质，不吸湿，不结块。

钙镁磷肥就是弱酸溶性磷肥，因其肥效较好，便于贮存、运输，生产中不消耗酸等特点，所以是目前我国生产的主要磷肥品种之一。

（1）成分和性质　主要成分为 $\alpha\text{-}Ca_3(PO_4)_2$，含有效磷 $(P_2O_5)12\%\sim20\%$，还有 $25\%\sim30\%$ 的 CaO 和 $15\%\sim18\%$ 的 MgO。一般为黑绿色、灰绿色或灰棕色。呈碱性，水溶液 pH8～8.5。不溶于水，但可溶于弱酸，质量好的钙镁磷肥中的磷有 95% 可溶于 2% 的柠檬酸中。物理性状好，一般情况下不吸湿、不结块、不腐蚀。便于贮存、运输和施用。钙镁磷肥的产品质量标准见表 10-16。

表 10-16　钙镁磷肥的质量标准

指　标　名　称		指　　标				
		特级品	一级品	二级品	三级品	四级品
有效 P_2O_5 含量/%	≥	20.0	18.0	16.0	14.0	12.0
水分含量/%	≥	0.5	0.5	0.5	0.5	0.5
碱含量(以 CaO 计)/%	≥	40				
可溶性硅含量(SiO_2)/%	≥	20				
有效镁含量(MgO)/%	≥	12				
细度(通过 80 号筛)/%	≥	80	80	80	80	80

注：引自《中国化肥手册》，1992。

（2）施入土壤以后的变化　钙镁磷肥施入土壤以后，在作物、微生物分泌的酸和土壤酸的作用下可转变为水溶性磷，其反应如下：

$$Ca_3(PO_4)_2 + 2CO_2 + 2H_2O \Longrightarrow 2CaHPO_4 + Ca(HCO_3)_2$$
$$2CaHPO_4 + 2CO_2 + 2H_2O \Longrightarrow Ca(H_2PO_4)_2 + Ca(HCO_3)_2$$

因此，钙镁磷肥肥效较慢，但后效较长，并能供应作物钙、镁、硅等养分。

（3）施用　钙镁磷肥的肥效与作物种类、粉碎细度、土壤性质和施用方法有关。

① 作物种类　不同作物对钙镁磷肥中磷的利用能力不同，而且对钙、镁、硅等需要量也不同。因此，钙镁磷肥适宜施在喜钙的豆科作物和绿肥作物上。对需硅较多的水稻、麦类作物，只要施用得当，其当季效果可相当于或高于普通过磷酸钙。对油菜、瓜类效果相当好。

② 土壤性质　钙镁磷肥的肥效与土壤 pH 值紧密相关。在 pH<5.5 的强酸性土壤上，其肥效高于过磷酸钙；pH5.5～6.5 的中性和石灰性土壤，当季作物的肥效低于过磷酸钙，但后效较长。

③ 肥料细度　肥料中弱酸溶性磷的含量和肥效与颗粒的细度有正相关的趋势，一般要求 80%～90% 的肥料能通过 80 目筛。酸性土壤对钙镁磷肥的溶解能力较大，肥料颗粒可稍粗一些。而中性土壤则要求更细。

④ 施用方法　钙镁磷肥最适合作基肥。因其移动性比过磷酸钙还小，故应深施到根系密集的土层中。在酸性土壤上用它拌种或沾秧根均有一定肥效。一般不作追肥。钙镁磷肥与有机肥料混合堆腐效果较好。也可与生理酸性肥料配合施用，以增加肥料中磷的溶解性，提高肥效。作基肥每 667m² 施 30～40kg，用量大，还可隔年施用。

（三）难溶性磷肥

既不溶于水，也不溶于弱酸而只能溶于强酸的磷肥称为难溶性磷肥。这类磷肥中的磷大多数不能被作物直接吸收利用，只有少数吸磷能力强的作物如油菜、绿肥等可以直接吸收利用。难溶性磷肥一般当季肥效较差，而后效较长。

磷矿粉属于难溶性磷肥。它是磷矿石经机械加工磨细而成。是一种迟效肥料。目前为了充分利用磷矿资源，将中低品位的磷矿就地开采加工制成磷矿粉，全磷含量在 8%～28%，可缓解磷供需矛盾。

四、提高磷肥利用率的途径

磷肥的当季利用率，与氮肥和钾肥相比要低得多。根据大量的田间和盆栽试验的统计资料表明，磷肥的利用率为 10%～25%。水稻的利用率变化幅度在 8%～20%，平均为 14%；

小麦在 6%～26%，平均为 10%；玉米 10%～23%，平均为 18%。利用率低的原因：一是磷的固定作用，二是磷在土壤中移动性很小。提高磷肥利用率是当前农业生产中的一个重要问题。

（1）根据土壤条件合理分配磷肥　把磷肥优先施用在缺磷的土壤上。在供磷水平较低、N/P_2O_5 比值大的土壤上，施用磷肥效果显著；反之，施用磷肥效果较小；在氮磷供应水平都很高的土壤上，只有提高施氮水平，才能发挥磷肥的增产效果。

土壤有机质与磷肥的肥效非常密切。一般来说，土壤有机质含量＞2.5%的土壤，施用磷肥效果不显著，有机质含量＜2.5%的土壤施用磷肥约可增产 10%以上。这是因为土壤有效磷的含量与有机质含量呈正相关。有机质含量每增加 0.5%，有效磷量大体上可增加5ppm。因此磷肥最好施在有机质含量低的土壤上。

土壤酸碱度对磷肥的肥效影响极大，土壤的有效磷在 pH 在 6.0～7.5 范围内含量较高，在 5.5 以下或 7.5 以上时其含量都较低。水溶性磷肥宜施在中性或碱性土壤，而弱酸溶性和难溶性的磷肥应施在酸性土壤上。

（2）根据作物的需磷特性和轮作制度合理分配磷肥　把磷肥优先施在喜磷的作物上。如豆科作物、糖用作物、油菜、玉米、番茄、马铃薯以及瓜类、果树等，应优先分配磷肥。尤其是磷肥施于绿肥作物，可起到"以磷增氮"的作用。作物磷素营养的临界期一般都在生育前期，所以磷肥作种肥有重要意义。在旱地轮作地区，磷肥应优先施于需磷较多的作物上。如大豆—玉米—谷子轮作，磷肥优先施在大豆上，玉米、谷子可利用其后效。

（3）根据磷肥特性合理分配磷肥　磷肥的品种很多，必须根据土壤条件、作物种类和磷肥特性全面考虑选择适宜的磷肥品种。普通过磷酸钙、重过磷酸钙适于大多数作物和土壤，但以在碱性土壤上更为适宜，在酸性土壤上最好与碱性磷肥或石灰配合施用。水溶性磷肥一般可作基肥、种肥和追肥集中施用。钙镁磷肥呈碱性，只能溶于弱酸，宜作基肥，最好施在酸性土壤上。磷矿粉最好作基肥撒施在酸性土壤上。因磷肥在土壤中移动性小，应将磷肥施在活动根层分布的土层中。所以应深浅结合施，即分层施用。

（4）与其他肥料配合施用　作物按一定比例吸收氮、磷、钾等各种养分，只有平衡施肥才能充分发挥肥效。我国多数土壤缺氮，因此，氮、磷肥的配合施用就有"以磷促氮"的作用。随着氮、磷肥用量的增加和产量的提高，土壤供钾不足成为增产的限制因素的现象已越来越突出，因此，为了提高磷肥的肥效，必须氮钾肥配合施用。在酸性土壤和缺乏微量元素的土壤中，还需要增施石灰肥料和微肥，才能更好地发挥磷肥的增产效果。与有机肥料拌和后施用，可减少土壤对磷的固定，又能防止氮素损失，起到"以磷保氮"的作用，在固磷能力大的土壤上效果更好。

第四节　植物钾素营养与钾肥

钾是植物所需三大主要营养元素之一。植物吸钾量一般超过吸磷量，与吸氮量相近。我国长期以来有施用有机肥料的习惯，因此每年钾素都能得到部分补充，兼之土壤本身含钾量较丰富，故钾肥矛盾并不突出。然而随着农业生产的发展，作物高产品种的不断更新，粮食总产的不断增加，土壤中氮磷钾等营养元素被大量消耗。由于氮磷化肥的大量施用，土壤中氮磷得到充分补充，而土壤中的钾因补充甚少，则连年亏损。近些年来，增施钾肥已提到生产日程上来。因此充分了解钾肥肥效与土壤、作物、气候以及与农业技术措施之间的相互关系，使之经济而有效地发挥增产作用，有其极为重要的意义。

一、植物的钾素营养

（一）作物体内钾的含量、形态和分布

钾在作物体内的含量（按 K_2O 计算）比氮、磷（按 P_2O_5 计算）为多。分析资料表明，马铃薯、糖用甜菜与烟草等喜钾作物和作物茎秆中的含钾量都是较高的（表 10-17）。

表 10-17　主要农作物的钾含量

名　称		钾(K_2O)/%	名　称		钾(K_2O)/%
小麦	籽实	0.61	水稻	籽实	0.30
	茎秆	0.73		茎秆	0.90
玉米	籽实	0.40	马铃薯	籽实	2.28
	茎秆	1.60		茎秆	1.81
谷子	籽实	0.20	烟草	叶	4.10
	茎秆	1.30		茎	2.80

钾在作物体内主要以离子形态或可溶性盐类或在原生质的表面上，而不是以有机化合物的形态存在，所以植物体内钾离子的浓度往往比硝态氮或磷酸根离子高出几十倍至百余倍，同时也高于外界环境中有效性钾几倍至几十倍。

钾在体内有较大的移动性，并集中地分布在幼嫩组织中，如芽、根尖等。所以，凡是代谢较旺盛的部位，钾的含量往往较多，这说明钾与作物体内主要代谢作用有密切关系。

（二）作物缺钾的症状和诊断

作物缺钾时，通常老叶叶尖和边缘发黄，进而变褐，渐次枯萎。在叶片上往往出现褐色斑点，甚至成斑状，但叶中部靠近叶脉附近仍保持原来的色泽。严重缺钾时，幼叶上也会发生同样的症状。整个植株和枝条，柔软下垂，易发生倒伏现象。但不同作物的缺钾症状也有它的特殊性。

禾谷类作物缺钾时，先由下部叶片上出现褐色斑点，严重时新叶也出现同样的斑状，然后枯黄，并渐次向上发展。水稻缺钾时，新叶抽出困难，抽穗不齐。据组织速测结果，水稻缺钾时，植株正常叶叶鞘组织含钾量约在 2000ppm 以上，而同株病叶叶鞘为 300～500ppm 左右，严重时甚至下降至 100ppm 以下。

玉米缺钾时，老叶从叶尖开始沿叶边向叶鞘处逐渐变褐，呈倒"V"字形，严重时焦枯，至整个叶片枯死，所形成的果穗尖端常成秃顶。

除外形诊断外，也可配合作物组织的化学速测来了解作物体内钾素的营养状况。若再配合土壤速效钾的测定，对诊断作物的养分丰缺情况是很有帮助的。

二、土壤中钾素状况

（一）土壤钾素的含量与形态

土壤中的钾绝大部分是以难溶性的矿物形态存在，可为作物利用的形态是很少的。钾的含量以全量而言，要比氮和磷高得多，一般为 0.5%～2.5%，而能被作物利用的只占全量的 1%～2%。因此，了解钾在土壤中存在的形态，对于合理施用钾肥是具有重要意义的。土壤中钾的存在形态可分为三种。

（1）矿物态钾　它主要存在于原生矿物中，以原生矿物的形态分布在土壤粗粒部分。这部分钾在土壤中约占土壤全钾量的 90%～98%，是作物难以利用的钾。然而，它们经过长期的风化作用，可逐步水解转化成次生矿物，并把钾释放出来。

（2）缓效态钾　主要包括存在黏粒矿物中的钾和较易风化的原生矿物中的钾。一般占土壤全钾量的 2% 左右，这类钾不能为多数作物吸收利用，但它是土壤中速效钾的直接补给。

（3）速效态钾　它包括交换性钾和水溶性钾两部分，一般只占全钾量的 1%～2%。交换性钾是速效性钾的主体，约占速效性钾的 90%，土壤中的速效性钾含量与钾肥肥效有一定相关性，因此，常作为施用钾肥的参考指标。

（二）土壤中钾的转化与平衡

各种形态的钾在土壤中可以互相转化，并处于动态平衡之中（如图 10-5）。

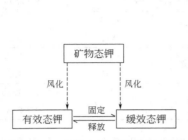

图 10-5　土壤中钾素转化示意图

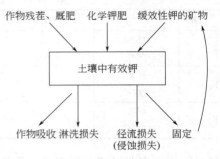

图 10-6　土壤中钾素循环示意图

（1）土壤中钾的释放　钾的释放是钾的有效化过程。是指矿物中的钾和有机体中的钾在微生物和各种酸的作用下，逐渐风化并转变为速效钾的过程。

（2）钾的固定　它是土壤中的有效钾转变为缓效的过程。

（3）土壤钾素的平衡　为维持土壤中钾素对作物的有效供给，必须使土壤中有效性钾保持一定的平衡状态。土壤中速效性钾的补充来源主要有：①作物残茬、厩肥、秸秆等有机肥料；②化学肥料；③土壤缓效性钾的转化。

土壤中有效性钾的消耗和损失主要有四个方面：①作物的吸收；②淋洗损失；③径流损失；④黏粒矿物的固定。土壤中钾素循环可用图 10-6 表示。

土壤中是否需要补充钾肥，一方面取决于作物从土壤中带走的钾是否部分地（蒿秆或厩肥等形式）归还给土壤，另一方面取决于缓效性钾的释放速度和释放量。总之，在农业生产中必须详细研究钾的损失和补充之间的相互关系，才能保持土壤钾素的供应水平。

三、常用钾肥的种类、性质和施用

（一）氯化钾

（1）性质　氯化钾呈白色结晶，有时稍带黄色或紫色，含 K_2O 为 50%～60%，吸湿性不大，但长期贮存也会结块。它易溶于水，是速效性钾肥，属生理酸性肥料。

（2）在土壤中的转化　氯化钾施入土壤后，在土壤溶液中，钾呈离子状态存在，它既能被作物吸收利用，也能与土壤胶体上的阳离子进行交换。

在中性土壤中，土壤胶体常为钙镁所饱和，施用氯化钾后，它的交换反应如下：

$$\boxed{土壤胶体}\ Ca^{2+}+2KCl \Longleftrightarrow \boxed{土壤胶体}\ ^{K^+}_{K^+}+CaCl_2$$

由于氯化钙溶解度大，在灌溉或雨季，钙很易从土壤中淋失。另外，长期施用氯化钾，因受作物选择吸收所造成的生理酸性的影响，能使缓冲性能小的中性土壤逐步变酸。因此，中性土壤上施用氯化钾时，需配施石灰质肥料，以防止土壤酸化。

在石灰性土壤中，由于大量碳酸钙的存在，因施用氯化钾所造成的酸能被中和，并释放出有效 Ca^{2+}，所以不致引起土壤酸化。

在酸性土壤中，因胶体上存在着 Al^{3+} 和 H^+，它们可与 KCl 中的 K^+ 进行离子交换反应：

$$\boxed{土壤胶体}\ ^{Al^{3+}}_{H^+}+4KCl \Longleftrightarrow \boxed{土壤胶体}\ ^{2K^+}_{2K^+}+AlCl_3+HCl$$

由此可见，氯化钾施入酸性土壤后，土壤溶液中的 H^+ 离子浓度会立即升高，兼之肥料生理酸性的影响，均可使土壤 pH 迅速下降。因此，在大量使用氯化钾的情况下，会使作物遭受酸化的毒害。所以在酸性土壤上施用氯化钾，就配合施用石灰和有机肥料。

（3）施用　氯化钾可作基肥或追肥使用，但不宜作种肥。在中性和酸性土壤上作基肥时，宜与有机肥、磷矿粉等配合或混合使用，这不仅能防止土壤酸化，而且能促进磷矿粉中磷的有效化。由于氯化钾中含有氯离子，对忌氯作物如甘薯、马铃薯、甜菜、甘蔗、烟草等的产量和品质均有不良影响，故不宜多用。氯化钾特别适用于麻类、棉花等纤维作物，因为氯对提高纤维含量和质量有良好的作用。

（二）硫酸钾

（1）性质　硫酸钾呈白色或淡黄色结晶，含 K_2O 为 50%～52%，易溶于水，吸湿性小，贮存时不易结块，属生理酸性肥料。

（2）在土壤中的转化　硫酸钾在土壤中的转化与氯化钾相似。在中性或石灰性土壤中，硫酸钾与钙离子反应的产物是 $CaSO_4$，它的溶解度比 $CaCl_2$ 小，对土壤脱钙程度也相对较小，因而施用硫酸钾使土壤酸化的速度比氯化钾缓慢，但是，如果长期大量施用硫酸钾，要注意防止土壤板结，应增施有机肥料。在酸性土壤中，若长期单独施用，会使土壤变得更酸，应配合碱性肥料施用。

（3）施用　硫酸钾除可作基肥或追肥以外，还可作种肥和根外追肥。作基肥时，应采取深施覆土。作追肥时，在黏重土壤上可一次施入，但在保水保肥差的砂土上，应分期施用，以免钾的损失。在水田中施用时，要注意田面水不宜过深，施后不要排水，以保肥效。在作种肥时，一般每 $667m^2$ 用量为 1.5～2.5kg，作根外追肥时以 2%～3% 为宜。硫酸钾适用于各种作物，对马铃薯、甘蔗、烟草等需钾多而忌氯的作物，以及十字花科等需硫的作物，效果更显著。

（三）草木灰

植物残体经燃烧后，所剩下的灰烬统称为草木灰。我国广大农村多以稻草、麦秸、树枝、落叶等作为燃料，所以草木灰是农村中一项重要的肥源。

（1）性质　草木灰的成分很复杂，除不含氮素以外，含有作物体内各种灰分元素，如钾、钙、镁、硫、铁、硅等，其中含钾、钙最多，磷次之。因此草木灰的作用不仅是钾素，而且还有磷、钙、镁、微量元素等营养元素的作用。草木灰的成分差异很大，不同植物灰分中钾、钙、磷等的含量不相同（表 10-18）。一般木灰中含钾、钙、磷比草灰要多一些。

表 10-18　不同植物灰分的含钾量

植物名称	稻草灰	麦秆灰	针叶树灰	阔叶树灰	小灌木灰	向日葵秆灰
K_2O 含量/%	8.09	13.60	6.00	10.00	5.90	36.00

同一种植物，因组织、部位不同，灰分含量也有差异。细嫩组织的灰分含钾、磷较多，衰老组织的灰分含钙、硅较多。此外，不同土壤与气候条件都会影响植物灰分中的成分和含量。如盐碱地区的草木灰，含氯化钠较多，而含钾较少。

草木灰中钾的主要形态是以碳酸钾存在，其次是硫酸钾和氯化钾。它们都是水溶性钾，可为作物直接吸收利用。草木灰因燃烧温度不同，其颜色和钾的有效性会有差异，燃烧温度过高，钾与硅酸熔在一起形成溶解度较低的硅酸钾（K_2SiO_3），灰呈灰白色，肥效较差，而低温燃烧的灰呈黑灰色，肥效较高。

草木灰由于含氧化钙和碳酸钾，故呈碱性反应。在酸性土壤上施用，不仅能供应钾，而且能降低酸度，并可补给钙、镁等元素。

（2）施用　草木灰可作基肥、追肥和盖种肥。作基肥时，可沟施或穴施，深度约10cm，施后覆土。作追肥时，可在叶面撒施，既能供给养分，也能在一定程度上防止或减轻病虫害的发生和危害。作盖种肥，大都用于水稻、蔬菜育秧，既供应养分，又能吸热增加土壤表面温度，促苗早发，防止水稻烂秧。

草木灰呈碱性，因此不能与铵态氮、腐熟的有机肥料混合施用，以免造成氨的挥发损失。

四、钾肥的有效施用

钾肥的肥效受土壤、作物、其他肥料的配合施用以及施用方法等因素的影响。掌握好钾肥的科学有效施用条件和施肥技术，才能充分发挥钾肥的增产效果，取得较好的经济效益。

（1）钾肥肥效与土壤含钾量的关系　钾肥肥效的高低，主要取决于速效钾含量的多少。中国科学院南京土壤研究所在各地试验结果，并参考有关资料提出了土壤钾素供应能力按速效钾含量可分为五级（表10-19）。

表 10-19　土壤速效钾水平与钾肥肥效的关系

速效钾(K_2O)/(mg/kg)	等级	对钾肥的反应	速效钾(K_2O)/(mg/kg)	等级	对钾肥的反应
<50	极低	钾肥反应极明显	150～200	高	施用钾肥一般无效
50～80	低	施用钾肥一般有效	>200	极高	不需施用钾肥
80～150	中	在一定条件下钾肥有效			

因此，应首先把钾肥施用在土壤速效钾低于80mg/kg，缓效钾贮量小，释放速度慢的土壤上，使钾肥获得较大的增产效果与经济效益。

（2）钾肥肥效和土壤熟化程度、质地的关系　熟化程度高的土壤，常年施用有机肥多，一般速效钾和缓效钾含量较高，并有良好的土壤理化性状，土壤供钾能力强，对施用钾肥的反应，不如熟化程度低的土壤高（表10-20）。

表 10-20　土壤熟化程度对钾肥肥效的影响

熟化程度	对照产量/(kg/667m²)	施用钾肥增产		耕作时间
		/(kg/667m²)	/%	
高	381.0	33.5	8.8	耕作时间久
中	203.5	60.9	29.9	耕作时间较短
低	170.0	140.0	82.4	耕作时间短

另外，缓效钾多含于黏粒中，交换性钾则被土壤胶体吸附，因此，土壤质地不同，钾的含量就有差异。含黏粒多的土壤含钾量高，砂质土壤含钾量较低，一般在砂性土壤上钾肥肥效较明显。

（3）钾肥肥效和施用有机肥和氮、磷肥的关系　据试验证明，施用有机肥可补充土壤钾素，再施化学钾肥则肥效下降。据浙江温州市农业科学研究所试验，在不施猪圈粪而施用氮磷钾肥的基础上，每亩增施硫酸钾12.5kg，比不施钾增产油菜籽37%。在施用猪圈粪3600kg和氮磷肥的基础上，每亩增施硫酸钾12.5kg，钾肥的增产率降到11%。

氮磷化肥的配合施用对钾肥肥效有明显的影响，只有在氮磷肥充分供应作物需要的情况下，钾肥才能发挥较好的增产效果。如吉林省农业科学院土肥所对玉米的试验表明，在每公顷施氮素120kg、240kg、360kg的基础上，施用钾肥的肥效随着氮肥用量的增加而提高，增产效果最好的是施氮360kg/hm²的处理，增产幅度在20%～25.6%。

如果土壤中缺磷也缺钾，在一定供氮水平下，必须先满足对磷素养分的需求，增施钾肥才表现效果。在这种情况下，要强调氮、磷、钾配合施用。

（4）钾肥肥效与作物种类及品种的关系　作物种类不同，对钾素养分的需要量不同，这和作物的生长速度、生育期长短、根系摄取养分能力以及产品的种类等有关。一般认为生长速度快，光合作用效率高，有机物合成数量大的作物，对钾营养要求高。如在同一供钾水平的土壤上，绿肥、烟草、薯类要比谷类作物施钾的效果好，而在谷类作物中，玉米又较小麦的施钾效果好。同一作物、不同品种对钾肥的反应也不一致。

（5）适宜的施用量和正确的施用技术　钾肥的施用量和施用时期等对提高钾肥肥效也很重要。每种作物有其最佳的适宜用量，施多了，作物会奢侈吸收，虽不致危害，但很不经济。根据我国目前情况，在一般土壤每 $667m^2$ 用 K_2O 为 $4\sim5kg$ 即可。但随着产量指标的提高和氮磷肥用量的增加，钾肥用量要相应地增加，特别在缺钾的土壤上更应如此。

在钾肥施用时期上，多数试验证明以基肥或早期追肥效果较好。钾在作物体内的流动性较氮、磷大，钾不足时，如在外表出现缺钾症状时，再补追钾肥，则为时已晚，必然导致产量和品质的降低，因此追施钾肥宜早不宜迟。另外，作物成熟时，钾的吸收显著减少，甚至在成熟期部分钾会从根系分泌到土壤中，因此后期追施钾肥的效果是不显著的。因而正确的施用技术应该是以早施、集中施、深施为宜。

第五节　钙、镁、硫营养及钙、镁、硫肥

近年来人们把钙（Ca）、镁（Mg）、硫（S）三种中量元素视认除氮、磷、钾之外的第二位元素。主要原因是随着农业生产的发展和作物单产的不断提高，作物对中量营养元素的需求量日益增多。同时也由于施用高浓度单质磷肥和复合肥料的数量增加，在一些地区及某些作物上陆续出现缺乏中量元素的症状。因此，合理施用含钙、镁、硫的肥料，对作物的营养作用，产量的提高及土壤的改良都有良好的效果，还会影响动物和人类的健康。

一、钙、镁、硫对植物生长发育的作用

（1）钙的营养作用　植物体内含钙量约为干物质的 $0.5\%\sim3\%$。一般豆科植物、甜菜、甘蓝需钙较多，禾谷类作物马铃薯需钙少。地上部较根部多，茎叶较果实、籽粒多。钙是质膜的重要组成成分，有防止细胞液外渗的作用。在缺钙时，大麦幼苗生长点和根细胞中原生质膜等膜系统变成片断状，致使根中养分大量外渗。钙是构成细胞壁不可缺少的物质，它与果胶酸结合形成果胶酸钙而被固定。缺钙时，影响细胞的分裂和新细胞的形成。钙是某些酶的活化剂，对细胞的代谢调节起重要作用，如活化 ATP 酶，可增强对养分选择吸收的能力。钙还有中和酸性和解毒的作用，如草酸钙的形成，对细胞的渗透调节十分重要。土壤中 Ca^{2+} 浓度 $10^{-4}\sim10^{-3}mol/L$ 时最适宜植物吸收。当土壤交换性钙＞1mmol/L 时植物不出现缺钙。但在植物根系受害（如淹水、干旱、冷害），蒸腾减弱（如空气湿度大）时植物易出现缺钙。植物缺钙时往往表现为：生长点发黏、腐烂、死亡，幼叶卷曲、畸形、多缺刻状，新叶叶缘坏死。钙在植物体内移动性很弱，富集于老叶中。

（2）镁的营养作用　植物干物质含镁量为 $0.05\%\sim0.7\%$。豆科作物的含镁量为禾本科作物的 $2\sim3$ 倍，从植株的部位看，种子含镁较多，茎叶次之，而根系较少。①镁是叶绿素和色素的组成成分，叶绿素含 Mg2.7%，作物缺镁，叶绿素减少，产生缺绿病，光合作用减弱，碳水化合物、蛋白质、脂肪的形成受到抑制；②镁是多种酶的活化剂，由镁活化的酶不下几十种，促进糖酵解、三羧酸循环和 ATP 的形成，促进磷酸盐在体内的运转，增强呼吸作用、能量和各种物质的代谢过程；③镁可以促进作物对硅的吸收，从而促进细胞壁的硅

质化，防止病菌菌丝侵入，提高作物的抗病力。植株中镁是较易移动的元素，植物缺镁的症状为：植株矮小、生长缓慢，先在叶脉间失绿，而叶片仍保持绿色，以后失绿部分逐步由淡绿色转变为黄色或白色，还会出现大小不一的褐色、紫红色斑点、条纹，症状在老叶，特别是老叶叶尖先出现。禾本科植物叶子出现"连珠状"黄色条纹。多年生果树缺镁果实小或不能发育。

（3）硫的营养作用　作物含硫量为干重的 $0.1\%\sim0.5\%$。十字花科、百合科、豆科等作物需硫较多，而禾本科需硫较少。硫在作物营养中的重要作用：①硫是蛋白质的组成元素，蛋白质中有 3 种含有硫的氨基酸，即胱氨酸、半胱氨酸和蛋氨酸；②硫与叶绿素形成有关；③作物体内许多酶含有硫，如脂肪酶、脲酶都是含硫的酶，缺硫时酶的形成就少；④合成维生素 B_1，它能够促进根系生长；⑤形成十字花科植物的糖苷油，如洋葱、大葱、蒜等的辣味，多是一些含硫物质；⑥增加某些作物的抗寒和抗旱性能。植物缺硫的症状：作物生长受到严重阻碍，植株矮小瘦弱，叶片退绿或黄化，茎细、僵直，分蘖分枝少，与缺氮有点相似，但缺硫症状首先从幼叶出现。

二、土壤中钙、镁、硫的含量、形态和转化

（1）土壤中钙的含量、形态和转化　据测定，在地壳中钙的平均含量约为 $36.4g/kg$，土壤中钙的含量主要受成土母质、风化条件、淋溶强度、耕作利用方式的影响，不同的土壤差异很大。比如石灰岩发育的土壤，因母质含有丰富的 $CaCO_3$，所以土壤中钙的含量就高，而在高温、高湿的强淋溶条件下，钙的流失就比较严重，土壤中 Ca 的含量就比较低。

土壤中钙有四种存在形态，即矿物态钙、有机物中的钙、土壤溶液中的钙和土壤代换性钙。土壤矿物态钙占 $40\%\sim90\%$，是主要的钙形态，但它不能为植物直接利用。土壤有机物如植物残体，有机肥料中都含有一定数量的钙，只有在分解后才有效。土壤溶液中的钙含量一般在几十到几百毫克每千克，与其他离子相比，其数量是最多的，大致是镁的 $2\sim8$ 倍，钾的 10 倍左右，它是植物可吸收利用的有效钙。土壤代换性钙是指吸附在土壤胶体表面，能为其它代换性阳离子交换出来的钙，一般占土壤总钙量的 $20\%\sim30\%$，是对作物有效的组分。

钙在土壤中转化：矿物态钙风化后以离子形态进入土壤溶液，一部分被土壤胶体吸附成为交换性钙，而交换性钙与溶液中的钙处在一种动态平衡之中。

（2）土壤中镁的含量、形态和转化　地壳中镁的平均含量约为 $19.3g/kg$，土壤中全镁的含量也主要受成土母质、风化条件的影响，不同的土壤差异很大。土壤中的镁主要存在于较细的土壤颗粒中，如粉粒和黏粒中。所以黏质土壤镁的含量一般比砂质土壤要高。

土壤中镁的形态可分为有机态、矿物态、水溶态和代换态四种，主要以无机态存在，有机态镁含量很低，主要来自还田的秸秆和有机肥料。土壤中矿物态镁占全量的 $70\%\sim90\%$，主要存在于含镁的硅酸矿物和菱镁石、白去石中。土壤溶液中的水溶态镁含量一般在 $5\sim100mg/L$ 之间，含量仅次于钙而与钾相似。水溶液镁与土壤代换态镁处于动态平衡中，其含量与土壤质地关系密切，与 pH 也有一定关系。代换态镁占土壤全镁量的 $1\%\sim20\%$，高的可达 25%，其含量水平是评价土壤镁供应状况的重要指标，其含量低于 $50mg/kg$ 时，对需镁较多的作物，产生缺镁的可能性较大。

土壤中镁的转化可用下面这个简单的式子来表示：

$$矿物态镁 \Longleftrightarrow 非交换态镁 \Longleftrightarrow 交换态镁 \Longleftrightarrow 溶液态镁$$

（3）土壤中硫的含量、形态和转化　硫在地壳中的平均含量约为 $0.6g/kg$，我国主要土类全硫含量在 $0.11\sim0.49g/kg$。土壤中全硫的含量主要受成土条件、黏土矿物和有机质的含量影响。温暖多湿地区，在强风化、强淋溶条件下，含硫矿物大部分分解淋失，可溶性硫酸盐很少集聚，硫主要存在于有机质中。干旱地区土壤中钙、镁、钾、钠的硫酸盐则大量沉积在土层中，1∶1型的黏土矿物、铁、铝的含水氧化物，有时能带正电荷，也能吸附一部分交换性的 SO_4^{2-} 离子。

土壤中的硫，除某些盐碱土外，大部分呈有机态存在。据测定，南方水稻土、红黄壤类有机硫占全硫的 85%～94%，无机硫只占全硫的 6%～15%。只有北方某些石灰性土壤无机硫含量较高，可占全硫的 39.4%～61.8%。

土壤中硫的转化：

$$
无机硫
\begin{cases}
还原
\begin{cases}
生物吸收\ SO_4^{2-}\ 在体内还原成含硫氨基酸等构成体细胞的物质\\
SO_4^{2-}\ \xrightarrow{\text{硫还原细菌}}\ 硫化物、硫代硫酸盐、元素硫等还原态硫
\end{cases}\\
氧化\quad 还原态硫\longrightarrow 硫酸盐
\end{cases}
$$

$$
有机硫
\begin{cases}
通气良好:最终产物为硫酸盐\\
通气不良:最终产物为硫化物
\end{cases}
$$

三、钙、镁、硫肥的性质及施用

（一）钙肥的种类、性质与施用

含钙肥料有生石灰、熟石灰、碳酸石灰及含钙的工业废渣等。

（1）生石灰　生石灰又称烧石灰，主要成分为氧化钙，通常用石灰石煅烧而成，含 CaO 为 90%～96%。以白云石为原料煅烧的称为镁石灰，含 CaO 55%～85%，MgO 为 10%～40%，还可提供镁营养。以贝壳为原料的石灰，其品位因种类而异：以螺壳为原料的为螺壳灰，含 CaO 为 85%～95%，以蚌壳为原料的称蚌壳灰，含 CaO 约为 47.0%。生石灰中和酸度的能力很强，可以很快矫正土壤酸度。此外，它还有杀虫、灭草和土壤消毒的作用，但用量不能过多，否则会引起局部土壤过碱。

（2）熟石灰　熟石灰又称消石灰，主要成分是氢氧化钙，由生石灰加水或堆放时吸水而成，含 CaO 70%左右，呈碱性，中和酸度的能力比生石灰弱。

（3）碳酸石灰　碳酸石灰由石灰石、白云石或贝壳类直接磨细而成，主要成分是碳酸钙，其溶解度较小，中和土壤酸度的能力较缓和而效果持久，目前在我国应用不多。

（4）其他含钙的肥料　钙是很多常用化肥的副成分（表 10-21）。施用这类肥料的同时也补充了钙素，如窑灰钾肥等，中和土壤酸度的能力与熟石灰相似。磷矿粉等施于酸性土壤上有逐步降低土壤酸度的效果。

表 10-21　几种含钙肥料的成分与形态

名　称	Ca/%	钙的形态	名　称	Ca/%	钙的形态
硝酸钙	19.4	$Ca(NO_3)_2$	沉淀磷酸钙	22	$CaHPO_4$
碳酸钙	8.2	$CaCO_3$	钙镁磷肥	21～24	$\alpha\text{-}Ca_3(PO_4)_2$，$CaSiO_3$
石灰氮	38.5	$CaCN_2$，CaO	钢渣磷肥	25～35	$Ca_4P_2O_9$，$CaSiO_3$
石膏	22.3	$CaSO_4$	磷矿粉	20～35	$Ca_{10}(PO_4)_6F_2$
普通过磷酸钙	18～21	$Ca(H_2PO_4)_2 \cdot H_2O$，$CaSO_4$	窑灰钾肥	25～28	CaO
重过磷酸钙	12～14	$Ca(H_2PO_4)_2$			

（5）钙肥的施用

① 施用量的确定　石灰的施用量要根据土壤的总酸度来确定，因为中和活性酸度所需要的石灰量很少，而中和潜在酸度所需要的石灰量较多。在实际施用时，为避免局部过量，施用量只需测定值的一半即可。中国科学院南京土壤研究所甘家山红壤试验场根据土壤 pH 值、质地及施用年限等提出了石灰用量（表 10-22），并建议对强酸性黏土每 5 年轮施 1 次，第二、第三年用量逐年减半，第四、第五年停用，第六年再重新施用，可供参考。

表 10-22　酸性红壤第一年石灰施用量　　　　　　　　　　　单位：kg/hm²

土壤反应	黏土	壤土	砂土
强酸性(pH4.5～5.0)	2250	1500	750～1050
酸性(pH5.0～6.0)	1125～1875	750～1125	625～750
微酸性(pH6.0)	750	625～750	625

石灰的用量与作物种类、土壤性质、石灰肥料的种类、气候条件、施用目的及施用技术都有关系，在决定石灰的用量时应该考虑这些因素的影响。

首先，根据作物的种类确定施用量。各种作物生长与土壤反应有密切关系，pH 过高或过低都会影响作物的产量和品质。茶树、菠萝等少数作物喜欢酸性环境，对土壤酸性有较强的缓冲力，不需施用石灰，如果施用石灰，反而对它生长不利。水稻、甘薯、烟草等耐酸中等，要施用适量石灰。大麦等耐酸较差，要重视施用石灰。

其次，根据土壤的性质确定施用量。土壤酸性强，活性铝、铁、锰的浓度高，要多施；质地黏重，耕作层厚时也要适当多些。旱地的用量应高于水田，原因是水分少，石灰不易溶解，与土壤反应较慢。坡度大的上坡地要适当增加用量，因石灰会向下移动。

此外，施用石灰时还应考虑石灰肥料种类及其他条件。中和能力强的石灰或同时施用其他碱性肥料时可少施。降雨量多的地区用量应大些。撒施，中和全耕层或结合绿肥压青或稻草还田的用量大些。

② 施用方法　石灰多用作基肥，也可以用作追肥，不能做种肥。撒施力求均匀，防止局部土壤过碱或未施到位。条播作物可少量条施。番茄、甘蓝和烟草等可在定植时少量穴施。不宜连续大量施用石灰，否则会引起土壤有机质分解过速、腐殖质不易积累，致使土壤结构变坏，还可能在表土层下形成碳酸钙和氢氧化钙胶结物的沉淀层。过量施用石灰会导致铁、锰、硼、锌、铜等养分有效性下降，甚至诱发营养元素缺乏症，还会减少作物对钾的吸收，反而不利于作物生长。石灰肥料不能和铵态氮肥、腐熟的有机肥和水溶性磷肥混合施用，以免引起氮的损失和磷的退化导致肥效降低。

（二）镁肥的种类、性质与施用

（1）镁肥的种类和性质　常用的镁肥按其溶解度可分为水溶性和微水溶性两类，硫酸镁、氯化镁、硝酸镁、氧化镁、钾镁肥等属水溶性的，易被作物吸收，可用于叶面喷施。白云石、菱镁矿、钙镁磷肥、光卤石、磷酸镁铵等是微水溶性，肥效缓慢（表 10-23）。

表 10-23　几种含镁肥料的成分与形态

名　称	Mg/%	钙的形态	名　称	Mg/%	钙的形态
硫酸镁	9.7	$MgSO_4 \cdot 7H_2O$	钙镁磷肥	9～11	$Mg_3(PO_4)_2$
硝酸镁	16.4	$Mg(NO_3)_2$	磷酸镁铵	14	$MgNH_4PO_4$
氯化镁	25.6	$MgCl_2$	白云石	10～13	$CaCO_3 \cdot MgCO_3$
氧化镁	55.0	MgO	菱镁矿	27	$MgCO_3$
钾镁肥	7～8	$MgSO_4 \cdot K_2SO_4$	光卤石	8.7	$KCl \cdot MgCl_2 \cdot 6H_2O$

（2）镁肥的施用　镁肥应首先施用在缺镁的土壤和需镁较多的作物上。强酸性土壤白云石、蛇纹石、钙镁磷肥等缓效性镁肥效果较好；中性、微酸性土壤硫酸镁、钾镁矾等水溶性镁肥效果较好。牧草、大豆、花生、蔬菜、水稻、小麦、黑麦、马铃薯、葡萄、烟草、甘蔗、甜菜、柑橘等植物施用镁肥效果好。

镁肥可做基肥、追肥和根外追肥。水溶性镁肥宜做追肥，微水溶性则宜做基肥。用镁量为 $15～22.5 kg \cdot hm^{-2}$。在作物生育早期追施效果好。采用 1%～2% 的 $MgSO_4 \cdot 7H_2O$ 溶液叶面喷施矫正缺镁症状见效快，但不持久，应连续喷施多次。为克服苹果病害，可在开始落花前，每隔两周，连续喷 3～5 次 2.0% 硫酸镁溶液。由于镁素营养临界期在生长前期，镁肥宜做基肥。对于柑橘等水果类作物，喷施效果也较好。

（三）硫肥的种类、性质与施用

（1）硫肥的种类和性质　　常用的硫肥见表 10-24。

表 10-24　几种含硫肥料的成分与形态

名　称	S/%	硫的形态	名　称	S/%	硫的形态
生石膏	18.6	$CaSO_4$	硫硝酸铵	12.1	$(NH_4)_2SO_4 \cdot 2NH_4NO_3$
硫磺	95～99	S	普通过磷酸钙	13.9	$Ca(H_2PO_4)_2 \cdot H_2O, CaSO_4$
硫酸铵	24.2	NH_4SO_4	硫酸锌	17.8	$ZnSO_4$
硫酸钾	17.6	KSO_4	青矾	11.5	$FeSO_4 \cdot 7H_2O$
硫酸镁（水镁矾）	13.0	$MgSO_4$			

（2）硫肥的有效施用条件　　主要应考虑以下几个方面。

① 土壤有效硫的水平　　有效硫 <16mg/kg 时，一般作物都有增产效果；>20mg/kg 时，除喜硫作物外，一般不增产。

② 植物的种类等因素　　十字花科、豆科作物及葱、蒜等是需硫较多的作物，对硫肥的反应敏感，而禾谷类作物则不感。

③ N/S 比值　　一般 N/S 比值接近 7 时，N、S 才能都得到有效利用，当然不同的土壤这一比值应做适当调整。

④ 硫肥的品种及施用的时间方法等　　一般认为，水稻只能吸收氧化态的 SO_4^{2-}。土壤中的有机硫或还原态硫化物需经矿化或氧化为 SO_4^{2-} 才能被水稻吸收利用。如果还原态的 H_2S 在土壤中积累过多，则对水稻根系产生毒害作用。另外，H_2S 还可与 Fe^{2+}，Zn^{2+} 和 Cu^{2+} 等起反应，降低这些养分的有效性。

（3）硫肥施用技术

① 以提供硫素营养为目的的石膏施用技术　　石膏可做基肥、追肥和种肥。旱地做基肥，一般用量为 $225～375kg \cdot hm^{-2}$，将石膏粉碎后撒于地面，结合耕作施入土中。花生是需钙和硫均较多的作物，可在果针入土后 15～30d 施用石膏，通常用量为 $225～375kg \cdot hm^{-2}$。稻田施用石膏，可结合耕地施用，也可于栽秧后撒施或塞秧根，一般用量为 $75～150kg \cdot hm^{-2}$。若用量较少，可用作蘸秧根。

② 以改良土壤为目的的石膏施用技术　　施用石膏必须与灌排工程相结合。重碱地施用石膏应采取全层施用法，在雨前或灌水前将石膏均匀施于地面，并耕翻入土，使之与土混匀，与土壤中的交换性钠起交换作用，形成 Na_2SO_4，通过雨水或灌溉水，冲洗排碱。若为花碱地，其碱斑面积在 15% 以下者，可将石膏直接施于碱斑上。洼碱地宜在春、秋季节平整地，然后耕地，再将石膏均匀施在犁垡上，通过耙地，使之与土混匀，再进行播种。

第六节　土壤中微量元素及微量元素肥料

作物对微量元素的需要量很少，但它们在作物体内往往是酶或辅酶的组成成分，具有很强的专一性，是作物正常生长发育不可缺少和不可替代的营养元素。生产实践证明，在一定条件下施用微量元素肥料，对多种作物都有一定的增产效果，而且也有利于品质改善。但是，微量元素过多，也会引起作物中毒，影响产量和品质，甚至引起人、畜某些地方病的发生。

一、土壤微量元素丰缺标准

土壤中微量元素的含量与土壤类型、成土母质，尤其是土壤所处的环境条件有密切关系。我国土壤中微量元素的含量变幅很大，铁的含量为最高；其次为锰、锌、铜、硼、钼，在这之中，锰的含量为最高（平均值700mg/kg以上），钼的含量为最低（平均值1.7mg/kg左右）。

在缺乏作物需要的微量元素土壤上，施用才有良好的效果，不能盲目施用。全国第二次土壤普查规定的微量元素丰缺标准见表10-25。

表 10-25 土壤微量元素丰缺标准 　　　　　　　　单位：mg/kg

元素	极低	低	中	丰	高	方　法
B	<0.1	0.1~0.5	0.5~1.0	1.0~2.0	>2.0	沸水法
Cu[②]	<0.2	0.2~0.5	0.5~1.0	1.0~2.0	>2.0	DPTA法
Fe[②]	<2.5	2.5~4.5	4.5~10	10~20	>20	DPTA法
Mn[②]	<5.0	5.0~10	10~20	20~30	>30	DPTA法
Zn[②]	<0.3	0.3~0.5	0.5~1.0	1.0~3.0	>3.0	DPTA法
Zn[①]	<1.0	1.0~1.5	1.5~3.0	3.0~5.0	>5.0	$0.1mol \cdot L^{-1}$ HCl
Cu[①]	<1.0	1.0~2.0	2.0~4.0	4.0~6.0	>6.0	$0.1mol \cdot L^{-1}$ HCl
Mo	<0.1	0.1~0.15	0.15~0.2	0.2~0.3	>0.3	草酸+草酸铵

①适用于酸性土壤；②适用于石灰性土壤。

二、常用微量元素肥料的成分与性质

微量元素肥料的种类比较多，成分也比较复杂，性质也有很大差异。现将常用微量元素肥料的成分与性质列于表10-26。

表 10-26 常用微量元素肥料的成分与性质

种类	名　称	主要成分	微量元素含量/%	性　质
硼肥	硼砂	$Na_2B_4O_7 \cdot 10H_2O$	11	白色结晶或粉末，在40℃热水中易溶，不吸湿
	硼酸	H_3BO_3	17.5	性质同硼砂
钼肥	钼酸铵	$(NH_4)_6Mo_7O_{24} \cdot 4H_2O$	50~54	青白色粉末或结晶，易溶于水
	钼酸钠	$Na_2Mo_4 \cdot 2H_2O$	35~39	青白色结晶，易溶于水
锌肥	硫酸锌	$ZnSO_4 \cdot 7H_2O$	23~24	白色或淡红色结晶，易溶于水，不吸湿
		$ZnSO_4 \cdot H_2O$	35~40	
	氯化锌	$ZnCl_2$	40~48	白色结晶，易溶于水
	氧化锌	ZnO	70~80	白色粉末，难溶于水能溶于稀醋酸、氨或碳酸铵溶液中
锰肥	硫酸锰	$MnSO_4 \cdot 3H_2O$	26~28	粉红色结晶，易溶于水
	氯化锰	$MnCl_2 \cdot 4H_2O$	27	同硫酸锰
铁肥	硫酸亚铁	$FeSO_4 \cdot 7H_2O$	19~20	淡绿色结晶，易溶于水
	硫酸亚铁铵	$(NH_4)_2SO_4 \cdot FeSO_4 \cdot 6H_2O$	14	同硫酸亚铁
铜肥	硫酸铜	$CuSO_4 \cdot 5H_2O$	24~26	蓝色结晶，易溶于水

三、作物缺乏某种微量元素的一般症状

作物缺乏微量元素的症状比较复杂，常用土壤测试、植株分析、作物外部形态鉴别等综合判断。作物缺乏某种微量元素的一般症状见表10-27。

表 10-27 作物缺乏微量元素的一般表现

缺乏元素	症状部位	植株一般症状
钼	全株可见	轻度缺钼植株叶片为黄色或淡棕色,有坏死斑点。严重缺钼的植株,植株矮小,叶脉间失绿,主茎软弱,叶片萎死,呈灰色。十字花科植株叶片呈绿色或蓝绿色,叶片卷曲;豆科作物根瘤小而色淡,发育不良。果树开花结果延迟,叶呈斑点状失绿,如柑橘"黄斑病"
锌	局部叶片明显	叶片失绿、变黄、叶斑病有时可蔓延到叶脉,严重缺乏时叶片坏死。幼叶期症状明显,生长停滞,双子叶植物叶不对称,叶小,簇生,状如莲座称小叶病。有时叶片卷曲,易折断。单子叶植物叶片错位,新叶呈极淡黄色,根系瘦弱,如玉米"花叶苗"
硼	上部叶片及生长点表现突出	叶色暗绿,叶片肥厚,皱缩以至畸形,生长点易死亡,茎及叶柄脆易折断,花发育不全,易脱落,果、穗不实。块根、浆果心腐易空心,根系弱侧根多而坚硬。也有因缺硼而叶色褪绿的,多从叶尖向四周蔓延。油菜的"花而不实"和棉花的"蕾而不花"比较典型
锰	嫩叶明显	症状从新叶开始,绿叶和功能叶有黄色或淡黄色褪绿斑点,后期可能坏死。网状脉叶斑为圆形黄色,平等脉叶斑为长形灰色,严重缺乏时叶片枯萎甚至坏死,下部叶片易折断或下垂
铁	幼叶明显	幼叶、新叶首先脉间失绿黄化,以后完全失绿,叶色有时淡黄,有时呈柠檬黄色,如长期缺铁,叶片边缘组织萎死。果树则嫩枝易干枯,茎秆短而细,新梢叶片易变白,枯梢
铜	嫩叶明显	双子叶植株的叶片卷缩,植株膨胀消失或凋萎,叶片易折断,叶尖黄色变成黄绿色,有黄褐色坏死斑点。单子叶植株新叶上部渐枯黄变白,成穗能力差,穗空发白。果树林木易顶稍枯死,如梨树的"枯顶病"

四、微量元素肥料的一般施用技术

微量元素肥料可作基肥、种肥和追肥施入土壤,特别是利用工业上含有微量元素的废弃物做肥料时,多采用这种方法。为了节约肥料并提高肥效,常采用条施或穴施的方法。向土壤施用微量元素肥料有后效,一般 3~4 年施用一次。

对于速效性的微量元素肥料多采用植物体施肥法,常采取以下措施。

(1)拌种 用少量水将微量元素肥料溶解,配成较高浓度的溶液,喷洒在种子上,边喷边搅拌,使种子沾有一层肥料溶液,阴干后播种。优点是种子吸水比浸种少,比较安全。拌种用量一般为每千克种子用 2~6g,拌种用水量一般为每千克种子用 40~60mL。

(2)浸种 微量元素肥料浸种常用含量为 0.01%~0.1%的溶液,时间为 12~24h。

(3)蘸秧根 这是水稻及其他移植作物的特殊施肥方法。用于蘸秧根的肥料应该不含危害幼根的物质,酸碱性不可太强。常用质量分数为 0.1%~0.2%的溶液。

(4)根外喷施 根外喷施是经济、有效使用微量元素肥料的方法。常用质量分数为 0.01%~0.1%的溶液。以叶片的背面都被溶液沾湿为足量。每 $667m^2$ 一般喷液 75kg。

实践证明,微量元素肥料施用量少,投资小,增产效益高,加之施用方法简便,易为广大农民接受。但是,微量元素肥料施用针对性强,而且对施用量的要求较严格,施用不当可能会引起肥害,甚至还会造成土壤污染。因此,在生产上大面积应用微量元素肥料之前应加强试验和示范工作,对微量元素肥料的施用加以具体指导。诊断是施肥的基础;用量适宜是避免作物产生肥害的保证;针对作物微量元素的营养特点施用是经济有效的方法。

五、施用微量元素肥料的注意事项

(1)注意浓度和施用均匀 作物需要微量元素的数量很少,许多微量元素从缺乏到适量的浓度范围相当狭窄,因此施入土壤的微量元素要防止用量过大。在向土壤中施用时必须注

意均匀，或掺干细土（1kg 肥料加 10～15kg 干细土），或与有机肥料混拌施用。

（2）注意改善土壤环境　土壤中微量元素不足的重要原因是受土壤条件的影响，而土壤酸碱度则是影响微量元素有效性的首要因素。因此，采取增施有机肥料，适量施用石灰等措施，可以改善植物的微量元素营养状况。

（3）注意与大量元素肥料配合施用　微量元素和氮、磷、钾等大量元素对植物营养来说，都是同等重要不可代替的。只有在满足了作物对大量元素需要的前提下，微量元素肥料才能表现出明显的增产效果。

（4）注意一个"准"字　因为只有在严重缺乏的土壤上，或是对某些具体作物施用时，才能收到良好的效果。施用不当所造成的危害比大量元素肥料要严重得多。

第七节　复混肥料

复混肥料是复合肥料和混合肥料的统称，由化学方法或物理方法加工制成。生产复混肥料可以提高肥效，并能减少施肥次数，节省施肥成本。

一、复混肥料的含义和养分量表示方法

复混肥料是指氮、磷、钾三种养分中至少有两种养分的肥料。含两种营养元素的称二元复混肥料，如磷酸二氢钾，其中含 K、P 两种元素。含三种营养元素的称三元复混肥料，如硝磷钾肥，其中含 N、P、K 三种元素。

复混肥料中营养成分和含量，习惯上按氮（N）—磷（P_2O_5）—钾（K_2O）的顺序，分别用阿拉伯数字表示，一般称为肥料规格或肥料配方（如图10-7）。例如 14—14—14 表示为含 N、P_2O_5、K_2O 各 14%，总养分为 42% 的三元复混肥料；18—46—0 表示为含 N 为 18%，含 P_2O_5 为 46%，不含 K_2O，总养分量为 64% 的氮磷二元复混肥料。

图 10-7　复混肥料含量示意图

复混肥料中含有微量元素时则在 K_2O 后面的位置上表明其含量，并加括号注明元素符号。例如 18—9—12—0.5（Zn）为含微量元素锌的三元复混肥。

二、复混肥料的分类

（1）复合肥料　是通过化合（化学）作用制成的，有明显化学反应（即化成复混肥料）。如磷酸铵、磷酸二氢钾等。这种肥料优点是副成分少，对土壤无不良影响。其缺点是养分比例相对固定，较难适应不同土壤、不同作物的需求（属通用型）。在施用时，需要配合某一二种单质化肥加以调节养分比例。例如，磷酸铵中磷的含量约为氮的 3 倍，在种植玉米时，需要配施适量氮肥，才能满足需要。

（2）混合肥料　将两种或两种以上肥料通过机械混合的方法制成的复混肥料。如玉米专用肥、大豆专用肥等。它克服了复合肥料中养分的比例固定，难以满足土壤、作物变化的需要的缺点。可制造不同养分配比，以适应农业的要求，世界各国十分重视发展混合肥料。按混合肥料制造方法不同又可分为粉状混合肥料、粒状混合肥料。

① 粉状混合肥料　采用干粉混合，优点是加工方法简单，生产成本低，其缺点是肥

物理性差，施用不便。

② 粒状混合肥料　在粉状混合肥料基础上经过工厂再造粒。优点是颗粒中养分分布比较均匀，物理性状好，施用方便。其缺点是生产成本较高。

（3）掺合肥料　是把含有氮、磷、钾及其他营养元素的基础肥料按一定比例掺合而成的混合肥料。也称掺混肥料，简称BB肥，它是散装掺混的英文字母缩写。BB肥近年来在我国得到迅速发展，其原因是BB肥有生产工艺简单，投资小，能耗少，成本低，养分配方灵活，符合平衡施肥的需要，养分全，浓度适宜，增产增收，减少污染等特点。

三、复混肥料的特点

（1）养分种类多、含量高　如磷酸铵含N量14％～18％，含$P_2O_5$46％～50％。含有两种或两种以上养分。

（2）副成分少，对土壤无不良影响　复合肥料中成分几乎全部为作物可吸收的养分，如磷酸铵中的阴离子和阳离子均可被作物吸收，对土壤不产生任何不良影响。

（3）物理性状好，便于贮存、运输和施用　多数复混肥为颗粒状、不吸湿、不结块、克服了某些单元化肥由于物理性状不好给贮、运、施带来的不便。

（4）降低成本、经济效益高　由于复混肥料浓度高，生产成本低，因此可减少生产、包装、运输、贮藏费用等多方面的开支，同时可减少施肥次数，节省劳力，提高生产效率。

（5）复合肥料养分比例相对固定　不能适应不同土壤、不同作物及不同生育期对养分的不同要求。如磷酸铵含N为14％～18％，含P_2O_5为46％～50％，它用于玉米栽培时就需配合单质N肥，否则含N量就满足不了玉米生长的需要。

（6）难以满足施肥技术要求　就氮、磷、钾"三要素"而言，氮素在土壤中移动性大、含N肥料适宜作追肥，而磷在土壤中移动性小，适宜作基肥或种肥，钾在土壤中移动较小，也较适宜作基肥或种肥，作追肥也应早追。所以，复混肥料多数情况下用于基肥或种肥，在生育阶段，根据苗情追施适量单质氮肥。

四、常用复混肥料的性质和施用

（1）磷酸铵　磷酸铵简称磷铵，是用氨中和浓缩的磷酸制成的，反应可生成三种盐，即磷酸一铵、磷酸二铵和磷酸三铵。其反应如下：

$$H_3PO_4 + NH_3 \Longrightarrow NH_4H_2PO_4$$
$$H_3PO_4 + 2NH_3 \Longrightarrow (NH_4)_2HPO_4$$
$$H_3PO_4 + 3NH_3 \Longrightarrow (NH_4)_3PO_4$$

磷酸一铵（又称安福粉）性质稳定，水溶液呈酸性（饱和水溶液pH＝3.47），含N11％～13％，含P_2O_5为51％～53％。磷酸二铵（又称重安福粉）性质较稳定，水溶液呈碱性（饱和溶液pH＝7.98），如空气中湿度变化，也会吸湿、结块，含N为16％～18％，含P_2O_5为46％～48％。磷酸二铵很不稳定，在常温常压下放出氨而变成磷酸一铵。目前应用较多的磷铵肥料实际上是磷酸一铵和磷酸二铵的混合物。磷酸铵含N为14％～18％，含P_2O_5为46％～50％，为灰白色颗粒，易溶于水，性质稳定，不易分解，不吸湿，不结块，是化学中性、生理中性肥料，适合于各种土壤和作物。主要用作基肥，也可作种肥。由于含磷多氮少，可直接用于豆科作物。用于其他作物应配合单质氮肥。

（2）磷酸二氢钾　磷酸二氢钾为白色结晶，含P_2O_5为52％，K_2O为34.5％，易溶于水，化学酸性，水溶液pH＝3～4，生理中性，物理性状良好，不易吸湿结块。磷酸二氢钾价格较贵，目前多用于根外喷施或浸种。

五、复混肥料有效施用

从表10-28看到除小麦增产显著外，其他作物基本平产，产量差异未超过5％。因此提高复混肥料的增产效果，主要注意有效施用。关键在于肥料的配方合理，针对性强。

表 10-28　复混肥与等养分单质化肥的肥效比较

作物	试验个数	单质化肥产量/(kg/亩)	复混肥料产量/(kg/亩)	复混肥料增产比例/%
二元复混肥料				
水稻	8	417.0	410.5	-1.5
小麦	3	177.0	203.0	14.7
玉米	7	502.0	513.5	2.3
谷子	10	238.0	250.5	5.3
大豆	4	154.0	160.5	4.2
三元复混肥料				
水稻	52	374.6	386.6	3.2
小麦	18	391.5	395.5	1.0
玉米	2	683.5	678.0	-0.8
花生	15	190.6	192.1	0.8
甘薯	6	7163.0	7214.0	0.7

（1）复混肥料的养分形态　复混肥料中氮素有铵态氮、硝态氮和酰胺态氮。一般认为，铵态氮易被土壤吸附，不易流失，在旱地和水田都适宜施用；而硝态氮在水田易淋溶和反硝化脱氮逸失，氮肥利用率低，宜在旱地施用。复混肥料中有水溶性磷和弱酸溶性磷两种。水溶性磷肥各种土壤都适用；而弱酸溶性磷适合于酸性和中性土壤上施用。复混肥料中的钾素有硫酸钾和氯化钾，从肥效来说两者基本相当，但对某些忌氯作物施用含氯化钾的复混肥料有降低其品质的不良作用。

（2）土壤养分丰缺状况　土壤养分状况不同，施用复混肥的效果差异很大。在富钾的土壤上选用三元复混肥就不如选用氮磷二元复混肥，因钾素此时不会有明显的增产效果。另外，土壤养分丰缺状况能明显影响肥料的养分利用率。湖北省农业科学院原子能研究所在红黄土和灰潮土上做的早稻试验结果，低磷组比中磷组磷肥利用率高出5%左右，在缺磷又缺氮的土壤上，施用磷肥还能促进早稻对氮素化肥的吸收，提高利用率9%（表10-29）。

表 10-29　在不同土壤养分条件下早稻对复混肥料中氮磷的吸收情况

土壤		干重/(g/盆)	氮肥利用率/%	磷肥利用率/%
类型	速效磷/(mg/kg)　碱解氮/(mg/kg)			
红黄土	3　　　　131.6	43.01	44.25	27.07
	7.3　　　140.6	50.21	43.84	21.75
灰潮土	3.8　　　97.4	47.00	52.89	34.43
	8.6　　　153.2	52.76	43.93	31.45

（3）作物类型　一般来说，谷类作物施肥是以提高产量为主，主要是根据土壤类型和养分状况确定复混肥料中的养分形态和配比。而经济作物施肥，以追求提高品质为主，应根据其需肥特点，确定肥料配方。各地试验结果表明，经济作物（除油料作物和部分蔬菜品种外）对氮磷钾养分需求量是以钾＞氮＞磷。经济作物施用钾肥不仅可以提高产量，更重要的对改善产品品质是有特殊的作用。例如，施用钾肥可增加烟草的叶片厚度，改善烟叶的燃烧性和香味；施用钾肥可降低果树、西瓜等果实的酸度，提高甜度，味浓可口。

（4）作物轮作方式　由于茬口安排、施肥习惯的不同，因此，在轮作中上下茬作物适宜施用的复混肥料品种也应有所区别。例如，小麦和玉米轮作中，小麦苗期正处于低温生长阶段，对缺磷特别敏感，所以选用高磷复混肥品种。大豆和玉米轮作中，则可选用低氮品种。

（5）施用时期和施肥位置　据中国农业科学院土壤肥料研究所试验结果表明，复混肥料以作基肥或种肥为好。复混肥料以全层深施好，还是作种肥条施好，试验结果表明，在高肥力土壤上，两者差异不大，而在中、低产田，以条施作种肥的效果为好，比全层深施增产小麦或玉米 6% 左右。

总之，复混肥料用量较少时，旱地可以集中作种肥，水稻可作秧田肥；用量大时，水旱田均可作基肥全层深施，在生育阶段根据苗情追施适量单质氮肥，能获得较好经济效益。在无基肥或基肥不足情况下，在作物生长早期追施适量复混肥料，也有很好增产效果。

复习思考题

1. 比较说明铵态氮肥、硝态氮肥和酰胺态氮肥的特点以及在施用上应注意的问题？
2. 简述过磷酸钙退化的原因，并说明其合理施用的方法？
3. 说明钾在土壤中存在的形态以及土壤中钾的来源有哪几方面？
4. 复合肥料有哪些优缺点？

第十一章　有机肥料和生物肥料

有机肥料是指含有大量有机物质，来源于动植物有机体及畜禽粪便等废弃物的肥料，称作有机肥料。一般可分为商品有机肥和农家自积有机肥（农家肥）。它是我国农业生产中的一项重要肥料。

第一节　有机肥料概述

合理利用有机肥料是降低能耗，培肥地力，增强农业后劲，促进农作物高产稳产，维护农业生态良性循环的有效措施。在农业生产中使用人粪尿、动植物残体历史悠久，近代由于化肥的发展而逐渐取代了有机肥料。20世纪70年代以来，随着环境、资源、肥源问题的日益严重，施用有机肥料又重新引起了世界许多国家的重视。有机肥料是植物养分的仓库，有较强的保肥能力，能活化土壤潜在养分，改良和培肥土壤。

一、有机肥料的种类

有机肥料种类繁多，按其来源、特性和积制方法大致可归纳为以下四类。

第一类，粪尿肥。主要包括人粪尿、家畜粪尿、禽粪、海鸟粪、蚕沙等。粪尿肥含有丰富的有机物质和多种养分，对培养地力具有明显的作用。

第二类，秸秆肥。包括堆肥、沤肥、秸秆直接还田以及沼气发酵肥等。我国主要农作物秸秆每年平均为4亿多吨，按稻草还田率30%，麦秸秆还田率45%，玉米秸秆还田率20%计算，每年可用作有机肥料的秸秆就有1.3亿多吨，约可提供氮素66万吨，磷素40万吨，钾素99万吨。秸秆还是堆、沤肥和家畜垫圈的重要原料。

第三类，绿肥。包括栽培绿肥和野生绿肥。建国以来，我国绿肥种植面积逐年扩大，1976年达0.12亿 hm^2，以后面积开始下降，1986年仅为0.073亿 hm^2，1990年略有回升，为0.08亿 hm^2。目前我国多以种植饲料绿肥为主，直接翻耕的绿肥较少。

第四类，泥杂肥。主要包括城市垃圾、泥土肥、草木灰、草炭、腐殖酸、饼肥及工业污水、工业废渣等。随着城镇人口的增加和农副产品加工业的增多，杂肥类在有机肥料资源中所占的比例越来越大。杂肥占有机肥总量的18.8%，其中58.0%是垃圾。

另外，有机肥料也可根据腐熟过程中发热程度而分两类。

第一类，热性肥料。有机肥料在腐熟过程中堆温可升到50℃以上者，包括马粪、羊粪等；

第二类，冷性肥料。在腐熟过程中不能产生高温。有各种土粪、人粪尿。

猪粪冷热性主要决定于猪圈中的垫料，以土为垫料的土粪为冷性肥料，以草为垫料的猪粪为热性肥料，就纯猪粪而言可以认为是热性肥料。

有机肥料种类多、数量大、来源广，是我国农村主要的肥源。

二、有机肥料的作用

（1）有机肥料的营养作用　有机肥料在土壤中不断矿化的过程中，能持续较长时间供给作物必需的多种营养元素，同时还可供给多种活性物质，如氨基酸、核糖核酸、胡敏酸和各种酶等。尤其在家畜、家禽粪中酶活性特别高，是土壤酶活性的几十到几百倍，既能营养植物，又能刺激作物生长，还能增强土壤微生物活性，提高土壤养分的有效性。有机肥料中含有丰富的碳源，对促进作物生长、提高产量具有重要意义。

（2）有机肥料对提高土壤肥力的作用　土壤肥力是土壤生产力的基础，施用有机肥料对保持和提高土壤肥力有重要作用。

① 增加土壤有机质　土壤有机质是衡量肥力水平的主要标志之一，是土壤肥力的物质基础。有机质能提供作物所需的养分，有机质矿化不仅释放出微生物生命活动所必需的能量，而且有机质还具有保水、保肥、缓冲作用。据研究，在我国南方耕地土壤中，有机肥料转化为土壤有机质约占土壤年形成量的2/3（来自脱落根和根分泌物的有机质未计入内）。

② 改善土壤结构　有机肥料在分解过程中，一方面使有机物质分解和矿质化，释放养分；另一方面还进行腐殖质化，使一些有机化合物缩合脱水形成更为复杂的腐殖质。它能与土壤中的黏土及钙离子结合，形成有机无机复合体，促进土壤中水稳性团聚体的形成。

③ 提高土壤生物活性　有机肥料含有很多微生物和各种酶。施用有机肥料既能为土壤微生物活动提供养分和能量，也有利于改变土壤微生物区系，增加土壤有益微生物群落和酶活性，有利于土壤物质的转化和提高土壤养分的利用率。

④ 提高土壤养分有效性　有机肥料可提高难溶性的磷酸盐有效性。有机肥料分解中，能产生有机酸（如草酸、乳酸和酒石酸等）和碳酸，能与钙、镁、铁、铝等离子形成稳定的络合物，可以促进土壤中难溶性磷酸盐的转化，减少磷的固定，提高磷的有效性。

（3）提高产品品质　据报道，有机肥料和化肥配合施用比等氮量化肥能显著提高烟叶内外在品质和产量，上等烟平均提高 7.3%～9.8%，低次烟率平均降低 10%，每公顷平均增产干烟 475kg。因而有机肥和化肥配合施用，可提高产品产量、品质，同时可提高有机肥和化肥养分的利用率，也是无公害农业施肥技术的基本方针。

（4）减轻环境污染　有机废弃物中含有大量病菌虫卵，若不及时处理会传播病菌，使地下水中氨态氮、硝态氮和可溶性有机态氮浓度增高，以及地表和地下水富营养化，造成环境质量恶化，甚至危及到生物的生存。因此，合理利用有机肥料，既可减轻环境污染，又可减少化肥用量，一举两得。

三、有机肥料的特点

（1）有机肥料养分全面，它不但含有作物生育所必需的大量元素和微量元素，而且还含有丰富的有机物质，其中包括胡敏酸、维生素、生长素和抗生素等物质。因此，有机肥料是一种完全肥料。

（2）有机肥料中的植物营养元素多呈有机态，必须经过微生物转化才能被作物吸收利用，因此它的肥效缓慢而持久，是一种迟效肥料。

（3）有机肥料含有大量有机质和腐殖质，对土壤性状、培肥地力有重要作用。

（4）有机肥料含有大量的微生物以及各种微生物的分泌物——酶、刺激素、维生素等生长活性物质，对改善作物营养，加强新陈代谢，促进作物生长等也有重要作用。

（5）有机肥料养分含量低，施用量大，施用时需要较多的劳动力和运输力。因此，提高有机肥料的质量，提倡田头造肥，以节省运输劳力是十分重要的。

有机肥料虽有上述优点，但也存在一定的缺陷，如养分含量低，肥效缓慢，肥料中氮素的当季利用率低等。碳氮比大的有机肥料施用后还有短期固定土壤速效氮的现象。有机肥料体积大，运输劳力和费用多。在作物旺盛生长、需肥多的时期，有机肥料往往不能及时满足作物对养分的需求。

四、有机肥料的科学施用

有机肥在农业生产中不论是对作物还是土壤都有着及其重要的作用，因此科学施用有机肥在农业生产中尤为重要。

（1）有机肥施用要适量　目前，关于有机肥的用量欧盟已经做出了明确规定：欧盟限制了耕地有机肥最大施用量为 $170kgN/(hm^2 \cdot 年)$。美英等国的许多州则要求通过有机肥提供当季有效氮的数量最好不超过作物需求量的 $50\% \sim 60\%$，其余由无机氮肥补充。目前，我国暂时还没有限制的相关规定。之所以限制主要考虑到两点：①避免由于有机肥中氮素变异导致对作物产量和品质影响；②避免过量投入有机肥，造成前期烧苗或后期脱肥。

（2）有机肥腐熟要充分　堆、沤肥材料虽含有一定量的养分，但大都不能直接被作物吸收利用，通过堆沤腐熟过程，可使有机物料养分尽快释放，还可以利用发酵过程产生的高温杀灭寄生虫卵、各种病原菌和危害作物的病虫害及杂草种子等，以达到无害化的目的。再者，直接施用的有机废弃物在田间会进一步发酵，与作物根系争夺氧气，产生大量热量，易引起烧苗。同时还缩小了有机肥的庞大体积，节约运输成本，施后便于耕作，提高耕作质量。

（3）有机肥的合理配施　有机肥与有机肥、有机肥与化肥配合施用，才能发挥其各自的优势，相互补充，起到缓解、保持土壤养分平衡且显著改善作物品质的作用。有些有机肥C/N 很高，施用后土壤微生物与作物易争氮，引起氮素不足，则需配施适量氮肥。有机肥配施磷肥则有利于提高磷肥的肥效。

五、有机肥的矿化

一般来说，任何有机肥（有机物料）一经堆腐或施入农田，都会在微生物的作用下，经历分解和再合成过程，即矿质化和腐殖化。矿质化是有机物料的彻底分解过程，产生 CO_2、H_2O 和矿物质养分（N、P、K、Ca 等）；腐殖化则是有机物料（特别是纤维素和木质素类多糖）在分解过程中若干中间产物的再合成，生成腐殖物质，如胡敏酸的过程。有机物料在发酵处理或施入土后，首先发生的是分解有机物的矿质化，出现体积或干物质量的迅速减少，伴随着发热和能量释放，在田间则表现为有机肥的供肥作用。有机肥的矿化主要受以下几个因素的影响。

（1）C/N　它是有机物料化学组成的指标之一，在相同的分解条件下，供试物料 C/N不同，分解量有较大的差异。有试验表明，有机肥对土壤有机质的贡献，不论是水田或是红壤旱地，均有厩肥大于绿肥及秸秆还田。林明海（1985）发现新鲜有机肥在水田条件下分解，其腐殖化系数几乎不受有机肥料 C/N 比值的影响，而旱地有机质的分解则受有机肥料C/N 比值的限制，C/N 比值小腐殖化系数小，矿化快，对作物供肥快。

（2）温度　影响有机物分解的因素中以土壤温度较为明显。刘金城等（1984）研究表明：一般土温在 $20 \sim 30℃$ 时有机物分解最快，小于 $10℃$ 时分解较弱，低于 $5℃$ 则基本不分解。有机肥料的分解速率随着热量、降雨的增加而加快。在山西省北、中、南三地一年的分解率，玉米秸为 54%、69%、73%；新鲜猪粪为 60%、72%、69%。

（3）水分　土壤水分对有机肥的分解也有明显的影响。有机肥在水田与旱地条件下，其分解速度及腐殖质组成特征存在显著差异。在旱地条件下矿化快，有机质积累量比水田少。兰晓泉等（1995）的研究结果表明黄绵土中麦秸秆矿化较适宜的土壤含水量为 $16\% \sim 20\%$，矿化率达 78%，土壤水分低于 8% 或高于 24% 时，矿化率显著降低。

（4）施入时间　有研究表明，麦秸、玉米秸、牛粪等有机肥料的矿化率与矿化时间呈正相关，尤其是前 3 个月内矿化最快，占年矿化率的 $40.9\% \sim 86.7\%$。祖守先等（1990）对18 种有机肥料分解情况的研究表明，18 种有机肥料的分解速率随施入土壤的时间延长而递增，但递增百分率明显下降，平均分解速率半年期为 55.5%，一年期为 68.4%，一年半期为 71.1%。

（5）其他因素　有机肥料的分解，还受含碳化合物种类的影响，有机肥料在特定时刻的分解情况是受着正在分解的那部分物质的化学组成所控制的。除了热水溶性化合物外，有机肥料的纤维素、半纤维素及木质素含量也影响着肥料的矿化过程。

第二节　粪　尿　肥

　　粪尿肥是人粪尿、家畜粪尿及禽粪等的总称。人粪尿含氮量较高，且易分解，肥效较快。因此，在有机肥料中素有"细肥"之称。厩肥由于含有一定数量的有机质和多种养分，对培肥土壤具有独特功效，是农村中大量施用的重要肥料。在我国人多地少且经济基础薄弱的条件下，把粪尿等有机废物当作营养植物、培肥土壤，变废为宝，具有特别重要的意义。

一、家畜粪尿

（一）家畜粪尿的成分、性质和排泄量

（1）家畜粪尿的成分和性质　家畜粪和家畜尿的成分及性质差别很大。粪是饲料经家畜消化后未被吸收利用的残渣，主要是纤维素、半纤维素、木质素、蛋白质及其降解物、脂肪类、有机酸以及无机盐类。尿是饲料被消化吸收后进入血液经新陈代谢而以液体排出体外的废物。畜尿成分较简单，全部是水溶性物质，主要是尿素、尿酸、马尿酸以及钾、钠、钙、镁的无机盐类。由于家畜种类、年龄、饲料和管理方法不同，其粪尿的数量和成分差异很大。现将几种主要家畜粪尿成分列表 11-1。

表 11-1　新鲜家畜粪尿中主要养分的平均含量　　　　单位：鲜重 g/kg

家畜种类	水分	有机质	矿物质	氮(N)	磷(P$_2$O$_5$)	钾(K$_2$O)	钙(Ca)
猪粪	807	170	30	5.9	4.6	4.3	0.9
尿	967	15	10	3.8	1.0	9.9	微量
马粪	765	210	39	4.7	3.0	3.0	1.7
尿	896	80	80	12.9	0.1	13.9	4.5
牛粪	817	139	45	2.8	1.8	1.8	4.1
尿	868	48	21	4.1	微量	14.7	0.1
羊粪	619	331	47	7.0	5.1	2.9	4.6
尿	863	93	46	14.7	0.5	19.6	1.6

　　注：引自《中国农业百科全书．农业化学》卷，中国农业出版社，1996 年。

　　各种家畜粪尿除养分含量有差异外，由于家畜的饲料成分、饮食习惯、消化能力等差别，致使粪质粗细和含水量多少不同，影响畜粪的分解速度、发热量以及微生物种类等都不同。

　　① 猪粪　由于猪饲料的多样化，猪粪中养分含量常不一致。养分含量比较丰富，氮素含量比牛粪高一倍，磷、钾含量也高于牛粪和马粪，只是钙、镁含量低于其他粪肥。猪粪的 C/N 比值较低，且含有大量的氨化细菌，比较易于腐熟。腐熟后的猪粪能形成大量的腐殖质和蜡质，而且阳离子交换量高，所以施用猪粪能提高土壤保肥保水性；蜡质能防止土壤毛管水的蒸发。而且，猪粪劲柔、后劲长，既长苗，又壮棵，使作物籽粒饱满。

　　② 牛粪　牛是反刍动物，饲料经胃中反复消化，粪质细密。牛饮水多，粪中含水量较高，通气性差，因此牛粪分解腐熟缓慢，发酵温度低，故称冷性肥料。牛粪中养分含量较低，尤其是氮素含量，C/N 比值较大，平均 21.5:1。其阳离子交换量比猪粪、羊粪低。新

鲜牛粪略加风干，加入 $3\% \sim 5\%$ 的钙镁磷肥或磷矿粉，经混合堆沤，加速分解，可获得较好的有机肥料。牛粪对改良含有机质少的轻质土壤，具有良好的效果。

③ 马粪　马对饲料的咀嚼不如牛细致，消化力也不及牛强。马粪中纤维素含量高，粪的质地粗，疏松多孔，水分易蒸发，含水量少；粪中含有大量的高温纤维素分解菌，能促进维生素分解。因此，马粪腐熟较快。马粪在堆积时，发出热量多，所以被称为热性肥料。马粪可作苗床的酿热材料，用以提高苗床温度，促使幼苗能提早移栽。制造堆肥时，加入适量马粪，可提高堆肥温度，促进堆肥腐熟。由于马粪质地粗，对改良黏土也有显著效果。

④ 羊粪　羊也是反刍动物，对饲料咀嚼细，但饮水少，所以粪质细密干燥，肥分浓厚。羊粪中有机质、氮、磷和钙含量比猪、马、牛粪高。羊粪比马粪发热量低，但比牛粪发热量高，发酵速度快，因此也称热性肥料。此外，羊粪可与猪、牛粪混合堆积，这样可缓和它的燥性，达到肥劲"平稳"。羊粪阳离子交换量较牛、马粪高。羊粪对各种土壤均可施用。

⑤ 兔粪　兔粪也是一种优质高效的有机肥料。鲜兔粪含 N 为 1.58%，含 P_2O_5 为 1.47%，含 K_2O 为 0.41%。兔粪中含 N 高、含 K 低，而兔尿中正好相反。因此兔粪兔尿混合积制是一种养分均衡的优质肥料。兔粪 C/N 比值小，易腐熟，肥效快，也属热性肥料。据文献报道，兔粪尿具有杀虫、灭菌等功效。

各种家畜粪的性质都很相似，一般均呈碱性反应，含有不同数量的尿酸。几种家畜尿相比，牛尿分解慢，肥效迟缓，不宜直接单独施用，其他几种均可较快分解。

（2）家畜粪尿的排泄量　家畜粪尿的排泄量因家畜种类、体重、饲料等有所不同。家畜粪尿排泄量与实际情况往往有较大的出入，因为粪尿在积存过程中均有不同程度损失，特别是牛、马、羊往往要放牧或使役，相当一部分粪尿难以收集。

据研究，各种家畜每头年排泄物的鲜重尽管相差很大，但是单位体重的家畜每年排泄的干物是非常接近的。对猪、牛、羊、马四种家畜每年排泄干物量所作的测定表明，干物量大体相当于家畜体重的四倍。这可作为我们粗略估计家畜排泄量时的参考。

（二）家畜粪尿的贮存和施用

（1）垫圈法　用秸秆、杂草、泥炭、干土等作为垫圈材料，可保水保肥，养分损失少，但卫生条件差，所以要勤起勤垫。特别是绵羊圈，否则就会影响羊毛的质量。

（2）冲圈法　就是用水把畜舍粪便冲洗到畜舍附近的密闭的肥池中。畜舍地面要稍有倾斜，用水泥、石板或三合土建成，要求不漏水、肥。这种方式主要优点是：①有利于畜舍卫生和家畜健康；②不用垫圈材料；③省掉垫圈、起圈、堆积、腐熟等操作过程，可大大节约劳力；④在嫌气条件下沤制粪尿可减少养分损失，并可结合沼气发酵，利用生物能，缓和农村的能源紧张状态。目前一些奶牛场和大型养猪场多采用此种方法。

（3）冲垫结合法　对于北方来讲，早春、冬季由于气温低，可以采用垫圈，其他季节可采用冲圈，这样既讲卫生，又能得到优质的肥料。

总之，冲圈积肥，积制出速效性的有机肥料，可作为追肥用，垫圈积肥可作基肥用。

二、厩肥

厩肥一般是指由家畜粪尿、各种垫圈材料以及饲料残屑混合积制的肥料。由于各地积存方式不同，厩肥也有各种不同的名称。北方一般称为"圈粪"，如用土作为主要垫圈材料又称为"土粪"等。

（一）厩肥的成分、性质

厩肥的成分依家畜种类、饲料优劣、垫圈材料和用量的不同而异。新鲜厩肥的平均肥分含量如表 11-2。

表 11-2　厩肥的平均肥料成分　　　　　　　　　　　　　　单位：g/kg

养分种类	猪厩肥	牛厩肥	马厩肥	羊厩肥
水分	742	775	713	646
有机质	250	201	254	318
氮(N)	4.5	3.4	5.8	8.3
磷(P_2O_5)	1.9	1.6	2.8	2.3
钾(K_2O)	6.0	4.0	5.3	6.7
钙(CaO)	6.8	3.1	2.1	3.3
镁(MgO)	0.8	1.1	1.4	2.8
硫(SO_3)	0.8	0.6	0.1	1.5

从表 11-2 可见，新鲜厩肥平均含有机质 250g/kg，1t 厩肥平均含 N 为 5kg，P_2O_5 为 2.5kg，K_2O 约为 6kg。新鲜厩肥含难分解的纤维素、木质素等化合物，C/N 比值较大，而氮大部分呈有机态，当季利用率低，只有 10% 以下，最高也只有 30%。如果直接用新鲜厩肥，由于微生物分解厩肥过程中会吸收土壤养分和水分，就会与幼苗争水争肥，而且在厌气条件下分解还会产生反硝化作用，促进肥料中氮的损失。所以新鲜厩肥需要堆制腐熟。

（二）厩肥在堆腐过程中的变化

厩肥在堆腐过程中变化的可归纳为矿质化和腐殖化两个过程。这两个过程是在微生物作用下进行的，是生物化学过程。因此，了解厩肥矿质化和腐殖化的具体过程，对于科学积制有机肥料，提高肥料质量都是很重要的。

1. 矿质化过程

厩肥中的各种有机物质在微生物作用下，分解为简单无机物并放出能量，其中部分中间产物，可进一步合成腐殖质。矿质化过程大体有以下几种。

（1）不含氮有机物的矿化　厩肥中不含氮的有机物可分为淀粉和糖、纤维素、果胶物质和半纤维素及木质素等四类。

① 淀粉和糖类　淀粉是多个葡萄糖的缩合物。糖类主要有己糖、双糖和其他形态的多糖。这些有机物在微生物作用下首先都分解为单糖。在好气条件下，其中的大部分碳彻底氧化成 CO_2，小部分碳被合成微生物体的碳架。在嫌气分解过程中，最终产物是分子结构简单的有机酸类、醇类、酮类、醛类或碳氢化合物等。其反应如下：

通气条件下：$C_6H_{12}O_6 + 6O_2 \longrightarrow 6CO_2 + 6H_2O + 2822J$

嫌气条件下：$C_6H_{12}O_6 \xrightarrow[]{\text{糖酵解}} 2CH_3COCOOH \xrightarrow[+H_2O]{\text{歧化作用}} CH_3COOH + CH_3CHOHCOOH + CO_2$

丙酮酸　　　　　　　乙酸　　　　　　乳酸

或　　$3CH_3COCOOH \xrightarrow[+H_2O]{\text{歧化作用}} CH_3COOH + CH_3CH_2CH_2COOH + 3CO_2$

乙酸　　　　　　　丁酸

或　　$CH_3COOH \longrightarrow CH_4 + CO_2$

乙酸　　　　甲烷

② 纤维素　纤维素是厩肥中主要成分，是葡萄糖的高分子聚合物。在微生物作用下纤维素首先被水解为纤维二糖，然后再水解为葡萄糖。在好气条件下，纤维分解细菌能使葡萄糖彻底氧化，产生 CO_2 和 H_2O。在嫌气条件下，嫌气性纤维分解细菌将葡萄糖吸收到细胞内，进行丁酸发酵，产生多种有机酸和气体。

③ 果胶物质和半纤维素　果胶物质在微生物作用下水解成果胶酸，随后水解为半乳糖

醛酸。半纤维素分解后形成单糖和糖醛酸。在好气条件下，果胶物质和半纤维素水解的各种产物，氧化成 CO_2 和 H_2O。在嫌气条件下，则形成各种有机酸和气体。

④ 木质素　木质素分解缓慢，主要是在真菌作用下被分解成 CO_2 和 H_2O，中间产物是各种有机酸。

（2）含氮有机物矿化　新鲜厩肥中含氮有机物分蛋白质态氮和非蛋白质态氮两类，但以蛋白质态氮为主。它们的矿化过程可归纳为氨化作用、硝化作用和反硝化作用等。在氮肥中已详细说明不再重复。非蛋白质含氮化合物主要有尿素、尿酸、马尿酸等，这类物质分解后都可产生氨。

① 尿素的分解

$$CO(NH_2)_2 + 2H_2O \xrightarrow{\text{脲酶}} (NH_4)_2CO_3$$
$$(NH_4)_2CO_3 \longrightarrow 2NH_3 \uparrow + CO_2 \uparrow + H_2O$$

② 尿酸的分解

$$C_5H_4O_3 + H_2O + 1/2O_2 \longrightarrow C_4H_6N_4O_3 + CO_2$$
$$C_4H_6N_4O_3 + 2H_2O \longrightarrow 2CO(NH_2)_2 + CHOCOOH$$
$$CO(NH_2)_2 + 2H_2O \xrightarrow{\text{脲酶}} (NH_4)_2CO_3$$

尿酸首先分解为尿囊素，尿囊素继续分解为尿囊酸，再分解为尿素和己醛酸。尿素再进行分解为氨和 CO_2。尿酸的分解比尿素慢。

③ 马尿酸的分解

$$C_6H_5CONHCH_2COOH + H_2O \longrightarrow C_6H_5COOH + CH_2NH_2COOH$$
$$CH_2NH_2COOH + H_2O \longrightarrow CH_2OHCOOH + NH_3 \uparrow$$

马尿酸分解更慢。畜尿中含马尿酸多的腐熟时间要长些。

（3）含磷有机物的矿化　厩肥中含磷有机物，常见的有核蛋白、卵磷脂、植素在微生物作用下水解，其反应过程如下。

核蛋白 $\longrightarrow$ 核素 $\longrightarrow$ 核酸 $\longrightarrow$ 磷酸
卵磷脂 $\longrightarrow$ 甘油磷酸酯 $\longrightarrow$ 磷酸
植素 $\longrightarrow$ 植酸 $\longrightarrow$ 磷酸

（4）含硫有机物的分解　厩肥中含硫有机化合物有半胱氨酸、胱氨酸、蛋氨酸、磺基丙氨酸等，它们的矿化过程与氮相似。有机硫化物在嫌气条件下进行分解时，最终产物是硫化氢、甲硫醇、二甲基硫。

2. 腐殖化过程

厩肥在矿化过程中形成的中间产物，可在微生物作用下，重新合成为复杂的腐殖质。厩肥腐殖质含量很丰富，因此有良好的改土效果。厩肥在腐熟的中、后期形成腐殖质较多，一般嫌气而又偏湿润的条件下有利于腐殖质的形成。

（三）厩肥的施用

应根据作物种类、土壤肥力、气候条件及肥料本身性质的不同而异。一是从植物种类来看，凡是生育期较长的植物，应施用半腐熟的厩肥，因它可以通过缓慢分解，逐渐释放养分供植物后期需要；而生育期较短的植物，须用腐熟程度较高的厩肥，能及时满足植物对养分的需要。二是从土壤性质来看，厩肥应首先分配在肥力水平较低的土壤上，对于等量的厩肥施在瘦地增产幅度比施在肥地上增产幅度大，因此瘦地应优先分配。三是气候条件与厩肥的施用有关。在降雨量较少的地区或旱季，宜施用腐熟的厩肥，对于温暖湿润地区，可施用半腐熟的厩肥。四是从肥料性质看，厩肥在腐熟分解时放出大量热量，如不腐熟就施用会引起烧苗现象，因此厩肥施用前必须先腐熟后施用。每 $667m^2$ 用量 $1000 \sim 2000kg$。

一般厩肥适于做基肥。除此之外，腐熟程度高的厩肥也可做追肥或种肥，做追肥时要适当提前，然后中耕入土。

三、禽粪

禽粪主要是指鸡、鸭、鹅、鸽等家禽的排泄物和海鸟粪。家禽排泄量虽然不多，但禽粪含养分浓厚，表11-3是家禽年平均产粪量和养分含量。

表 11-3　家禽粪养分含量和年排泄量

种类	水分/%	有机物/%	N/%	P_2O_5/%	K_2O/%	年排泄量/(kg/只)
鸡粪	50.5	25.5	1.63	1.54	0.85	5～7.5
鸭粪	56.6	26.2	1.10	1.40	0.62	7.5～10
鹅粪	77.1	23.4	0.55	0.50	0.95	12.5～15
鸽粪	51.0	30.8	1.76	1.78	1.00	—

鸡、鸭和鸽是杂食性的，以虫、鱼、谷、草等为食物，而且饮水少，因此其粪中水分少，有机质含量高，氮、磷的含量也高。鹅是食草家禽，饮水多，因此鹅粪的养分含量与家畜粪相近，质量不如鸡、鸭和鸽粪。在禽粪中养分含量由高到低的顺序为鸽＞鸡＞鸭＞鹅。

禽粪中的氮素以尿酸态为主，尿酸盐不能被作物直接吸收，而且有害于根系的正常生长，施用新鲜禽粪还能使地下虫害加剧危害。为此禽粪必须腐熟后施用。

禽粪的积存方法一般是将干细土或碎秸秆均匀铺于禽舍或禽场地面，定期清扫、积存。禽粪养分浓度高，容易腐熟并产生高温，造成氮的挥发损失，可以选择阴凉干燥处堆积存放。施用前加污水沤制，或与其他材料混合制成堆肥或厩肥。此外，保存时加入5%的过磷酸钙也可减少氮的损失。

海鸟粪是指在海岛上海鸟的粪便、尸体及其他一些有机物混合在一起，经长期堆积分解而成的一种有机肥料。是一种优质高效磷肥，可直接施用。

第三节　秸　秆　肥

秸秆肥都是以秸秆、落叶、杂草、垃圾、河泥等为主要原料混合一定量的人畜粪尿、泥土等其他物质在不同条件下积制而成的。各地可根据材料不同采用不同的积制方法。堆肥和沤肥是我国农村中广泛积制的有机肥，秸秆直接还田则不需要经过堆积沤制，将秸秆直接翻埋入田间即可，沼气池肥近几年也普遍应用。这四种肥料都是以有机废弃物或植物残体为主要原料积制而成，其中养分需要经微生物的作用才能释放出来。

一、堆肥

堆肥是用秸秆、落叶、杂草、垃圾、河泥等有机物与泥土和人畜粪尿混合堆制而成的肥料。堆肥可分为普通堆肥和高温堆肥两种。普通堆肥一般混土较多，发酵温度低，腐熟时间长。高温堆肥是以纤维质多的原料为主，发酵时有明显高温阶段，腐熟时间短，质量好。下面我们重点介绍高温堆肥。

（一）高温堆肥的堆制原理和条件

（1）堆制原理　堆肥的腐熟过程也是由微生物引起的，也必须经过矿质化和腐殖化过程，堆肥初期矿质化占优势，堆肥后期腐殖化占优势，两者相互转化，微生物和环境条件影响转化的方向和速度。通常可将高温堆肥堆制原理划分为四个阶段。

① 发热阶段　当微生物分解有机物时，产生热量使堆内温度升高，由常温上升到50℃左右时，以中温好气性微生物占优势，常见的是无芽孢细菌、芽孢细菌和霉菌。主要分解易

溶性有机物和蛋白质，进行矿质化过程。

② 高温阶段　这一阶段温度大致是 60～70℃ 之间，原来的中温性微生物逐渐被好热性微生物所代替，好热性真菌、放线菌、芽孢杆菌和梭菌占优势，主要分解纤维素、半纤维素、木质素和果胶类物质，同时大量放热，促使堆温上升，除矿质化过程外，还开始出现了腐殖化过程。由于是高温还能起到杀虫卵、灭杂草种子作用。

③ 降温阶段　在高温阶段持续一段时间之后，由于大部分纤维素、半纤维素、果胶类物质已被分解，微生物生命活动的强度减弱，温度自然下降，当温度下降到 50℃ 以下，中温性微生物又占优势，但好热性微生物仍在起作用，这一阶段主要分解残留的有机物，腐殖化过程也逐渐占优势。

④ 后腐保肥阶段　此阶段堆肥中的 C/N 逐渐减小，腐殖质累积数量逐渐增加。在堆肥表层出现以真菌菌丝体为主的白毛，此时如不采取保肥措施，就会使新形成的腐殖质强烈分解，引起氨的损失。所以堆肥在半腐熟阶段应将粪堆压实，并用泥土密封，使其缓慢地进行后期的腐熟作用，以利保肥。

（2）堆肥堆制条件　堆肥的整个腐解过程是一个多种微生物交替活动的过程，是受堆肥材料、环境温度、水分、通气以及酸碱度等各种因素的影响。

① 水分　堆肥材料只有吸水软化后，才便于微生物侵入和分解。微生物随水移动可使堆肥的各个部位均匀腐熟。所以堆肥腐熟必须有一定水分条件，但水分过多时通气不良，也不利于腐解作用的进行。适宜的含水量约为堆肥材料最大持水量的 60%～70%。通常用铁锨拍打可以成团，抖开即散，但粪堆外不能淌出过多粪水。掺加水分或尿液的数量，夏季宜多，以防灰化；冬季宜少，以免因通气不良而发热缓慢。

② 通气　在堆肥的腐解初期，主要是好气微生物的活动。为此，要有一个良好的通气条件。但堆肥过于疏松时容易下陷，湿度不易保持，所以在堆积时要通过适当踏实以保持一定的松紧度，以后再通过翻堆加以调节。有时可以设通气草束或通气沟，或设置通气道。在肥堆外用泥土密封时，要留出通气孔，等高温阶段过后，再将通气孔堵塞。为了保湿、保温、保氮，肥堆外应盖土或泥封，也可用塑料薄膜覆盖，但堆内不宜加土，以免堵塞通气孔道，影响好气微生物的分解作用，并降低堆肥质量。

③ 温度　肥堆内温度的升高主要是微生物在分解有机物时所释放出的热量所造成。当堆温维持在 50～60℃ 时，真菌、细菌和放线菌共同作用，能发生最大的分解作用；当堆温达到 75℃ 时，微生物的作用受到抑制，反而不利于有机质的腐解。堆肥温度也受环境温度的影响。在北方，特别是寒冷季节，最好选择中午前后突击堆肥，并保持大堆，以利升温。

④ C/N　适合于微生物活动的 C/N 为 25:1，当 C/N>25:1 时，说明堆肥材料中 C 多 N 小，微生物繁殖受抑制，数量少，有机质分解慢，反之易分解。因此，对于堆肥材料 C/N 大的，必须调节，采用加入含 N 较多的人畜粪尿或化学氮肥来调节。

⑤ 酸碱度　各种微生物对酸碱度都有一定的适应范围，过酸碱均不利于分解作用的进行。纤维分解菌、氨化细菌以及堆肥中的大多数有益微生物都适于在中性至微碱性条件下繁殖。pH 值大于 8.5 或小于 5.3 都不利于微生物活动。而堆肥在堆腐过程中会产生一定数量的有机酸或碳酸，使环境变酸，不利于微生物活动。因此，堆制时需要加入一定量石灰（2%～5%）或草木灰来调节酸碱度。

按着上述要求，结合当地具体情况，为微生物创造有利条件，就能按期堆制出优质堆肥。

（二）堆肥的积制方法

堆肥积制的方法有地面式及地下式两种。在北方，堆肥材料以玉米、高粱秸秆为主。先将秸秆铡碎，长约 10cm，铺成厚约 60cm 的长堆，并按照秸秆每 1000kg 掺加厩肥 600kg、人粪尿 200kg 和水 1500～2000kg 的比例，均匀撒入并充分拌和后，堆成高宽各约 1.5～2.0m 的大堆，在堆的表面覆盖 3～6cm 厚的土或用麦草泥密封。堆后 5～7d 开始发热，等到高温后约 10d 左右，可进行第一次翻堆，缺水可适当补充，再次盖土封好。等到再次发高温后 10d 可进行第二次翻堆。如果堆肥材料已近黑、烂、臭时，说明已基本腐熟。此时应采取压实、封严等保肥措施，以便备用。

通常可以从堆肥颜色、软硬程度及汁液颜色等外观情况来判断堆肥的腐熟程度。当堆肥材料完全变形，易拉断，呈黑褐色，可捏成团，汁液呈浅棕色、有臭味，说明已完全腐熟。

堆肥的成分因堆肥材料和堆积方法不同，差别很大。据测定，高温堆肥有机质含量为 24%～42%，N 为 1%～2%，P_2O_5 为 0.3%～0.82%，K_2O 为 0.47%～2.53%，C/N 为 10：1 左右。堆肥施用量为 1000～2000kg/667m²，以基肥为主。

日本是施用堆肥较为普遍的国家。为又快又好地制成堆肥，有人提出了三项关键措施：①堆肥材料中的水分应达 65% 左右；②堆肥材料的 C/N 以 25：1～40：1 为宜；③确保通气性。在第一次翻堆后可插入塑料制成的通气网筒（0.25m×10m），3～4 月即可腐熟。

菲律宾研制成功的液体转肥剂称为 "Mancon"，能将畜禽粪便和野草、稻根等迅速分解为腐殖质丰富的有机肥料。1kg 转肥剂可掺加在 150kg 的堆肥材料内，经过 3～4 周发酵，就能分解成无臭、无毒、无酸、养分丰富、作物易于吸收的微粒有机肥。还可以把转肥剂用水混合后直接用在田地上。它的出现对使农业从化肥转向有机肥的使用有重要意义。

二、沤肥

沤肥是我国南方水稻产区广泛应用的一种肥料。它是利用有机物与泥土混合，在淹水条件下通过微生物的嫌气分解制成的肥料。与堆肥相比较，沤肥以嫌气分解为主，发酵温度低，腐熟时间长，有机质和氮素损失少，腐殖质积累多。

（1）沤肥的成分 沤肥成分随着沤肥材料不同而有很大变化。据华东农科所分析，草塘泥含全氮 0.21%～0.40%，含 P_2O_5 为 0.14%～0.26%。据华中农科所和湖南农科所分析，凼肥含有机碳 1.87%～7.3%，全氮 0.10%～0.32%，速效氮 50～248mg/kg，速效磷 17～278mg/kg，速效钾 68～865mg/kg。

（2）影响沤肥腐解的因素

① 沤肥要经常淹泡 保持 3～5cm 的浅水层，这样可隔绝空气，创造嫌气条件，也有利于提高坑内温度，腐熟快，对保肥也有利，但特别注意避免干湿交替，造成氮素损失。

② 注意原料配合 最好选择 C/N 小的材料（如垃圾、杂草、人粪尿等），有利于腐解，另外可添加一定量石灰，能加速腐解，提高肥效。

③ 要隔一定时间进行翻堆 翻堆使材料上下受热一致，以利于微生物活动，还能使坑底未腐熟的肥料进行充分腐熟。一般草塘泥在春天沤制一个月左右进行翻堆。

（3）沤肥的沤制方法和施用

① 草塘泥 沤制过程分为稻草河泥与草塘泥两步。一般在冬春季节，先挖取质量较高的河泥，加入 2%～3% 的稻草（质量比），草长 16～33cm，混合堆积在沿河两岸的泥塘内，即为稻草河泥。到春分、清明季节挖塘，埂高 33～66cm，塘深 100cm，塘面直径 333cm，堆底直径 300cm，塘底和四壁要捶紧夯实，防止漏水漏肥。然后将稻草、河泥、绿肥、青草、厩肥等分层放入稻草河泥封顶。保持 3～7cm 浅水层，创造嫌氧条件。大约 20～30d 翻塘，促进腐解，翻后不再用水淹泡，用稻草等覆盖，保持水分。

② 凼肥 分常年凼和季节凼两种。常年凼又称家凼。在住宅附近挖凼，深宽各 1m，将青草、落叶、秸秆、垃圾、污水、人粪尿等随时倒入坑中。一般每年出粪四次。季节凼肥又称田凼，在田间挖凼，分冬、春、夏三种。根据田块大小，设凼 3～5 个或 7～8 个，注意勤翻，每次加少许人粪尿，经 3～4 次翻动后即可腐熟。

沤肥一般作稻田基肥，也可用于旱田。施用量每 667m² 施 4000kg 以上。最好随耕翻施用，以免养分损失，为充分发挥肥效应配合施用速效氮、磷化肥。

三、秸秆直接还田

各种农作物的秸秆含有相当数量的营养元素，具有改善土壤的物理、化学和生物学性质，提高肥力，增加作物产量，作物秸秆来源广，数量大。所以，在农业生产中发挥着重要的作用。作物秸秆因种类不同，所含各种元素的多少也不相同。一般来说，豆科作物秸秆含氮较多，禾本科作物秸秆含钾较丰富（表 11-4）。

表 11-4　主要作物秸秆养分含量

秸秆种类	几种营养元素含量（占干物重比例）/%				
	N	P₂O₅	K₂O	Ca	S
麦秸	$0.50\sim0.67$	$0.2\sim0.34$	$0.53\sim0.60$	$0.16\sim0.38$	0.123
稻草	0.63	0.11	0.85	$0.16\sim0.44$	$0.112\sim0.189$
玉米秸	$0.48\sim0.50$	$0.38\sim0.4$	1.67	$0.39\sim0.80$	0.203
豆秸	1.3	0.3	0.5	$0.79\sim1.50$	0.227

注：引自徐新宇，1991。

（一）秸秆直接还田的作用

（1）改善土壤结构性　在一定程度上，水稳定性团聚体随土壤中多糖含量的提高而增加。土壤中多糖是微生物分解秸秆后合成的产物。秸秆直接还田有利于新鲜腐殖质的形成，腐殖质可随即与土粒结合成团粒结构，改善了土壤的结构性。

（2）固定和保存氮素养料　新鲜秸秆施入土壤后，一方面为好气性或嫌气性自生固氮菌提供碳源而促进固氮，另一方面能供给土壤微生物能量，吸收土壤中速效氮合成细菌体，把氮素养料保存下来。可供当季作物利用。

（3）促进土壤中植物养料的转化　秸秆直接还田后能加强土壤微生物活动，加速有机质矿化，有助于土壤中难溶性磷、钾的释放，提高有效肥力。

（二）秸秆直接还田的技术

（1）施用量和耕埋深度　作物收割后用重耙或圆盘耙切碎秸秆，然后耕埋入土。注意保墒，以利于分解。每 667m² 施 $300\sim400$kg 为宜，深度约为 $10\sim13$cm，一般做到泥、草相混。

（2）施用时期及方法　旱地争取边收边耕埋；水田在插秧前 $7\sim15$d 施用。

（3）配合施用其他肥料　秸秆直接还田时，作物与微生物出现争夺养料的现象，特别是氮素养料，可以通过补充化肥来解决这个矛盾。北方 667m² 土地可施入 $10\sim15$kg 碳铵，也可配合施入过磷酸钙，以保证作物良好生长。

四、沼气池肥

（一）沼气发酵的意义

（1）经济有效地利用生物能　沼气发酵的主要材料是各种作物秸秆、人畜粪尿、杂草、生活污水等，经沼气发酵可产生一种无色无味的可燃气体——沼气，其主要成分是甲烷（CH_4）。又可以保蓄大部分养分和少部分有机质回田。因此，沼气发酵既能回收大部分养分，又能经济地利用生物能，是有机废弃物较为合理的利用方式。

（2）扩大肥源，提高肥效　推广沼气发酵能促进农村中各种有机废弃物的收集和利用。由于沼气发酵是在密闭嫌气下分解，故养分损失少。

（3）除害灭病，改善环境卫生　人畜粪尿、生活污水和工业废水、农业上废弃物等在密闭的沼气池中发酵，能有效地控制寄生虫卵、病原菌、蚊蝇的繁殖和滋生，有利改善环境卫生。

（二）沼气发酵的原理及条件

沼气发酵是在一定温度、湿度和隔绝空气的条件下由多种厌气性异养型微生物参加的发酵过程。可将这些微生物分为非产甲烷细菌和产甲烷细菌两大类群。在前一类群微生物作用下，多糖、蛋白质和脂肪等复杂有机物，首先被分解为单糖、多肽、脂肪酸和甘油等中间产物。然后转化为简单的挥发性脂肪酸、醇、酮和氢气等。第三阶段为甲烷化阶段。是由一些严格嫌气的产甲烷细菌来进行的。前两阶段微生物活动创造了嫌气环境，第二阶段微生物代谢的生成物又为这类微生物提供了基质。产甲烷细菌从二氧化碳、甲烷、甲醇、甲酸、乙酸等得到碳源，以铵态氮作氮源，通过多种途径产生沼气。其化学反应式如下：

$$CH_3COOH \longrightarrow CH_4 + CO_2$$
$$4CH_3OH \longrightarrow 3CH_4 + CO_2 + 2H_2O$$
$$2CH_3CH_2OH + CO_2 \longrightarrow 2CH_3COOH + CH_4$$
$$2C_3H_7CH_2OH + CO_2 \longrightarrow 2C_3H_7COOH + CH_4$$
$$CO_2 + 4H_2 \longrightarrow CH_4 + 2H_2O$$
$$CH_3COCH_3 + H_2O \longrightarrow 2CH_4 + CO_2$$

沼气发酵条件如下。

（1）嫌气　产甲烷细菌是典型的嫌气细菌，在空气中几分钟就会死亡。故要通过水层和严密封闭沼气池来隔绝空气。

（2）接种沼气细菌　初次投料时，要进行人工接种沼气细菌。菌种来源是产气好的老沼气渣、老粪池池渣及长年阴沟污泥。此外，在每次清除沼气渣作肥料时，应保留 1/3 的池渣作为菌种，以保证沼气池的正常发酵。

（3）配料要适当　人畜粪尿、青草、秸秆、枯枝落叶、污水和污泥等有机物都可为发酵原料，但各种原料的产气量和持续时间不同。在原料中要考虑沼气细菌对碳、氮、磷等各种营养的要求，有利于菌体繁殖，才能够多产气。据试验，沼气的产量与原料的碳氮比有关，适宜碳氮比为 30∶1～40∶1 较好。

（4）适量水分　水分是沼气发酵时必不可少的条件，水分过多，发酵液中干物质少，产气量低；水分过少，干物质多，易使有机酸积累，影响发酵，同时容易在发酵液面形成粪盖，影响产气。一般沼气池加水量以约占整个发酵原料（湿重）的 50% 左右为宜。

（5）温度　沼气细菌虽然在 8～70℃ 范围内均能生长，但最适温度为 25～40℃，在此温度内，温度愈高，沼气细菌繁殖愈快，产气量愈高。据研究，低于 15℃ 时产气较差，3℃ 以下基本不产气。由于沼气菌的产气状况，与温度密切相关，所以要从建池、配料及科学管理多方面着手，控制好地温，保证正常产气。

（6）酸碱度　沼气细菌在 pH 值 6～8 范围内活动最旺盛，产气量高。但在发酵液中会积累大量有机酸，使 pH 值降低。加入生石灰或草木灰调节。用量为原料干重的 0.1%～0.2%。

（三）沼气池肥的施用及肥效

沼气粪水可以直接施用各种作物，特别是旱地作物的追肥。试验表明，深施比浅施好，可减少氮素的损失。也可在作物生长中后期结合喷灌，喷施沼气水追肥，用量 1500～2500kg/667m²。沼气粪渣可直接用作基肥，最好再加秸秆、磷矿粉等，混合均匀，让其继续堆腐 1～1.5 个月后作基肥施用。为了减少氨的挥发，沼气池出肥、换料时，池内的肥料应尽快取出、施用。

沼气池肥的效果优于沤肥，当两者用量相等时，沼气肥增产效果较大。由于沼气池肥含有大量有机质和腐殖质，对改良土壤、培肥地力有很好效果。

第四节　绿　　肥

在农业生产中，凡利用绿色植物的幼嫩茎叶直接或间接施入土中作为肥料的都叫绿肥。凡是用作绿肥而栽培的作物称为绿肥作物。在农业生产中，绿肥是一种重要的有机肥源。

一、绿肥的种类

（1）按植物学分类　可分为豆科绿肥（如紫云英、田菁等）和非豆科绿肥（如油菜、黑麦草、水花生、绿萍等）两大类。

（2）按栽培季节分类　可分为冬季绿肥（如紫云英、毛叶苕子）和夏季绿肥（田菁、绿豆）等。

（3）按种植条件分类　可分为旱生绿肥（如黄花苜蓿等）和水生绿肥（如绿萍、水葫芦）等。

二、绿肥在农业生产中的作用

（1）增加土壤有机质和有效养分，培肥改良土壤　绿肥含有机质10％～15％（鲜重，以下同），含氮0.3％～0.6％，以1500kg鲜草重计，可提供有机质150～225kg，纯氮4.5～8kg。这对增加土壤养分和培肥改良土壤都有一定的作用。绿肥含有各种营养成分，在肥料三要素中氮、钾含量较高，磷相对低些。实际养分组成因绿肥种类、栽培条件、生育期不同而异。主要绿肥作物收割期鲜草的养分含量状况列于表11-5。

表 11-5　主要绿肥作物养分含量

种　类	鲜草成分（占绿色体的比例）/％				干草成分（占绿色体的比例）/％		
	水分	N	P_2O_5	K_2O	N	P_2O_5	K_2O
紫云英	88.0	0.33	0.08	0.23	2.75	0.66	1.91
光叶紫花苕子	84.4	0.50	0.13	0.42	3.12	0.83	2.60
毛叶苕子	—	0.47	0.09	0.45	2.35	0.48	2.25
箭舌豌豆	—	0.54	0.06	0.32	—	—	—
黄花苜蓿	83.3	0.54	0.14	0.40	3.23	0.81	2.38
草木樨	80.0	0.48	0.13	0.44	2.82	0.92	2.40
肥田萝卜	90.8	0.27	0.06	0.34	2.89	0.64	3.66
油菜	82.8	0.43	0.26	0.44	2.52	0.53	2.57
田菁	80.0	0.52	0.07	0.15	2.60	0.54	1.68
柽麻	82.7	0.56	0.11	0.17	2.71	0.31	0.82
紫花苜蓿	—	0.56	0.18	0.31	2.16	0.53	1.49
紫穗槐	—	1.32	0.36	0.79	3.02	0.68	1.81
沙打旺	—	—	—	—	2.80	0.22	2.53
细绿萍	—	—	—	—	4.20	0.10	3.97
水花生	—	0.15	0.09	0.57	—	—	—
水葫芦	—	0.24	0.07	0.11	—	—	—
水浮莲	—	0.22	0.06	0.10	—	—	—
红三叶	73.0	0.36	0.06	0.24	2.10	0.34	2.53

（2）富集流失养分，净化水质　通过"三水一绿"（水花生、水葫芦、水浮莲和绿萍）的种养，吸收水中可溶性养分，加快生长与繁殖。这样可把农田流失的肥料和城市污水进行

收集，转入农田养分循环，提高养分利用率。同时，水生绿肥还能减轻水质污染。例如，一株水葫芦在 15min 内可吸收 18mg 的醋酸铅（水中醋酸铅浓度为 10mg/kg），还能吸收污水中的镉、镍、银、铝、锌、铬、铜、汞、钴、锶、锡、锰等重金属，以及酚类等有机化合物，使水质达到不同程度的净化。

（3）保持水土，防风固沙　绿肥作物茎叶茂盛和根系发达，覆盖田面，可减少水、土、肥的流失，抑制大田杂草的生长。绿肥在坡地、沙地、山区、渠岸种植，可减少雨水冲刷，起到固沙保土、护岸、护坡、保持水土的作用。

（4）促进畜牧业和养蜂业的发展　绿肥作物一般含有丰富的蛋白质、脂肪、糖类和维生素等，并且茎叶柔嫩，可作青饲料，也可调制成干草或青贮，作畜、鱼、禽的饲料。此外，草木犀、紫云英等绿肥作物是优良蜜源，还可促进养蜂业的发展。

（5）改良低产土壤　种植耐盐性强的绿肥，能使土壤脱盐。据山东省农科院土肥所试验，种田菁后，由于茎叶覆盖抑制盐分上升，根系穿透较深，改善土壤结构促进土壤脱盐。雨后土壤脱盐率为 67.4%，而对照脱盐率为 39.7%，效果明显。一般土壤表层盐分可下降 50%~60%，促使作物产量迅速提高。酸性土壤种绿肥，能增加土壤有机质，提高土壤肥力，降低土壤板结，提高土壤的缓冲作用，减少土壤酸度和活性铝的危害。据江西红壤研究所试验，种植紫云英 3 年后土壤 pH 值由 5.1 上升到 5.8。

（6）种植绿肥植物能绿化环境，减少尘土飞扬，净化空气　我国西北荒漠地区，沙尘暴频发，2002 年来势凶猛，大面积尘土飞扬，覆盖污染包括北京在内的广大地区。种植绿肥是防止沙荒、改善环境的主要措施之一，如种植沙打旺绿肥，是改良沙荒，植树造林的先锋作物。667m² 绿肥植物每天能吸收 24~60kg 的 CO_2，放出 16~40kg 的氧气。除此之外，还可以减少或消除悬浮物、挥发酚和多种重金属的污染。

三、绿肥的种植方式

（1）单作　是指在生长季节中，地里只种植绿肥作物。此种种植方式适于在人少地多、土壤瘠薄、盐碱、风沙等低产地上。以改土为目的或利用茬口间隙期短而播种的情况下采用。

（2）间作　是指同时在同一块地上成行或成带状间隔种植两种或两种以上生长期相近的作物。在主作物的行株间，播种一定数量的绿肥作物，用作主作物的肥料，如水稻放养绿萍，果园间作短期绿肥作物等。通过间作有利于通风透气及土壤水分、养分的有效利用，发挥边行优势，增加作物的覆盖面积，减少土壤水分蒸发。

（3）套种　是利用两种生长期不同的作物不同时期播种在同一块地上称为套种。在不改变主作物种植方式的情况下，将绿肥作物套种在主作物行株之间。绿肥套种分两种，播绿肥于主作物行间，待主作物生长一段时间后，翻压绿肥作主作物追肥，这称为前套。例如，在棉花播种前种上绿肥，到棉花生长中、后期翻压绿肥作棉田追肥。在主作物生长中、后期，在其行间套种绿肥，在主作物收获后，让绿肥继续生长，以后做下茬作物的基肥，此称为后套。例如晚稻田中套种紫云英等。套种除具有间种的作用外，还能使绿肥充分利用生长季节，延长生长时间，提高绿肥产草量。

（4）混种　是指在同一块地上同一行混种两种或两种以上生长期相近的作物。不同种类的绿肥作物种子，按一定的比例混合后播在一块田里。混播能发挥各种绿肥品种的特长，相互取长补短，提高绿肥群体的抗逆能力，在不良的气候、土壤条件下，也能保证绿肥全苗与稳定的产量。同时，混种还能增加绿肥作物群体的密度和高度，充分利用空间、光能与地力，从而提高单位面积上的绿肥的产量。

四、主要绿肥作物的生长习性

我国绿肥作物资源十分丰富，有 10 科 42 属 60 多种，共 1000 多个品种。生产上应用较普遍的有 4 科 20 属 26 种，约有品种 500 多个。现将生产上几种常用绿肥作物简介如下。

（1）紫云英（*Astragalus sinicus L.*）　又叫红花草、草子、翘摇，是豆科黄芪 1 年生或越年生草本植物。种植面积约占全国绿肥面积 60% 以上，是我国最重要的绿肥作物。

① 主要特点和适栽地　紫云英喜温暖、湿润，不耐寒，不耐盐，怕旱怕涝，固氮能力强。一般每 667m² 产鲜草 2000～4000kg，鲜草为优良饲料。主要分布在北纬 32°以南各地，多在秋季套播于晚稻田中，作早稻的基肥，适宜水稻土、砂壤土、黏壤土种植。

② 播种与收获　作为压绿肥用，播种量 2～3kg/667m²，播期为 8～10 月底，3～4 月初翻压。做留种用，播种量 1.5～2kg/667m²，播期 8～9 月底，收获期为 5 月上旬至下旬。

③ 养分含量　鲜草含 N 为 0.31%～0.47%，P_2O_5 为 0.06%～0.16%，K_2O 为 0.23%～0.36%。

（2）毛叶苕子（*Vicia villosa Roth.*）　又叫毛巢菜，长柔毛野豌豆，豆科巢菜属，1 年生或越年生匍匐草本。

① 主要特点和适栽地　爬蔓生长，性喜潮湿、肥沃、排水良好的土壤。耐寒，生长速度快。耐阴性强，不耐热，不耐盐碱，不耐涝。在我国华北、西北、西南、苏北、皖北一带种植。可做中耕作物行间秋季套种，或作水稻、玉米前茬，也可在林木行间套种。

② 播种与收获　作翻压绿肥用，播种量 3～4kg/667m²，播深 3.3～5cm；春播 2 月底到 3 月中旬；寄籽冬播在土壤封冻前，均在 5 月中旬到 6 月初翻压。秋播 8 月初到 9 月中旬，在冬前或翌年 5 月中旬翻压。做留种用，播种量 1.5～2kg/667m²，播深 3.3～5cm，播期 8 月中旬到 9 月下旬，6 月下旬收获。

③ 养分含量　一般鲜草含 N 0.46%，P_2O_5 0.07%，K_2O 0.42%。

（3）箭舌豌豆（*Vicia sativa L.*）　又叫大巢菜、野豌豆，豆科巢菜属，1 年生或越年生草本。

① 主要特点和适栽地　喜肥沃、潮润、排水良好的土壤。早春生长快，耐阴性强，适宜套种；耐寒性差；不耐盐碱和积水。茎叶为良好的饲料，种子可以食用。广泛栽培于全国各地。可作水稻、玉米的前茬作物，可在中耕作物行间套种，果林行间也可种植。

② 播种与收获　作翻压绿肥用，播量每 667m² 播种 5kg，播深 3.3～5cm。播期 3 月上中旬春播，在 5 月中旬到 6 月初翻压；7 月夏播，在 9 月上中旬或冬前翻压。作留种用，每 667m² 播种量 3～4kg，播期 3 月上中旬，7 月上旬采种。

③ 养分含量　一般鲜草含 N 0.64%，P_2O_5 0.10%，K_2O 0.59%。

（4）香豆子（*Trigonella foenum-graecum L.*）　又叫葫芦巴、香草，豆科葫芦巴属的 1 年生直立草本。

① 主要特点和适栽地　喜肥沃、潮润、排水良好的土壤。喜凉爽，前期生长快，生育期短。不耐旱，不耐盐碱和积水，怕高温，夏季生长不好。在我国西北和华北北部地区种植，多于夏秋麦田复种或早春稻田前茬及玉米前茬种植，可在中耕作物行间套种，果林行间种植。

② 播种与收获　作翻压绿肥用，播种量 4～5kg/667m²，播深 3.3cm，播期 3 月上中旬，5 月底翻压。做留种用，播种量 2～2.5kg/667m²，播深 3.3cm，播期 3 月上中旬，6 月初收获。

③ 养分含量　一般鲜草含 N 0.47%，P_2O_5 0.17%，K_2O 0.89%。

（5）田菁（*Sesbania cannabina Pers.*）　又叫碱青，涝豆，豆科田菁属，一年生木质草本。

① 主要特点和适栽地　耐涝、耐盐碱、耐瘠薄，喜高温多湿；夏季生长迅速，有再生能力，一年 2～3 茬；不宜过分荫蔽；茎秆可剥麻，种子是工业原料。我国最早于台湾、福

建、广东等地种植，以后逐渐北移，现早熟品种已在华北和东北地区种植。

② 播种与收获　作翻压绿肥用，播种量3.5～5kg/667m²，播深3.3～5cm，6月底到7月初播种，8月中旬到9月上旬翻压。做留种用，播种量1.5～2kg/667m²，播深3.3～5cm，4月底到5月中旬播种，9月中旬到10月中旬收获。

③ 养分含量　一般鲜草含N 0.52%，P_2O_5 0.06%，K_2O 0.15%。

（6）草木樨（*Melilotus L.*）　又叫野良香，野苜蓿，豆科草木樨属，1年生或2年生直立草本。

① 主要特点和适栽地　耐旱、耐寒、耐盐碱、耐瘠薄性强。但耐涝性差，地面积水时易死亡。茎叶可作饲料，茎秆可作燃料。主要在我国东北、西北和华北等地区种植。多与玉米、小麦间种或复种，也可在经济林木行间或山坡丘陵地种植，保持水土；在南方多利用1年生黄花草木樨，主要在旱地种植，用作麦田或棉花肥料。

② 播种与收获　作翻压绿肥用，播去皮净籽1～1.5kg/667m²，播深3.3cm以内。春播2月底到3月上旬，秋播8～9月。寄籽冬播在土壤封冻前。以上均在5月中旬到6月初翻压。夏播在6月中上旬，可在封冻前翻压，麦田套种的可在7月上旬到8月中旬翻压。做留种用，播去皮净籽0.5～0.75kg/667m²，播深3.3cm以内，夏播6月中旬到7月初，秋播在8月上中旬，翌年7月中下旬收获。

③ 养分含量　一般鲜草含N 0.54%，P_2O_5 0.12%，K_2O 0.34%。

（7）菽麻（*Crotalaria juncea L.*）　又叫太阳麻，豆科猪屎豆属，1年生草本。

① 主要特点和适栽地　喜温暖、潮湿、耐盐碱、耐旱、耐瘠薄。苗期生长快，产草量高，茎秆可剥麻或作燃料。我国台湾最早引种，以后逐渐推广到全国各地；宜夏播，也可在麦收后播，中耕作物行间夏季套种，果树、林木行间套种，盐碱地区也可种植。

② 播种与收获　作翻压绿肥用，播种量3～3.5kg/667m²，播深3.3～5cm，播期6月中旬到7月中旬，在8月上中旬翻压。做留种用，播种量2～2.5kg/667m²，播深3.3～5cm，播期4月中旬到5月初，8月下旬到9月上旬收获。

③ 养分含量　一般鲜草含N 0.32%，P_2O_5 0.12%，K_2O 0.31%。

（8）紫花苜蓿（*Medicago sativa L.*）　又叫紫苜蓿，豆科苜蓿属，多年生宿根性草本。

① 主要特点和适栽地　多年生，耐旱、耐寒、耐瘠薄，耐轻度盐碱。不耐涝，积水易死苗，喜温暖。第一年生长慢，第二、三年生长旺盛，每年可割两茬。在我国西北各省栽培最多，华北次之，淮河流域也有栽培。可实行粮草轮作，宜在果树、林木行间及小丘荒坡种植。

② 播种与收获　作翻压绿肥用，播种量0.5～1kg/667m²，播深约3.3cm，春播3月上中旬，夏播6月中旬到7月中旬，秋播8月初到9月中旬，冬播11月中下旬，一般在收割3～4年后秋翻。做留种用，播种与作翻压绿肥用相同。第二年7月下旬到8月中旬采种。

③ 养分含量　一般鲜草含N 0.51%，P_2O_5 0.13%，K_2O 0.37%。

（9）沙打旺（*Astragalus adsurgens Pall.*，"Shadawang"）　又叫地丁，麻豆秧，薄地犟，豆科黄芪属，多年生直立草本植物。

① 主要特点和适栽地　多年生，适应性强，耐瘠薄、耐寒冷、耐旱不耐涝、耐盐碱。生长较快，再生能力强，是良好的饲料，茎秆可作燃料。主要栽培我国东北、西北和华北等地。低洼、盐碱、沙荒、坡地或沟、渠、路旁均可种植，也可在果树、林木行间套种。

② 播种与收获　每667m²播量0.5～1kg，播深约3.3cm，春播4月上中旬，秋播8～9月，每年收割2～3次；做留种用，播种与作翻压绿肥用相同，7～8月采种。

③ 养分含量　一般鲜草含N 0.49%，P_2O_5 0.16%，K_2O 0.20%。

（10）紫穗槐（*Amorpha fruticosa L.*）　又叫绵槐，紫花槐，紫翠槐等，是一种多年生豆科丛生落叶小灌木。

① 主要特点和适栽地　多年生、耐盐碱、耐旱、耐涝、耐瘠薄、耐寒冷。再生能力强，生长快，肥效高。枝条可编筐，嫩叶可作饲料。除东北北部、西北北部及华南少数地区，因气候过冷或过热不适宜种植外，其他省、市、自治区均有广泛种植，地头、道旁、渠边、沙碱地、山坡、荒地均可种植。

② 播种与收获　作翻压绿肥用，育苗或直播，播种量 5kg/667m²，播深 3.3～5cm，春播 4 月中旬到 5 月中旬，旱地可在雨季 6～7 月夏播；插条可在 4 月上旬或雨季进行；每年可割嫩枝 2～3 次。做留种用，育苗或直播与作翻压绿肥用均相同，9～10 月采种。

③ 养分含量　一般鲜嫩枝含 N 1.32%，P_2O_5 0.36%，K_2O 0.79%。

五、绿肥的合理施用

绿肥合理施用效果与绿肥的翻压时期、翻压深度、翻压量、配施化肥等问题密切相关。

(1) 翻压时期　绿肥的翻压时期原则上应在绿肥鲜草产量和总氮量最高的时期进行。据试验，几种主要一年生或越年生绿肥作物适宜翻压利用的时期为：紫云英——盛花期；苕子——现蕾期到初花期前；豌豆——初花期；田菁——现蕾期到初花期（未木质化以前）；柽麻—初花期到盛花期（未木质化前）。翻压过早，鲜草产量和总养分量低，植株柔嫩，分解快，肥效快而短，作物后期易脱肥；反之，翻压过迟，植株木质化程度高，分解缓慢，前期供肥受影响。一般情况下，水田翻压绿肥，要在栽秧前 10d 左右进行。

(2) 压青量　绿肥翻压量应根据绿肥中的养分含量、土壤的供肥特性和作物需肥量等因子来考虑。各地经验认为，每 667m² 施用鲜草 1000～1500kg 较为适宜，在这个基础上再配合其他肥料以满足作物对养分的需要。

(3) 配施化肥　豆科绿肥是一种高氮的绿肥作物。所以在翻压过程中，配施磷肥，可以调节土壤中 N/P 比值，协调土壤氮、磷供应，从而充分发挥绿肥的肥效，提高后作产量。此外，对易分解的绿肥（如紫云英）作基肥时，由于 C/N 比值低，分解快，前期释放的氮多，中后期易造成后作脱肥。所以，后作在中后期要适量追施化学氮肥。

(4) 防治绿肥翻压后出现毒害的措施　在水稻田中，绿肥直接翻压，有时水稻会出现一系列中毒现象，如"发僵"、叶黄、根黑、生长停滞、返青慢，甚至烂秧死苗。这主要是由于绿肥直接翻压后，在淹水条件下，绿肥分解时消耗土壤中的氧，使土壤氧化还原电位迅速降低，产生硫化氢、有机酸等有毒物质，在排水不良的酸性土壤中还会有 Fe^{2+} 积累。对于 C/N 比值较窄的绿肥，在分解前期释放出大量的氨，局部土壤 pH 提高到 8 以上，还会积累亚硝酸，对作物产生毒害。在绿肥直接播压时，为防止毒害发生，在排水不良的稻田，要控制绿肥的翻压量。在酸性土壤中还需要配合施入石灰，以中和酸度，加速绿肥分解。若发生中毒现象，要立即烤田，施用适量石膏（约 1.5～2.5kg/667m²）或过磷酸钙（约 5.0～7.5kg/667m²）。

第五节　泥　杂　肥

泥杂肥是我国传统的农家肥料。具有来源广、种类多、积攒快等特点。因此，必须重视积造和使用。泥杂肥包括泥炭、腐殖酸类肥料、饼肥、泥肥、海肥及农盐以及生活污水、工业污水、工业废渣等。随着农业现代化的进程，这些肥料的种类的数量也会有所变化。

一、泥炭

泥炭又叫草炭、草煤、泥煤、草筏子等，我国分布较广，蕴藏丰富，无论是丘陵、山区，还是平原洼地，都发现了大量泥炭资源。从资料上看，我国泥炭资源约在 300 万 hm²

以上，以东北地区为最好，其中尤其以吉林、黑龙江两省最为丰富，应有计划地开采加工利用。表 11-6 是中国部分地区泥炭的成分。

表 11-6　我国部分地区泥炭的成分

泥炭产地	pH	有机质/%	灰分/%	N/%	P_2O_5/%	K_2O/%
吉林	5.4	60.0	4.0	1.80	0.30	0.27
北京	6.3	57.4	4.26	1.94	0.09	0.24
山东莱阳	5.6	44.8	5.52	1.46	0.02	0.50
江苏江阴	3.0	62.0	3.80	3.27	0.08	0.59
浙江宁波	4.0	68.2	3.18	1.96	0.10	0.20
广西陆川	4.6	40.2	5.98	1.21	0.12	0.42
云南昆明	5.2	64.1	3.59	2.39	0.18	—

（一）泥炭的形成特点和类型

泥炭是各种沼泽植物残体在水分过多、通气不良、气温较低的条件下，未能充分分解，经过多年积累而形成的一种不易分解的有机物堆积层。根据形成的地形条件和植物种类又分为高位泥炭、中位泥炭和低位泥炭。

高位泥炭多分布于高寒地区。这里生长着对营养条件要求较低的高位型植物，如松属、羊胡子草属以及藓属等。这些植物死亡后，残体在潮湿多水的环境中积累，形成的泥炭分解程度较差，氮和灰分元素含量较低，呈酸性或强酸性反应，但吸收水分和气体的能力较强，适用于作垫圈材料。

低位泥炭分布于地势低洼、排水较差、常年积水的地方，主要生长着需要矿质养分较多的低位型植物如桦属、赤杨属、芦苇、香蒲等，这些植物所需的水源主要靠富含矿物养料的地下水补给。这类植物残体所形成的泥炭，一般分解程度较高，呈微酸性反应，灰分元素和氮素含量较高，持水量小，稍加风干即可使用。目前我国发现的泥炭大多属于此类。

中位泥炭是介于以上两者之间的过渡类型。

（二）泥炭的成分和性质

在自然状态下，泥炭含水量约为 50%，干物质主要是纤维素、半纤维素、木质素、树脂、脂肪酸、腐殖酸、刺激素等，此外还有 N、P、K、Ca 等灰分元素，但由于各地泥炭形成条件不同，因此它的成分和性质也不尽一致。

（1）富含有机质和腐殖酸　泥炭中有机质含量约为 40%～70%，个别的高达 80%～90%，最低为 30%。泥炭中腐殖酸含量为 20%～40%，其中以褐腐酸居多，黄腐酸次之。泥炭是优质的有机肥料，施用后能改良土壤、提供养分，促进作物生长。

（2）全氮量高　全氮量一般为 1.5%～2.5%，个别可达 2.8% 以上，但多为有机态氮，转化的速度很慢，速效氮的数量很少。磷、钾的含量不高，如全磷量（P_2O_5）为 0.1%～0.3%，全钾量（K_2O）为 0.3%～0.5%。单施泥炭肥效不显著，应配合施用速效氮、磷、钾肥料。

（3）酸度较大　pH 值约为 4.6～6.6 之间。在酸性土壤上施用时，应配合施用石灰。

（4）具有较强的吸水吸气的能力　一般风干泥炭能吸收 300%～600% 的水分，吸收氨气量可达 0.5%～3.0%。所以泥炭是垫圈保肥的好材料。

（三）泥炭在农业上的利用

（1）泥炭垫圈　泥炭用作垫圈材料可以充分吸收粪尿和氨，制成质量较高的圈肥，并能改善畜圈的卫生条件。一般选择高位泥炭做垫圈材料，垫圈前应把泥炭含水量控制在 30% 左右，不易过干或过湿，过干易飞扬，过湿则吸水吸氨能力降低。

（2）泥炭堆肥　将泥炭与人畜粪尿及其他有机质混合制成堆肥，减少养分损失。

（3）制作混合肥料　将泥炭与碳铵、氨水、磷肥或微量元素等制成粒状或粉状混合肥料，可以减少氨的挥发损失，避免磷和某些微量元素在土壤中的固定，提高化肥的利用率。

（4）制作营养钵　低位泥炭具有适当的黏结性和松散性，保水保肥、通气透水，便于幼苗生长发育，因此它是育苗营养钵的最理想的材料。由于泥炭养分含量低，可根据不同作物施入不同含量腐熟的有机肥料或化肥来补充对养分的要求。比如无土栽培人参，可用低位泥炭作基质，可提高人参的产量，特别是用于人参育苗效果更显著，通过人工浇灌营养液，使参苗仅生育 100d，可达 0.48g。因此，栽参育苗为离开腐殖土提供了一条新途径。

（5）泥炭可作菌肥的载菌体　将泥炭风干、粉碎、调整酸碱度，灭菌后就可接种制成各种菌剂。如泥炭固氮菌剂、磷细菌以及泥炭 5406 抗生菌肥等。

二、饼肥

一切含油分较多的种子经压榨或浸提去油后的残渣叫作饼肥。饼肥是我国传统的农家肥料。很早以前我国农民就习惯使用饼肥，认为使用饼肥可以提高烤烟的质量，还能增加西瓜的含糖量，近年来，又把饼肥施用在人参、当归、黄连等药用植物上，有明显的增产效果。

（1）饼肥的成分和性质　饼肥种类很多，如大豆饼、菜籽饼、芝麻饼、花生饼、棉籽饼、蓖麻饼等，不同种类的饼肥其成分和性质不同。一般饼肥的肥分浓厚，富含有机质和氮素，并含有相当数量的磷钾及各种微量元素，约含有机质 75%～85%，含 N 为 2%～7%，含 P_2O_5 为 1%～3%，含 K_2O 为 1%～2%。现将我国主要饼肥氮、磷、钾含量列表 11-7。

表 11-7　主要饼肥氮、磷、钾平均含量

油饼种类	N/%	P_2O_5/%	K_2O/%	油饼种类	N/%	P_2O_5/%	K_2O/%
大豆饼	7.00	1.32	2.13	棉籽饼	3.41	1.63	0.97
花生饼	6.32	1.17	1.34	蓖麻饼	5.00	2.00	1.90
苏子饼	5.84	2.04	1.17	胡麻饼	5.79	2.81	1.27
芝麻饼	5.80	3.00	1.30	桐籽饼	3.60	1.30	1.30
菜籽饼	4.60	2.48	1.40	茶籽饼	1.11	0.37	1.23

从表中的数据可以看出，饼肥的主要养分是氮，一般 4%～7%。磷钾含量比氮少。磷酸含量大多在 2%～3%，油饼中的磷是以有机化合物的形态存在，在土壤中不被固定，并可以不断地释放出磷酸供给作物利用。钾的含量以氧化钾计，多数在 2% 以下。

饼肥中氮、磷多呈有机态。氮以蛋白质态氮为主，磷以植素、卵磷脂为主，钾大都是水溶性的。而有机态氮、磷，作物吸收利用率很低，必须经过微生物分解后才能发挥肥效。

在压榨法制取的饼肥中，常含有一定量的油脂和脂肪酸等化合物，而且组织致密，不易粉碎，也难通气，因而饼肥分解缓慢。浸提法制取的饼肥呈粉末状，易于腐熟。不同饼肥因其含氮量高低、碳氮比大小不同，因而分解速度也有很大差异。

（2）饼肥的配制和施用　饼肥的配制可根据作物对养分的需要，结合当地的原料来配制。含量低的油饼作肥料时需先发酵，消除毒素。这些油饼在施用前多经沤制后再施用。

饼肥可作基肥、追肥。用做基肥时，一般在播种前 2～3 周施入。先将碾碎的饼肥撒于地面，然后翻入土中。饼肥不宜在播种时施用，因它在土中分解时会产生高温并生成各种有机酸，常招引种蛆危害，对种子发芽以及幼苗生长有不利影响。

饼肥用作追肥时最好经过腐熟。饼肥发酵的方法与堆肥或厩肥混合堆积的方法相同。一般先将油饼粉碎，按一定比例加水混合，数天后经发热腐熟，即可开沟条施或穴施。施用量每 $667m^2$ 约为 50～75kg。也可以与磷肥、粪尿混合堆积腐熟后施用。

三、泥土类肥料

泥土类肥料包括河泥、沟泥、湖泥和塘泥以及熏土、老墙土、垃圾等。它们原是农田的表土，经过雨水搬运或是人工搬运，又重新用于农田的物质，此类物质统称为泥土类肥料。此项肥源具有来源广，数量大，就地积，就地用的优点。

第六节　生物肥料

生物肥料是指一类应用于农业生产中含有活微生物的特定制品，以微生物生命活动导致农作物得到特定的肥料效应，达到促进作物生长或产量增加或质量提高的一类生物制品。其特点为无污染、活化土壤、低成本、降低有害积累、改善土壤供肥环境、促进作物早熟。因此，微生物肥料是绿色农业和有机农业的理想肥料，在农业可持续发展中有着广阔前景。

一、生物肥料的功效

（1）提高土壤肥力　生物肥料担负着土壤有机质向腐殖质转化的重任，增加土壤团粒结构，提高保水保肥能力，活化被土壤固化了的养分，提高化肥利用率。同时微生物肥料中有益微生物向土壤分泌各种有益物质、生长刺激素、吲哚乙酸、赤霉素和各种酶，这些生长调节剂无疑对植物吸收营养和生长都起到良好的调控作用，从而有效地促进养分的转化。

（2）有效地利用了大气中的氮素　根瘤菌肥是生物肥料中最重要的品种之一。根瘤菌给豆科作物制造和提供了氮素营养来源。豆科作物一生氮素营养中生物固氮约占68%，化肥只占32%。据估计，全球生物固氮作用每年所固定的氮素大约为$130 \times 10^9 kg$，而工业和大气每年的固氮量则少于$50 \times 10^9 kg$，即依靠生物所固定的氮素是工业和大气每年固氮（如雷电对氮素的固定等）量之和的2.6倍。

（3）提高磷、钾化肥的利用率，降低了生产成本　由于土壤对磷肥有较强的固定作用，磷肥当季利用率只有20%左右，钾肥由于淋失较严重，其利用率也只有施肥量的40%左右。通过微生物肥料的大量使用，使作物根际土壤微生物活性加强，有效地活化了土壤中的无效态磷肥，减少了钾流失，提高了肥料的利用率，减少了化肥的流失。

（4）增强植物抗病和抗旱能力　人类当前面临的最紧迫的问题是粮食短缺、环境污染、能源枯竭，而生物肥料有助于解决这些问题。生物肥料在培肥地力、提高化肥利用率、抑制农作物对硝态氮和农药的吸收、净化和修复土壤、降低农作物病害发生、促进农作物秸秆和城市垃圾的腐熟利用、保护环境和提高农作物产品品质和食品安全等方面，已表现出了其独特的不可替代作用。有些生物肥料抑制或减少了病原微生物的繁殖机会，有的还有拮抗病原微生物的作用，减轻了土传病的发生，修复了污染的土壤。

（5）提高作物产量，改善了农产品品质　因化肥的过量施用，导致中国农产品品质下降，豆类及其制品口味下降，籽粒作物中氨基酸含量降低等。因此，减少化肥使用量，提高生物肥使用量对提高作物产量和改善农产品品质比增施化肥更加重要。

（6）逐步减少环境污染，达到无公害生产　当前，由于过量使用化学肥料导致的环境污染问题已受到人们的关注。中国江河和湖泊等水体的富营养化污染主要来自农田肥料养分流失，其作用远远超过了工业污染，特别是氮磷营养的流失最为严重。而生物肥料由于其利用率高，并通过微生物的作用，提高了化肥的利用率，减少了化肥对农田环境的污染，从而保证了农田的生态环境，对农业的可持续发展起到了积极的作用。

二、生物肥料的有效使用条件

正确的使用生物肥料是其发挥肥效作用的基本条件之一。生物肥料的有效性主要表现为两个方面。一是改善作物的营养条件。有益微生物能将某些作物不能吸收利用的物质转化为可吸收利用的营养物质，也就是生物固氮、解磷、解钾和活化微量元素，提高土壤中养分的利用率。二是刺激作物的生长。有益微生物在代谢过程中能产生植物激素和抗生素，促进作物的生长和增强作物的抗病能力。

影响生物肥料有效性的因素：一是微生物的质量。必须选用优良的菌种而且要达到足够的数量，一般每亩地应至少施入有益微生物1000亿~3000亿个。在配制生物复合肥以及计算成品施用量时，一定要考虑有益微生物的引入量，数量过小，就无法表现出其有效性。二是土壤和环境。当肥料施入土壤后，土壤为休眠的微生物提供了复苏的条件，但微生物能否繁殖和旺盛代谢，取决于土壤的pH值、湿度、温度和通气性等条件以及养分含量（微生物与作物之间将会竞争养分）。另外，要弄清微生物和作物品种、土壤类型之间的关系，做到合理使用，如根瘤菌肥必须与相应的豆科植物种甚至品种接种才明显有效。此外，化肥品种和配比也会对微生物的生存产生影响，甚至产生负面作用。

三、常用的生物肥料

（一）根瘤菌肥料

根瘤菌存在于土壤中及豆科植物的根瘤内。将豆科作物根瘤内的根瘤菌分离出来，加以选育繁殖，制成产品，即是根瘤菌剂，或称根瘤菌肥料。

1. 根瘤菌的作用和种类

根瘤菌肥料施入土壤之后，遇到相应的豆科植物，即侵入根内，形成根瘤。瘤内的细菌能固定空气中氮素，并转变为植物可利用的氮素化合物。

根瘤菌从空气中固定的氮素约有25%用于组成菌体细胞，75%供给寄生植物。一般认为根瘤菌所供氮素2/3来自空气，1/3来自土壤。例如每公顷产大豆2250kg，其植株和根瘤能从空气中固定的氮量约为75kg。紫云英以每公顷产22500kg鲜重计，可固定空中氮素约67.5kg。研究表明，大豆、花生或紫云英，通过接种根瘤菌剂后，平均每公顷可多固定氮素15kg。

根瘤菌有3个特性，即专一性、侵染力和有效性。专一性是指某种根瘤菌只能使一定种类的豆科作物形成根瘤。根瘤和豆科作物有互接种族关系，列于表11-8。因此，用某一族的根瘤菌制造的根瘤菌肥料，只适用于相应的豆科作物。

表 11-8　几种豆科作物根瘤菌的互接种族

互接种族	根瘤菌名称	所属作物
1. 苜蓿族	*Rhizobium meliloti*	苜蓿(*Medicago*)、草木樨(*Melilotus*)两个属
2. 三叶草族	*Rhizobium trifolii*	三叶草属(*Trifolium*)如红三叶、白三叶、甜三叶等
3. 豌豆族	*Rhizobium leguminosarum*	包括豌豆属(*Pisum*)、蚕豆属(*Vicia*)如蚕豆、苕子、蕉豆等，山黧豆属(*lathyrus*)、刀豆属(Lens)、鹰嘴豆属(*Cicer*)等属作物
4. 四季豆族	*Rhizobium phaseoli*	包括四季豆属(*Phaseolus*)中部分的种，如四季豆、扁豆等作物
5. 羽扇豆族	*Rhizobium lupini*	包括羽扇豆属(*Lupinus*)和鸟足豆属(*Ornithopus*)等两属植物
6. 大豆族	*Rhizobium japonicum*	包括大豆(*Glycine max*)属，如大豆、黑豆、青豆、白豆等
7. 豇豆族	*Rhizobium sp.*	包括豇豆属(*Vigna*)、花生属(*Arachis*)、胡枝子属(*Lespedeza*)、猪屎豆属(*Crotalaria*)和绿豆、赤豆等
8. 紫云英族	*Rhizobium sp.*	紫云英属(*Astragalus*)植物

根瘤菌的侵染力，是指根瘤菌侵入豆科作物根内形成根瘤的能力。根瘤菌的有效性，是指它的固氮能力。在土壤中，虽然存在着不同数量的根瘤菌，但不一定是固氮能力和侵染能力都很强的优良菌种，数量也并不一定多。因此，施用经过选育的优良菌种所制成的菌肥，就能更快地使豆科作物形成根瘤，从空气中固定大量氮素。根据浙江农业大学试验，灰色的

根瘤和分散的小瘤（一部分为白色）固氮酶的活性很弱，只有红色的瘤才是有效的根瘤。红瘤的红色是由于有大量红色的豆血红朊的存在所致。凡是红瘤多而大的植株，如花生、豌豆、紫云英等，其全株含氮量高，并与产量（包括鲜重和干重）呈正相关。

2. 根瘤菌肥料的肥效及其影响因素

（1）根瘤菌肥料的肥效　根瘤菌肥料是我国解放后最先使用的一种细菌肥料，其中尤以大豆、花生、紫云英等根瘤菌剂的使用甚为广泛。实践证明，根瘤菌剂只要施用得当，均可有不同程度的增产效果。如大豆根瘤菌剂在华北地区的增产率达 10% 左右，在东北地区达 10%～20%；花生根瘤菌剂在苏、鲁、豫等地的增产幅度为 10%～20%；根瘤菌剂对紫云英的鲜草增产率更为明显，上海市统计为 19%～154%，湖南 40%～270%。

（2）影响根瘤菌肥料肥效的因素　影响根瘤菌剂增产作用的因素，最主要的有菌剂质量、营养条件、土壤条件、施用方法与时间等。

① 菌剂质量　菌剂质量的好坏要视其有效活菌的数量，一般要求每克菌剂含活菌数在 1 亿～3 亿个以上，菌剂水分一般以 20%～30% 为宜。菌剂要求新鲜，杂菌含量不宜超过 10%。

② 营养条件　根瘤菌与豆科植物共生固氮需要一定的营养条件。在氮素贫瘠的土壤中，在豆科植物生长初期，施用少量无机氮肥，这有利于植物的生长和根瘤的形成。根瘤菌与豆科植物对磷、钾和钼、硼等营养元素的需要比较敏感。各地试验指出，在播种豆科植物时，配施磷、钾肥和钼硼肥是提高根瘤菌剂增产效果的重要措施之一。

③ 土壤条件　根瘤菌属于好气而又喜湿的微生物。一般在松软通气较好的土壤上，能发挥其增产效果。对多数豆科植物根瘤菌来说，适宜的土壤水分为田间持水量的 60%～70%。

土壤反应对根瘤菌及其共生固氮作用的影响很大。豆科植物生长的 pH 范围常宽于结瘤的 pH 范围。例如大豆在 pH3.9～9.6 范围内能够生长，而良好的结瘤仅在 4.6～8.0 之间。根瘤菌在 pH6.7～7.5 范围生长良好，在 pH4.0～5.3 和 pH8.0 以上生长停止。詹森（Jensen）指出，土壤中的根瘤菌比根瘤内的根瘤菌对酸碱度更敏感。因此，在土壤过酸时，利用石灰调整土壤反应，这对根瘤菌及豆科植物生长都是有益的。

④ 施用方式和时间　试验证明，根瘤菌剂作种肥比追肥好，早施比晚施效果好。施用时间宜早，以拌种效果最佳。若来不及作种肥时，早期追肥也有一定的补救效果。

3. 根瘤菌肥料的施用方法

根瘤菌肥料的最好使用方法是作拌种剂，在播种前将菌剂加少许清水或新鲜米汤，搅拌成糊状，再与豆种拌匀，置于阴凉处，稍干后拌上少量泥浆裹种，最后拌以磷钾肥，或添加少量钼、硼微量元素肥料，立即播种。磷钾肥用量一般每公顷用过磷酸钙 37.5kg，草木灰 75kg 左右。由于过磷酸钙中含有游离酸，因此要注意预先将过磷酸钙与适量草木灰拌匀，以消除游离酸的不良影响。

根瘤菌肥的施用量，视作物种类、种子大小、施用时期与菌肥质量的不同而异。以大豆为例，在理想条件下，一般每 $667m^2$ 用菌剂需有 250 亿～1000 亿个活的根瘤菌。菌剂质量好的，每公顷用 2250g 左右。菌肥不能与杀菌农药一起使用，应在利用农药消毒种子后两星期再拌用菌肥，以免影响根瘤菌的活性。

（二）固氮菌肥料

固氮菌肥料是指含有大量好气性自生固氮菌的细菌肥料，或称固氮菌剂。

（1）固氮菌的特性和特征　自生固氮菌不与高等植物共生，它独立生存于土壤中，能固定空气中的分子态氮素，并将其转化成植物可利用的化合态氮素。这是它与共生固氮菌（即根瘤菌）的根本区别。

固氮菌在土壤中分布很广，但不是所有土壤都有固氮菌。影响土壤固氮菌分布的主要因素是土壤有机质含量、土壤酸碱反应、土壤湿度、土壤熟化程度以及磷、钾含量等。固氮菌适宜的 pH 为 7.4～7.6。实验表明，当酸度增加，其固氮能力降低。固氮菌对土壤湿度的要求是在田间持水量的 25%～40% 时，才开始生育，60% 时生育最旺盛。固氮菌属于中温性细菌，一般在 25～30℃ 时生长最好，当低于 10℃ 或高于 40℃ 时，则生长受到抑制。

（2）固氮菌肥料的肥效　合理施用固氮菌剂，对各种作物都有一定的增产效果，它特别适用于禾本科作物和蔬菜中的叶类。固氮菌接种后，作物根系发育一般较好，这说明固氮菌对于植物根系发育有一定的良好作用。但是在南方对水稻增产效果不明显。因此，固氮菌肥料的效果不如根瘤菌肥料的肥效稳定，一般可增产 10% 左右；条件良好时可增产 20% 以上，但有时也有效果不显著的。土壤施用固氮菌肥料后，一般每年每公顷可以固定 15～45kg 氮素。固氮菌还可以分泌维生素一类物质，刺激作物的生长发育。

（3）固氮菌肥料的施用方法　厂制固氮菌肥料可按说明书使用。一般的使用方法如下。

① 在用作基肥时，应与有机肥配合施用，沟施或穴施，施后要立即覆土；在用作追肥时，可把菌肥用水调成稀泥浆状，施于作物根部，随即覆土；在用作种肥时，在菌肥中加适量水，混匀后与种子混拌，稍干后即可播种。

对水稻、甘薯、蔬菜等移栽作物，可采用蘸根法施用固氮菌肥，每 667m² 至少接种 200 亿个固氮菌。厂制菌剂每公顷用量 7.5kg 左右。

② 过酸过碱的肥料或有杀菌作用的农药，都不宜与固氮菌肥混施，以免发生抑制作用。

③ 固氮菌肥与有机肥，磷、钾肥及微量元素肥料配合施用，则对固氮菌的活性有促进作用，在贫瘠土壤上尤其重要。

④ 固氮菌适宜在中性或微碱性土壤中生长繁育，因此，在酸性土施用菌肥前要结合施用石灰调节土壤酸度。

在固氮菌肥料不足的地区，可自制菌肥。方法是选用肥沃土壤（菜园土或塘泥等）100kg、柴草灰 1～2kg、过磷酸钙 0.5kg、玉米粉 2kg 或细糠 3kg 拌和在一起，再加入厂制的固氮菌剂 0.5kg 作接种剂，加水使土堆湿润而不黏手，在 25～30℃ 中培养繁殖，每天翻动一次并补加些温水，堆制 3～5d，即为简法制造的固氮菌肥料。自制菌肥用量为 150～300kg/hm²。

（三）磷细菌肥料

（1）磷细菌的作用及特性　解磷微生物是指能转化土壤中作物难利用的磷化合物为作物可吸收的磷素形态。分为两种：一种是解有机磷的微生物，能使土壤中有机磷水解；另一种是解无机磷的微生物，它能利用生命活动产生的二氧化碳和各种有机酸，将土壤中一些难溶性的矿质态磷酸盐溶解成作物可利用的速效磷。

分解无机磷的微生物种类很多，土壤中的一些细菌和产酸能力较高的真菌都具有分解难溶性无机磷的作用。其中典型代表是色杆菌属（*Achromobacter*）。该属细菌个体短小、杆状、无芽孢，最适宜培养温度 30～37℃，最适宜 pH 为 7.0～7.5。硅酸盐细菌也具有分解无机磷的能力，分类上属于芽孢杆菌属中的陈冻样芽孢杆菌（*Bacillus mucilaginosus*）。在阿须贝培养基上生长，并形成很厚的荚膜。它既能分解磷，又能分解钾，是生产磷细菌和钾细菌肥料常用的菌种，但是，其作用机理尚不清楚。

土壤中分解有机磷化合物的微生物种类很多，只是不同微生物分解强度不一样。现在生产上应用的有芽孢杆菌属的种（*Bacillus sp.*），如巨大芽孢杆菌，细胞杆状，大小（1.5～2.0）μm×（2.6～6.0）μm，有芽孢，大小为（1.1～1.2）μm×（0.8～1.7）μm。另外，还有节细菌属中的种（*Arthrobacter sp.*）沙雷氏菌属中的种（*Serratia sp.*）等。

磷细菌在生命活动中除具有解磷的特性外，尚能形成维生素、异生长素和类赤霉素一类的刺激性物质，对作物的生长有刺激作用。

（2）磷细菌肥料的使用方法　磷细菌肥可以作基肥、种肥或追肥施用。

①拌种　先将磷细菌肥加水调成糊状，然后加入种子拌匀，稍阴干后，立即播种。

②作基肥　基肥施用量 $22.5\sim75kg/hm^2$，可与堆肥或其他农家肥料混合沟施或穴施，施后立即覆土。

③作追肥　在作物开花前施用为宜，菌液要施于根部。

注意事项：一是磷细菌肥贮存时不能曝晒，应放于阴凉干燥处，拌种时应随用随拌，暂时不播，放在阴凉处覆盖好待用；二是磷细菌肥不能与农药及生理酸性肥料（如硫酸铵）同时施用，磷细菌肥与农家肥料、固氮菌肥、"5406"抗生菌肥配合施用效果更好。

（四）生物钾肥

生物钾肥是一种含有大量好气性的硅酸盐细菌的生物肥料。钾细菌个体大小约为 $(1.0\sim1.2)\mu m\times(4.0\sim7.0)\mu m$，长杆状，末端圆形，在细菌外面有较大的荚膜，有较大的芽孢，椭圆形，位于菌体的中央。这种细菌能够分解长石、云母等硅酸盐和磷灰石，使这些难溶性的磷、钾养料转化为有效性磷和钾，供植物吸收利用。它对环境条件适应性强，对土壤要求不太严格，即使养分贫瘠的土壤，也能进行正常的生命活动。最适宜生育的温度为 $25\sim30℃$，pH 值为 $7.2\sim7.4$，当 pH 值小于 5 或大于 8 时，其生命活动将会受到抑制。

1. 生物钾肥的增产作用

（1）活化钾、磷作用　土壤通过施生物钾肥，生物钾菌马上在土壤中活动，把矿物质中不能被植物吸收的钾素、磷、硅、铝、铁、铜等元素转化为能被植物吸收的有效元素。

（2）产生刺激　生物钾菌在其生命活动中产生植物生长刺激素，经测定，在其发酵液中含有大量的赤霉素和其他活性物质。赤霉素可促进植物生长发育。

（3）具有抗病作用　大量试验结果证明，生物钾肥对玉米斑病，大豆灰斑病，水稻稻瘟病，小麦锈病，黄瓜、西瓜、甜瓜、辣椒等作物枯萎病、白粉病、茎根腐烂病等都有明显的防治和抑制作用。同时有显著的防早衰、耐寒、防倒伏的效果。

2. 钾细菌肥料的使用方法

（1）作基肥　钾细菌肥料与有机肥混合作基肥施用效果好，$150\sim300kg/hm^2$，液体用 $30\sim60kg$ 菌液，沟施或条施，施用后立即覆土。

（2）拌种　固体菌剂加适量水制成菌悬液，液体型菌剂加适量水稀释，将上述菌悬液喷到种子上拌匀。

（3）蘸根　固体菌剂适当稀释或液体菌剂稍加稀释后，把根蘸入，蘸后立即栽秧。注意事项同固氮菌肥料。

（五）复合微生物肥料

复合微生物肥料是指含有两种或两种以上微生物的生物肥料，或在微生物肥料中添加一定量的有机肥料、无机肥料、微量元素和植物生长刺激素类物质，亦称为复合微生物肥料。可分为三种：液体菌剂、固体粉状菌剂和颗粒状菌剂。

复合微生物肥料产品质量的关键是菌种。目前，生产上采用的菌种有以下几个类群。固氮菌类群的有固氮菌属（*Azotobacter*）中有效种，如圆褐固氮菌（*Azotobacterchroococum*）和棕色固氮菌（*A. vinelandii*），根瘤菌属（*Rhizobiaceae*）的快生型有效菌株，布莱德根瘤菌属（*Bradyrhizobium*）的慢生型大豆根瘤菌（*B. iadonicum obdium*），固氮螺菌属（*Azospiyillum chroococum*）中的有效种等。磷细菌类群中解磷巨大芽孢杆菌（*Bacillus megaterium Phosphaticum*）和假单胞细菌属中一些种（*Pseudomonas* sp.）。钾细菌类群是以陈冻样芽孢杆菌（*Bacillus megaterium*）为主要钾的细菌。

（六）生物有机肥

生物有机肥即是以畜禽粪便等有机废弃物为原料，配以多功能发酵菌剂，使之快速除臭、腐熟、脱水，再添加功能性微生物菌剂，加工而成的含有一定量功能性微生物的有机肥料的统称。如多功能发酵菌剂，也称有机物料腐熟剂，是加工生物有机肥的重要原料之一。它是指采用高科技方法手段，经人工特别培养、选育、提纯、复壮等工艺而制成的一种有着特殊功能的复合型微生物菌剂。也称生物发酵剂。其中起关键性作用的主要微生物有细菌、丝状真菌、酵母菌、放线菌等菌群。细菌以芽孢杆菌为主，好氧或兼性厌氧，具有固氮、解磷、解钾作用，能转化环境中的营养物质为作物所用。丝状真菌能分泌多种代谢产物，对含有纤维素的物料具有一定的分解作用。酵母菌分解营养物质，促进物质转化。放线菌能分泌有机酸、生理活性物质和抗菌素，抑制病原菌的发生蔓延，还能参与土壤中氮磷等化合物的转化，对作物具有促生、抗病和肥效作用。

（七）生物肥料的生产简介

（1）液体发酵　一般的流程为：保藏菌种→斜面菌种培养→种子培养→扩大培养→发酵培养→菌剂制备。保藏的菌种移接至试管斜面，培养活化菌种。取斜面菌种培养物（可加适量无菌水制备成菌悬液）接种三角瓶，震荡，进行种子培养。取三角瓶中培养好的种子培养液接种于种子罐进行扩大培养。将种子罐中的培养物转接到发酵罐进行发酵培养。发酵好的培养物的保存最好不要超过 24h，如果一定要保存，则必须置 4℃ 条件下。最后，取发酵培养好的菌液按所需的剂型制备成微生物肥料。

（2）固体发酵　常用饼土母剂培养法：以饼粉（豆饼、棉籽饼、菜籽饼、花生饼等）或添加粮食（玉米粉、米粉、麦麸子等）和肥土为原料（一般配方为饼粉 1 份、细肥土 10 份，水分 25%，也可使用其他配方），加锯末或谷壳以利通气，逐级扩大培养，获得长有大量菌体的饼土母剂。培制出来的一、二级母剂都可以直接使用或作为接种剂，接种大堆堆料，进一步扩大培制，将母剂风干或在 40℃ 以下烘干后，装袋密封，便于储运，可保存数月之久。

（3）菌剂制备　菌肥制剂的剂型归纳起来主要有 8 种：琼脂菌剂、液体菌剂、滑石冻干菌剂、油干菌剂、浓缩冷冻液体菌剂、固体菌剂、颗粒接种剂和真空渗透接种剂，此外，还有植物油剂和其他形式的颗粒接种剂，如多孔石膏颗粒、聚丙烯酰胺等颗粒接种剂。

现在我国生产的微生物肥料种类主要有四类：一是根瘤菌肥料；二是固氮菌肥料；三是硅酸盐细菌肥料；四是复合微生物肥料。

复习思考题

1. 为什么在农业生产中要提倡有机肥料与化学肥料配合施用？
2. 高温堆肥堆制的原理及其影响高温堆肥的因素有哪些？
3. 为什么说有机肥在施用前一般要腐熟好之后使用？
4. 绿肥在农业生产中的作用有哪些？
5. 什么是泥炭？是如何形成的，有哪些特点？
6. 何谓生物肥料？它与其他肥料有何不同？

第十二章　配方施肥技术

20 世纪 80 年代以来，由于广大肥料工作者不断努力，广泛地进行了不同作物肥料效应的试验研究，积累了大量的科学数据和资料，在此基础上，提出了一种新的施肥技术——配方施肥技术，多年来的实践证明：配方施肥技术具有增产、增收、节肥和增效的明显效果，它的推广应用，使得我国科学施肥水平上升到了一个新高度。

第一节　配方施肥概述

配方施肥是我国施肥技术的一项重大改革。这一技术的推广应用，标志着我国农业生产中科学计量施肥的开始。配方施肥的推广，已收到明显的经济效益、生产效益和社会效益。

一、配方施肥的含义

配方施肥的特征是"产前定肥"，即在生产前确定肥料的品种和用量，既不能因为少施而得不到理想的产量，又不能因为多施而造成不必要的浪费，甚至减产。任何一项可以做到"产前定肥"的技术，都可以归入配方施肥的范畴。

配方施肥的内容包括"配方"与"施肥"两个程序。"配方"的核心是肥料的计算，是根据作物种类、产量水平、需要吸收各种养分数量、土壤供应量和肥料利用率来确定肥料的种类与用量，做到产前定肥、定量，回答"获得多少粮食，该施多少氮、磷、钾等"的问题。"施肥"是配方的实施，是目标产量实现的保证。施肥要根据"配方"确定的肥料品种、数量和土壤、作物的特性，合理地安排基肥和追肥的比例、次数和每次追肥的比例、用量以及施肥时期、施肥部位、施用方法等。同时要注意配方施肥必须坚持以"有机肥为基础"、"有机肥与无机肥相结合，用地与养地相结合"的原则，以增强后劲，保证土壤肥力的不断提高。

二、配方施肥的理论依据

配方施肥考虑了土壤、肥料、作物体系的相互联系，因此，它在继承一般施肥理论的同时又有新的发展。其主要理论依据有：养分归还学说、植物营养元素的同等重要和不可代替律、最小养分律、限制因子律、报酬递减率等。

施肥不是一个孤立的行为，而是农业生产中的一个环节。作物产量与环境因子的关系可表达为：

$$y = f(N, W, T, G, L)$$

式中，y 为农作物产量；f 为函数符号；N 为养分；W 为水分；T 为温度；G 为 CO_2 浓度；L 为光照。即农作物产量是养分、水分、温度、CO_2 浓度和光照的函数。要使肥料发挥其增产潜力，必须考虑其他因子。例如在旱作农业区肥效往往取决于土壤水分，在一定范围内，肥料利用率随着水分增加而提高。配方施肥实践中即使肥料计量十分准确，在水分不足情况下亦难实现其目标产量。另一方面，五大因子保持一定均衡性方能使肥料发挥应有的增产作用，为此可以说，配方施肥要有系统工程的观点。

三、配方施肥的作用

（1）增产增收，效益明显　配方施肥是一项先进的科学技术，在生产实践中，首先表现有明显的增产增收作用。

① 调肥增产　配方施肥在不增加化肥投资的前提下，通过调整化肥 N：P_2O_5：K_2O 比例，起到增产增收作用。我国化肥结构失调，呈"氮多、磷少、钾缺"的状态，多年来偏施单一肥料的结果，使土壤养分失衡，农作物产量受土壤中"最小养分"的制约，即使施用大量的氮肥或磷肥，增产效应仍不明显，肥料投资所获得的报酬日趋降低。通过配方施肥中的土壤养分测定和肥料效应试验结果，调整化肥施用比例，消除土壤养分阻碍因子，就可获得明显的增产效果。例如，湖北省黄岗县农业局把当地化肥 N：P_2O_5：K_2O 从 1：0.17：0.025 调整到 1：0.57：0.7，使该县的稻谷生产效率提高了 64%。

② 减肥增产　在一些经济比较发达、农作物产量水平较高的地区，农户缺乏科学施肥知识，往往以高肥换取高产，经济效益很低。通过配方施肥技术，适当减少某一肥料的用量，可取得平产甚至增产的效果。如沈阳市东陵区城郊老菜田长期亩施标准氮、磷肥各百公斤，并以此作为当地秋白菜的用量和配方。通过土壤有效养分测定发现，大部分老菜田土壤有效磷（P_2O_5）含量达 $82\sim115\,mg\cdot kg^{-1}$，磷素肥力水平极高，因此建议不施磷肥，秋白菜单产仍保持原有水平，还减少了磷肥投资，经济效益十分明显，这是减肥增产的典型例证。

③ 增肥增产　对化肥用量水平很低或单一施用某种养分肥料的地区或田块，农作物产量未达到最大利润施肥点，或者土壤最小养分已成为限制产量提高的因子时，合理增加肥料用量或配施某一营养元素肥料，可使农作物大幅度增产。陕西省农业科学院土壤肥料研究所通过配方施肥试验，在素称不缺钾的塿土农田施用钾肥，农作物有明显的增产效应。

（2）培肥地力，保护生态　配方施肥不仅直接表现在农作物增产效应上，还体现在培肥土壤，提高土壤肥力方面。平衡施肥消除了土壤养分的障碍因子，也是培肥土壤的标志之一。全国第二次土壤普查发现，辽宁省法库县大部分农田土壤有效磷（P_2O_5）偏低，农作物产量始终徘徊在 250～300kg/亩 之间。配方施肥技术推行以后，全县化肥 N：P_2O_5 始终保持在 1：0.5。多年配方施肥实施的结果，使农田土壤有效磷普遍恢复到 $15\,mg\cdot kg^{-1}$ 左右，农作物产量水平也很快提高。河南省博爱县界沟乡连续五年施行配方施肥，全乡土壤肥力有明显提高，土壤有机质增加 0.21%，碱解氮增加 $14\,mg\cdot kg^{-1}$，有效磷增加 $5.2\,mg\cdot kg^{-1}$，有效钾增加 $18\,mg\cdot kg^{-1}$，土壤理化性状得到改善。

配方施肥以确保农作物的目标产量决定施肥量，一部分养分供应农作物营养需要，一部分残留于土壤，使被农作物携出的养分得到补偿，而且还有多余。以磷肥为例，施入土壤的磷肥 20% 被农作物吸收，80% 残留，肯定会使土壤有效磷和全磷逐渐提高。氮肥是很活泼的营养元素，施入土壤的氮肥 40% 被农作物吸收利用，25% 残留，35% 损失，其残留部分似乎不能补偿农作物携出的部分，但可在施用有机肥料的情况下得以解决。有机肥中氮的利用率约为 20%，余下大部分以有机态残留。由此也可得到启示，要提高土壤氮素肥力，必须以提高土壤有机质含量为前提。由此可知，配方施肥不仅能带来明显的经济效益，而且还可提高土壤肥力，带来一定的生态效益。

（3）协调养分，提高品质　现行配方施肥是在一定程度上是调控氮素，加强磷、钾与微量元素的合理施用。由于多方面的原因，我国广大农村偏施氮肥的现象相当普遍，久而久之，造成土壤供应养分失衡，不利于农作物营养需要，最终不仅表现在产量降低，而且农产品质量下降。例如：秋白菜生育后期超量偏施氮肥，造成部分地区秋白菜中 $NO_3\text{-}N$ 的含量严重超标。其他作物亦有类似情况。配方施肥由于适时适量的供应养分，使农作物的农业性状得到改善，产品品质有所提高。一般表现在稻、麦有效穗和穗粒数多，千粒重增加；棉花绒长和铃重显著提高，蕾铃脱落率降低。

（4）调控营养，防治病害　全国各地生产实践表明，许多生理病害是由于偏施肥料造成的。例如偏施氮肥造成植株"鲜嫩多汁"，使植株极易发生病虫害；磷肥的过量施用，增强了对锌的拮抗，使作物出现明显的缺锌症状。在湖北省黄岗、新洲等县实行配方施肥后，由于养分的合理供应，使早稻的"胡麻叶斑病"和棉花的枯萎病发病率急剧下降。

（5）有限肥源的合理分配　由于地区间或农作物种类间的土壤养分与肥效的差异，所以化肥分配应遵循按需分配的原则。而"一刀切"的平均分配原则，使有限的化肥资源不能发挥应有的增产潜力。中国农业科学院土壤肥料研究所主持的化肥试验网，得到了几千个肥料试验结果，为我国的化肥生产、各大区肥料效应和八大主要作物的三要素肥料的最高、最佳量配方提供了可靠的依据。吉林、辽宁等省农业科学院土肥研究所也获得了不同地力上主要农作物二元肥料效应函数，有效指导了省内有限化肥资源的合理分配。虽然我国化肥资源分配机制还存在一些问题，但是今后必将以肥料效应函数为依据进行分配，以取得最佳的宏观效果。

由此可见，配方施肥是我国施肥技术方面的重大改革，在生产实践中起到了为广大农户科学施肥的微观指导作用，对我国有限化肥资源起到了宏观调控作用，配方施肥已成为我国农业生产中一项必不可少的科学技术。

第二节　配方施肥的方法

一、地力分区（级）配方法

地力分区（级）配方法是将土壤按肥力高低将地块分成不同的级或区，肥力均等的地块作为一个配方区，利用土壤普查资料和过去田间试验的成果，结合群众的实践经验，估算出这一配方区内比较适宜的肥料种类及其施肥量。也可以把决定当地产量的主要土壤养分的测定值，作为分级参数划分土壤等级。在面积较大的区域内，还可以根据地形、地貌和土壤质地、种植作物等条件进行分区划片，然后再将每区划成若干个地力等级，每一个地力等级作为一个配方区。

此外，也可以根据作物的产量划分土壤肥力。把当地某种作物获最高产量的地块的养分含量定为"极高"，把相对产量（指产量占最高产量的百分数）在 90％～100％之间的地块的养分含量定为"高"，相对产量在 70％～90％ 的定为"中"，50％～70％ 的定为"低"，＜50％为"极低"。由于各大土类土壤在性质、水分、气候甚至管理水平等条件上均相差较远，所以土壤基础肥力差异也较大，使得不同地区的指标具有一定的差异。最高产量低的地区，指标数值也相应较低，通常情况下，土壤基础肥力与最高可得产量的地区差异如下：东南地区＞华北、东北地区＞西北地区。

地力分区配方法是一个比较粗放的配方方法，但已突破传统的定性用肥的规范，进入定量用肥的领域，把施肥技术推进了一步。范围比较小的配方区，其土壤肥力，环境条件，生产内容，产量水平的差异也比较小。在土壤普查时，这一区域内氮、磷、钾、微量元素及是否有土壤障碍因素，一般都已了解清楚。它的优点是具有一定的针对性，所确定的肥料品种、用量和施肥措施接近当地的经验，群众比较熟悉，容易接受，推广时的阻力比较小。但它的缺点是有效养分丰缺指标值因测定方法、作物种类、土壤类型、种植区域的不同会有一定差别，而现有的土壤养分丰缺指标体系覆盖面不够广泛，致使推荐施肥量较多地依赖经验，难以做到准确和定量化，使其进一步的推广应用受到了限制。所以在推广配方施肥时，不能满足于这一方法，要在推行过程中，结合田间试验，逐步扩大科学测试和理论指导的比例。

二、目标产量配方法

目标产量配方法是根据作物产量构成是由土壤和肥料两个方面供给养分的原理来计算肥料施用量。目前已发展为以下两种方法。

（一）养分平衡法

养分平衡法计算施肥量的根据是土壤养分供应量及肥料养分供应量之和等于目标产量所需吸收的养分量，即：

$$施肥量＝\frac{作物养分吸收量－土壤养分供应量}{肥料利用率}$$

20 世纪 70 年代，上海化工研究院从文献中引入了"土壤有效养分校正系数"，用校正后的土壤养分测定值代替田间试验结果推算土壤供肥量，这一化繁为简的方法使养分平衡法开始在我国的配方施肥中得到推广和应用。肥料用量计算公式如下：

$$肥料用量＝\frac{目标产量×作物单位产量养分吸收量－土壤速效养分测定值×0.15×校正系数}{肥料养分含量×肥料当季利用率}$$

现将公式中各项的含义分别阐述如下。

（1）目标产量　要计算肥料用量，首先要确定目标产量，然后根据目标产量确定肥料的用量，这是配方施肥不同于其他施肥技术的区别之一。通常可用经验式求得：

$$y＝\frac{x}{a+bx}或 y＝a+bx$$

式中，y 为最经济产量（目标产量）；x 为空白区产量。

具体做法是在不同肥力条件下，通过多点试验，获得大量成对的最经济产量和空白区产量，求出 a、b 值，建立方程。以后只要知道某田块的空白产量（x），就可根据经验式求出目标产量（即式中的最经济产量 y）。

在确定目标产量时，如果不施肥区产量不能预先得到，在生产中可以当地前三年在正常气候和耕作条件下的平均产量为基础，高产田增加 5%～10%，低、中产田增加 10%～15%，作为目标产量。

（2）作物单位产量的养分吸收量　作物单位产量养分吸收量是作物每生产一个单位（如每 1kg，每 100kg 等）经济产量所吸收的养分量。地下部（根系）或落花、落叶由于残留或回入土壤中，参与养分的周转，并没有带出土壤，所以不参与计算。

$$作物单位产量的养分吸收量＝\frac{单位面积作物地上部养分吸收总量}{经济产品单位面积的产量}$$

同一作物单位产量的养分吸收量受环境条件的影响会出现小的差异，通常情况下南方略高于北方。这是因为南方植株的个体生长得高大，养分吸收量就较多。但作物单位产量养分吸收量一般比较稳定，在应用时可参照附表 12-1。

表 12-1　不同作物形成 100kg 经济产量所需要养分的数量

作　　物		收获物	从土壤中吸取的氮、磷、钾的数量/kg[①]		
			N	P_2O_5	K_2O
大田作物	水稻	稻谷	2.1～2.4	1.25	3.13
	冬小麦	籽粒	3.00	1.25	2.50
	春小麦	籽粒	3.00	1.00	2.50
	大麦	籽粒	2.70	0.90	2.20
	荞麦	籽粒	3.30	1.60	4.30
	玉米	籽粒	2.57	0.86	2.14
	谷子	籽粒	2.50	1.25	1.75
	高粱	籽粒	2.60	1.30	3.00
	甘薯	块根[②]	0.35	0.18	0.55
	马铃薯	块茎	0.50	0.20	1.06
	大豆[③]	豆粒	7.20	1.80	4.00
	豌豆	豆粒	3.09	0.86	2.86
	花生	荚果	6.80	1.30	3.80
	棉花	籽棉	5.00	1.80	4.00
	油菜	菜籽	5.80	2.50	4.30
	芝麻	籽粒	8.23	2.07	4.41
	烟草	鲜叶	4.10	0.70	1.10
	大麻	纤维	8.00	2.30	5.00
	甜菜	块根	0.40	0.15	0.60

作　　物		收获物	从土壤中吸取的氮、磷、钾的数量/kg①		
			N	P_2O_5	K_2O
蔬菜作物	黄瓜	果实	0.40	0.35	0.55
	茄子	果实	0.81	0.23	0.68
	架芸豆	果实	0.30	0.10	0.40
	番茄	果实	0.45	0.50	0.50
	胡萝卜	果实	0.31	0.10	0.50
	萝卜	果实	0.60	0.31	0.50
	卷心菜	叶球	0.41	0.05	0.38
	洋葱	葱头	0.27	0.12	0.23
	芹菜	全株	0.16	0.18	0.52
	菠菜	全株	0.36	0.18	0.52
	大葱	全株	0.30	0.12	0.40
果树	柑橘(温州蜜橘)	果实	0.60	0.11	0.40
	梨(20世纪)	果实	0.47	0.23	0.48
	柿(富有)	果实	0.59	0.14	0.54
	葡萄(玫瑰露)	果实	0.60	0.30	0.72
	苹果(国光)	果实	0.30	0.08	0.32
	桃(白凤)	果实	0.48	0.20	0.76

① 包括茎、叶等营养器官的养分数量。
② 块根、块茎、果实均为鲜重，籽粒为风干重。
③ 大豆、花生等豆科作物主要借助根瘤菌固定空气中的氮素，从土壤中吸收的氮素仅占1/3左右。

(3) 土壤供肥量　土壤供肥量通常是先测定土壤速效养分含量（用 $mg \cdot kg^{-1}$ 来表示），然后计算出一亩耕地中含有多少养分。以一亩耕地的耕层土壤为 15 万 kg 计算，则一种 $1mg \cdot kg^{-1}$ 的养分，在一亩耕地耕层中的含量为：$150000 \times 10^{-6} = 0.15kg$，这个 0.15 就被看作是一个常数，称为土壤养分的"换算系数"。例如，某耕地土壤速效磷含量为 $10mg \cdot kg^{-1}$（olsen 法），则该地块每亩耕层土壤中含磷 $10 \times 0.15 = 1.5kg$。

由于土壤具有缓冲性能，可以使缓效养分转化为速效养分，说明作物能吸收未测出的部分养分。因此，作物的实际养分吸收量可以大于测定值。这样把土壤的实际养分供应量与土壤速效养分测定值的比值称为土壤养分的"校正系数"。一般先通过多点田间试验，筛选某种测试值与作物吸收养分相关性好的测试方法，测定土壤养分值，然后设 NK、NP、PK 三个处理进行试验，求得土壤养分校正系数。校正系数可用如下公式计算：

$$校正系数 = \frac{作物实际吸收的土壤养分量}{土壤养分含量测定值} = \frac{缺素区作物产量 \times 作物单位产量该元素养分吸收量}{该元素土壤测定值 \, ppm \times 0.15}$$

校正系数可以大于 1，也可以小于 1。它的大小从一定程度上说明了土壤缓效养分向速效养分转化的速率及速效养分持续供应的时间。土壤的实际供肥量应该按下式计算，校正后的数值全面反映了土壤的供肥能力。

$$土壤供肥量 = 土壤养分测定值 \times 校正系数$$

由于土壤是一个有生物活性的复杂体系，影响土壤供肥性的因素很多，因此土壤速效养分含量及校正系数也经常变化，不是固定值。但对主要土类一般供肥情况还是有规律可循的。

土壤的供肥量也可以通过田间无肥区农作物产量推算得到，经典的方法是在有代表性的土壤上设置五个肥料处理试验：对照（不施任何肥料）、氮磷处理、磷钾处理、氮钾处理、氮磷钾完全养分处理。

$$土壤供肥量 \, (kg) = \frac{无肥区作物的产量}{100} \times 形成 100kg 经济产量所需的养分量$$

(4) 肥料利用率　肥料利用率是指当季作物从所施肥料中吸收的养分占肥料中该养分总

量的百分数。通过田间肥料试验可求得肥料的利用率：

$$肥料利用率（\%）=\frac{施肥区作物体内该元素的吸收量-无肥区作物体内该元素的吸收量}{所施肥料中该元素的总量}\times100$$

除了田间肥料试验外，肥料利用率也可以利用同位素法直接测定施入土壤中的肥料养分进入作物体内的数量。

养分平衡法的优点是概念清楚，容易理解、推广和掌握。其缺点是此法的多项参数是估计或校正来的，因而使其精确度受到一定的影响。

（二）地力差减法

作物在不施任何肥料的情况下得到的产量，称为空白田产量或地力产量，它所吸收的养分全部来自土壤。从目标产量中减去空白田产量，就是肥料所得产量。这一方法用产量表达如下：

$$目标产量＝空白田产量＋肥料产量$$

$$肥料需要量（kg/hm^2）=\frac{（目标产量-空白产量）\times作物单位产量养分吸收量}{肥料中养分含量\times肥料当季利用率}$$

其优点是：不需要进行土壤测定，解决了土壤测试的不稳定性问题。缺点是：①空白田产量不能预先获得；②空白田产量能代表的面积难以确定；③空白田产量是构成产量诸因素的综合反映，无法分析出各种养分的具体丰缺状况。

三、肥料效应函数估算法

肥料效应函数估算法是建立在田间试验——生物统计基础上的计量施肥方法，是借助田间施肥量试验，施肥量与产量之间的数学关系，配置出肥料效应回归方程式，通过肥料效应回归方程可计算出代表性地块的最高施肥量、最佳施肥量和最大利润率施肥量等配方施肥参数。

（一）施肥量与产量之间的关系

（1）施肥量与产量之间的直线相关　由李比希提出的"最小养分律"可知：作物产量随着最小养分（A）的供应量按一定的比例增加，直到其他养分（B）成为生长的限制因素为止；当增加养分（B）时，则养分（A）的效应继续按同样比例增加，直到养分（C）成为限制因子时为止；如果再增加养分（C），则养分（A）的效应仍按同样比例继续增加。由此可见，李比希认为作物产量与最小养分供应量之间呈直线相关（图12-1）。

施肥量与产量的关系在一定范围内是线性的，尤其是在生产条件差，土壤肥力低，养分供应不足或施肥量较低时多呈直线相关。此时施肥量与产量的直线关系可用 $y＝a+bx$ 来表示，式中 y 表示总产量，a 表示不施肥（对照区）的产量水平，b 为效应系数，x 表示施肥量。属于这种模式的作物、土壤和肥料等条件，在生产上，应尽可能发挥其潜力，以提高产量，增加经济效益，施肥量可增加到由直线向曲线转向的转折点。

（2）施肥量与产量之间的曲线相关　随着肥料用量的增加，递增等量肥料的增产量，起始时表现为递增，但超过一定限度后则开始递减，总产量曲线呈S形（图12-2）。

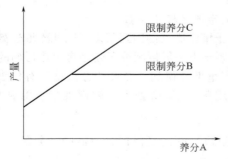

图 12-1　施肥量与产量的效应关系

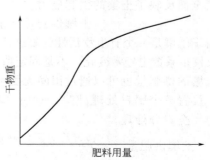

图 12-2　肥料用量对作物生长的效应

这种曲线形式，在土壤供肥水平很低时也可以看到。如英国洛桑试验站小麦长期试验地硫铵用量对小麦产量的效应，即表现为S形，递增等量氮素的增产量起始时递增，施肥量与产量的这种曲线关系为指数关系，即 $y=A(1-10^{-cx})$。其中的 y 为施用 x 量养分所获得的产量；x 为养分施用量，A 为施用该种养分所能达到的最高产量，c 为该种养分的效应系数。

当施肥量超过最高产量施肥量时，作物的产量便随施肥量的增加而减少。可用二次抛物线函数来反映这种效应。$y=a+bx+cx^2$，其中的 a 为不施肥的产量水平或称地力水平；b 表示起始时肥料增产效应的趋势，c 表示边际效应的增减量，x 为施肥量。此式表明，当 $b>0$，$c<0$ 时，施肥量与产量之间的关系呈二次抛物线形式。当施肥量超过最高产量点后，作物产量随施肥量的增加而减少。因而二次抛物线函数可反映超过最高产量后总产量递减的效应。肥料增产效应符合二次抛物线形式（图 12-3）。

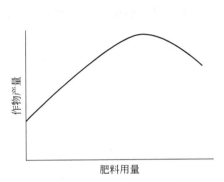

图 12-3　肥料用量对作物产量的效应

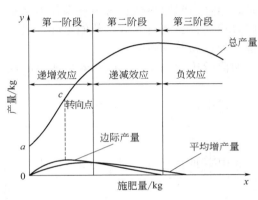

图 12-4　肥料增产效应的三个阶段

（二）最高产量施肥量的确定

（1）肥料增产效应的阶段性　大量的科学研究结果表明，在一定的生产条件下，当作物严重缺乏某种养分时，增施该养分获得的增产量，起初往往是递增，但超过一定限度后，增施单位剂量养分的增产量便开始递减，当其递减为零时，作物产量达到最大值，此时，再继续增加肥料用量，则将导致减产，这说明在一定的生产条件下，施肥增产并不是无条件的，施肥量与产量的关系往往呈阶段性变化（图 12-4），并具有以下几个特点。

① 在土壤供肥水平很低的情况下，增施单位剂量肥料的增产量（即边际产量）随施肥量的增加而递增，直至转向点（c 点）时为止。

② 超过转向点后，增施单位剂量肥料的增产量随施肥量的增加而递减，因而总产量按报酬递减率增加，直到达最高产量时为止。

③ 在一定的生产条件下，作物有一最高产量，超过最高产量后，继续增加肥料投入，总产量则随施肥量的增加而递减，出现负效应，但是总产量的递减率可能小于到达最高产量前的递增率。

④ 无限量的增施肥料将可能使产量下降为零。

根据以上特点可将肥料增产效应划分成三个阶段，即三个最高点反映了曲线的三阶段。

第一阶段：从起点到平均增产量（指总产量除以施肥量所得的商值）达最高点时为止。平均产量随施肥量的增加而递增，至最高点时为止，此时边际产量等于平均增产量；在此阶段内平均增产量不断提高，直至此阶段的终点时达到最大值。

第二阶段：自平均增产量的最高点至总产量的最高点。在此阶段内，平均增产量与边际产量均随施肥量的增加而递减，但边际产量的递减率较大，平均增产量大于边际产量，总产量（指投入一定数量的肥料所获得的总产量）依报酬递减率增加，直至边际产量等于零，即总产量到达最高点时为止。

第三阶段：超过总产量最高点即进入第三阶段。此阶段的边际产量为负值，因而总产量随施肥量的增加而减少，出现负效应。

由此可见，在第一阶段内，肥料增产效应在不断提高，平均产量随施肥量的增加而递增，如果将施肥量停留在此阶段的任何点，都不能有效地发挥肥料的增产潜力。因此，为了充分发挥肥料的增产效应，施肥量至少要达到第二阶段的起点，即平均增产量的最高点。此时单位剂量肥料的增产效应最高，肥料投资的增产效果最大。到达第三阶段后，增施肥料不仅不能增产，反而导致减产。所以，在任何情况下施肥量都不应超过第二阶段的终点，即总产量的最高点。由此可知，第二阶段是合理的施肥区域。

（2）最高产量施肥量的估算方法 对于一元二次肥料效应函数最高产量施肥量的估算方法是，通过田间肥料试验得出一系列施肥量与产量相关的数；经过统计分析，建立肥料效应回归方程式；当肥料效应函数的边际产量等于零时，作物的产量达到最大值，此时计算的施肥量即为最高产量施肥量。

如前所述，一元二次肥料效应函数的模式为：

$$y = a + bx + cx^2$$

上式中，y 对 x 的一阶导数为

$$\frac{\mathrm{d}y}{\mathrm{d}x} = b + 2cx$$

式中 $\frac{\mathrm{d}y}{\mathrm{d}x}$ 即为边际产量。当 $x = 0$ 时，

$$\frac{\mathrm{d}y}{\mathrm{d}x} = b$$

因此，b 为起始时增施单位肥料量的增产量。即此时的边际产量，一般为正值。

当 $\frac{\mathrm{d}y}{\mathrm{d}x} = 0$，二级导数 $\frac{\mathrm{d}^2 y}{\mathrm{d}^2 x} = 2c < 0$ 时，即 $c < 0$ 时，此函数有一极大值，表示肥料效应随施肥量的增加而递减，当边际产量递减为零时，总产量即达到最高点。

其方程式为：

$$b + 2cx = 0$$

解 x 值得

$$x = -\frac{b}{2c}$$

肥料效应函数估算法计算出的施肥量精确度高，反馈性好，但缺点是需要预先作大量复杂的田间试验、大量的室内分析测定和复杂的数据统计计算才能求出肥料效应方程，而求出的方程也仅适合做田间试验的这些地区，使其推广应用受到限制。

第三节 肥料的混合与配制

一、肥料混合配制的必要性

植物一生中需要各种养分，不同的生育期对养分的种类和数量的要求也不一样。配方施肥就是按照植株生长特性，对各种养分进行搭配，分期分批供给植株，使其能够及时获得需要的各种养分。而单独施用一种肥料，通常不能满足植株生长对多种养分的需求。即使是含有几种固定比例养分的复合肥，也难使植株生长好。可供使用的肥料种类很多，可以单独施用，也可混合施用。在生产上为了同时供给作物需要的几种养分，可以根据不同作物需肥规律，测土后把两种或几种肥料按一定比例混合起来同时施用。这样既有利于发挥营养元素之间的协助作用，使几种肥料互相取长补短，或者经过变化更有利于作物吸收和提高肥效，还

可以减少施肥次数，提高劳动生产率。

生产和施用混合肥料，是农业现代化的标志，也是肥料工业发展的重要方向，肥料的混合配制已有 100 多年的历史，在发达国家发展很快，应用也很普遍。在我国，已大力提倡使用混合肥料。混合肥料的发展要求单质肥料要高浓度化，以提高混合肥料的有效成分，同时又降低了肥料的包装、运输和施用成本。

二、肥料混合配比的原则

肥料种类很多，不同肥料有其特有的物理化学性质，因此，不同性质的肥料混合时，就可能发生化学反应而使其中的养分或挥发损失，或转化为植物不能吸收利用的无效态或通过物理性状的改变使其不利于施用等，这样的肥料不宜混合施用。如果混合后，没有发生肥料物理性状变差、养分损失等现象，说明这些肥料适于混合。因此，在制作或使用混合肥料时，必须明确并不是所有的肥料都可以混合施用的，图 12-5 归纳了各种肥料混合的情况，供参考。

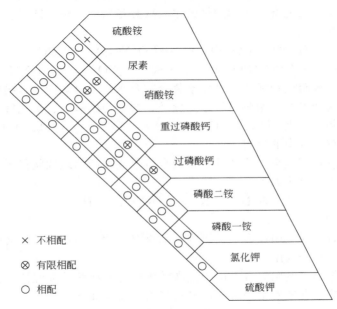

图 12-5　肥料混合使用图

肥料的混合应当遵循的原则：一是肥料混合后临界相对湿度要高，即在一定的温度下，肥料开始从空气中吸收水分时的空气相对湿度要高；二是肥料混合后养分不发生损失或降低养分的有效性；三是肥料的混合施用有利于提高肥料的利用率和降低劳动成本。

三、化学肥料的混合

肥料的混合虽然能够提高肥料利用率，减小劳动强度，但并不是所有的肥料都能混合施用，根据肥料性质是否适合混合施用，大致可分为三种情况。

（一）可以混合的肥料

肥料经混合后不仅不会引起养分损失，而且还能通过肥料间的相互作用改善肥料的物理性状，提高肥料的有效性，减少肥料对作物生长的不良作用。现举例如下。

（1）硫酸铵和过磷酸钙混合　硫酸铵是一种生理酸性肥料，过磷酸钙是一种化学酸性肥料（肥料中含游离酸），二者混合后发生化学反应，生成稳定性良好的 $NH_4H_2PO_4$，解离后生成的 NH_4^+ 和 $H_2PO_4^-$ 能被作物同时吸收，消除了硫酸铵的生理酸性。反应如下：

$$(NH_4)_2SO_4 + Ca(H_2PO_4)_2 \cdot H_2O \longrightarrow 2NH_4H_2PO_4 + CaSO_4 + H_2O$$

硫酸铵是生理酸性肥料，过磷酸钙为化学酸性肥料，经混合后产生磷酸二氢铵，施入土壤后，解离为 NH_4^+ 和 $H_2PO_4^-$，作物能同时吸收，因此从作物营养的角度来说，以上肥料混合施用就比分别施用的效果好。这两种肥料一般堆积两周为度。否则，由于过磷酸钙中游离酸吸湿的关系，使混合生成的硫酸钙与水结合形成石膏，混合物发生"退化"。

$$CaSO_4 + 2H_2O \Longrightarrow CaSO_4 \cdot 2H_2O$$

堆积过程中水分蒸发时，硫酸钙和硫酸铵也会生成一种比较难溶于水的硫酸钙、硫酸铵复盐：

$$(NH_4)_2SO_4 + CaSO_4 + H_2O \Longrightarrow CaSO_4[(NH_4)_2SO_4]H_2O$$

因此，最好随混随用，如混合后需要长期贮存时，可先在过磷酸钙中加入少量骨粉或磷矿粉，少量草木灰或石灰，以中和其游离酸，然后再与硫酸铵混合。

（2）硫酸铵与磷矿粉混合　二者混合后不直接发生化学反应，但由于硫酸铵是一种生理酸性肥料，施入土壤后能形成一个酸性环境，增加磷矿粉的溶解度，从而提高其有效性。

（3）过磷酸钙与尿素混合　过磷酸钙的主要成分是磷酸一钙，同时含有少量游离酸，与尿素混合后产生下列反应：

$$H_3PO_4 + CO(NH_2)_2 \longrightarrow CO(NH_2)_2 - H_3PO_4$$

$$Ca(H_2PO_4)_2 \cdot H_2O + 4CO(NH_2)_2 \longrightarrow Ca(H_2PO_4)_2 - 4CO(NH_2)_2 + H_2O$$

生成的产物是尿素磷酸和磷酸一钙尿素复合物及水，可以减少混合物中的尿素转化为氨而挥发损失，所以两者混合使用效果较好。此外，尿素与硝酸钙、氯化铵、硫酸镁混合，分别形成相应的复合物 $Ca(NO_3)_2$-$CO(NH_2)_2$，NH_4Cl-$CO(NH_2)_2$，$MgSO_4$-$CO(NH_2) \cdot 3H_2O$，同样可以减少尿素在土壤中的流失。

（4）硝酸铵与氯化钾混合　这两种肥料混合后生成物的物理性状优于硝酸铵，吸湿性减小，不易结块，产生的反应如下：

$$NH_4NO_3 + KCl \longrightarrow KNO_3 + NH_4Cl$$

（二）可以暂时混合但不可久置

这类肥料混合后立即施用没有不良影响，如果混合后长期存放，就会引起有效养分减少或物理性状变坏，不利于施用。例如：

（1）过磷酸钙与硝态氮肥混合　由于过磷酸钙中的游离酸的吸湿性，会引起肥料潮解使物理性质变坏，并使硝态氮发生分解，使氮素损失，反应如下：

$$2NaNO_3 + Ca(H_2PO_4)_2 \cdot H_2O \longrightarrow CaNa_2(HPO_4)_2 + N_2O_5 \uparrow + 2H_2O$$

但如果施肥时随混随用，或在过磷酸钙中先加少量的骨粉、草木灰、石灰或磷矿粉中和其中的游离酸，然后再混合，就不易发生潮解，也不会很快引起以上化学变化。

（2）尿素与氯化钾　两者混合后有效成分不发生变化，但长期存放会吸湿结块。两者分开存放 5d，尿素吸湿 8%，氯化钾吸湿 5.5%，而混合后吸湿则达到 36%。因此，这两种肥料混合后应立即施用，不宜久置。

（3）硝态氮肥与其他矿质肥料　硝态氮肥大多数具有较强的吸湿性，与其他矿质肥料混合虽然养分含量不发生变化，但混合物久置会吸湿结块，施用不便。如果在混合时加入少量干有机物，混合后及时施用，就不会带来不良影响。

（三）不能混合的肥料

（1）铵态氮肥与碱性肥料　这类肥料混合施用会发生如下反应，引起氮素的损失。

$$NH_4^+ + OH^- \longrightarrow NH_3 \uparrow + H_2O$$

因此，硫酸铵、硝酸铵、碳酸氢铵、腐熟的粪尿肥等铵态氮肥均不宜与碱性肥料如草木灰、石灰、钙镁磷肥等混合。在酸性土壤上为了中和硫酸铵、氯化铵等的生理酸性，可施用少量石灰，但必须分别施用，先施用石灰，后施用铵态氮肥。

（2）难溶性磷肥与碱性肥料　因为骨粉和磷矿粉中磷的形态是磷酸三钙和 $Ca_{10}(PO_4)_6P_2$，都是难溶的化合物，施入土壤后，需要依靠土壤中的酸和根系分泌的酸来提高其溶解度，如与石灰、草木灰等碱性肥料混合，则使其更难被作物吸收利用。

（3）过磷酸钙与碳酸氢铵　碳酸氢铵只能作为过磷酸钙的铵化剂使用（用量为混合物的 5%），用来中和过磷酸钙中的游离酸，不能大量作为肥料混合在一起施用，否则会引起水溶性磷变为弱酸溶性磷或难溶磷，降低有效性，而碳酸氢铵由于吸收过磷酸钙中的水分，加速了碳酸氢铵的分解和氨的挥发，导致氮的损失。其反应如下：

$$H_3PO_4 + NH_4HCO_3 \longrightarrow NH_4H_2PO_4 + CO_2\uparrow + H_2O \tag{1}$$

$$Ca(H_2PO_4)_2 \cdot H_2O + NH_4HCO_3 \longrightarrow NH_4H_2PO_4 + CaHPO_4 \cdot 2H_2O + CO_2\uparrow \tag{2}$$

$$NH_4H_2PO_4 + CaSO_4 + NH_4HCO_3 \longrightarrow (NH_4)_2SO_4 + CaHPO_4 \cdot 2H_2O + CO_2\uparrow \tag{3}$$

$$2CaHPO_4 + CaSO_4 + NH_4HCO_3 \longrightarrow Ca_3(PO_4)_2 + (NH_4)_2SO_4 + CO_2\uparrow + H_2O \tag{4}$$

$$NH_4HCO_3 \longrightarrow NH_3 + CO_2\uparrow + H_2O \tag{5}$$

上述混合过程产生的化学反应，随着碳酸氢铵数量的增加而变化。在过磷酸钙中加入少量碳酸氢铵中和其游离酸，出现（1）式的变化；继续增加碳酸氢铵数量时，则出现（2）式反应，磷酸一钙开始转变为磷酸二钙，水溶性磷减少，如果继续增加碳酸氢铵，则出现（3）式和（4）式反应，水溶性磷显著降低以至接近于零，并形成 $Ca_3(PO_4)_2$ 沉淀；如果混合时加入的碳铵量过大，使 pH 值 >7 时，便产生氨的挥发，出现（5）式反应。如果这些肥料必须配合施用，则应间隔几天，分别施用。

四、有机肥料和化学肥料的混合

化肥养分浓度高，肥效快，能及时供植株生长需要；而有机肥养分全面，后效长，能在较长时间内陆续释放出养分，同时，有机肥料的腐殖酸能够减轻某些化肥对土壤的不良影响。有机肥和化肥混合后，可有效改善单质肥料的物理性能，提高氮、磷、钾肥的有效性，对植株生长有较好的作用。如过磷酸钙、磷矿粉与厩肥、堆肥的混合；泥炭与草木灰混合；粪尿肥与钙镁磷肥等只有适量混合才有增效作用。化学肥料与有机肥料混合，也存在两种情况。

（1）可以混合　钙镁磷肥、磷矿粉与堆肥、厩肥可以混肥，前者可以借助后者分解过程产生的有机酸，促进磷肥的释放。过磷酸钙与堆肥、厩肥混合，可以减少过磷酸钙与土壤的接触面，从而降低土壤对水溶性磷的固定。此外，在粪尿肥中加入过磷酸钙，可以使有机肥料腐熟过程产生的氨与过磷酸钙反应生成磷酸铵，减少氨的挥发，提高其肥效。

（2）不可以混合　有机肥料与有些化学肥料混合后易引起氨的挥发损失，降低肥效。例如，腐熟的堆肥、厩肥和粪尿肥与碱性肥料（如石灰）混合，易使有机肥料中的铵态氮转化为氨气而挥发损失。一些未腐熟的有机肥，如厩肥、堆肥、新鲜秸秆与硝酸盐肥料进行混合堆制，易造成厌氧条件，通过反硝化作用引起氮的损失。

五、肥料的混合比例与计算

单独施用一种肥料，一般不能满足作物生长对养分的要求，即使含氮磷钾的复合肥料，也难恰好适合某种土壤供肥状况和作物对养分的需要。因此，生产者需根据当地土壤、气候、耕作制度和作物营养特点，选择不同成分的肥料进行混合，配制成一定比例的混合肥料。在配制和混合时，要计算各种肥料的用量。即可按下列算式求出各种单质肥料的用量：

$$所需单质肥料质量 = \frac{混合肥料某成分百分含量}{某单质肥料有效成分百分含量} \times 混合肥料质量$$

混合肥料含量的计算方法有很多，如等边三角形图法，解析法等。但应用最多的是根据肥料配合式，肥料分析式及三要素比例来计算。

肥料配合式是说明 1t 混合肥料中所含的各种养分的名称、数量和品质。例如某一混合肥料 1t 内含有 400kg 过磷酸钙（16% P_2O_5），350kg 豆饼（7% N、2% P_2O_5）；200kg 硫酸钾肥（26% K_2O）和 50kg 填充物。

肥料分析式说明 1t 混合肥料所含的各种主要养分含量的百分率，如肥料分析式为 8—14—6，表示含 8% N、14% P_2O_5 和 6% K_2O，1t 肥料含 N80kg、$P_2O_5$14kg、K_2O 60kg。

三要素比例是将肥料分析式简化为 10 以内的比例，如 3—9—3 和 4—12—4 两种混合肥料，其肥料分析式虽然不同，但三要素比却均为 1—3—1，故用此法可将多种肥料分析式归纳在一起，便于使用单位根据需要采用或配制。

例题 1. 配制 10—10—5 的混合肥料 1t，问需用尿素（含 N 为 46%）、过石（含 P_2O_5 为 17%）、氯化钾（含 K_2O 为 60%）各多少千克？

解：（1）首先计算每吨混合肥料应有 N、P_2O_5、K_2O 的数量

N：　　　　　　$1000 \times 10\% = 100$　　（kg）

P_2O_5：　　　　$1000 \times 10\% = 100$　　（kg）

K_2O：　　　　$1000 \times 5\% = 50$　　（kg）

（2）计算相当于 100kg N、100kg P_2O_5、100kg K_2O 所需用的肥料数量

尿素：　　　　$100 \div 46\% = 217.4$　　（kg）

过石：　　　　$100 \div 17\% = 588$　　（kg）

氯化钾：　　　$50 \div 60\% = 83.3$　　（kg）

三者总共约为 899kg，其余 111kg 可用填充物补充（泥土、泥炭或有机肥等）。

例题 2. 配制 10—10—5 的混合肥料 1t，用尿素（含 N 为 46%）、过石（含 P_2O_5 为 17%）、氯化钾（含 K_2O 为 60%）和钾盐（含 K_2O 为 12%），在配制中用氯化钾和钾盐相互配合而不用填充物，问各需用多少千克？

解：首先按照例题 1 的前两步解出尿素和过石用量，就可以求出钾肥的数量；然后设需要氯化钾为 x，列方程：

$$x \cdot 60\% + (194.5 - x) \cdot 12\% = 50$$

最后计算出 $x = 55.5$kg，因此氯化钾为 55.5kg，钾盐 139kg。

例题 3. 配制混合肥料中三要素比例为 1∶0.5∶0.5，使用单质肥料碳铵（含 N 为 17%）、过石（含 P_2O_5 为 14%）、硫酸钾（含 K_2O 为 50%），试问配制 100kg 这种混合肥料时，需用单质肥料各多少千克？

解：（1）首先每千克养分相当于所用化肥的数量

每千克氮：　　　$100 \div 17 = 5.88$（kg）　　磷：7.14（kg）　　钾：2（kg）

（2）按 1∶0.5∶0.5 比例，化肥用量为 10.45

（3）求扩大倍数　　　　　　$100 \div 10.45 = 9.57$

（4）求各种单质肥料的数量

碳铵：　　　$5.88 \times 9.57 = 56.3$（kg）

过石：　　　34.1（kg）

硫酸钾：　　9.6（kg）

例题 4. 配制混合肥料中三要素比例为 1∶0.5∶0.5，使用单质肥料碳铵（含 N 为 17%）、过石（含 P_2O_5 为 14%）、硫酸钾（含 K_2O 为 50%），试问配制 100kg 这种混合肥料时，求混合肥料的分析式？

解：首先按照上题前四步解出各种单质肥料的数量，然后用单质肥料的数量乘以各种养分的百分含量（注意要划成整数）：

$$56.3 \times 17\% = 9.57 \approx 10$$

$$34.1 \times 14\% = 4.77 \approx 5$$

$$9.6 \times 50\% = 4.80 \approx 5$$

因此该混合肥料的分析式为 10—5—5。

六、肥料混合的配制方法

配制混合肥料时，要注意混合的均匀度。因此混合之前必须将大块肥料打碎过筛，然后按比例分别过秤，准备混合。一般将含磷的肥料先撒在平整而结实的地面上，厚薄均一，其次撒体积小的氮肥，最后撒体积最小的钾肥或填充物。撒时力求均匀，拌匀后再成堆，如此反复多次，直至颜色完全均一为止。混合完毕，最好再过筛一次，待施。

经过上述计算及混合而成的复合肥料，可分为两种途径处理，第一，将混合好的肥料直接施入土壤。这种做法机动性很大，农户可以根据自己的需求（即土壤养分含量、作物需肥规律和现有的单质肥料）配成各种混合肥料，如小麦专用肥料，棉花专用肥料等。第二，将已混合好的复合肥料，再做一些必要的处理后，用机械加工制成颗粒肥。这样生产出的产品可作为商品销售。目前许多复合肥料厂生产的各种作物专用肥料，就是这样进行的。

七、肥料与农药的混合

肥料与农药的混合施用是近三十年来发展起来的将肥料用作农药载体的一项新技术。多年的生产实践与科学研究证明，肥料同农药混用在生产上和经济上都是可行的。采用农药与肥料混用，使农作物的防病、治虫、除草和施肥工作一次完成，可以减少操作、节省劳力、提高工效；提高肥效和药效，降低农药成本（肥料代替了农药中的填充剂）；减少了农药的毒害（肥料稀释了农药的浓度）。

化肥与农药混合要符合下列要求，即不致降低肥效药效，又不对作物产生毒害或副作用，理化性质稳定，同时化肥与农药在施用时间与施用方法上必须一致。

（一）混合施用的原则

农药与肥料的混合是一个复杂的问题，农药和肥料不能任意混合，应遵循以下原则。

（1）不能因混合而降低肥效和药效　例如过磷酸钙与西玛律、扑草净施入土壤前直接混合，不改变其除草活性，但如预先配制并长期保存（2～3个月），则会失去药效。因此只能随混随用。西玛津和阿特拉津能与除石灰以外的固体肥料混合，不会降低其除草活性，因此，可以混合使用。

（2）混合后对作物无害　一般高度选择性的除草剂如 2,4-D 类，与化肥混合施用时不仅不产生对作物的危害，而且能提高除草能力，所以在麦类或禾本科牧草上，可提倡 2,4-D 与化肥混合施用。而扑草净与液体肥料混合施用会增大对玉米的毒性，不宜混合。

（3）混合后性质稳定　据报道，2,4-D 与过磷酸钙预先混合后仍有较高的稳定性和适宜性。如 2,4-D 与过磷酸钙混合保持 7d、1个月、3个月、7个月后，发现其残留量分别：为 100%、97.1%、91.2%和 64.7%，说明两者混合后物理、化学性质均很稳定，是一种理想的混合剂型。

（4）混合后的施用时间、部位必须一致。

总之，在混用前，应先了解各种农药同肥料混合后可能发生的变化，在确定无不良影响后才能混用。

（二）肥料与农药混合施用的注意事项

（1）肥料-农药混剂的配制（成分、比例）比较复杂，既要考虑营养作物，又要照顾治虫和除草，涉及的因素很多。为了避免滥用，造成危害，国内外对肥料—农药混剂生产具有严格的规定，需要在商标上附有详细说明（包括混剂的成分、比例、适用作物及方法等），施用时应按标签说明进行。

（2）农业生产单位自行配制混剂时，应事先在小容器内做混合试验，观察肥料与农药混合的变化，确定无不良影响后（如不产生沉淀）才能采用。

（3）液体混剂最好现用现混合，以免发生变化。在施用过程中应注意经常搅动，边施用，边搅动，直到喷完为止。

（4）除草剂不能与有机肥料混合使用。

（5）化肥与农药混合施用，应根据作物、肥料、农药与防治对象的特性进行，最好选用比较成熟的混合类型。目前，推荐同化肥混用的除草剂有阿特拉津、西玛津、氯苯胺灵、2,4,5-T、利谷隆、二甲四氯、氨乐灵等；推荐同化肥混用的杀虫剂有地亚农、乙拌磷、马拉松、二溴丙烷、三硫磷等。

化肥与农药混合施用是一举多得的方法，目前对其有关理论与技术虽尚未完全被人们认识和掌握，但可以预料，随着农业机械化与科学研究的不断发展，此项新技术将日益广泛地在农业生产中推广应用。

复习思考题

1. 何谓配方施用技术？它在我国农业生产中有什么指导意义？
2. 画图说明肥料增产效应的三个阶段，并分析每一阶段施肥的合理性？
3. 肥料混合配比的原则有哪些？如何配制？
4. 如何计算作物最高产量施肥量和最佳施肥量？并进行利润的比较。

第十三章 施肥与人类健康

施肥对生态环境、作物产量和品质的形成具有重要的作用，但是如果施肥不当，对作物产量、品质、环境等会产生负面的影响。长期施用化肥还将导致土壤性状的恶化，进一步引起土壤退化。矿质营养的丰缺及比例对植物生长及其产量和品质的形成具有重要作用，间接影响动物和人体营养状况。不当的施肥会降低农产品的品质，严重的甚至达不到食品卫生标准，影响食品安全。

第一节 施肥与环境污染

我国化肥施用量无论是在实物总量还是单位面积用量上均呈逐年增加之势（表 13-1）。按农作物总播种面积计算，2007 年平均每公顷化肥施用量达 332.8kg，远远超过发达国家为防止化肥对水体污染而设置的安全上限（每公顷施 225kg）。尽管化肥的比例每年都有所调整，复合肥、磷、钾肥比例逐步提高，但是，无论如何如此数量巨大的肥料用量，对环境所造成的压力和危害不可低估。

表 13-1　我国历年农作物播种面积与化肥施用量

年份	农作物总播种面积/×10³hm²	粮食作物播种面积/×10³hm²	化肥施用量		氮肥/万吨	磷肥/万吨	钾肥/万吨	复合肥/万吨
			总量/万吨	平均/(kg/hm²)				
1978	150104	120587	884.0	58.9				
1980	146380	117234	1269.4	86.7	934.2	273.3	34.6	27.2
1985	143626	108845	1775.8	123.6	1204.9	310.9	80.4	179.6
1990	148362	113466	2590.3	174.6	1638.4	462.4	147.9	341.6
1991	149586	112314	2805.1	187.5	1726.1	499.6	173.9	405.5
1992	149007	110560	2930.2	196.6	1756.1	515.7	196.0	462.4
1993	147741	110509	3151.9	213.3	1835.1	575.1	212.3	529.4
1994	148241	109544	3317.9	223.8	1882.0	600.7	234.8	600.6
1995	149879	110060	3593.7	239.8	2021.9	632.4	268.5	670.8
1996	152381	112548	3827.9	251.2	2145.3	658.4	289.6	734.7
1997	153969	112912	3980.7	258.5	2171.7	689.1	322.0	798.1
1998	155706	113787	4083.7	262.3	2233.4	682.5	345.7	822.0
1999	156373	113161	4124.3	263.7	2180.9	697.8	365.6	880.0
2000	156300	108463	4146.4	265.3	2161.5	690.5	376.5	917.9
2001	155708	106080	4253.8	273.2	2164.1	705.7	399.6	983.7
2002	154636	103891	4339.4	280.6	2157.3	712.2	422.4	1040.4
2003	152415	99410	4411.6	289.4	2149.9	713.9	438.0	1109.8
2004	153553	101606	4636.6	302.0	2221.9	736.0	467.3	1204.0
2005	155488	104278	4766.2	306.5	2229.3	743.8	489.5	1303.2
2006	152149	104958	4927.7	323.9	2262.5	769.5	509.7	1385.9
2007	153464	105638	5107.8	332.8	2297.2	773.0	533.6	1503.0

注：数据来源于《中国统计年鉴—2008》，中华人民共和国国家统计局编。

施肥对生态环境和作物产量、品质的形成具有重要的作用。但是，如果施肥不当，还会直接或间接地对人体健康产生负面的影响。施肥不当对环境的影响主要表现在全球气候变化中的温室气体排放、水体污染和土壤污染等方面。

一、施肥与全球变暖

太阳的长波辐射进入大气层后大部分会被大气吸收，而短波辐射则由于其辐射强度大而能够抵达地球表面，加热了土壤。地球表面的近红外线又向大气辐射，使大气的温度进一步升高。在大气层与地表之间这种能量的传递循环往复，使大气层温度维持在 15℃ 左右而适于人类居住。这一现象如同"日光温室"的玻璃或塑料薄膜，冬季在阳光照射下温室内的温度升高，夜晚也能维持比室外高的温度一样。大气层的这个作用称为"温室效应"。

工业化之前，大气层中对"温室效应"起作用的温室气体是 CO_2、CH_4、N_2O 和水气，其在大气中的浓度相对稳定。由于它们吸收热量和释放能量始终处于平衡状态，而使得地球表层大气的温度稳定地维持在 15℃ 左右。由此可见，"温室效应"是客观存在的自然现象，而且是有利于地球表面的动物、植物及人类生存的。

（一）影响温室气体浓度变化的因素

一般认为温室气体浓度变化是自然因素和人为因素共同作用的结果。

（1）自然因素 自然因素对温室气体浓度的影响，主要表现在太阳活动、火山活动周期性变化等方面。太阳活动主要是指大气中经常发生的黑子、光斑、耀斑、谱斑和日冕凝聚区等现象的总称。当太阳活动激烈时，各种波段的电磁辐射和粒子辐射大大加强，比太阳宁静时增强几十倍甚至几百倍，通常用太阳黑子的多寡来表示太阳活动的强弱。通过对历史观测资料的分析，可发现太阳活动具有 11 年活动周期、22 年磁周期、80～90 年世纪周期、170～200 年双世纪周期以及更长的周期。太阳活动与近代气候变暖的关系主要表现在 11 年周期中的双振动现象和 22 年磁周期。

火山活动对温室气体浓度的变化有直接影响。火山爆发喷出的熔岩、烟尘、CO_2、硫化物气体和水气等可达平流层顶，形成火山灰尘幕，并扩散到整个半球，低纬度的火山喷发能扩散向全球，并在中高纬度保持最大浓度，最后在极地落下。因此，火山灰尘幕影响最大的为中高纬度地区。19 世纪以来的一些大的火山爆发都引起了不同程度的全球气候波动。火山爆发后产生浓密的火山灰尘幕，影响了大气透明度，对于太阳的直接辐射有减弱的作用，在几个月到一年内直接辐射可减少 10%～20%，而使散射辐射增加 15% 左右，这样在火山频繁爆发后，各纬度带上气温下降，愈到高纬度降温趋势愈明显。

（2）人为因素 由于人口剧增和消费水平的提高，大量石油、煤炭、天然气被消耗的同时，向大气排放的 CO_2、CH_4 和氮氧化物急剧增加。另一方面，越来越多的森林被毁坏，森林吸收固定 CO_2 的数量急剧减少，裸露的土地加强了土壤有机质的氧化，导致大气层中 CO_2、CH_4、N_2O、CFCs（氯氟烃，Chloro-fluoron-carbon）等温室气体的浓度大大上升。表 13-2 是最近 400 年来大气中温室气体组分浓度的变化。

表 13-2 主要温室气体含量的变化及其对全球平均地表温度的影响

温室气体名称	工业革命前 1600 年 体积分数/$\times 10^{-6}$	2000 年 体积分数/$\times 10^{-6}$	ΔT/℃	2030 年 体积分数/$\times 10^{-6}$	ΔT/℃
CO_2	280	380	0.96	470	1.19
CH_4	0.7	2.1	0.3	2.94	0.42
N_2O	0.21	0.31	0.12	0.33	0.13
CFC-11	0	0.14	0.06	1.03	0.15
CFC-12	0	0.55	0.08	0.93	0.14
CFC-113	0	0.08	0.01	0.32	0.05

从表中数据表明，对全球温室变暖的主要贡献来自于 CO_2 和 CH_4 两种温室气体组分。氮氧化物（N_2O）的贡献仅为 4%，而且数量增加也不明显。联合国政府间气候变化小组委员会（IPCC）认为，在过去的一个世纪里，全球的表面温度平均上升了大约 0.6℃。据预测，基于大气层中"温室气体"含量将增加一倍，到 21 世纪末，地球的平均表面温度还将继续上升 1.4~5.8℃（IPCC，2001）。气象学家预测到 2025 年气温上升 1℃，到 2050 年将上升 1.5~2.5℃，到 2100 年将上升 2.5~4.5℃，并将相应发生的全球环境变化和社会影响（旱涝灾害，荒漠化，海平面上升，淡水资源匮乏，陆地生态系统恶化等）作出评估。到 2030 年，CH_4 的含量（体积分数）将达到 2.94×10^{-6}，由此增温效应 0.42℃，N_2O 的含量（体积分数）0.33×10^{-6}，增温效应 0.13℃。CFC-11（三氯一氟甲烷）、CFC-12（二氯二氟甲烷）、CFC-113（三氯三氟乙烷）等氯氟烃增温分别为 0.15℃、0.14℃、0.05℃。

（二）主要温室气体及其排放

（1）二氧化碳（CO_2）　据估计，包括森林和土地使用变化在内而产生的全球 CO_2 的排放总量 2003 年超过了 260 亿吨，高于 2002 年的 248 亿吨（1990 年为 222 亿吨）。CO_2 对全球气候变暖的贡献率达 50% 左右，其浓度的增加主要来源于人类的工业生产。据联合国可持续发展委员会 2007 年《绿色数据小手册》披露，1990 年至 2005 年间，低收入国家的森林砍伐面积约为 $45000km^2$（年均砍伐率为 0.5%），中低收入国家的这一数字为 $38000km^2$（年均砍伐率为 0.16%）。据联合国粮农组织《森林资源评估》（Global Forest Resources Assessment）的数据，2005 年全球的森林采伐率估计已经上升到了 3.8%。

（2）甲烷（CH_4）　对全球气候变暖的贡献率达 20%~25%。但是，其近年来的增长率（达 0.9%）是所有温室气体中最高的。由于 CH_4 在空气中的存在时间较短（12 年）（Houghton，1997），所以，其浓度变化敏感且快速，比 CO_2 快 7.5 倍（Lagreid 等，1999）。自然界排放甲烷的源主要是湿地、滩涂，每年为 1.5 亿吨，仅为人为活动导致的甲烷年排放量（3.3 亿吨）的一半，其中反刍动物导致的排放、畜禽排泄物堆放过程中的排放、稻田土壤的排放、热带草原和秸秆焚烧产生的排放达 1.9 亿吨（Ladreid 等，1999）。

（3）氮氧化物 NO_x（NO_2、NO）和氧化亚氮（N_2O）　N_2O 辐射效应很高，一个分子的辐射效应相当于 150 个 CO_2 分子的效果。N_2O 也是臭氧的消耗者。据估计，大气中的 NO_2 浓度增加一倍，臭氧层就会减少 10%，因而会增加紫外线透过的数量，增加皮癌发病几率，严重危害人类和动物的生长与健康。氮氧化物 NO_x 的主要给源是汽车或其他燃油装置的尾气，它们可以随风漂移到郊区农村，甚至更远距离的地方，以干（尘粒）、湿（降雨）沉降的形式污染环境。全球每年排放的氮氧化物 NO_x 达 4800 万吨左右，其中 65% 是人为原因造成的。氮氧化物 NO_x（NO）也可以由土壤的反硝化过程产生。根据 Veldkamp 和 Keller（1997）估计，大约有 0.5% 所施氮肥以 NO 的形式损失。

（4）氯氟烃（CFCs）　氯氟烃是 20 世纪 30 年代研制成功的。这种化合物自然界原本不存在。氯氟烃被用作发泡剂、冷却剂、喷射剂、清洗剂，产量逐年增加。到 20 世纪 80 年代中期，氯氟烃化合物年产量达 120 万吨。氯氟烃分子吸收红外线（也就是吸收热量）的能力是 CO_2 分子的 1 万倍。因此，虽然迄今共排放氯氟烃 1500 万吨（人类每年排放的 CO_2 则达 220 亿吨），但是科学家却给氯氟烃对温室效应发挥的作用判了一个很大的比例为 15%。氯氟烃在平流层受太阳紫外线的强烈照射，便会裂解生产氯原子。氯原子与臭氧分子发生作用，生成氧分子，这样，臭氧层就遭到破坏。南极上空巨大的臭氧空洞，面积早已超过美国的国土。臭氧是紫外线的天然屏障，人类失去了臭氧层的保护，皮癌患者就会大大增加。然而，尽管我们在过去 20 年间对氯氟烃进行了快速和大量的淘汰，但平流层的臭氧损耗状况仍然是大家广泛关注的问题，这是由于其对人体健康、农业和环境都会产生长期影响。从目前的情况看，臭氧层完全恢复所需要的时间要比我们原先预期的时间要长（WMO/UNEP，2006）。同时，消耗臭氧层物质以及包括氢氯氟烃在内的一些替代品也是温室气体。因此，减少消耗臭氧层物质也有助于缓解气候变化。

二、施肥与生态环境

（一）施肥与温室气体排放

与施肥有关的 CO_2 排放主要包括秸秆等农业废弃物的焚烧、堆肥发酵过程 CO_2 的释放、土壤耕作增加的有机质的氧化等。毋庸置疑，有机肥的使用、秸秆还田等都会增加土壤 CO_2 的排放。如徐琪等（1998）指出，稻麦两熟的稻田生态系统中土壤排放的 CO_2 量为：不施肥的 $4.4t/hm^2$，施肥的为 $4.8 \sim 7.1t/hm^2$。其中施粪肥的最高，粪肥＋无机肥的其次，秸秆＋无机肥的第三，而只施无机肥的最低。事实上，任何增加农作物产量的措施又都将会增加 CO_2 的固定。如每生产 1t 玉米，可固定 1.28t CO_2（鲁如坤，1998）。在稻麦两熟制的条件下，不施肥时每年固定的碳量为 $8.7t/hm^2$，施肥后增加到 $15.6 \sim 16.6t/hm^2$，提高 24%，而且是只施无机肥的增加最多，施有机肥的增加最少（徐琪等，1998）。由此可见，农田生态系统中的碳收支受到人为耕作与施肥的显著影响。

受施肥影响最大的温室气体主要是 N_2O 和 CH_4。CH_4 的来源主要是水田和湿地。因为 CH_4 是在强还原条件下产 CH_4 细菌作用于土壤有机质而产生的。因此，在稻田施用有机肥特别是秸秆还田，既增加了碳源，又强化了土壤还原条件，使之有利于增加 CH_4 的排放。全球稻田 CH_4 的排放量为 31.48×10^6 吨/年，即每年 0.31 亿吨左右，占全球人为活动导致甲烷排放总量的 10% 左右，其中因使用有机肥而排放的占稻田排放量的 45%（Ladred 等，1999）。土壤 CH_4 产生量与土壤有机质含量有关的活性碳、有机碳和全氮含量之间存在显著的正相关性，与活性铁锰含量、颗粒组成、阳离子交换量、土壤 pH 等其他土壤理化性质无显著相关性，表明土壤有机质含量是影响 CH_4 产生的最重要土壤性质（徐华，2001）。施用氮肥特别是含有 NO_3^- 和 SO_4^{2-} 的氮肥（如硫酸铵及硝态氮肥）均可提高或维持土壤的氧化还原电位，而且其还原产物如 H_2S、N_2O、NO 等对 CH_4 细菌有毒害作用，使甲烷的产出下降。国内外的许多试验都已证明了这一点（表 13-3）。

表 13-3　氮肥品种对甲烷（CH_4）排放的影响

处　　理	CH_4 平均通量 /[mg/(m²·h)]	相对量/%	处　　理	CH_4 平均通量 /[mg/(m²·h)]	相对量/%
不施氮肥	3.31	100	尿素（N，100kg/hm²）	3.07	93
硫酸铵（N，100kg/hm²）	1.91	58	尿素（N，300kg/hm²）	2.85	86
硫酸铵（N，300kg/hm²）	1.34	40			

注：引自蔡祖聪，1995。

来自化肥的氧化亚氮（N_2O）的数量究竟有多少，是人们所关心的一个重要问题。根据粮农组织（FAO）2008 年 2 月出版的《当前世界肥料的趋势和对 2011～2012 年的展望》报告估计，世界肥料供应（氮、磷、钾）将增加大约 3400 万吨，即在 2007～2008 年度到 2011～2012 年度期间达到每年 3% 的增长率，总产量将从 2007～2008 年度的 2.065 亿吨提高到 2011～2012 年度的 2.41 亿吨，世界氮、磷、钾肥的供应量预计将分别增加 2310 万吨、630 万吨和 490 万吨。从统计资料来看，2007 年全球氮肥消费约 1.2 亿吨（折 N）左右，其中农业消费量达到 1 亿吨。据报道，不同氮肥品种在不同条件下氧化亚氮的排放率有很大的差异，低的只有 0.04%（硝态氮），高的可达 5%（无水氨）。如果平均以 2% 计算，则每年全球因施用化肥氮所排放的氧化亚氮量（以 N 计）约 200 万吨，约占全球氧化亚氮排放总量的百分之十几（目前还难以作出准确估计）。施入农田的氮肥通过挥发作用向大气释放一部分氨。进入大气的氨中，一部分以干湿沉降而返回地面，还可进入平流层后通过光化学反应产生氮氧化物。据报道，我国水稻田中氮肥的氨挥发损失约占施氮量的 $10\%\sim40\%$。

（二）施肥与水体污染

从施肥（无论是无机肥还是有机肥）的角度来看，硝态氮淋失对地下水的污染，氮、磷在土壤中的积聚和移动可能是导致水体富营养化两大问题。在我国，施肥量大的高产区，已经出现了不同程度的地表水和地下水的污染问题。我国有约 333.4 万 hm^2 水稻田，灌溉面积约 466.7 万 hm^2。化学氮肥对水体环境的影响主要是氮肥淋失所引起。

氮肥对水体的污染主要是硝酸盐。农田中的氮随径流和渗漏而进入水体是引起水体污染的重要原因之一。过量的氮素向水体的迁移，尤其是向封闭性或半封闭性的湖泊、水库，或者流速低于 $1m/min$ 的滞流性河流、河口海湾迁移，将造成水体富营养化（表 13-4）。

表 13-4 水体富营养化作用及影响

项　　目	贫营养	前期中营养	后期中营养	富营养
BOD/(mg/L)	<1	1～3	3～10	>10
细菌/(个/mL)	<100	100～1 万	1～10 万	>10 万
磷/(mg/L)	<0.001	0.001～0.005	0.005～0.01	>0.01
氮/(mg/L)	<0.1	0.1～0.2	0.2～0.3	>0.3
恶臭		++	+++	+++
着色		+	++	+++
死鱼			+	+++

水体氮素污染加剧了地面水的富营养化过程。美国国家环保局对 574 个湖泊的监测结果表明，有 77% 的湖泊处于富营养化状态。据估计，流入河、湖中的氮素约有 60% 来自化肥。湖泊、海洋的富营养化引起藻类大量生长，使水中的 O_2 耗竭而造成水生生物死亡或绝迹。人和动物的健康与饮用水中硝态氮含量过高有关。世界卫生组织建议，饮用水中 NO_3^- 不应超过 $50mg/L$，而且认为每个成人（60kg）每天摄入的 NO_3^- 不能超过 $220mg$（WHO，1985）。

土壤质地、作物类型、土地利用方式以及灌溉排水等都对氮素肥料向环境的释放产生显著影响（表 13-5、表 13-6）。

表 13-5 土壤与作物对氮渗失的影响

土壤质地	排水中 N 量/(kg/666.7m²)			土壤质地	排水中 N 量/(kg/666.7m²)		
	谷物	块根作物	永久性草场		谷物	块根作物	永久性草场
砂质土	2.0	3	7	亚黏土	1.0	1.6	3
亚砂土	1.3	2.1	5	平均	1.4	2.3	5

表 13-6 矿质氮肥最大允许施用量

排水量 300mm 时最大淋失量/(kg N/666.7m²·年)		农　　地		草　　地	
		砂土	黏土	砂土	黏土
A	2.2	0	6.6	21.3	33.3
B	4.4	4.6	24.0	30.0	48.0
C	8.8	24.0	80.0	43.3	73.3

农田磷素向水体迁移及其对水体富营养化的影响如下。

（1）磷素是温带地表水富营养化的限制因子　温带地表水体中一般都含有足够藻类生长的氮素，且不少蓝绿藻都有固定大气中的氮气供其本身所需的能力。自然水体中的氮/磷比值通常为 20/1，而大多数藻类旺盛生长的最适氮/磷比为 7/1（Bockman 等，1990）。因此，水体中的磷素不足是藻类旺盛生长或藻华爆发的限制因子。水体富营养化是指因水体中养分浓度和总量增加而导致藻类等水生植物生长（初级生产）过旺，使水体中溶解氧（DO）大大降低，浊度提高，透光率下降，造成鱼类等水生生物大量死亡的现象。故磷素不足是富营养化的限制因子。一般认为，水体中磷的浓度达到 $0.01 \sim 0.02$ mg/L 时即可能产生富营养化。

（2）地表水体中磷的来源及其相对贡献率 没有受到人类强烈干扰的水体（池塘、湖泊、小溪、河流）的磷素主要来自地表径流或两岸渗（漏）滤水所携带的磷（水溶性的无机、有机磷和吸附在土壤颗粒或微细有机颗粒的无机磷、有机磷，枯枝落叶的分解残体，动物排泄物中的有机磷等）。因为磷是土壤溶液中浓度最低和有效性最小的营养元素之一，这种自然水体富营养化的可能性是极低的。

在城市、乡镇周围或农牧区周边等人类活动频繁地区的水体，其磷素来源是多样化的，数量和规模也大大超过自然水体。因此，除了工业生产排污的磷外，人类活动本身的排泄物和生活废弃物及废水中的磷是相当可观的。例如平均每人每天排尿 1kg，排粪 0.25kg，人粪尿中含磷（以鲜物计）分别为 0.5% 和 0.13%（中国农业科学院土壤肥料研究所，1962），那么，每人每天排泄 2.55g 磷（P_2O_5），这就是大多数严重富营养化的湖泊都位于大中城市内或近郊（如滇池、巢湖、太湖、东湖、南四湖等）的主要原因之一。

随着我国人民生活水平的不断提高，对肉、奶、鱼、蛋的需求量急剧增加，一方面是促使畜禽、水产养殖业的大发展，而产生更多的畜禽排泄物和鱼饵料的投入水体，使磷的污染增加（牲畜的排泄中含 0.03% ～ 0.47% 的 P_2O_5，禽类尿中含有更高的氮和磷），另一方面也会因荤菜增加使人体排泄物中的磷素增加。

我国磷肥的施用已有 60 余年的历史，20 世纪 80 年代，土壤磷素就开始出现了较大的盈余。1994 年盈余达 85%（鲁如坤，1998）。经济发达的东部地区和蔬菜、烤烟等经济作物的土壤磷素累积更是突出。土壤全磷有的高达 1.7g/kg，速效磷高达 80～100mg/kg，个别设施土壤甚至达到 700～800mg/kg。

由于淡水养鱼或网箱养鱼投放的饵料过多，加之鱼的排泄物也是水体中磷素的重要来源，水体中的有效磷极容易发生富集，并可直接为藻类所利用。淤泥本身的含磷量比水体高，可通过扩散进入水体，例如太湖流域河、荡、池塘、湖底淤泥含磷量大多数都比水体的含磷量高 1 个数量级以上。淤泥中的有效磷在 17～50mg/kg 之间，比周围大田土壤的有效磷高 1～4 倍。由于淤泥处于长期强还原条件，磷的有效性较高。太湖淤泥的全磷为 0.45g/kg，巢湖淤泥的全磷为 0.51g/kg。巢湖每年的淤泥扩散到水体的磷为 220.4t（杜青英，1997）。黄河三角洲平原型水库底泥中全磷含量为 0.54～0.69g/kg，主要来源于黄河泥沙的沉淀；水库水体中的磷含量 0.011～0.214mg/L，水体已经达到富营养化水平，黄河水中的磷是库区水体中磷的主要来源，而底泥中有效氮能促进底泥中磷向水体中的转移转化（孙宁波，隋方功，2007）。可见，水体中的氮、磷往往相互促进，加剧了水体的富营养化进程。

（三）施肥与土壤污染

（1）土壤化学污染 磷肥、锌肥、硼肥生产的原料矿石中，常含有数量不等的有毒元素如：砷、铬、镉、氟、钯等。其中锌、硼农业用量很少，所以化肥对土壤污染主要是磷肥，磷肥的原料磷矿石中，除富含 P_2O_5 外，还含 K、Ca、Mn、B、Zn 等，也含 As、Cd、Cr、F、Pa 等有毒物质。土壤另一化学污染源是垃圾、污泥、污水、大型畜禽加工厂废水、有机堆肥等，过量集中输入农田，也会使有毒物质积累和重金属超标，导致人畜致病。

（2）土壤生物污染 各种垃圾、粪便中微生物种类繁多，其中有不少对人体和植物有害的病原体，如果不进行无害化处理，它们最终均可能进入到土壤中、水域，与作物接触使作物感染病害，有的附着于作物，尤其是蔬菜上，送入厨房，进入人体。如果是通过植物或人体，就开始下一个污染过程。据北京市环境卫生科学研究所调查结果显示，在第一类蔬菜微生物污染严重，而第二类蔬菜寄生虫污染严重，值得密切注意（表13-7）。

表 13-7　蔬菜生物污染调查

蔬菜种类	有蛔虫卵	大肠杆菌值（样品数量）						
	占总数量/%	>1	10^{-1}	10^{-2}	10^{-3}	10^{-4}	10^{-5}	10^{-6}
第一类:菜花、黄瓜、扁豆、茄类	2.35	5	22	18	10	11	4	4
第二类:马铃薯、藕、笋、韭菜、芹菜、香菜、白菜、萝卜、葱	29.03	1	4	3	10	12	9	6
占总数量	13.61	5.0	21.9	17.7	16.8	19.3	10.9	8.40

植物残体，也携带植物病原菌，如稻瘟病、水稻白叶枯病和纹枯病、小麦茎腐病、油菜菌核病等，未经无害化处理，这些病原菌随植物残体以有机肥方式施入土壤或经雨水冲洗进入土壤，再次传染给种植的作物。

（3）土壤的物理污染　主要是施入土壤中的有机肥料、垃圾堆肥中未经过清理的碎玻璃、旧金属片，在烧煤乡镇大量煤渣等，这些物料大量使用会使土壤碴砾化，降低土壤的保水、保肥能力。近年来城市垃圾中聚乙烯薄膜袋、破碎塑料等数量日益增加，在连续使用农用薄膜的地区，土壤中大量残留的塑料碎片，使土壤水分与养分的运动受阻，作物根系生长不良，这一土壤物理污染，同样也是值得重视和研究的问题。

（4）放射性污染　磷肥中可能的放射性污染是由于磷矿中可能含有多种放射性物质，如铀、镭、钍以及它们的衰变产物。世界磷矿中铀的含量在 3～400mg/kg。在生产磷肥过程中，铀主要存在于磷酸中，其余存在于石膏中。在生产磷铵时，磷酸中的铀进入肥料，而在生产普钙时，则全部存在于磷肥中。大量研究表明，在复垦的磷矿开采土壤上，蔬菜、水果中放射性有所增大，但人体受到的放射性剂量很少。在一般农田上的长期（50 年以上）试验表明，施磷肥和不施磷肥农作物中放射性物质浓度并未增加，施磷石膏 100t/hm^2 时，亦未见作物吸收放射性物质的增加。

综上所述，无机肥和有机肥都是人类可持续发展不可或缺的资源，只要科学使用，不会对环境和生态造成负面影响。

第二节　施肥与农产品品质安全和人体健康

人类生存需要的营养物质主要有两大类，即有机物和矿物质。这些物质由植物、动物和天然物质提供。作物营养品质和卫生品质比外观品质更为复杂和重要。作物营养品质中，蛋白质和各种必需氨基酸、脂肪、碳水化合物、维生素及各种矿物质，是人类营养和维持生命活动不可缺少的物质。肥料的种类与成分不同，其对植物产品的产量与品质的影响各不相同。如氮肥对植物品质的影响主要是通过提高植物产品中蛋白质含量来实现的。高蛋白质含量的小麦面粉所制作的面包，膨松、外观美。在正常生长的植物所吸收的氮约有 75% 形成蛋白质。

一、碳、氢、氧与人体营养

人体营养是人体摄取、消化、吸收和利用食物中的营养成分来维持生命活动的整个过程。蛋白质、脂类、碳水化合物称为人体三大营养素。其中蛋白质是人体氮的唯一来源，是生命的物质基础，也是机体的重要组成部分。成人体内蛋白质约占体重的 16%～19%。凡是构成生物体的结构物质（如：肌肉蛋白）、加速体内化学反应的生物催化剂——酶、调节生理作用的肽类激素、运输氧的载体——血红蛋白、抗体以及病菌、病毒等，其本质皆为蛋白质。蛋白质的生理功能主要包括：①有机体的结构成分（如胶原纤维等结构蛋白；细胞膜、线粒体、叶绿素、内质网等中的不溶性蛋白），构成生物体的组织，促进生长发育；②构成体内许多重要生理作用的物质（如有机体新陈代谢的催化剂——酶几乎都是蛋白质）；③是免疫系统重要的物质基础（如抗体——免疫球蛋白）；④维持体内的酸碱平衡和水分在体内的正常分布；⑤与信息的传递及许多重要物质的运输有关（受体蛋白、视觉蛋白、味觉蛋白等）；⑥调解或控制细胞的生长、分化和遗传信息的表达（如组蛋白、阻遏蛋白等）。人体每天必须从食物中摄取蛋白质，以补偿组织生长、更新和修复的消耗。蛋白质的营养价值还与其氨基酸组成有关。蛋白质中含有适当比例的人体必需氨基酸（亮氨酸、异亮氨酸、赖氨酸、苯丙氨酸、蛋氨酸、苏氨酸、色氨酸、缬氨酸和组氨酸）能更高效地被人体充分利用。

脂类包括中性脂肪和类脂，含 C、H、O 三种元素，也是人体的重要组成部分，约占体重的 10%～20%。中性脂肪是由一分子甘油和三分子脂肪酸组成的化合物，又称甘油三酯，在人体内主要分布于皮下、腹腔、肌肉间隙和脏器周围，是体内热能的一种储存形式，这类脂肪容易受到机体营养状况和活动量的影响而变动，通常称为动脂。类脂质包括磷脂、糖脂、脂蛋白和胆固醇等，主要存在于细胞原生质和细胞膜中，在体内的含量不易受营养状况和机体活动的影响，通常称为定脂。脂类的营养作用主要表现为：①脂类中的油脂是体内储存、供给、运输热能的重要物质；②是构成生物膜的重要物质；③促进脂溶性维生素的吸收和利用；④机体表面的脂类物质有防止机械损伤与防止热量散发等保护作用；脂类作为细胞的表面物质与细胞识别、种特异性和组织免疫等有密切关系，改善膳食的感官性状。

碳水化合物又称糖类，是由碳、氢、氧三种元素组成的一类化合物。根据其分子结构的不同，可分为单糖、双糖和多糖三类。碳水化合物的营养作用主要包括：①供给热能，淀粉、糖原是重要的生物能源；②构成身体组织；③维持心脏和神经系统的正常功能；④保护肝脏和解毒作用；⑤参与蛋白质、脂肪在体内的正常代谢。近来人们在对多糖的研究中，发现了大量具有生物活性功能的活性多糖（包括动物性多糖、植物性多糖和微生物代谢产生的多糖），由于其独特的生理活性而引起人们的极大关注。

维生素是维持人体生命必不可少的一类有机营养物质。在生理功能上既不参与身体组织的构成，也不是体内热能的来源，而是参与人体中许多重要的生理代谢过程，所以维生素与人体健康的关系极大。已知许多维生素是酶的辅酶或辅基的组成成分，因此认为维生素是以"生物活性物质"的形式存在于组织中的。维生素种类很多，其中人体需要量较多，而膳食中经常供给不足的主要有维生素 A、维生素 D、维生素 B_1、维生素 B_2、维生素 C 和尼克酸等。

纤维素是植物的结构糖，食物纤维也是含碳、氢、氧的一类化合物，尤其是可食性纤维在人类营养学上的意义也已被广泛认识。此外，无机盐和水也是人体营养不可或缺的。这些营养成分，无论是含量或是组成几乎均与肥料施用关系密切。

二、氮肥施用与农产品品质安全和人体健康

生物体有多种蛋白质的参加才使生物得以存在和延续。如输送氧功能的血红蛋白；生物体内化学变化不可缺少的催化剂——酶（是一大类很复杂的蛋白质）；承担运动作用的肌肉蛋白；起免疫作用的抗体蛋白等。各种蛋白质都是由多种氨基酸结合而成的。氮是各种氨基酸的一种主要组成元素。植物体内与品质有关的含氮化合物有蛋白质、必需氨基酸、酰胺和环氮化合物（包括叶绿素 A、维生素 B 和生物碱）、NO_3^-、NO_2^- 等。

增施氮肥可提高农产品中蛋白质和人体必需的氨基酸含量。蛋白质是农产品的重要质量指标。增施氮肥能提高农产品中蛋白质的含量，籽粒中蛋白质的积累是营养器官中氮化物重新利用的结果。小麦栽培中的氮肥后移技术、后期根外追施尿素或 NH_4NO_3 对提高籽粒蛋白质含量有明显的作用，而且尿素的作用优于 NH_4NO_3。利用 ^{15}N 示踪技术的研究结果表明，小麦后期叶面追施尿素可促进谷蛋白的合成，从而提高面包的烘烤质量。

人和动物如果缺乏必需氨基酸，就会产生一系列代谢障碍，并导致疾病。人体必需氨基酸的含量也是农产品的主要品质指标。人和动物体本身无法合成的氨基酸只能通过植物产品提供。研究发现，氮素营养充足能明显提高产品中必需氨基酸的含量，而过量施氮时，必需氨基酸的含量却反而会减少。适量施用氮肥能不同程度地提高高粱籽粒中各种氨基酸的含量，其中必需氨基酸的含量平均提高 $34.03\% \pm 30.5\%$，幅度为 $5.36\% \sim 106.5\%$，从而提高了籽粒营养价值。然而，作物生长后期过量施用氮肥，致使籽粒中醇溶谷蛋白含量提高，而人和牲畜必需的赖氨酸含量降低，反而降低籽粒的营养价值。

增施氮肥还能提高油料作物的含油量和植物油的品质。向日葵油一般含有 10% 的饱和脂肪酸（棕榈酸和硬脂酸）、20% 的油酸、70% 的必需亚油酸，但随着氮肥用量的增大，向日葵油中的油酸含量增加，而亚油酸含量减少。对油菜也有相同的趋势，施氮不仅能提高籽粒产量和粒重，同时也能提高含油量（见表 13-8）。

表 13-8　氮肥用量对油菜籽含油量的影响

施氮量/(g/盆)	籽粒产量/(g/盆)	粒重/mg	含油量/%	施氮量/(g/盆)	籽粒产量/(g/盆)	粒重/mg	含油量/%
0.2	6.6	1.8	21.2	0.8	5.6	3.3	41.8
0.4	7.7	2.2	21.5				

甜菜块根生长初期，供应充足的氮是获得高产的保证，而后期供氮多则会导致叶片徒长、块根中氨基化合物和无机盐类含量增高，使糖分含量大幅度下降。适量施用氮肥能改善纤维的长度和细度，但过量施氮反而导致纤维细度，尤其是衣分率下降。过量氮肥供应可能促进棉株中碳水化合物向营养器官运转，影响了早期棉铃的发育，从而降低纤维品质。

产品中的 NO_3^- 和 NO_2^- 含量是近年来引人注意的主要品质指标。氮肥施用过量可造成农产品尤其是叶菜类中硝酸盐和亚硝酸盐含量大幅度增加，给人类生命安全带来潜在威胁。研究发现，氮肥施用量过大是造成叶菜类植物体内 NO_3^- 盐含量大幅度增加的主要原因。不同种类氮肥对叶类蔬菜硝酸盐含量影响以化学氮肥＞有机氮肥，硝酸铵＞尿素＞碳铵＞硫铵＞氯化铵。氮肥用量相同时，铵态氮与硝态氮的比例也会影响叶类蔬菜硝酸盐含量。施用铵态氮肥时，叶类蔬菜中硝酸盐含量较低，但在水培中施用大量铵态氮肥常导致蔬菜中毒，产量受到限制。硝态氮和铵态氮配合使用，既可降低硝酸盐，又可使蔬菜生长良好。在水培条件下，NO_3^--N 与 NH_4^+-N 之比以 7:3 和 5:5 为好。

三、磷肥施用与农产品品质安全和人体健康

与植物产品品质有关的磷化物有无机磷酸盐、磷酸酯、植酸、磷蛋白和核蛋白等。

（一）磷肥对作物品质的作用

（1）提高产品中总磷量以满足人及动物对磷的需求　饲料中含磷（P）量达 $0.17\% \sim 0.25\%$ 时才能满足动物的需要，含磷量不足会降低母牛的繁殖力。P/Ca 比值对人类健康的重要性远远超过了 P 和 Ca 单独的作用。

（2）磷能促进叶片中蛋白质的合成，抑制叶片中含氮化合物向穗部的输送，磷还能促进植物生长，提高产量。

（3）提高作物淀粉与脂肪含量　磷能提高蛋白质合成速率，而提高蔗糖和淀粉合成速率的作用更大；缺磷时，淀粉和蔗糖含量相对降低，但谷类作物后期施磷过量，对淀粉合成不利。施磷可降低冬油菜籽的芥酸含量，略提高油酸和亚油酸含量，以改善菜籽油的品质。

（4）改善果品和蔬菜的外观品质及贮藏品质　充足的磷肥可获得较大的马铃薯块茎；磷过剩又易形成裂口或畸形块茎。磷肥还能提高果品、蔬菜的含糖量，改善其糖酸比，提高风味。

（二）磷对人体健康的影响

（1）磷是人体遗传物质核酸的重要组分，也是人类能量转换的关键物质三磷酸腺苷

（ATP）的重要成分，有利细胞分裂、增殖及蛋白的合成，将遗传特征从上一代传至下一代。

（2）磷也是生物体所有细胞的必需元素，是维持细胞膜的完整性、发挥细胞机能所必需的。磷还是多种酶的组分，磷脂是细胞膜上的主要脂类组成成分，与膜的通透性有关。

（3）建立机体内环境的磷缓冲系统，保持体液的酸碱平衡。磷促进脂肪和脂肪酸的分解，预防血中聚集太多的酸或碱。磷也影响血浆及细胞中的酸碱平衡，促进营养物质吸收，刺激激素的分泌，有益于神经和精神活动。磷能刺激神经肌肉，使心脏和肌肉有规律地收缩。

（4）促进骨骼形成和钙化。钙和磷的平衡有助于无机盐的利用。磷酸盐能调节维生素D的代谢，维持钙的内环境稳定。

成人含磷总量约为600g，其中85％分布在骨骼和牙齿，其余15％分布在软组织和体液中。软组织中的磷主要以有机磷、磷脂和核酸的形式存在。骨组织中所含的磷主要以无机磷的形式存在，即与钙构成骨盐成分。血浆（清）中既含有机磷，又含无机磷，两者比例约为2：1。

成人每天自食物中需摄取磷0.74g，植物性食物中磷的丰富来源有可可、棉籽、花生、西葫芦籽、南瓜籽、米糠、大豆、向日葵、麦麸。良好来源有果仁、花生酱、全谷粉。一般来源有禾谷类籽粒、干果、叶菜类蔬菜。微量来源有新鲜水果、茄果类蔬菜。

四、钾肥施用与农产品品质安全和人体健康

因为钾对农产品品质影响极大，而被称为品质元素。钾能促进光合作用、碳水化合物代谢及同化产物向贮存器官中运输，提高块根、块茎作物的产量和品质。

（一）钾对品质的影响

（1）改善禾谷类作物产品的品质。不仅可增加禾谷类作物中蛋白质含量而且还可提高大麦籽粒中的胱氨酸、蛋氨酸、酪氨酸和色氨酸及人体必需氨基酸的含量。

（2）提高豆科作物的含油量。促进豆科作物根系生长，使根瘤数增多、固氮作用增强，从而提高籽粒中蛋白质含量。

（3）提高糖料作物的含糖量，薯类作物的淀粉含量。钾有利于蔗糖、淀粉和脂肪的积累，甜菜上施用钾肥可提高含糖量、减少杂质；大麦上施钾可提高籽粒中淀粉和可溶性糖的含量。

（4）提高棉麻作物的产量和纤维长度及韧性。提高棉花产量，促进棉绒成熟，减少空壳率，增加纤维长度，还能提高棉籽的含油量。

（5）改善烟草的颜色、光洁度、味道和燃烧性，减少尼古丁和草酸的含量。

（二）钾对人体健康的影响

（1）与细胞的新陈代谢有关，一定浓度的钾维持细胞内一些酶的活动，特别是在糖代谢过程中，糖原的形成必有一定量的钾沉积，血中糖及乳酸的消长与钾有平衡的趋势。

（2）调节渗透压及酸碱平衡，维持此种功能的主要作用亦在身体组织细胞及红细胞内。

（3）在红细胞内的钾盐缓冲系统，主要为血红蛋白钾、重碳酸钾、磷酸钾，而钾与钙的平衡对于心肌收缩亦有显著作用。

（4）神经肌肉系统必须有一定的钾浓度，才能保持正常的激动性能，钾过高则神经肌肉高度兴奋，钾过低则可陷于麻痹。

（5）有利尿作用。

钾是生命所必需的物质之一，人体全身含钾约140～150g，亦有人认为可达200g，占人体内矿物质的第三位。钾为细胞内液的主要阳离子，其中约1.2％存在于细胞外液，而98％以上位于细胞中。

含钾丰富的植物性食物为谷类、豆类、蔬菜、水果等。在我国广大农村，特别是在生活条件差的建筑工地上，常常会见到低血钾症，轻则四肢酸软，劳动力减退，重则瘫痪。其中主要原因就是饮食中缺钾及缺镁造成的。除大豆外的各种豆类通称杂豆，杂豆含钾可达 1230～1780mg/100g，含镁 100～193.8mg/100g，而钠仅含 0～6mg/100g。因此，对容易发生缺钾及缺镁的人群，提倡吃杂豆是有益的。

五、钙、镁、硫肥施用与人类健康

(一) 钙肥施用与人类健康

钙既是细胞膜的组分，又是果胶质的组分。缺钙不仅会增加细胞膜的透性，也会使细胞壁交联解体，还会使番茄、辣椒、西瓜等出现脐腐病，苹果出现苦痘病和水心病等，极大地影响农产品品质，施钙可增加牧草的含钙量，提高其对牲畜的营养价值还可增加农产品的可贮性。钙是人类食品中明显不足的元素，钙是人体内的一种宏量元素，成人体内约含 1200g，约99%集中在骨骼和牙齿，1%以游离或结合离子状态存在于软组织、细胞外液及血液中。游离钙与骨钙维持动态平衡。30 岁以前储存钙为主，以后以消耗钙为主。成人每天需钙量为 0.7g，正在发育的儿童则 1g 左右。妊娠期母亲须供给胎儿生长，每日应有 1.5g。授乳期由于母亲须分泌乳汁供迅速生长之婴儿，在这期间，每日应有钙 2g。

1. 钙的生理作用主要表现

(1) 是构成骨骼和牙齿的重要成分，骨齿之坚硬性，即因含钙和磷的缘故。男性 18 岁以后，女性则更早些，骨长度开始稳定，但骨密度仍继续增加。幼儿及青少年缺钙会得佝偻病和发育不良，老年人缺钙会发生骨质疏松，容易骨折。据报道，47 岁以后骨中的矿物质逐渐减少，由于钙的丢失，而引起骨质疏松。

(2) 对于一般软组织，钙也是基本的组成成分，并且是维持它们正常机能所不可缺少的物质。只有在钙、镁、钾和钠离子维持一定的比例时，组织才能进行正常的生理活动和表现出一定的感应性。例如，心脏的搏动和肌肉、神经的兴奋性的传导和感应性的维持，即属实例。血钙高可抑制肌肉、神经兴奋性，过低则兴奋性增高而引起抽搐。

(3) 帮助血液凝固，钙是凝血的重要因素之一，如血液中缺少钙，则破伤后易流血不止。钙激活凝血酶原，使之发挥作用。

(4) 机体许多酶系统需要钙来激活，例如三磷酸腺苷酶，琥珀酸脱氢酶、脂肪酶以及一些蛋白质分解酶等。

(5) 有研究证实，缺钙可引起耳聋。具体机理是：缺钙可致耳蜗局限性脱钙，继而耳蜗形态改变破坏内耳听觉上皮细胞或骨结构，从而产生耳聋、耳鸣。

2. 钙的植物来源

(1) 绿叶蔬菜为钙之重要来源，但它能否被身体利用，须视所含的草酸盐而定，如荠菜、油菜和小白菜等所含钙都易为人体所利用，而菠菜的含钙量虽高，但同时亦含有高量的草酸盐，两者合成不能溶解之草酸钙，不易被身体吸收。

(2) 黄豆及豆类产品，黄豆本身含有相当高的钙质，而南豆腐、豆腐脑（又名豆腐花）、千张（又名百页）等因制备时加入了钙盐，更增高了钙的含量。

(3) 干、鲜果类，如杏仁、瓜子、核桃、榛子以及山楂、柑橘等。

(4) 其他如麦麸、芝麻酱、榨菜、腌雪里蕻、萝卜干等。

施用钙肥可显著提高植物性食品的含钙量，这对促进人体健康极为重要。

(二) 镁肥施用与人类健康

镁的含量也是农产品的一个重要的品质标准，饲用牧草镁含量不足时可导致饲养动物缺镁症，引起动物痉挛病。人类饮食中镁不足则会导致缺镁综合征，出现过敏、困乏、疲劳、脚冷、全身疼痛等病症。成人体内含镁量约为 20～30g，其中 50%～70%主要以磷酸镁和碳酸镁的形式存在于牙齿及骨骼中。每人每日需镁量为 250～320mg。约四分之一的镁存在于软组织和细胞间质中，其分布与钾相似，细胞内的浓度较细胞外的浓度为大。前者约为后者的 10 倍。镁与蛋白质结合成复合物，对物质代谢意义极大。

(1) 镁离子可以维持血管的收缩与舒张平衡。缺镁可以导致高血压及动脉粥样硬化。孕妇缺镁易出现水肿、蛋白尿、胆固醇增高等症状。

(2) 镁是机体内磷酸化作用及其他一些酶系统所不可缺少的活化剂。如磷酸酶、磷酸葡萄糖转化酶等。当三磷酸腺苷（ATP）浓度过高时，镁离子能起阻滞作用。另外，镁离子或镁盐类有利尿作用，亦可用作泻剂。

(3) 镁还参与遗传物质 DNA 和 RNA 的合成。

(4) 一般说，钙对于生活组织有刺激其活动的作用，而镁则有抑制作用，两者互相制约使机体组织保持了兴奋和抑制的平衡。镁有抑制神经应激性的功用，镁过多时即呈麻醉状态；镁缺乏时，能引起过敏症及肌肉痉挛，扭转或做出更古怪的动作，同时有血中胆固醇增多的现象产生。

镁主要来自植物性食物，如小米、燕麦米、大麦米、豆类、小麦、紫菜等。根茎类蔬菜、绿叶蔬菜镁含量也较高。施镁肥可提高植物产品的含镁量，还能提高叶绿素、胡萝卜素和碳水化合物的含量，防治人畜缺镁症。

（三）硫肥施用与人类健康

硫是合成含硫氨基酸如胱氨酸、半胱氨酸和甲硫氨酸必不可少的，缺硫会降低蛋白质的生物学价值和食用价值。禾谷类作物籽粒中半胱氨酸含量低时，会降低面粉的烘烤质量。某些植物（如圆葱和十字花科植物）体内次生物质（如芥子油、葱油）的合成也需要硫。因此，施硫可增加这些植物产品的香味，改善其品质。

硫是人体和其他生物有机体中不可缺少的元素。硫占人体质量的 0.64%。硫是构成硫酸软骨素的重要成分，摄入人体内的无机硫除少量结合到氨基酸内，大部分进入软骨质中，直接参与了软骨代谢。根据近年来的研究分析，推测某些地区流行的大骨节病可能是一种硫酸软骨素代谢障碍的地方病。又根据有关的调查报告指出，克山病和大骨节病区水中硫酸根离子的含量显著偏低，所以饮水中硫酸根离子不足可能与心血管、骨关节疾病有关。硫的营养生理功能主要是通过其在体内的含硫有机物实现的。硫是硫胺素、生物素和胰岛素的成分，参与碳水化合物代谢；硫以黏多糖的成分参与胶原和结缔组织的代谢；在血液凝集及某些含巯基镁的合成中也起重要作用。

含硫的植物性食品有糙米、面粉、干豆类、蒜苗、土豆、甜薯、香椿、雪里红、油菜、桔类、大葱、圆葱、生姜、大蒜、芥蓝、萝卜、大白菜等。其含量与含硫肥料使用关系密切。

六、微量营养元素肥料施用与人类健康

由于许多微量元素是植物、人和动物体都必需的，因此，农产品中微量元素的含量也是重要产品品质指标。微量元素影响着植物体内许多重要代谢过程，但它同时又是易于对动物、植物产生毒害等不良影响的元素。因此，微量元素肥料的施用不能过度。

(1) 铁（Fe） 铁参加血红蛋白、肌红蛋白、细胞色素、细胞色素氧化酶、过氧化物酶及触酶的合成。缺铁或铁的利用不良时，上述成分失常，导致氧的运输、贮存、二氧化碳的运输及释放、电子的传递、氧化还原等代谢过程紊乱，产生病理变化，最后产生各种疾病。缺铁时，肝脏的发育速度减慢，肝内合成 DNA 受到抑制，发生贫血，抑制生长发育。缺铁可引起脑神经系统疾病、感染性疾病、骨骼异常和贫血等。铁是血红蛋白的重要组成元素，能帮助氧气的运输。缺铁可引起体内无机盐及维生素代谢的紊乱导致贫血，且致使体内滞留铜，增加镁、钴、锌的吸收量，血液内维生素 C 的含量减少，血小板数量增加。然而，人体内铁储存量过多，非但无益，反而有害，受害最明显的就是心血管系统，心脏病发病率会提高 4 倍，胆固醇也增高，对胰腺也不利，有可能导致糖尿病，生殖器发育不良、性功能紊乱，过量铁沉着使皮肤发黑等。

绿色植物叶片和粮食中的铁是人体中铁的重要来源。如菠菜、芹菜、芦笋、木耳、油菜、韭菜、豆类。

（2）锰（Mn） 食物和饲料中的含锰量也是重要的品质标准。施用锰肥有提高维生素（如胡萝卜素、维生素 C）含量，防止裂籽、提高种子含油量等作用。锰在人体健康方面的作用表现为：锰是丙酮酸氢化酶、超氧化物歧化酶、精氨酸酶等的组成成分。它还能激活羧化酶、磷酸化酶等，对动物的生长、发育、繁殖和内分泌有影响。锰也参与造血过程，改善机体对铜的利用。锰可促进维生素 B_1 在肝脏中的积累。最近有资料表明，那些患皮肤瘙痒症的病人，体内缺锰现象十分普遍。遗传性疾病、骨畸形、智力呆滞和癫痫等疾病均和缺锰有关。缺锰会引起动物生长停滞、骨骼畸形、生殖机能障碍等病症。在碳水化合物、脂肪、蛋白质和核酸的代谢中作为各种酶的激活剂。作为骨骼和结缔组织形成与生长的成分之一，对于胆固醇合成、凝血和胰岛素都是必不可少的。缺乏锰导致智力低下，老年骨质疏松，食欲不振，体重下降，须发生长缓慢。在土壤中含锰量高的地区癌症发病率低。植物性食物是锰的主要来源，如小米、稻米含锰量较高，扁豆、大豆、萝卜缨、大白菜也含较多的锰，茶叶和咖啡中含锰更为丰富。

（3）铜（Cu） 对于提高植物产品蛋白质含量、改善品质、增加与蛋白质有关物质的含量都有积极的作用。铜有利于维护正常的生血机能；维护骨骼、血管和皮肤的正常；维护中枢神经系统的健康；保护毛发正常的色素和结构；保护机体细胞免受氧化物质的毒害。据报道，冠心病与缺铜有关。铜缺乏导致骨质疏松易碎、皮肤病变、脑组织萎缩、运动失调、发育停滞、嗜睡、毛发脱色及卷发症。铜在人体内不易保留，需经常摄入和补充。茶叶中含有微量铜，所以常喝茶是有益的。一般食物都含有铜，如谷类、豆类、坚果。

（4）锌（Zn） 是一种重要品质指标。缺锌能使植物成熟期推迟，从而影响农产品品质；由于偏食或食物中含锌量低常常会引起儿童食欲不振，生长缓慢，发育不良，性成熟推迟，味觉和嗅觉改变，食欲不振甚至厌食和出现异嗜癖，伤口不易愈合，好发皮肤溃疡和口腔黏膜溃疡等，年龄较大的儿童可出现性成熟障碍。成年男子缺锌时出现阳痿和精液减少。老年人缺锌可致眼球内水晶体退变硬化，形成白内障和好发生口腔溃疡。另外，锌对人体镉中毒有保护作用，还能对抗感染，发挥杀菌和免疫功能，治愈很多疑难杂症。每天摄入量 $10\sim15mg$，含锌较多的植物产品有核桃、花生、葵花子、菱角等硬壳类和豆类、小米等禾谷类作物。施锌能增加植物产品含锌量和产量，防治人畜缺锌病。

（5）硼（B） 对植物体内碳水化合物运输有重要影响，适量增施硼肥可提高蔗糖产量。施硼还可防止因缺硼造成的"茎裂"，提高蔬菜品质。现代研究证明，人体内存在 27 种生命必需元素：碳、氢、氧、氮、钙、钾、钠、磷、镁、氯、硫、硅、铁、锌、碘、硒、铜、氟、钼、镉、镍、钒、锡、砷、钴、锰、锶。其中有 15 种金属元素：钙、钾、钠、镁、铁、锌、铜、钼、镉、镍、钒、锡、钴、锰、锶；12 种非金属元素：碳、氢、氧、氮、磷、氯、硫、硅、碘、硒、氟、砷。硅、砷、硼、铷、锗 5 种元素认为是可能必需元素。

（6）钼（Mo） 钼又是重要的品质指标之一。钼是某种酶的一个组分，这种酶能催化嘌呤转化为尿酸。钼也是能量交换过程所必需的。微量钼是眼色素的构成成分。钼能促进固氮作用，施钼可以增加豆类作物的含氮量，从而提高蛋白质含量。在豆荚、卷心菜、大白菜中含钼较多。多吃这些蔬菜对眼睛有益。

具有高营养价值的食品是人类健康最基本的物质条件，而具有高营养价值的农产品的获得，离不开合理的植物营养与施肥。根据农作物收获目的的不同，研究植物营养与收获物的产量、品质的关系，弄清高产优质农作物的营养特性、需肥规律，结合土壤、气候等条件进行合理的施肥是获得高产优质农产品的唯一途径。富硒苹果和茶叶的栽培就是通过合理营养以改善人类健康的典型例子。

第三节　环境保全型施肥技术

21世纪的农业同时肩负粮食增产和环境保护两大重任，既要为不断增长的人口提供足以保证其基本生存的粮食供给，又要兼顾改善环境，实现农业的可持续发展。化肥、农药、除草剂等化学物质的施用，大大提高了农业生产率和作物产量，但这些物质在土壤和水体中残留并富集，造成环境污染，资源、资金严重浪费。不仅如此，还通过物质循环进入食物链，影响人类的健康和安全。这一系列问题，迫使人们改变现行的施肥技术体系，建立新的环境保全型施肥技术，以保持全球农业的可持续发展。日本农林水产省1992年在其发布的"新的食物、农业、农村政策方向"中首次提出"环境保全型农业"概念，致力于"环境保全型农业"的推进，一系列促进环保型农业的法律相继出台。

一、环境保全型施肥的目标与要求

（1）环境保全型农业的基本的内容与目标　环境保全型农业的基本内容是农业不仅应为人们稳定地提供食品，还应该与环境相协调，为创造和保护国土作贡献。环境保全型农业的定义为：充分发挥农业所拥有的物质循环功能，不断协调与生产力提高间的关系，通过土壤复壮，减少化肥、农药的使用，减轻对环境的负荷，是具有持续性的农业。环境保全型农业的基本目标是在保证安全与稳定的粮食生产的前提下，充分发挥农业自身在生态系统中具有的多方面机能与价值，从满足消费者的需求出发，构筑良好的消费与生产依赖关系。同时，不断深化和完善农业生产技术，确立长期的可持续发展的农业生产方式，走土地可持续利用的农业振兴之路。环境保全型施肥就是在此基础上发展起来的现代施肥技术。

（2）环境保全型施肥的基本目标　一是为了营养作物、提高产量、改善品质；二是为了改良和培肥土壤，保持土壤资源持续利用；三是不断提高肥料效益；四是不对环境和农产品造成污染。这四个目标同时满足，才符合可持续发展农业（包括有机农业、生态农业、生物农业和再生农业等替代农业的模式）的生产要求。

（3）环境保全型施肥的基本要求　要实现环境保全型施肥的基本目标，必须根据作物的需肥规律和土壤的供肥性，结合肥料性质进行合理施用。环境保全型施肥必须坚持的基本原则是：持续培肥地力的原则、协调营养平衡的原则、增加产量与改善品质相统一的原则、提高肥料利用率的原则、减少生态环境污染的原则。

二、减少环境污染的施肥技术

1. 减少环境污染的氮肥施用技术

（1）氮肥深施技术　据测试，当气温为29℃、土壤含水率为13.6％时，地表施用碳酸氢铵，12h后挥发损失5.49％；而将同样的肥料深施到6cm以下土层，12h后挥发损失仅为0.3％。由此可见，化肥深施可提高其肥效利用率。氮肥深施的方法：一是深施底肥。将施肥器加装在犁架上，耕地时将肥料随犁铧翻垡深施到土壤耕作层中。二是播种的同时深施种肥。将施肥装置与播种装置同装一机，在播种的同时将肥料深施到种子下方或侧下方。要保证种肥之间有3～5cm的土壤隔离层，用以防止种、肥混合损伤种子。三是追肥深施。在农作物生长过程中使用化肥追肥器或将追肥器加装在中耕培土机械上，完成开沟、松土、排肥、覆土等多道工序，将氮肥深施到作物根部。据测定，碳酸氢铵球肥深施，在施肥后30d，氮素损失仅为3.1％。

（2）氮肥混施技术　一是与添加剂混施，如将化学助剂碳酸氢铵添加剂按比例添加到碳铵中一起施用，可有效地抑制氮的分解挥发，从而使碳铵的肥效利用率提高 3~4 倍。二是掺入固氮剂。按比例将固氮剂掺入到氮肥中深施，固氮量可提高 1.5~2.0 倍，氮素利用率可提高 10%~30%。三是尿素与硼砂混施。将尿素和硼砂按（400~500）：1 的比例混施，可显著降低氨的挥发损失，提高氮素利用率，并可有效防止小麦粒不饱、油菜花而不实、棉花蕾而不花等现象发生。四是尿素与草酸混施，棉花施底肥，如按"氮肥 200、磷肥 140、钾肥 40、草酸 5"的比例施用，氮肥利用率提高 17.3%，氮素损失率降低 25%。

（3）水肥综合管理技术与水肥一体化技术　水肥综合管理技术的要点是水田基肥采用无水层混施，追肥采用铵态氮带水深施，以减少氮的流失和逸失，有效防止农产品及环境污染。水肥一体化技术是将施肥与灌溉结合在一起的农业新技术。它是通过低压管道系统与安装在末级管道上的灌水器，将含可溶性化肥的水以较小流量均匀、准确地直接输送到作物根部附近的土壤表面或土层中的灌水施肥方法，可以把水和养分按照作物生长需求，定量、定时直接供给作物。特点是能够精确地控制灌水量和施肥量，显著提高水肥利用率。

① 根据地块面积、形状等规划设计和配置微灌和施肥系统设备。微灌施肥系统由水源（符合 GB 5084—92《农田灌溉水质标准》要求）、首部枢纽（水泵、动力机、施肥系统、过滤设备、控制阀等）、输配水管网（包括干、支、毛管三级管道）、灌水器（分为滴头、滴灌管、微喷头、小管灌水器、渗灌管、喷水带等）以及流量、压力控制部件和测量仪等组成。

② 灌溉施肥方案确定。根据作物及其生长条件确定灌溉制度（包括灌水定额、一次灌水时间、灌水周期、次数和总量）和施肥制度（加肥时间、数量、比例、加肥次数和总量）。

③ 选择适用的化肥品种。一是养分含量适宜的液体肥料，二是微灌施肥专用固体肥料，三是溶解性好的普通固体肥料。根据与灌溉水的反应，配置肥料比例和数量。

④ 根据气候、作物长势等，参照施肥方案，适时实施灌溉施肥，加强田间管理。

该技术与传统技术相比，蔬菜节水 30%~35%，节肥 40%~45%；果园节水 40%，节肥 30%。蔬菜产量增加 15%~22%，水果增产 9%~15%。

（4）控释（缓释）肥料　改进化肥生产技术、研制与推广高浓度、缓效、控释肥料及肥料增效剂，减少施肥次数，减少肥料流失机会。中国目前约有 50 多家化肥企业进行长效缓释肥/控释肥的研制生产，年产量达 35 万吨。2007 年缓释/控释肥料已在国内 3500 万亩耕地上推广应用，收到良好效果，前景广阔。如生产上施用硫包尿素（SCU），使淋洗到 60cm 深处的硝态氮减少了 53%。田间试验亦表明：涂层尿素、长效碳铵、包裹型复混等肥料在等养分条件下，分别较普通尿素或碳铵或普通复混肥提高了肥效、减少施肥次数，生产上值得大面积推广。

新型包膜控释肥施用技术：包膜控释肥是通过包膜预先设定肥料在作物生长季节的释放模式，使其养分释放规律与作物养分吸收相同步，从而达到提高肥料利用率的一类肥料。包膜控释肥一季作物可一次使用，省工省时。施用包膜控释肥可显著降低肥料氮素的挥发与淋失，大幅度提高肥料养分的利用率，既节省了肥料资源，还极大地减少了施肥对大气和水环境的污染。其技术要点如下。

① 包膜控释肥的养分释放率和释放时期根据作物生长和吸肥规律设计，一季作物或一茬作物只施用一次控释肥，即可以满足作物整个生长季节的养分需求。

② 包膜控释肥的施用量要根据作物的目标产量、土壤的肥力水平和肥料的养分含量综合考虑后确定。目前大田作物上大面积应用的通常是包膜肥料与速效肥料的掺混肥，其施用量要考虑到包膜肥料的养分种类、含量及其所占的比例。

③ 有机高聚物包膜的控释复合肥料，其氮磷钾及其微量元素的配方比例要根据作物的需求和不同土壤中的丰缺情况来确定，作物专用型或通用型包膜控释复合肥，可视作物和土

壤的具体情况比普通对照肥料减少 1/3～1/2 的施用量，施肥的时间间隔要根据肥料控释期的长短来确定。

④ 包膜控释肥的施用方法需针对不同作物的种植和生长发育特点进行，对于水稻、小麦等根系密集且分布均匀的作物，可以在播种或插秧前按照推荐的专用包膜控释肥施用量一次性均匀撒于地表，耕翻后种植，生长期内可以不再追肥。

⑤ 对于玉米、棉花、花生等行距较大的作物，按照推荐的专用包膜控释肥施用量一次性开沟基施于种子的下部或靠近种子的侧部 5～10cm 处，注意硫包膜尿素以及包膜肥料与速效肥料的掺混肥都不能与种子直接接触，以免烧种或烧苗。

⑥ 苹果、桃、梨等果树，可在离树干 1m 左右的地方开放射状沟 6～8 条，深 20cm 左右，近树干一头稍浅，树冠外围较深，然后将控释肥施入后埋土。另外，还应根据控释肥的释放期，决定追肥的间隔时间。

⑦ 园艺移栽作物用作基肥时，先挖一个坑，将推荐量的包膜控释肥料施入坑的底部，加土或基质与肥料混合，将移栽植株放在混合的肥料之上，用土填埋，然后浇水。

⑧ 包膜控释肥用作盆栽植物基肥时，可与土壤或基质混匀，其施用量根据盆的体积大小和所能装入土壤或基质的体积而定，在室内接受阳光较少的盆，用量可减半；用作盆栽作物追肥时的用量与基肥相同，肥料均匀撒施于植物叶冠之下的土壤或基质表层。根据控释肥释放期，每 3～9 个月追施一次。

(5) 脲酶抑制剂与硝化抑制剂　脲酶是在土壤中水解尿素的一种酶。当尿素施入土壤后，脲酶将其水解为铵态氮，被作物吸收利用。脲酶抑制剂可以抑制尿素的水解速度，减少铵态氮的挥发和硝化。据国内外资料报道，脲酶抑制剂的作用机理有五个方面。

① 脲酶抑制剂堵塞了土壤脲酶对尿素水解的活性位置，使脲酶的活性降低。

② 脲酶抑制剂本身是还原剂，可以改变土壤中微生态环境的氧化还原条件，降低土壤脲酶的活性。

③ 疏水性物质作为脲酶抑制剂，可以降低尿素的水溶性，减慢尿素水解速率。

④ 抗代谢物质类脲酶抑制剂打乱了能产生脲酶的微生物的代谢途径，使合成脲酶的途径受阻，降低了脲酶在土壤中分布的密度，从而使尿素的分解速度降低。

⑤ 脲酶抑制剂本身是一些与尿素物理性质相似的化合物，在土壤中与尿素分子一起同步移动，保护尿素分子，使尿素分子免遭脲酶催化分解。在使用尿素的同时施加一定量的脲酶抑制剂，使脲酶的活性受到一定限制，尿素分解速度变慢，就能减少尿素的无效降解。但是不能将土壤脲酶全部杀灭，应保持其一定的活性，否则，会影响土壤对植物的供氮。

脲酶抑制剂在土壤中存在需要一定的环境条件。影响脲酶抑制剂的因素包括土壤 pH、水分状况、通气条件、加入的有机物质以及尿素的浓度等。但因脲酶抑制剂的种类不同，所适合的环境条件也不相同。NBPT（N-丁基硫代磷酰三胺）受土壤 pH 的影响最小，表明脲酶抑制剂 NBPT 不但适用于酸性而且适用于碱性土壤。氢醌（HQ）也是脲酶抑制剂。PPD（O-苯基磷酰二胺）是一种有潜力的脲酶抑制剂，但易于分解形成酚，而酚是一种较弱的脲酶抑制剂。

硝化抑制剂也叫氮肥增效剂。20 世纪 50 年代以来，为了控制硝化作用，国外学者就一直致力于硝化抑制剂的研究。在提高氮肥利用率方面也有一定的效果。常见硝化抑制剂有 2-氯-6-三氯甲基吡啶（CP）、胍基硫脲（ASU）、1,2,4-三唑盐酸盐（ATC）和双氰胺（DCD）等。硝化抑制剂能抑制硝化作用，使氮肥能在较长时间内以氮的形式保持在土壤中，避免高浓度 NO_2^- 和 NO_3^- 的出现。达到减少 NO_3^- 和 NO_2^- 的淋溶损失以及减少 NO_3^- 释放的目的。近来的研究表明，脲酶抑制剂和硝化抑制剂配合施用可更有效地延缓脲酶对尿素的水解，抑制硝化速率，减缓铵态氮向硝态氮的转化，从而可减少氮素的反硝化损失和硝酸盐的淋溶损失，还可以减少硝化过程中 N_2O 的逸出和 $NO_2^- \text{-} N$ 的积累以及改善作物的品质。

2. 减少环境污染的磷肥施用技术

(1) 磷肥的施用时间　通常情况下，作物苗期吸收磷素较少，但是对磷反应敏感，此时是大多数作物的磷素营养临界期。苗期根系对磷的吸收能力弱，当种子中贮藏的磷已消耗尽，缺磷会直接影响作物根系和幼苗的生长，形成弱苗造成减产的隐患。特别是种子粒较小的作物如油菜、番茄、谷子等，因种子小，贮磷量少，苗期对磷的敏感性强，应施用可溶性磷肥做种肥或底肥。因早春地温低会影响根系对磷的吸收，所以春播作物应将磷酸二铵、硝酸磷肥、普钙等做底肥施入。应该指出，作物施足底磷肥增产效果显著，由于磷在作物体内移动性较大，被吸收到作物体内的磷素可以被转移再利用。多数作物生长前期对磷要求迫切，生长后期要求较差，这些作物施足磷肥做种肥或底肥尤为重要。研究发现，大多数作物磷素营养临界期是在苗期，若苗期缺磷，会影响后期生长，即使后期再补施也很难挽回缺磷的损失。所以磷肥应作基肥、种肥、秧田和苗床施肥、蘸秧根及早期追肥。

(2) 磷肥的施用方法

① 因土施用　土壤条件与磷肥肥效有密切的关系。在有机质和有效磷含量低的土壤上，对绝大多数作物施用磷肥均能增产，因此，应把磷肥重点分配在有机质含量低和缺磷的土壤上，以充分发挥肥效。如红壤旱田、黄泥田、鸭屎泥田、冷浸田等施用磷肥，增产效果特别显著。另外，在磷肥品种的选用上，也要考虑土壤条件。在中性和石灰质的碱性土壤上，宜选用呈弱酸性的水溶性磷肥过磷酸钙；在酸性土壤上，宜选用呈弱碱性的钙镁磷肥。

② 与有机肥混合施用　磷肥与有机肥混合施用，可以减少土壤对磷的吸附和固定，提高微生物活性，促使难溶性磷释放，增强根系活力，有利于提高磷肥肥效。

③ 因作物施用　不同作物对磷的需求和吸收利用能力不同。实践证明，豆类、油菜、小麦、棉花、薯类、瓜类及果树等都属于喜磷作物，施用磷肥有较好的肥效。尤其是豆科作物，对磷反应敏感，施用磷肥能显著提高产量和固氮量，起到"以磷增氮"的作用。不同作物的需磷特点各异。对喜磷作物增施磷肥，不但能提高作物产量，而且能改善其品质。豆科作物、糖用作物、块根、块茎作物、棉花、瓜类、果树等都需要较多的磷，这些作物增施磷肥是增产增效的重要措施。农作物生长发育需要多种元素，为了达到节支增效的目的，可根据作物的需肥特点选用适宜的磷肥品种。钢渣磷肥和钙镁磷肥含有大量的硅和钙，最好施在需硅较多的稻、麦以及喜钙的豆科作物上；马铃薯、甘薯喜硫和钙，最好施用过磷酸钙，而不宜施用钙镁磷肥；葱、蒜、韭菜等作物施用过磷酸钙，不但能提高产量，还能增强这些作物所特有的辛香味，改善其品质；磷酸二铵和硝酸磷肥既含磷又含氮，最好施在需氮、磷较多的小麦、水稻、棉花上；而在豆类、油菜、葱、蒜等作物上施用磷酸二铵，其肥效不如施用等量磷的普通过磷酸钙效果好。

④ 集中施用　磷容易被土壤中的铁、铝、钙等固定而失效，当季利用率只有 $10\%\sim25\%$，特别是在各种黏质土壤上，如果撒施磷肥，则不能充分发挥肥效。而采取穴施、条施、拌种和蘸秧根等集中施用方法，将磷肥施于根系密集土层中，则可缩小磷肥与土壤的接触面，减少土壤对磷的固定，提高利用率。

⑤ 分层施用　磷肥在土壤中移动性小、速度慢、距离短，施在哪里基本就在哪里不动。所以在底层和浅表层都要施用磷肥。一般每亩施磷肥 $20\sim40\text{kg}$，浅层施 1/3，深层施 2/3。

⑥ 根外喷施　用过磷酸钙浸出液进行叶面喷施，具有用肥少、肥效快、利用率高的特点。喷施时间以孕穗、灌浆期各喷一次效果较好。禾谷类作物可用含量 $1\%\sim3\%$ 的，蔬菜可用 1% 的，在晴天的早上或傍晚喷施。

⑦ 配施微肥　在合理施磷的同时，在小麦上，再配施锌肥 $15\text{kg}/\text{hm}^2$，硼肥 $7.5\text{kg}/\text{hm}^2$，增

产效果更好。

⑧ 适量施用　磷肥当季利用率虽低，但其后效很长，一般基施一次可管 2～3 茬。因此，当磷肥一次施用较多时，不必再每茬作物都施磷肥，一般 1～2 年基施一次即可。

⑨ 不要与碱性肥料混施。草木灰、石灰均为强碱性物质，若混合施用，会使磷肥的有效性显著降低。一般应错开 7～10d 施用。

（3）轮作施肥

① 水旱轮作中磷肥的施用　由于轮作中存在周期性的干湿交替，使土壤有效磷发生变化。当处于淹水状态，造成强烈的还原作用，Eh 降低，磷酸高铁变为磷酸亚铁，磷溶解度增加。同时，淹水后 pH 升高，促进水解作用和土壤中 CO_2 分压增加，都可使磷的有效性增加。还能使闭蓄态磷的铁膜消失，转变为有效态。因此，应将磷肥重点分配在旱作上，即坚持"旱重水轻"的原则。如豆/稻轮作中"旱重、水免"；水稻/大豆轮作中则"水轻旱补"。

② 旱作轮作中磷肥的施用　在旱作中，由于不能利用淹水效应来提高磷肥肥效这一特点，而要根据作物经济特性及经济价值决定磷肥施用。例如，绿肥、豆科作物与粮食作物轮作，磷肥应重点分配在绿肥等豆科作物上"以磷增氮"；冬小麦/夏玉米（谷子）轮作，磷肥应重点分配在冬小麦，夏玉米（谷子）则利用其后效。麦/棉轮作中"重麦轻棉"。

（4）氮、磷肥配合施用　氮、磷肥配合施用表现出强烈的连应效果，其增产幅度在 1.5 倍以上，特别是在中、下等肥力的土壤上的增产幅度更大。小麦氮磷钾配合施用比单施磷增产 16.5%，比单施氮增产 10.5%，比氮磷配合增产 6.4%。氮磷钾配合施用，能相互促进，保持营养平衡，化肥利用率一般可提高 20%～30%。由于作物对氮、磷营养要求不同，对氮、磷肥配合的要求也有差别。一般来说，小麦、玉米、水稻等需氮较多的作物，氮、磷肥配合施用时，氮的用量略大于磷，氮、磷肥配合比例大致为 1：（0.5～0.9）。而豆科作物及绿肥作物氮、磷肥配合施用时则应磷的施用量大于氮，以充分发挥这些作物的生物固氮作用。氮、磷混合施用时，一般应随混随施，不宜长期放置，否则会引起养分的损失或物理性状变坏。例如硝态氮肥（硝酸铵、硝酸钾等）与含游离酸较多的过磷酸钙混合，会引起吸潮结块，不但增加了施用困难，同时硝态氮也会逐渐分解，造成氮损失。而硫酸铵与过磷酸钙混合后，可增加过磷酸钙的有效性，因为硫酸铵是生理酸性肥料，过磷酸钙中一些能溶于弱酸中的磷可迅速显效，特别是在碱性土壤上这样混施效果更好。

三、绿色食品生产的施肥

2000 年农业部颁布实施的绿色食品肥料使用准则（NY/T 394—2000），严格规定了我国 AA 级绿色食品和 A 级绿色食品肥料使用原则，并对每类肥料进行了严格界定。

肥料使用的原则是使用化肥必须满足作物对营养元素的需要，使足够数量的有机物质返回土壤，以保持或增加土壤肥力及土壤生物活性。所有有机肥料或无机肥料，尤其是富含氮的肥料，对环境和作物（营养，味道，品质和植物抗性）不产生不良后果方可施用。

四、环境保全型施肥新技术

环境保全型施肥新技术的研究主要在以下几个方面展开：开发、普及基于土壤诊断和营养诊断的最佳施肥技术；利用肥效调节型肥料条状侧施提高肥料效率技术；针对不同作物、不同土壤的有机质资材施用法；充分利用 VA 菌根菌等微生物材料技术；通过提高肥效降低化肥使用量，减少土壤中氮素流失；通过水、肥管理，家畜饲养管理的规范化，减少农业领域中的温室气体排放量；开发有机肥营养成分简易快速分析技术及调制、加工成形等的优化技术；除臭技术（恶臭防止技术）；充分利用家畜粪尿及农副产品、食品业副产物、农业集中区排水污泥等有机物资源技术。

目前生产实践中应用的环境保全型施肥技术方法主要有以下几种。

1. 培肥地力技术

① 堆肥还田　施用堆肥是培肥地力最有效的手段。但是，对单个的农耕户来说，要获得足够的有机材料并不容易。因此，需要加强与同地域内畜产养殖户的协作，谋求有机材料的可循环利用，并建立堆肥生产与流通的合作社组织体系。

② 引入增进地力的作物　通过导入绿肥等可增进地力的作物，建立良好的轮作体系，以解决温室、大棚内土壤的酸化问题、盐渍化问题，推进多样化的土壤培肥管理。

③ 推进土壤、土层改良　耕地土壤的耕作层浅，排水不良与养分不足，不利于作物生长发育。因此，需要通过深耕、排水及施用适当的土壤改良剂等措施，积极进行土壤、土层的改良，为农作物生长创造健全的栽培环境。

④ 防止因施用有机质材料造成土壤中有害成分的积累　污水、污泥等中的有机物质的资源化利用尽管可一定程度上提高土壤的肥力，但其中也常常含有重金属等污染环境的物质。因此，为了防止因施用有机质材料造成土壤中有害成分的积累，在施用过程中要严格遵守这些物质的施用标准。

2. 合理、高效的施肥技术

① 土壤诊断的彻底化　为避免过量施肥，积极进行土壤诊断，并以诊断结果为基准，保证施肥量的合理。

② 重新修订施肥标准　现行的施肥标准，只是着眼于作物的生长发育及产量而制定的，基本上都是以上限值为准的。考虑到对环境造成的影响，需要对现行的施肥标准进行重新修订，制定合理的标准值。

③ 利用肥效调节型肥料，提高肥料利用效率，削减施肥量　化肥易溶于水，过剩的养分容易随降水及灌水进入地下水或河流而流失。因此，通过使用肥效调节型肥料（化合缓效性肥料、包膜肥料、硝化抑制肥料等）以削减肥料的施用量。

④ 其他提高肥料利用效率的施肥法　侧条施肥及深层施肥等低投入型施肥技术体系可提高肥料利用率。同时，在施用堆肥等有机肥时，引入穴施、沟施等局部施用技术，亦可削减化肥的施用量。

3. 病虫害及杂草的合理防治技术

① 健康作物的培育　通过一系列培土措施，最大限度地发挥土壤潜在的各种机能，如养分、水分保持、有机物的分解、对土壤病原菌的拮抗作用及净化作用等，培育健壮的种苗及健康抗病的作物体。

② 多样化防治技术的确立与普及　作为防治病虫草害的手段，除了药剂防治以外，还有如耕种防治（轮作、间作、水旱轮换、去除传染源、高畦、排水、深耕、灌水、种植绿肥、冬耕等）、物理防治（防虫网、诱蛾灯、利用太阳热土壤消毒、紫外线去除塑膜等）及生物防治（抗病品种、抗病砧木、拮抗微生物、性引诱剂、天敌、低毒病毒、昆虫成长抑制剂等）等多种技术。需要建立基于农药防治与这些多样化防治手段以及合理的栽培管理技术相结合的综合防治体系。

③ 病虫草害防治的高效化与合理化　及时向农民提供迅速、准确的病虫害发生情况预报。针对当地主要病虫害发生情况，利用计算机建立切合实际的预报系统模型，并根据消费者需求的多样化，依病虫害发生的程度，设定适宜的防治水准，以达到高效、合理的防治效果。此外，要综合考虑社会背景、水文、海拔、地理条件以及发病环境等因素，建立适合地域特点的病虫草害防治体系模型。

④ 农药使用合理化　为确保农药施用者的安全，防止农药对农产品安全的影响，要严格遵守农药安全使用规则，并对废瓶、残液加强回收处理，以保护周边环境的安全。

⑤ 加强对消费者的启发教育　为消除消费者对农药安全性及病虫害防治重要性的不理

解或误解，需要加强对消费者的启发教育，科学地认识农药的安全性及重要性。

五、测土配方施肥技术

测土配方施肥技术是依照配方施肥技术原理，通过开展土壤测试和肥料田间试验，摸清土壤供肥能力、作物需肥规律和肥料效应状况，获得配方施肥参数并加以校正，进而建立不同作物、不同土壤类型的配方施肥模型。采取"测土—配方—配肥—供肥—施肥技术指导"一体化的综合服务技术路线，根据土壤测试结果和相关条件，应用配方施肥模型，结合专家经验，提出配方施肥推荐方案，由配肥站按照配方生产配方肥，直接供应农民施用，并提供施肥技术指导。同时通过肥料质量检测手段，保证各种肥料的质量。通过一体化服务的技术路线，逐步实现技术推广的社会化和产业化，保证配方施肥的精度和到位率，提高配方施肥的普及率。技术要点如下。

① 划定施肥分区　收集资料，按照自然条件相同，土壤肥力差异不大，生产内容基本相同的区域划成一个配方施肥区，然后收集有关这个配方区内的土壤资料、已有的试验结果、农民生产技术水平、肥料施用现状、作物产量、有无自然障碍因素等资料。

② 取土化验，制定底肥方案　根据养分平衡原理，运用快速、便携、高精度的土壤速测仪，对土壤供肥能力进行快速诊断，突出作物底肥推荐施肥方案。一般在每个乡镇选取至少 15 个不同土壤肥力的地块，做到播前及时取样，及时分析，在 1～2d 内提出施肥建议。

③ 开展植株营养诊断，调控追肥用量　在作物生长需肥关键时期，进行植物营养快速诊断，调控追肥方案。如在小麦拔节初期，采取小麦基部 1cm 植株样品，用反射仪进行植株硝酸盐快速诊断，确定氮肥追肥用量，对播前基肥和生长期追肥进行快速诊断和多级氮肥调控。

④ 矫正施肥　对磷、钾肥料，根据"恒量监控"理论，提出年度间、茬口间综合运筹方案；对中微量元素根据"检测矫正理论"进行矫正施肥。

各地实践证明，测土配方施肥技术与农民习惯施肥相比，小麦、水稻、玉米增产 10% 左右，棉花增产 8.2%，化肥利用率平均提高 8.2%，氮肥节省 10%～15%，农产品品质相应提高，氮肥流失对环境的污染得到控制。

第四节　养分资源的综合管理

一、养分资源概述

养分资源是指植物生产系统中，来自土壤、肥料和环境中的各种养分的统称。植物生产所需要的养分都具有资源的属性，在各种养分来源中，土壤是植物最直接的养分资源库，植物需要的各种矿质养分都能或多或少地从土壤中得到。以各种方式进入土壤的大部分养分，都能成为土壤养分资源库的一部分。肥料是用于人工补充植物养分的物质，有机肥料主要来源于动、植物及其残体或排泄物，无机肥料主要为天然矿物、盐类或大气中通过物理或化学方法获得的能为植物提供养分的物质。另外，环境中的一些养分能通过大气干湿沉降、灌溉水、生物固氮等途径进入植物生产系统，它们也是养分资源的重要组成部分。

二、养分资源综合管理概述

1. 养分资源综合管理产生的背景

以绿色革命为特征的现代农业中，施肥一直被认为是作物增产的重要手段。大量研究表明，目前作物施肥的现状是：过多依赖于化学肥料特别是氮肥的施用，在许多高产地区往往氮肥施用过量。施肥仍然靠经验，在全国各地很普遍。可避免的养分损失仍很高，特别是在肥料与产品价格比较小的大棚蔬菜生产等施肥中更是如此。不平衡施肥现象依然存在，既降低了肥效，也降低了作物的抵抗性。过高强调化肥的投入，致使化肥的不良影响愈来愈严重。

为了适应农业可持续发展的要求，不能再将施肥简单地看作是补充作物生长所需要养分的措施，要从单一地满足作物养分需求向养分资源的合理利用转变；从静态的养分平衡向养分循环的动态管理转变；更加注意预防不合理施肥导致的降低作物抵抗性、养分元素污染水源和大气等各种不良后果；从只注意当年的养分增产效应向注意肥料的残效未利用养分的去向等长期环境生态效应转变；充分利用作物对干旱、寒冷、盐碱、毒害、污染、药害等胁迫条件的适应性与抗性；充分认识一些不能或难以控制的限制因素和生产风险；强调保持和提高土壤肥力；重视对有风险或毒害元素施用的限制。

2. 养分资源综合管理的含义

由联合国粮农组织（FAO）、国际水稻所（IRRI）和一些西方国家于 20 世纪 90 年代提出的养分资源综合管理（IPNM 或 INM）是在农业生态系统中综合利用所有自然和化学合成的养分资源，通过合理施用有机肥和化肥等技术的综合运用，挖掘土壤和环境养分资源的潜力，协调农业生态系统中的养分投入和产出平衡，协调养分循环与利用强度，实现养分资源的高效利用，使经济效益、生态效益和社会效益相互协调的理论与技术体系。张福锁等将养分资源综合管理概括为：养分资源综合管理是从农业生态系统论的观点出发，协调农业生态系统中养分投入与产出平衡、调节养分循环与利用强度，实现养分资源高效利用，使生产、生态、环境和经济得到协调发展。

养分资源综合管理的基本含义包括：以可持续发展理论为指导，在充分挖掘自然资源潜力的基础上，高效利用人为补充的有机和无机养分。重视养分作用的双重性，兴利除弊，把养分投入量限制在生态环境可承受的范围内，避免养分盲目过量的投入。以协调养分投入与产出平衡、协调养分循环与利用强度为基本内容；以有机肥和无机肥的合理投入、土壤培肥与土壤保护、生物固氮、植物改良和农艺措施等技术的综合运用为基本手段。它是一种合理、科学的综合技术，更是一种现代可持续发展理论在资源利用上的延伸与实践的理念；合理施肥仍然是其主要手段，但不是唯一手段。以地块、农场（户）、区域和全国等不同层次的生产系统为对象，以生产单元中养分资源种类、数量以及养分平衡与循环参数等背景资料的测试和估算结果为依据，制定并实施详细的管理计划。养分资源综合管理既是养分管理的理论，也是养分管理的技术。

发达国家的养分资源综合管理策略主要是针对高投入农业带来的环境污染和农产品质量下降问题，强调减少肥料投入，增加养分再利用，减少养分损失，保护环境。发展中国家则由于肥料施用不足，管理不善使土壤肥力严重退化，粮食安全问题也面临极大挑战，因而其养分资源管理策略主要是增加养分投入，减少养分损失，提高产量和维持土壤肥力。我国不像发达国家可以在牺牲作物产量前提下强调生态环境保护，必须要走高产出的道路，必须在保证农产品数量的同时，强调资源高效利用和环境保护。

三、养分资源综合管理技术

1. 养分资源宏观管理

养分资源的宏观管理是针对各种区域养分资源特征，以总体效益（经济效益、生态效益和社会效益）最佳为原则，制定并实施区域养分资源高效利用的管理策略。中国农田养分资源综合管理的主要目的应该是提高粮食产量的同时达到资源高效。中国粮食安全依靠单产提高，从 1949 年到 2003 年，中国粮食总产增加了 2.2 倍，其中粮食单产增加了 3.2 倍，而播种面积减少了 10%，可见粮食单产提高在中国粮食总产提高中的作用。据测算，化肥对中国粮食生产的贡献率最大，为 29.76%，灌溉次之，为 23.33%，其他措施的贡献均低于15%。对全国 2000～2005 年 1333 个试验的结果分析表明，目前我国水稻、小麦和玉米三大作物氮、磷、钾肥料的平均利用率分别为 27.5%、11.6%和 31.5%。明显低于欧美发达国家（50%～57%，15%～20%和 20%～60%）。随着肥料利用率下降，目前我国化肥的粮食生产能力为 8～10kg/kg，而欧美发达国家可达 11～24kg/kg。由此可见，养分资源的宏观管理任务艰巨、潜力巨大。

我国的养分资源宏观管理，就是针对国际市场以及我国农产品与农业技术走向世界的迫切需要，从我国建设小康社会、营养条件改善、生活水平提高、经济发展、生态环境保护和资源高效利用的角度，围绕"能源—矿产资源—肥料生产—流通—施用"和"肥料—土壤—植物—动物—人体—环境体系营养循环"两条线，对我国养分资源的开发和利用策略，养分循环平衡及其对农产品数量、质量、人类健康和生态环境的影响等重大问题进行研究，为国家、地方政府决策和企业制定发展对策以及相关政策法规的制定提出建议，保障国家粮食和环境安全。

2. 区域（农场）养分资源综合管理

在区域（农场）层次上，通过对养分资源利用和循环特点的分析，提出农田养分资源优化管理模式与新肥料产品建议，指导化肥企业进行化肥的合理布局、生产和开展农化服务，完善农业技术推广体系，实现区域养分资源的优化利用。

3. 农田养分资源综合管理

在农田层次上，强调综合利用农业生态系统中所有的养分资源，通过实时精确的养分管理、优化栽培与其他农田管理措施，采用高效品种等技术的综合运用，实现优质高产、协调系统养分投入与产出动态平衡、调节养分循环与利用强度。农田养分资源综合管理主要技术如下。

（1）综合利用各种养分资源以减少对化肥的依赖　有机肥料主要来源于动植物及其残体，城市废弃物等，目前，我国的有机肥资源，如秸秆，城市废弃物、畜牧生产的废弃物等都没有得到充分的利用。2000 年我国秸秆资源总量达 5.5 亿吨/年，含 N、P_2O_5、K_2O 分别为 493.9 万吨、156.7 万吨、982.5 万吨，总养分为 1633.2 万吨，其中 N 素养分还田率仅为 47.3%。2003 年我国畜禽粪便总产生量约为 31.9 亿吨，纯养分氮量为 1390 万吨，畜禽粪便还田率不到 50%。化肥成为农田养分的主要补充者。生物固氮是我国农田养分维持的主要途径。有试验资料显示，干湿沉降和灌溉水已经成为部分地区农田生态系统重要的养分来源。如在山东寿光蔬菜栽培体系中，灌溉水带入的氮高达 180～250kg/(hm^2·年）。

因此，针对我国化肥过量施用，而忽视了对其他养分资源的利用现状，系统地开展我国主要生态区作物生产体系环境养分定量化评价以及各种养分资源的综合利用技术是农田养分资源综合管理的主要策略之一。

（2）发挥作物潜力，通过生物学途径提高养分资源利用效率　发挥生物自身潜力，从生物学途径来提高养分资源利用效率，是养分资源综合管理研究与应用的一个重要方面（张福锁等，1995）。英国洛桑实验站的研究表明：采用高产高效品种春小麦的氮肥利用率由 35%提高到 65%，因品种差异造成的肥料利用率变异高达 24%～82%；张福锁等的研究报告也表明，小麦、玉米等作物由于品种改善可使肥料利用率提高 20%～30%。而通过基因工程等手段成功改良作物营养遗传性状有很多报道。如：黑麦铜营养效率较高的特性通过染色体工程技术转移到小麦上，形成小黑麦，从而提高了小麦的铜营养效率；基因突变体技术在作物营养性状的改良方面也已得到广泛应用，Kneen 和 Lakue 就曾用 1%甲基磺酸乙酯处理豌豆（sparkle）种子 1h 后得到一个单基因突变体 E107。其体内铁的浓度可以是 sparkle 的 50 倍以上（张福锁，1996）。

生物固氮占全球固氮量的 3/4。豆科植物能够通过根瘤菌直接从大气中固定氮，所以将豆科与禾本科轮作或间作时，禾谷类作物能吸收利用豆科作物的根与根瘤释放的氮，而减少氮肥施用 30％。豆科绿肥也是重要的有机肥源。目前，已经证实生物固氮作用只限于原核类微生物；发现了共同固氮基因（nif）；并且对 nif 在细菌间的转移及对其位置、数目、结构和功能方面有了深入了解。今后，通过发掘新的固氮资源和建立高效固氮体系，将固氮基因和与其相关的基因或固氮生物引入非豆科植物，特别是农作物，实行自我供氮，不仅将提高养分资源的利用效率，必然对农业发展产生巨大的推动作用。

（3）综合运用减少养分损失、高产、节水等农作技术　建立养分资源综合管理体系必须要综合应用各种先进的农业生产技术。农业生产是多种因素综合作用的复杂体系，单一的某项技术很难实现高产、资源高效和环境保护的总体目标。这些先进的农业生产技术因各地区生产条件，特点各异。如免耕、梯田、覆盖、间作和生物固氮等是能够改变田块的物理环境，改善土壤性质和结构，阻止养分淋失和侵蚀损失的措施；条施、深施、肥料表施盖土、稻田以水带氮是能减少养分损失的施肥技术；高产栽培技术，旱作节水栽培技术等适合当地农业生产条件的先进技术的运用，都起到了提高养分资源利用效率，减少环境污染，提高产量和品质的作用。如成都平原水稻覆盖旱作栽培技术节约灌溉水 90％以上，地膜覆盖提高了水稻产量 12.5％和系统生产力（水稻＋小麦）10.6％，而在麦秸覆盖条件下，系统生产力能够维持，水稻地膜或麦秸覆盖旱作也能维持或提高土壤的肥力。总之，从单一技术走向综合集成，从单学科研究走向多学科的联合攻关是实现高产，高效和环境保护的必然选择。

复习思考题

1. 名词解释：养分资源、养分资源综合管理。
2. 施肥对环境有哪些影响？
3. 氮肥施用对农产品品质安全和人体健康产生何种影响？
4. 磷钾肥施用对农产品品质安全和人体健康产生何种影响？
5. 中微量元素肥料施用对农产品品质安全和人体健康产生何种影响？
6. 环境保全型施肥的基本目标与基本要求是什么？
7. 简述环境保全型施肥技术。
8. 养分资源综合管理的含义？
9. 简述养分资源综合管理技术。

土壤肥料学实验实习指导

实验一　土壤样本的采集与制备

一、目的意义

正确采集和制备土壤样品是搞好土壤分析的一个重要环节，它关系到分析结果是否准确，有无应用价值的条件，本实验的目的是培养学生学会正确土壤样品采集与制备的技能。

二、土壤样品的采集

（一）采集土壤样品的要求

（1）土壤样品要有代表性　一般要求供分析的少量土样，要能反映大面积的土壤情况。故采集土壤样品时必须注意具有充分的代表性。如果采用的土壤缺乏代表性，即使分析结果十分准确，也无实用价值。因此，在采集土样时必须多点取样，混合均匀。而且采集点要分布均匀，决不可只从地块某一点取样，不要过于集中，更不能在田边、路边、肥堆等地方取样。

由于分析的目的和地块大小不同，采样点数也不一样。在土壤、地形、作物等相同时，采一个混合样品。若在实验小区采样，则按小区处理采样，一个处理可取 3~5 点土样混合。如果目的是为了指导大田施肥，要按地块大小确定点数。面积小于 5000m^2，取 5~10 点土样混合；面积为 5000~20000m^2，取 10~15 点土样混合，面积大于 20000m^2，取 15~20 点土样混合。一般一个采集地块最大不超过 30000m^2。若土壤或作物等不同，则需分别取样。

（2）样品数量　由于样品是从多点取土混合而成，土量往往很大，而分析用土不需那么多，因此，可反复用四分法去掉过多的土样，最后减少至 0.5~1.0kg 即可。所谓四分法，

即把各点采集的全部土样放在干净塑料布上，捏碎、混匀，摊成圆形或方形，中间划十字分成四等份，然后按对角线去掉两份。若土量仍多，可将留下的土样混合均匀，再反复进行四分法，直至剩下 0.5~1.0kg 的土样为止（见实图1-1）。将土样装入布袋，袋内外各有标签，用铅笔写明编号、采集地点、地形、土壤名称、时间、深度、植物名称、采集人等。

| 第一步 | 第二步 | 第三步 |

实图 1-1　四分法取土方法

（3）采样深度　可根据分析化验目的确定采样深度。一般采取耕层土壤深度为 0~20cm。若调查土壤盐渍化程度，取样深度可达 100cm，若了解土壤上、下层养分含量变化，则需按土壤剖面分层采取，深度达 40~60cm 或更深。

（4）采样时间　由于化验的目的不同，采样时间也不同。为解决随时出现的问题而进行土壤测定时，随时采样；为了弄清土壤养分变化与植物丰产的规律，就需按植物生育期定期取样；为了制定施肥计划而进行土壤测定时，必须在收获后，施基肥前进行采样；若需了解施肥效果，需在植物生长期间于施肥的前后进行采样。

（5）采土工具　可用土钻或小铲进行采土（实图1-2）。先将2~3cm表土刮去，然后用土钻或小铁铲垂直入土15~20cm左右，每点的取土深度、质量应尽量一致，将采集的各点土样在盛土盘上集中起来，初略选去石砾、虫壳、根系等物质，混合均匀，采用四分法弃去多余的土。

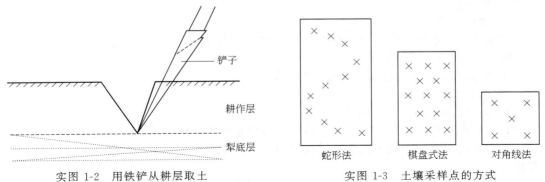

实图1-2　用铁铲从耕层取土　　　　　实图1-3　土壤采样点的方式

（二）采样方法

根据地形、地块大小和肥力情况的不同，采样点的分布也不同。一般采用下列方法。

① 对角线采样法　适于地块面积小，采样点少，地势平坦，肥力均匀，地形端正的地块。

② 棋盘式采样法　适于地块面积中等，采样点数较多（约10点以上）地势平坦，地形整齐，有些肥力差异的田块。

③ 蛇形采样法　适于地块面积大，采样点数多，地势不很平坦，肥力不均匀的地块（见实图1-3）。

三、样品的处理和制备

在各点采样前，应先把地面的植物残体等全部除掉，或把表土2~3mm刮去（若在盐碱地测盐分的样品，不能把表土刮去）。每点取土量应大致相等，把各点的土样放在塑料布上，捏碎土块，去掉石块和根、叶、虫体等杂质，搅匀混合土样就可供养分速测用。在进行各项化验之前，首先要测定含水量，以便在称取土样的数量中加上水分（或测定后按烘干土计算）。

作其他分析用土样，应及时进行风干。风干的方法是把土样弄碎，去掉杂物后铺在木板或纸上，摊成薄层，放在室内阴凉通风处。要经常翻动，加速干燥，切不可受日光照晒。

进行物理分析时，取风干样品100~200g，放在木板上用圆木棍压碎后通过18号筛（1mm），留在筛上的土块，仍倒在木板上，重新压碎，反复进行，使全部土壤过筛。最后留在筛上的碎石，要保存，以备计算砾石百分数用，把筛下的土样均匀盛入广口瓶中备用。

进行化学分析用，取风干土样100~200g，用圆木棍将土样压碎，使其全部通过18号筛。此种土样可供测定速效养分、pH值等项目。分析氮素和有机质时，可取通过18号筛的土壤20g，进一步研磨，使其全部通过60号筛（孔径为0.25mm），装入广口瓶中备用。

处理土样装入广口瓶后，要贴上标签、记明土样号码、土壤名称、采集地点、深度、日期、孔径、采集人等。瓶内样品放在样品架上保存。避免日光、高温、潮湿或酸碱气体的影响。

四、用具

土钻、小土铲、米尺、布袋、标签、铅笔、土壤筛、广口瓶、天平、圆木棍、木板、塑料布或油布。

实验二 土壤含水量的测定

一、酒精燃烧法

（一）方法原理

利用酒精在土壤样品中燃烧产生的热量，使土壤水分迅速蒸发干燥。

（二）仪器用具

天平（感量 0.01g）、铝盒、酒精、土铲等。

（三）操作步骤

（1）用酒精烧干铝盒然后称重（m_0）。

（2）取新鲜土样 10g 左右（半盒）放入已知质量的铝盒中称重（m_1）。

（3）向铝盒中滴加酒精至土面刚被浸没为止，将铝盒在桌面上轻轻敲几下，使土样被酒精浸透。

（4）将铝盒放在石棉网上，点燃酒精，一般燃烧 3～4 次即可达到恒重，称重（m_2）。

（四）结果计算

$$土壤含水量\ W(\%) = \frac{m_1 - m_2}{m_2 - m_0} \times 100$$

$$X = \frac{烘干土质量}{风干土质量} = \frac{100}{100 + W}$$

式中　m_0——烘干铝盒质量，g；

m_1——烘干铝盒加土样质量，g；

m_2——烘干后铝盒加土样质量，g；

X——水分系数。

$$烘干土质量 = 风干土质量 \times 水分系数 = \frac{风干土质量}{1 + 土壤含水量（\%）}$$

二、烘干法

（一）方法原理

在（105±2）℃温度下烘至恒重，烘干前后质量之差，可计算土壤中水分含量。

（二）仪器用具

电热恒温干燥箱、分析天平（感量 0.001g）、铝盒、干燥器、土铲等。

（三）操作步骤

（1）烘干铝盒并称重　取小型铝盒在（105±2）℃温度下烘 2h，移入干燥器中冷却至室温，称重。

（2）称样　称取土样 10g 左右，均匀地铺在铝盒中，盖好盖称重。

（3）烘干　将铝盒盖打开，放在盒底下，置于已预热至（105±2）℃的烘箱中烘 6h。

（4）称重　取出铝盒，盖好盖移入干燥器中冷却至室温，称重。

（四）结果计算

同酒精燃烧法。

实验三 土壤田间持水量的测定

一、目的要求

明确田间持水量的测定在合理灌溉中的重要意义，初步学会田间持水量的测定方法。

二、仪器用具

天平（感量0.01g）、环刀（容积200cm³）、土壤筛（18号）、烘箱、铝盒、干燥器、滤纸、砖头等。

三、操作步骤

（1）用环刀在野外采原状土，用装好滤纸的底盖盖好，带回室内，放水中饱和一昼夜（水面较环刀上缘低1～2mm，勿使环刀上面淹水）。

（2）同时，将在相同土层中采集、风干并通过18号（1mm）筛孔的土样装入另一环刀中。装土时要轻拍击实，并稍微装满些。

（3）将装有饱和水分的湿土的环刀底盖（有孔的盖子）打开，连同滤纸一起放在装风干土的环刀上。为使接触紧密，可用砖头压实（一对环刀用三块压）。

（4）经过8h吸水过程后，从上面环刀（盛原状土）的中部取土20g左右，测定其含水量（质量百分数）。此值即接近于该土壤的田间持水量。

本试验须进行2～3次平行测定，重复间允许误差1%，取算术平均值。

实验四　土壤质地的测定

一、简易比重计法

（一）目的要求

在明确简易比重计测定土壤质地原理的基础上，初步学会简易比重计测定土壤质地的技能。

（二）方法原理

一定量的土粒经物理、化学处理后分散成单粒，将其制成一定容积的悬浊液，使分散的土粒在悬液中自由沉降。由于土粒大小不同，沉降速度也不一样，因此不同时间、不同深度的悬液表现出不同的密度。在一定时间内，待某一粒级土粒下降后，用特制的甲种比重计可测得悬浮在比重计所处深度的悬液中的土粒含量，经校正后可计算出各级土粒的质量百分数，然后查表确定出质地名称。

（三）仪器试剂

1. 仪器用具

沉降筒（1000mL量筒，高约45cm，直径约6cm）、搅拌棒、甲种比重计、温度计、铝盒、瓷蒸发皿、三角瓶、洗瓶、天平（感量0.01g）、带橡皮头的研棒。

2. 试剂配制

（1）0.5mol/L（$Na_2C_2O_4$）溶液　称取33.5g草酸钠（化学纯），加蒸馏水溶解后定容至1000mL，摇匀。

（2）2% Na_2CO_3溶液　称取20g碳酸钠（化学纯），加蒸馏水溶解后定容至1000mL。

（3）软水的制备　将200mL 2%的碳酸钠溶液加入15000mL自来水中，静置过夜，上部清液即为软水。

（四）操作步骤

（1）称样　准确称取18目风干土样50g，置于瓷蒸发皿中。

（2）加分散剂　用量筒量取20mL 0.25mol/L $Na_2C_2O_4$溶液（根据土壤pH值选用适宜的分散剂）于蒸皿中，缓缓加入，边加入边搅拌，使之呈稠糊状（分散剂余量在研磨完毕后再加入，不足部分用软水补充），静止0.5h。

（3）研磨　用带橡皮头的玻璃棒研磨，研磨时间，黏土不少于20min，壤土及砂土不少于 15min。研磨完后将剩余的分散剂倒入。

（4）制备悬液　将分散处理完毕的土样全部转移至沉降筒中，用软水定容至 1000mL，放在平稳台面上。

（5）测定悬液的温度　温度计应放在沉降筒中部。

（6）测定悬液的密度

① 选定比重计读数时间　根据所测液温选定比重计读数时间。见实表 4-1。

实表 4-1　小于 0.01mm 颗粒沉降时间表

温度/℃	10	11	12	13	14	15	16	17	18	19	20	21
时间/min	35	34	33	32	31	30	29	28	27.5	27	26	26
温度/℃	22	23	24	25	26	27	28	29	30	31	32	33
时间/min	25	24.5	24	23.5	23	22	21.5	21	20	19.5	19	19

例如：22℃时小于 0.01mm 颗粒的读数时间（自搅拌结束土粒开始自由沉降起，至测定比重计读数的时间止）为 25min。

② 计划开始时间　例如：8：30′开始。

③ 实际读数时间　8：30′+25′=8：55′

④ 放比重计时间　读数前 10～15s 放入。那就是 8：54′45″放比重计。

作好以上准备工作后，于计划开始时间前 1min 用搅拌棒搅拌悬液 1min（1min 内上下各约 30 次）。搅拌结束，将搅拌棒取出，使搅拌棒离开液面时间恰好到计划开始时间。在读数时间到达前 10～15s，将比重计轻轻放入悬液中，到了读数时间开始读数。

（7）比重计读数校正

分散剂校正值（g·L^{-1}）=分散剂体积（mL）×分散剂溶液的浓度（mol·L^{-1}）×分散剂的摩尔质量（g·mol^{-1}）×10^{-3}=0.67

温度校正值见实表 4-2。例如 22℃时为+0.6。

校正后比重计读数（g/L）=比重计原读数-0.67+0.6

实表 4-2　甲种比重计温度校正表

温度/℃	校正值	温度/℃	校正值	温度/℃	校正值	温度/℃	校正值
6.0～8.5	-2.2	16.5	-0.9	22.5	+0.8	28.5	+3.1
9.0～9.5	-2.1	17.0	-0.8	23.0	+0.9	29.0	+3.3
10.0～10.5	-2.0	17.5	-0.7	23.5	+1.1	29.5	+3.5
11.0	-1.9	18.0	-0.5	24.0	+1.3	30.0	+3.7
11.5～12.0	-1.8	18.5	-0.4	24.5	+1.5	30.5	+3.8
12.5	-1.7	19.0	-0.3	25.0	+1.7	31.0	+4.0
13.0	-1.6	19.5	-0.1	25.5	+1.9	31.5	+4.2
13.5	-1.5	20.0	0	26.0	+2.1	32.0	+4.6
14.0～14.5	-1.4	20.5	+0.15	26.5	+2.2	32.5	+4.9
15.0	-1.2	21.0	+0.30	27.0	+2.5	33.0	+5.2
15.5	-1.1	21.5	+0.45	27.5	+2.6	33.5	+5.5
16.0	-1.0	22.0	+0.60	28.0	+2.9	34.0	+5.8

（8）结果计算

小于 0.01mm 粒径土粒含量（%）=（校正后读数/烘干土重）×100

二、手测法

本法以手指对土壤的感觉为主，结合视觉和听觉来确定土壤质地名称。此法简便易行，熟练后也比较准确，适于田间土壤质地的鉴别。手测法有干测和湿测两种，可相互补充，以湿测为主。见实表 4-3。

实表 4-3　野外土壤质地手测法鉴定标准

土壤质地	干　测			湿　测	
	肉眼观察形态	手中搓捻感觉	土壤干燥时状态	搓成土球(直径1cm)	搓成土条(2mm粗)
砂土	几乎全是砂粒	感觉全是砂粒,搓捻时沙沙作响	松散的单粒	不能成球或勉强成球,一触即碎	不能成条
砂壤土	砂粒为主,有少量细土粒	稍有土的感觉搓捻时有沙沙声	干土块用小力即可捏碎	能成球,轻压即碎,表面有砂粒	勉强搓成不完整的短条
轻壤土	砂多,细土约占二三成	有粗面感	干土块用力稍加挤压可碎	能成球,压扁时边缘裂缝多而大	可成条,但轻提后即会断裂
中壤土	还能见到砂粒	有面粉状细腻感	干土块较难用手压碎	能成球,压扁时边缘有裂缝	弯成 2cm 圆圈时易断
重壤土	几乎见不到砂粒	感觉不到砂粒存在	干土块难用手压碎	能成球,压扁时边缘仍有小裂缝	弯成圆圈不断,压扁时有裂缝
黏土	看不到砂粒	完全是细腻粉末状感觉	干土块手压不碎	能成球,压扁时边缘无裂缝	弯成圆圈,压扁无裂缝

实验五　土壤容重及孔隙度的测定

一、目的要求

明确土壤容重测定的意义，学会土壤容重的测定方法，并能根据测定结果进行土壤孔隙度的计算。

二、仪器用具

天平（200g 感量 0.01g，1000g 感量 0.1g）、环刀（200cm³）、削土刀、小铁铲、铝盒、酒精。

三、方法步骤

（1）称环刀质量　用草纸将环刀上的油泥擦净后进行称重（G）。

（2）取土　在田间选取有代表性的地点，先用铁铲铲去表土几厘米，再将环刀垂直压入土层中，至土壤充满环刀为止（实图 5-1）。用小刀从环刀四周切入土中，取出环刀，使环刀两端均有多余的、保持自然状态的土壤存在。用小刀细心地沿环刀边缘分别将两端多余的土壤削去并把环刀四周泥土擦净，使土样与环刀容积相同，立即称重（M）。

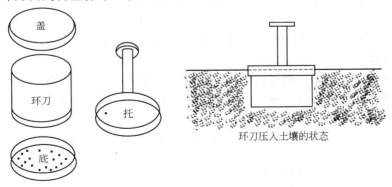

环刀压入土壤的状态

实图 5-1　环刀示意图

（3）取土测土壤含水量

四、结果计算

$$d = \frac{(M-G) \times 100}{V(100+W)}$$

式中　d——土壤容重，g/cm³；

　　　M——环刀加湿土质量，g；

　　　G——环刀质量，g；

　　　V——环刀体积，cm³；

　　　W——土壤含水量，％。

实验六　土壤酸碱度的测定

一、目的要求

土壤酸碱度是土壤的重要化学性质，对土壤肥力和作物生长有很大影响。测定土壤酸碱性，对合理布局作物、土类的划分及土壤合理利用与改良具有重要意义。

二、方法原理

本实验采用混合指示剂比色法。是利用指示剂在不同 pH 的溶液中可显示不同颜色的特性，根据指示剂显示的颜色确定溶液的 pH 值。

三、仪器用具

白瓷比色盘、玛瑙研钵等。

四、试剂配制

（1）pH4～8 混合指示剂　称取溴钾酚绿、溴钾酚紫及甲酚红三种指示剂各 0.25g 于玛瑙研钵中，加 15mL 0.1molL⁻¹ NaOH 溶液及 5mL 蒸馏水共同研匀，再用蒸馏水稀释至 1000mL。

此指示剂变色范围如下：

pH	4.0	4.5	5.0	5.5	6.0	6.5	7.0	8.0
颜色	黄	绿黄	黄绿	草绿	灰绿	灰蓝	蓝紫	紫

（2）pH 4～11 混合指示剂　称 0.2g 甲基红、0.4g 溴百里酚蓝、0.8g 酚酞，在玛瑙研钵中混合均匀，溶于 400mL 95％酒精中，加蒸馏水 580mL，再用 0.1 mol·L⁻¹NaOH 溶液调至 pH7（草绿色），用 pH 计或标准溶液校正，最后定容至 1000mL。

此指示剂变色范围如下：

pH	4	5	6	7	8	9	10	11
颜色	红	橙	枯草黄	草绿	绿	暗绿	紫蓝	紫

五、操作步骤

取黄豆大小的土壤样品，置于白瓷比色盘穴中，加指示剂 3～5 滴，迟缓能湿润样品而稍有余为宜，用玻棒充分搅拌，澄清，倾斜瓷盘，观察溶液颜色，确定 pH 值。

六、测定结果

土样号	1	2	3	4
pH				

实验七 土壤碱解氮的测定

一、目的要求

土壤水解性氮的含量可以反映出近期内土壤氮素的供应状况，对指导合理使用氮肥有一定的意义。碱解扩散法操作简便，结果重现性较好，而且与作物需氮的情况有一定的相关性。故要求较熟练地掌握本方法的操作技能。

二、方法原理

用一定浓度的碱液水解土壤样品，使土壤中的有效氮碱解并转化为氨而不断扩散逸出，逸出的氨被硼酸吸收后，再用酸标准溶液滴定，根据消耗酸溶液的量，就可计算出土壤碱解氮的含量。

三、仪器试剂

（一）仪器用具

天平（感量0.01g）、恒温箱、康惠扩散皿（实图7-1）、半微量滴定管（10mL）、皮头吸管（10mL）。

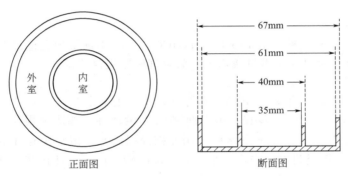

实图 7-1 康惠扩散皿构造示意图

（二）试剂

（1）1mol·L^{-1}NaOH溶液 称取三级氢氧化钠40g溶于蒸馏水中，冷却后稀释到1L。

（2）特制胶水 取40g阿拉伯胶和50mL水同放于烧杯中，加热至70～80℃，搅拌溶解后放凉。加入20mL甘油和20mL饱和K$_2$CO$_3$水溶液，搅匀、放凉。离心除去不溶物，将清液贮于玻璃瓶中备用。

（3）2％硼酸-指示剂混合液 称取化学纯硼酸20g，用热蒸馏水（约60℃）溶解，冷却后稀释至1000mL。使用前每升硼酸溶液中加20mL混合指示剂，并用稀碱调节至红紫色（pH值约4.5）。此液放置时间不宜过长，如在使用过程中有变化，需随时用稀酸或稀碱调节。

四、操作步骤

（1）称样并放入扩散皿中 称取通过0.25mm筛的风干土样2.00g放入扩散皿外室，轻轻旋转扩散皿使样品铺平。

（2）涂胶密封 在扩散皿外室边缘涂上特制胶水，盖上毛玻璃并旋转数次，使毛玻璃与皿边缘完全黏合。

（3）加吸收剂 在扩散皿内室加入2％硼酸溶液2mL，并滴加定氮混合指示一滴。

（4）加碱液慢慢转开毛玻璃的一边，使扩散皿露出一条窄缝，迅速用量筒加入1mol·L^{-1}NaOH溶液10mL于扩散皿外室中，立即用毛玻璃盖严。

（5）放入恒温箱　水平地轻轻旋转扩散皿，使土壤与碱液充分混匀，用橡皮筋固定，随后放入40℃恒温箱中，保温24h。

（6）滴定　取出扩散皿，以0.01molHCl标准溶液用半微量滴定管滴定内室，溶液由蓝色到微红色即为终点。

五、结果计算

$$\text{土壤水解性氮}（mg/kg）=\frac{(V-V_0)\times N\times 0.014}{m}\times 10^6$$

式中　N——标准盐酸的浓度；

V——测定样品消耗的标准酸体积；

V_0——空白试验消耗的标准酸体积；

m——样品干重；

0.014——氮原子每毫摩尔质量。

实验八　土壤中速效性磷的测定
（0.5mol·L^{-1}NaHCO$_3$浸提-钼锑抗比色法）

一、目的要求

通过实验实习要求掌握0.5mol·L^{-1}NaHCO$_3$浸提-钼锑抗比色法的基本原理和操作技能，并能运用测定结果判断土壤供磷水平，为合理施肥提供依据。

二、方法原理

石灰性土壤中的磷主要以Ca-P的形态存在，中性土壤中Ca-P、Al-P、Fe-P均占一定比例。用0.5mol·L^{-1}NaHCO$_3$浸提，可以抑制Ca^{2+}的活性，相应地提高了Ca-P的溶解度，同时也可使某些活性Fe-P、Al-P起水解作用而被浸提出来，溶液中存在的OH^-、HCO_3^-、CO_3^{2-}等阴离子还可把吸附态磷交换下来。因此，碳酸氢钠不仅适用于石灰性土壤，也适用于中性和酸性土壤中速效磷的提取。

浸提液中的磷在一定酸度下用硫酸钼锑抗还原显色成磷钼蓝，蓝色的深浅在一定浓度范围内与磷的浓度呈正比，故可用比色法进行测定。

三、仪器试剂

（1）仪器用具　天平（感量0.01g）、振荡机、721分光光度计、三角瓶（100mL、150mL）、移液管（10mL、5mL）、容量瓶（50mL）、量筒（10mL）、漏斗、无磷滤纸等。

（2）主要试剂　0.5mol·L^{-1}NaHCO$_3$溶液、无磷活性炭、钼锑抗显色剂、磷标准液。

四、操作步骤

（1）称样　称取通过1mm筛的风干土样2.50g放入150mL三角瓶中，加入一小勺无磷活性炭。

（2）加浸提剂　用量筒加入0.5mol·L^{-1}NaHCO$_3$溶液50mL，塞紧瓶塞。

（3）振荡　在20～25℃的条件下振荡30min。

（4）过滤　用干燥漏斗和无磷滤纸过滤，滤液承接于干燥三角瓶中。同时作空白试验。

（5）加显色剂显色　吸取滤液10mL（吸液量根据含磷量高低而定，但必须用0.5mol·L^{-1}NaHCO$_3$溶液补足10mL）于50mL容量瓶中，加钼锑抗显色剂5.0mL，充分摇动，赶净气泡后，加水定容，摇匀。

（6）比色　30min后，在721分光光度计上用660nm波长比色。以空白测定调零，读取样品的吸收值，在标准曲线上查出待测液的磷浓度值（mg·L^{-1}）。

(7) 绘制磷标准曲线　分别吸取 5mg・L^{-1} 磷标准液 0、1mL、2mL、3mL、4mL、5mL 于 50mL 容量瓶中，各加入 0.5mol・L^{-1}NaHCO₃ 溶液 10mL 和钼锑抗显色剂 5.0mL，充分摇动，赶净气泡，定容，摇匀，即得 0、0.1mg・L^{-1}、0.2mg・L^{-1}、0.3mg・L^{-1}、0.4mg・L^{-1}、0.5mg・L^{-1} 磷的系列溶液。30min 后与待测液同时进行比色，读取吸收值。在方格坐标纸上以吸收值为纵坐标，磷溶液浓度为横坐标，绘制标准曲线。

五、结果计算

$$土壤有效磷（mg/kg）=\frac{待测液 P 含量（mg/kg）×待测液体积×分取倍数}{烘干土重（g）}$$

式中　待测液 P 含量——从标准曲线上查得的待测液的浓度，mg/kg；

待测液体积——本实验为 50mL；

分取倍数——浸提液总体积（mL）/吸取滤液体积（mL）。

六、注意事项

(1) 钼锑抗加入量要准确。标准液与待测液的显色酸度应保持一致，其加入量应随比色时定容体积的大小按比例增减。

(2) 加入显色剂后必须充分摇动赶净 CO_2，否则由于气泡的存在会影响比色结果。

(3) 温度对本方法有较大影响，测定应在 20～25℃ 的温度下进行，以 25℃ 为标准。因此，最好在有空调设备的室内进行。

实验九　土壤中速效性钾的测定
（NH₄Ac 浸提-火焰光度计法）

一、目的要求

通过实验实习要求掌握测定土壤速效钾的基本原理和操作技能，并能运用测定结果判断土壤供钾能力，为合理施肥提供依据。

二、方法原理

土壤速效钾中 95％ 左右为交换性钾，水溶性钾只占极少部分。因此，用中性醋酸铵作为浸提剂，NH_4^+ 将土壤胶体上吸附的 K^+ 代换下来，浸出液中的 K^+ 可直接用火焰光度计测定。

三、仪器试剂

(一) 仪器用具

天平（感量为 0.01g）、振荡机、火焰光度计、三角瓶（100mL、50mL）、容量瓶（50mL）、量筒（10mL）、漏斗等。

(二) 试剂配制

(1) 1mol・L^{-1} 中性 NH₄Ac 溶液　称取 77.08g 醋酸铵（化学纯）溶于 900mL 蒸馏水中，用 1：1 氢氧化铵和稀醋酸调节 pH 到 7.0（用酸度计测定），最后稀释至 1L。

(2) 钾标准溶液　准确称取经 105℃ 烘干的氯化钾（分析纯）0.1907g，溶于 1mol・L^{-1} 中性 NH₄Ac 溶液中，用水定容至 1L，此为 100mg・L^{-1} 钾标准溶液。

(3) 钾系列标准溶液　用移液管准确吸取 100mL 钾标准溶液 0、1mL、2.5mL、5mL、10mL、20mL 分别放入 50mL 容量瓶中，用 1mol・L^{-1} 中性 NH₄Ac 溶液定容，即得 0、2mg・L^{-1}、5mg・L^{-1}、10mg・L^{-1}、20mg・L^{-1}、40mg・L^{-1} 钾系列溶液。

四、操作步骤

(1) 称样　称取通过 1mm 筛的风干土样 5.00g 放入 100mL 三角瓶中。

(2) 加浸提剂　加入 1mol・L^{-1} 中性 NH₄Ac 溶液 50mL，塞紧瓶塞，振荡 30min。

(3) 过滤　用干燥漏斗和滤纸过滤，滤液承接于干燥小三角瓶中。

(4) 测定　以钾系列标准溶液中浓度较适宜的一个标准液确定火焰光度计上检流计的满度，以 "0" 调仪器零点。反复三次，稳定后对滤液进行测定。

五、结果计算

$$土壤有效钾（mg/kg）=\frac{待测钾液浓度（mg/L）\times V(mL)}{烘干土重（g）}$$

式中　待测钾液浓度——标准曲线上查出的待测液钾的浓度，mg/L；

V——浸提液体积，mL。

六、注意事项

(1) 浸出液和含醋酸铵的钾系列标准溶液不能放置太久，以免长霉影响测定结果。

(2) 若浸出液中钾的浓度超过测定范围，应用 $1mol \cdot L^{-1}$ 中性 NH_4Ac 溶液稀释后再测定。

(3) 加入醋酸浸提剂于土壤样品后，不宜放置过久，否则可能有一部分交换态钾转入溶液中，使测定结果偏高。

实验十　土壤阳离子交换量的测定（氯化钡-硫酸法）

一、目的要求

通过实验学习初步学会阳离子交换量的测定方法，并能运用测定结果判断土壤的保肥供肥能力。

二、方法原理

以氯化钡溶液处理土壤，使土壤为 Ba^{2+} 饱和，其反应如下：

$$\boxed{\begin{matrix}K^+ & H^+ \\ 土壤胶体 \\ Ca^{2+}\end{matrix}}+2BaCl_2 \Longleftrightarrow \boxed{\begin{matrix}2Ba^{2+} \\ 土壤胶体\end{matrix}}+KCl+BaCl_2+HCl$$

离心弃去交换液，用蒸馏水洗去多余的 $BaCl_2$。再用已知浓度和体积的硫酸处理土壤，由于 SO_4^{2-} 与 Ba^{2+} 形成沉淀而使土粒为 H^+ 饱和，溶液中标准酸浓度降低，反应如下：

$$\boxed{土壤胶体}Ba^{2+}+H_2SO_4 \Longleftrightarrow \boxed{土壤胶体}\begin{matrix}H^+ \\ H^+\end{matrix}+BaSO_4 \downarrow$$

根据硫酸在处理土壤后所降低的浓度，可计算出土壤的阳离子交换量。

三、仪器试剂

（一）仪器用具

天平（感量 0.01g）、离心机、离心管、量筒（20mL）、移液管（10mL）、半微量滴定管。

（二）试剂配制

(1) $0.5mol \cdot L^{-1} BaCl_2$ 溶液　称取 208g $BaCl_2 \cdot 2H_2O$（化学纯）溶于蒸馏水中，稀释至 1000mL。

(2) $0.025mol \cdot L^{-1} H_2SO_4$ 溶液　取浓硫酸约 1.4ml，定容至 1000mL。

(3) $0.05mol \cdot L^{-1} NaOH$ 标准溶液　称取 2g NaOH（化学纯）溶于 1000mL 无 CO_2 蒸馏水中，用标准酸标定其准确浓度。

(4) 1%酚酞　称取 1g 酚酞，溶于 100mL 60%的乙醇中。

四、操作步骤

(1) 取离心管在感量为 0.01g 的天平上称重，然后称取 1mm 筛的风干土样 1.00g，放入离心管，用量筒加入约 20mL 0.5mol·L^{-1}BaCl$_2$ 溶液，搅拌土样，使其充分分散。

（2）用 BaCl$_2$ 溶液调节对称管，使其质量一致，然后把它放入离心机中，以 2500～3000 r/min 的速度离心 3～5min。待离心机停止后，取出离心管，缓缓倾出上部清液，弃去。

（3）再加入 BaCl$_2$ 溶液，搅拌，离心，弃去清液。

（4）加入 20～30mL 蒸馏水于离心管中，搅拌，弃去清液，尽量沥干离心管内的液体。

（5）擦干离心管外壁，在感量为 0.01g 的天平上称重。按下式计算含水量校正值（X）：
$$X =（湿土重＋离心管重）－（风干土重＋离心管重）$$

（6）用移液管准确加入 25mL 0.025mol·L^{-1}H$_2$SO$_4$ 溶液于离心管中，充分搅拌土壤，放置数分钟后离心。

（7）用移液管准确吸取上层清液 10mL，放于小三角瓶中。加入酚酞指示剂 1～2 滴，用半微量滴定管以标准溶液滴定至微红色 0.5min 不褪色为止。

（8）另取 10mL 0.025mol·L^{-1}H$_2$SO$_4$ 溶液于三角瓶中，加 1～2 滴酚酞指示剂，用标准 NaOH 溶液滴定，此为空白滴定。

五、结果计算

$$土壤阳离子交换量 [cmol(+)/kg] = \frac{\left(V_1 \times 2.5 - V_2 \times \dfrac{25+X}{10}\right) \times C}{烘干土重（g）} \times 1000$$

式中　V_1——滴定 10mL 的 H$_2$SO$_4$ 溶液消耗的标准 NaOH 溶液的体积，mL；

　　　V_2——滴定处理过土壤的 10mL 待测液消耗的标准 NaOH 溶液的体积，mL；

　　　C——标准 NaOH 溶液的浓度，mol·L^{-1}；

　　　X——土样在加 H$_2$SO$_4$ 以前土壤中的含水量。

实验十一　水稻土中硫化氢含量的速测

一、方法原理

土壤中的 H$_2$S 含量达到一定浓度时，会与 Fe^{2+} 结合，生成黑色的 FeS，吸附在根系表面，形成黑根。遇酸时生成有刺鼻的臭皮蛋气味的气体 H$_2$S，FeS 在空气中可进一步氧化形成黄褐色的 Fe(OH)$_3$。根据黑根的数量、H$_2$S 气体的多少和根系发黑的程度，可判断出水稻遭受毒害的程度，其反应如下：

$$FeS + 2HCl \Longrightarrow FeCl_2 + H_2S \uparrow$$
$$4FeS + 6H_2O + 3O_2 \Longrightarrow 4Fe(OH)_3 + 2S_2$$

二、操作步骤

（1）拔稻株，观察黑根的数量和闻气味。

（2）在黑根上滴加溶液 1 滴，辨别气味。

（3）观察置于空气中稻根颜色的变化

（4）判断中毒程度：

硫化氢中毒程度	无	轻　度	中　度	严　重
黑根数量（占总根百分数）/％	0	＜10	10～30	＞30
硫化氢气味浓度	无	稻根无气味,滴加盐酸后有气味	稻根有气味,滴加盐酸气味更浓	稻根气味较重,滴加盐酸后气味极浓
根系发黑程度	无	根黑而不污手,根尖和根毛部分以白色为主	部分黑根污手,部分根尖和根毛也发黑,但不污手	黑根污手且无弹性,白根数量很少

实验十二　化学肥料定性鉴定

一、目的意义

许多化肥外形相似，在运输或贮存过程中常因包装不好或改换容器，造成混杂，以致外观上很难区别，甚至造成误用。因此必须鉴定其中主要的物理、化学特征，方能确定其属于何种肥料，否则会造成施用上的错误，降低了肥效，甚至发生肥害。凡由化肥厂按一定工艺生产的各种化肥，其组分均有一定范围。故在丢失标签的情况下，只要对化肥进行定性鉴定即可。但是对土制的伪劣肥料，单凭定性鉴定是不够的，必须进行定量分析。

二、方法原理

本实验的目的旨在快速鉴别化肥种类，以适应生产实际需要，为此应力求以最简易和最快捷的方法解决问题。

根据各种化肥所特有的物理性状如：颜色、气味、结晶、溶解度、酸碱性等以区别氮、磷、钾所属类别，再通过灼烧反应，即将化肥在红热的炭火或铁板上灼烧，视其分解与否、分解快慢、烟气颜色、烟气气味以及一些特有性状进一步判定肥料种类。这种方法设备到处可取，是本实验的主要方法。若要判定主成分离子，必须借助于化学试剂，以检出 SO_4^{2-}、Cl^-、NO_3^-、CO_2^{2-}、Ca^{2+}、K^+、NH_4^+ 等。

三、试剂配制与用品

（一）试剂配制

（1）3％$BaCl_2$ 溶液　将 3g 氯化钡（化学纯）溶于 100mL 蒸馏水中，摇匀，贮于试剂瓶中。

（2）1％$AgNO_3$ 溶液　将 1g 硝酸银（化学纯）溶于 100mL 蒸馏水中，摇匀，贮于棕色瓶中。

（3）1mol/L HCl 溶液　取浓盐酸（化学纯）42mL 放入 400mL 蒸馏水中，再加水至 500mL，贮于瓶中。

（4）1mol/L HNO_3 溶液　取浓硝酸（化学纯）31mL 放入 400mL 蒸馏水中，再加水至 500mL，贮于瓶中。

（5）10％NaOH 溶液　将 10g 氢氧化钠（化学纯）溶于 100mL 蒸馏水中，摇匀，冷却后装入塑料瓶中贮存。

（二）用品

木炭、铁片、火炉、纸条、试管、石蕊试纸、蒸馏水、酒精灯、烧杯等。

四、鉴定步骤

鉴定未知化肥之前，先对已知化肥的判别练习，在基本掌握各种化肥的特征后，领取未知单质化肥和复合化肥各一份，进行鉴定，如结果正确，则通过本实验。

（一）已知化肥的判别练习

首先，对各种已知化肥进行外形观察，结晶与否、颜色、吸湿状况，并闻气味，但禁止口尝辨味。其次，取各种化肥一角勺（约 5g）分别置于试管中，加水 10mL 左右，边振荡边观察其溶解度与否，溶解快慢，再用万能 pH 试纸测试溶液的 pH 值，了解各种化肥的化学酸碱性，并确定其确属于酸、微酸、中性、微碱、强碱性。

现将常用化肥的结晶与否，溶解状况，酸碱性、气味分类如下，以供参考。

① 结晶与否　结晶类的常用化肥有碳酸氢铵、尿素、硝酸铵、硫酸铵、硝酸钠、硝酸钾、硫酸钙、氯化钾、硫酸钾、钾镁肥、磷酸铵类肥料；有色粉末类的常用化肥有石灰氮、过磷酸钙、沉淀过磷酸钙、钙镁磷肥、骨粉、钢渣磷肥、窑灰钾肥等。

② 溶解程度　结晶类化肥均能溶解于水，只是溶解度不同，有色粉末类化肥大多不溶解或少量溶解。

③ 酸碱性　某些化肥有明显的酸碱性，如碳酸氢铵、石灰氮、窑灰钾肥、磷酸氢二铵、

钢渣磷肥、钙镁磷肥等呈碱性，而过磷酸钙呈酸性，磷矿粉呈中性。

④ 气味　某些化肥有特殊的气味，如石灰氮有电石气味，过磷酸钙有酸味，碳酸氢铵和磷酸氢二铵有强烈的氨臭。打开标本瓶，用手挥之闻其气味。

第三，取各种化肥一小勺（豆粒大小，约 1g）进行灼烧试验，先观察化肥灼烧后是否分解，有无响声，分解快慢，爆炸发火与否，残留物颜色等特有性状。同时，仔细观察烟雾颜色，并用手挥烟雾，闻其烟气，是否有氨臭，是否有硝烟味（氧化氮类物质），因分解或升华往往在一瞬间完成，不易立即判别，故宜反复试之。

灼烧反应是在暗红的铁板上进行，铁板温度宜控制在 550～600℃，温度太低，反应不明显，温度太高，反应瞬间即逝，不容易判别，应特别注意的是，为防止硝态氮肥爆炸伤人的危险，供试化肥一次切勿超过 1g 左右（豆粒大小）。

如果有无色焰喷灯，可进行化肥焰色反应，用白金丝（或镍丝）环挑取少许化肥，置于无色火焰中灼烧，观察其激发可见光色，凡亮黄者为钠盐，红色为钙盐，绿色为铜盐，紫色为钾盐（透过蓝色钴玻璃观察）。

（二）未知肥料鉴定

按上述步骤进行判断，再根据系统鉴定表进一步确认，并将结果写入表中作为实验报告的一部分。

五、化肥定性鉴定结果

代号	外形	颜色	气味	吸湿性	溶解度	酸碱性	灼烧反应	肥料名称

现将主要化肥系统鉴定列成下表，以供参照（见实表 12-1）。

实表 12-1　主要化学肥料系统鉴定表

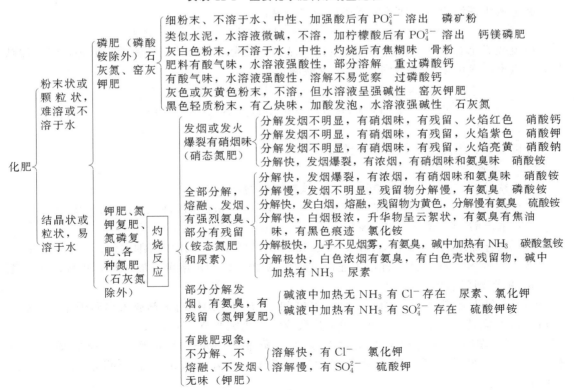

注：对三元复合肥或土制复合肥鉴定就比较复杂。应先了解其来源，然后分步定性，再有目标地定量分析。

六、化学检验

在小试管中各加入 5mL 待测肥料的水溶液，分别加数滴 3% 氯化钡和 1% 硝酸银试剂，观察有无白色沉淀生成。如有硫酸根离子存在，加氯化钡后有白色沉淀，且不溶于盐酸。如有氯离子存在，加硝酸银后有白色絮状沉淀，且不溶于硝酸。

实验十三　有机肥料样品的采集、制备及全氮量的测定

一、有机肥料样品的采集与制备

有机肥料如堆肥、厩肥、沤肥及工业下脚料等因其均匀性很差，应注意多点取样。一般先予以翻堆、混匀后，再选 10～20 个采样点，每点采样品 1～1.5kg 左右，最后将各点样品充分混合均匀，以四分法取样 2kg 左右，将其粉碎，再以四分法取样 500g 左右，带回室内自然风干、磨碎并通过 1mm 筛孔的筛子，贮于磨口瓶中，瓶外贴上标签，注明有关事项即可。

二、有机肥料全氮量的测定（铁锌粉还原法）

有机肥中全氮包括铵态氮（NH_4^+-N）、硝态氮（NO_3^--N）和有机态氮。最理想的方法是硫酸-铬粒-重铬酸钾消煮法，硝态氮回收率可达 99%，但因铬粒比较昂贵，常用铁锌粉还原法（硝态氮回收率 98.9%）也可得到理想的结果。在测定新鲜人粪尿、沤肥等不含硝态氮的有机肥料全氮量时，可采用硫酸-混合盐消煮法或硫酸-高氯酸消煮法，因二者的消煮液均可适用于氮磷钾连续测定。

（一）方法原理

硝态氮用铁锌粉在酸性环境下还原为铵态氮：

$$NO_3^- + Fe \cdot Zn + H^+ \longrightarrow NH_4^+ + Fe^{2+} \cdot Zn^{2+} + H_2O$$

用硫酸氧化有机质，释放出氨并与硫酸结合，使全部氮均转化为硫酸铵形态，然后加碱蒸馏，逸出的氨用 2% 硼酸吸收，以标准酸滴定。

$$NH_4OH + H_3BO_3 \longrightarrow NH_4 \cdot H_2BO_3 + H_2O$$
$$2NH_4 \cdot H_2BO_3 + H_2SO_4 \longrightarrow (NH_4)_2SO_4 + 2H_3BO_3$$

（二）仪器

分析天平、定氮蒸馏装置、凯氏瓶等。

（三）试剂

(1) 铁锌粉　称取锌粉 9.0g 与 1.0g 铁粉混合均匀。

(2) 10% H_2SO_4　取浓硫酸（相对密度 1.84）56.9mL 缓缓注入 943.1mL 水中。

(3) 浓硫酸　化学纯，相对密度 1.84。

(4) 混合加速剂　100g K_2SO_4、10g $CuSO_4 \cdot 5H_2O$ 在研钵中研细混匀，过 80 目筛。

(5) 40% NaOH 溶液　称取工业用氢氧化钠 400g，加水溶解不断搅拌，再稀释定容至 1000mL 贮于塑料瓶中。

(6) 定氮混合指示剂　称取 0.1g 甲基红和 0.5g 溴甲酚绿指示剂放入玛瑙研钵中，加入 100mL 95% 酒精研磨溶解，此液应用稀盐酸或氢氧化钠调节 pH 至 4.5。

(7) 2% 硼酸溶液　称取 20g 硼酸加入热蒸馏水（60℃）溶解，冷却后稀释定容至 1000mL，最后用稀盐酸或稀氢氧化钠调节 pH 至 4.5（定氮混合指示剂显葡萄酒红色）。

(8) 0.02mol/LHCl 标准溶液　取浓盐酸（相对密度 1.19）1.67mL，用蒸馏水稀释定

容至 1000mL，然后用标准碱液或硼砂标定。

（四）操作步骤

称取风干样品（过 1mm 筛）0.5～1.0g 于 150mL 凯氏瓶中（或消煮管），加入 0.1g 铁锌粉和 10mL 10% H_2SO_4，放在电炉（或消煮炉）上低温加热 5min，取下冷却至室温，再加入 10mL 浓硫酸及 3.5g 混合加速剂，摇匀后在凯氏瓶（或消煮管）口加一弯颈小漏斗，放在电炉（或消煮炉）上加热煮沸，间断摇动，直到溶液变白瓶壁上无黑色碳粒后，再加热 30min，取下冷却至室温后加水 30～50mL，再冷却至室温后即可蒸馏、滴定、计算。

（五）操作步骤

（1）在分析天平上称取通过 18 号筛（孔径为 1mm）的风干土壤样品 0.5～1g（精确到 0.001g），然后放入 150mL 开氏瓶中。

（2）加入 0.1g 铁锌粉和 10mL 10% H_2SO_4，放在电炉（或消煮炉）上低温加热 5min，取下冷却至室温。

（3）加入 10mL 浓硫酸及 3.5g 混合加速剂，摇匀后在凯氏瓶（或消煮管）口加一弯颈小漏斗，放在电炉上加热煮沸，间断摇动，直到溶液变白瓶壁上无黑色碳粒后，再加热 30min。

（4）取下冷却至室温后加水 30～50mL，再冷却至室温，摇匀后接在蒸馏装置上，再用筒形漏斗通过 Y 形管缓缓加入 40% 氢氧化钠 25mL。

（5）将一只三角瓶接在冷凝管的下端，并使冷凝管浸在三角瓶的液面下，三角瓶内盛有 25mL 2% 硼酸吸收液和定氮混合指示剂 1 滴。

（6）将螺丝夹打开（蒸汽发生器内的水要预先加热至沸），通入蒸汽，并打开电炉和通自来水冷凝。

（7）蒸馏 20min 后，检查蒸馏是否完全。检查方法：取出三角瓶，在冷凝管下端取 1 滴蒸出液于白色瓷板上，加纳氏试剂 1 滴，如无黄色出现，即表示蒸馏完全，否则应继续蒸馏，直到蒸馏完全为止（或用红色石蕊试纸检验）。

（8）蒸馏完全后，降低三角瓶的位置，使冷凝管的下端离开液面，用少量蒸馏水冲洗冷凝的管的下端（洗入三角瓶中），然后用 0.02mol/L 盐酸标准液滴定，溶液由蓝色变为酒红色时即为终点。记下消耗标准盐酸的体积（mL）。

测定时同时要做空白试验，除不加试样外，其他操作相同。

（六）结果计算

$$含氮量\% = [(V-V_0) \times N \times 0.014 / 样品重] \times 100$$

式中　V——滴定时消耗标准盐酸的体积，mL；

　　　V_0——滴定空白时消耗标准盐酸的体积，mL；

　　　N——标准盐酸的物质的量浓度；

　0.014——氮原子的毫摩尔质量，g/mmol；

　100——换算成百分数。

实习一　肥料用量试验

一、目的要求

通过肥料用量试验，初步学会肥料试验的基本方法和进行肥料试验的综合技能，为配方施肥和拟定当地主要农作物的适宜施肥量提供科学依据。

二、试验准备

（1）试验计划　试验前要写好田间试验计划，其内容包括试验题目、目的要求、试验方案、田间小区设计、主要农业技术措施、观察记载项目与标准等。

（2）肥料与用具　氮肥（或磷钾肥），测绳，皮尺，米尺，工具，记载本和标牌等。

（3）选择试验地　试验地的选择应符合下列条件：①土壤类型具有代表性；②地势开阔，平坦，地力基本一致，如果地力差异较大，要先种植作物进行匀地；③能灌能排，旱涝保收。

三、试验设计

（1）供试作物　选用当地的主要农作物品种，如玉米、水稻、小麦。

（2）试验处理　根据试验目的确定试验肥料的种类。试验处理数可根据需要和当地施肥水平而定，各处理之间的肥料用量级差要有一定的规律性，如 5、10、15、20 等，而且其中应包括最高和最低用量。同时为了使相邻间处理有足够差异，一般要求氮肥的有效成分不少于 $1.5kg/667m^2$，磷、钾肥也不应低于 $2kg/667m^2$。如进行钾肥不同用量试验，可设计下列处理。

处理 1　NPK_0——无钾区（N $15kg/667m^2$、P_2O_5　$7.5kg/667m^2$。下同）；

处理 2　NPK_1——施钾 $2.5kg/667m^2$；处理 3　NPK_2——施钾 $5.0kg/667m^2$；

处理 4　NPK_3——施钾 $7.5kg/667m^2$；处理 5　NPK_4——施钾 $10kg/667m^2$；

处理 6　NPK_5——施钾 $12.5kg/667m^2$；处理 7　NPK_6——施钾 $15kg/667m^2$；

处理 8　NPK_7——施钾 $17.5kg/667m^2$；处理 9　NPK_8——施钾 $20kg/667m^2$。

（3）重复次数　其次数根据供试土地面积大小和处理多少而定，但一般不得少于 3 次。

（4）小区大小与形状　试验小区面积以 $(0.05\sim0.1)\times667m^2$ 为宜，长方形，长宽比 10：1 或 20：1，面积小可（3～5）：1。

（5）排列方式　一般多采用随机排列。

（6）灌排渠、道路与保护行　试验区一般要单独设立灌排渠系，在重复间，要留出适当宽度的人行道。试验区的周围都要设保护行，其宽度最少与小区宽度相等。

（7）制定播种计划书，并绘制实施示意图。

例：钾肥不同用量试验播种计划书的制定

题　　目：钾肥不同用量试验

方　　案：代号　处理名称

　　　　　　　1　NPK_0　　　2　NPK_1　　3　NPK_2

　　　　　　　4　NPK_3　　　5　NPK_4　　6　NPK_5

　　　　　　　7　NPK_6　　　8　NPK_7　　9　NPK_8

方法设计：随机区组法、重复四次。

田间规划：小区面积 $39m^2$（$0.65\times6\times10$），区组间过道 1m。

供试作物：玉米（新本育九）。密度 4.5 万株$/hm^2$。

供试肥料：尿素、二铵、氯化钾。

试验地点：农场试验地。

播种日期：2001/4/25。

附图：田间试验布置（实习图 1-1）

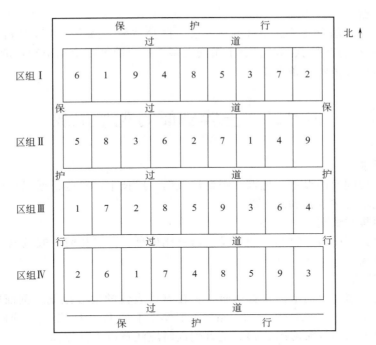

实习图 1-1　田间试验布置图

四、试验的实施

（1）小区划分与制作　把试验地翻耕整细、整平后，先用测绳量出试验区范围，打好基线，插上标记，然后按田间小区示意图的尺寸划分小区。分区线划好后，开沟作畦或作垄，并要求做到地平、沟垄宽度一致且直，小区面积与设计标准相符。做好小区后，应插上小区编号标牌。

（2）施肥　按小区排列，把事先编好号的肥料，分别放入有关处理小区，均匀撒在土面（也可条施、穴施），再翻入土中，整平土面，使肥土混匀。

（3）播种或移栽　根据小区面积计算播种量或移栽株数，适时进行播种或移栽。在播种或移栽时，要求小区内或小区之间播种均匀（每穴播量或每蔸苗数大致相同），株行距一致并保证种子和幼苗的质量，以减少试验误差。

五、观察记载

（1）供试土壤基本情况的记载　土壤名称、成土母质、质地、pH 值、有机质含量、各种速效养分含量、试验地耕耙次数与质量。

（2）供试作物基本情况的观察记载　主要记载供试作物品种、种植规格及质量。各生育期的观察记载项目请参考作物栽培学有关内容。

（3）田间管理的记载　施肥种类、数量、日期、中耕次数及时间、病虫发生与防治、灌水管理等。

（4）收获与记产　收获时要求分区单打单晒，分区记产，切防混淆。

（5）室内考种　不同作物考种要求项目不同，在考种时，可参照作物栽培有关内容进行。

六、资料整理与分析

试验结束后，应及时把所获得的各种资料，按类分别进行整理，并进行试验显著性测定（参照有关数理统计方法）。

七、试验总结

包括：试验的目的意义、试验材料与方法、试验结果、讨论（主要是讨论试验的结论、存在问题和需要继续探讨问题等）。要求做到文字工整、简练，论点明确，论据充分、有力，有理有据，逻辑思维清晰，条理清楚。

实习二　土壤剖面的观察记载

一、目的要求

初步学会土壤剖面的设置、挖掘和观察记载的一般技术，并能根据观察结果进行初步评价，以便更好地培肥和改良利用土壤。

二、仪器用具和试剂

圆锹、土铲、剖面刀、铅笔、钢卷尺、白色比色盘、10％盐酸、酸碱混合指示剂等。

三、操作步骤

（一）剖面的挖掘

土壤剖面是土壤自上而下的垂直切面。要在有代表性的地方挖掘，剖面的大小一般为：宽 0.8～1m，长 1.5～1.8m，深 1～1.5m。土层厚度不足 1m 的挖至岩石或砾石层；地下水位高时，挖至地下水面（实习图 2-1）。挖掘剖面时应注意以下几方面。

（1）剖面观察面要垂直向阳；

（2）挖出的表土与底土要分别堆在土坑两侧，避免回填时打乱土层；

（3）观察面的上方不要堆土，不要破坏土壤的自然状态；

（4）垄作田的剖面要垂直于垄作方向，使观察面能看到垄背、垄沟的不同表层结构；

（5）坑的后方成阶梯形，便于上下工作，并节省挖土量；要尽量防止或减少损害庄稼；

（6）剖面挖成后，应将剖面的观察面分成两半，一半用土壤剖面刀自上而下地整理成毛面，另一半用铁铲削平成光面，以便相互进行比较。

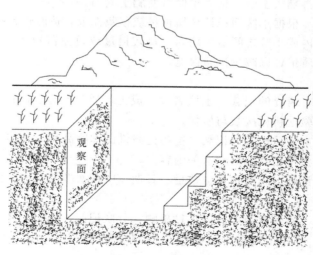

实习图 2-1　土壤剖面示意图

（二）土壤剖面主要性态的观察

1. 剖面层次的划分

农业土壤剖面的划分见实习图 2-2，也可按土壤的颜色、松紧度等特性来划分层次。

2. 土壤剖面主要性态的观察

（1）土壤颜色　土壤颜色是土壤最显著的特征之一，在一定程度上能反映土壤内部性质，也可粗略看出肥力水平。土壤的基本颜色有黑、白、红、黄四种。黑色：因土壤腐殖质多，土色发黑。一般情况下土色深，腐殖质含量高，土壤肥沃。白色：是因为土壤含石英、白云母或碳酸盐类多，缺少养分、是肥力低的土壤。红色和黄色：是由土壤中铁的氧化物引起的，氧化铁水化后，由于含水的程度不同，而表现不同的颜色。含水少的显红，含水多的显黄。红、黄色土壤中如增加了腐殖质，颜色即随腐殖质含量增加而渐深，土壤肥力亦相应提高。多数土壤都不是一种纯色，而是几种颜色的混合色。并且干湿程度不同，颜色深浅亦有差别，干时颜色浅些，水多时颜色深些。

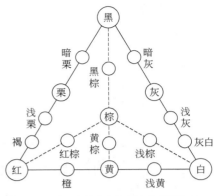

实习图 2-2　土壤颜色示意图

土壤颜色的命名采用复名法，有主次之分。描述时主色在后，次色在前，如灰棕色，即棕色为主，灰色为副。还可加上浅、深、暗等形容颜色的深浅。如浅灰棕色。土壤颜色不均一时，要注意主色和杂色。

（2）土壤质地　在野外鉴定土壤质地用手测法。

（3）土壤结构　野外观察土壤结构应以土壤湿度较小时为准。观察时用手轻捏土块，使之自然破碎，根据土体形态判断土壤结构类型。

（4）土壤松紧度　野外鉴定时可根据土钻（或竹筷）入土的难易程度进行大致划分，分级标准如下。

松：不加力或稍加力土钻即可入土。

散：加压力时土钻能顺利入土。

紧：土钻要用力才能入土，取出稍困难。

极紧：需用大力土钻才能入土，取出很困难。

（5）土壤酸碱度　用混合指示剂比色法。

（6）土壤干湿度　是指土壤剖面中各土层的自然含水量。分级标准如下。

干：土壤呈干土块或干土面，手试无凉意，用嘴吹时尘土扬起。

润：手试有凉意，用嘴吹时无尘土扬起。

湿润：手试有明显潮湿感觉，可握成土团，但落地即散开，放在纸上能使纸变湿。

潮湿：土样放在手上可使手湿润，能握成土团，但无水流出。

湿：土壤水分过饱和，用手压土块时有水分流出。

（7）植物根系　按土层内植物根系分布的多少，可分为：

多量：根系交织，每平方厘米在 10 条以上；

中量：土层中根系适中，每平方厘米在 5 条以上；

少量：土层中根系稀疏，每平方厘米只有 1～2 条。

（8）其他　如石灰性反应、土壤通气性等，根据需要决定。

（三）土壤剖面性态的记载

（1）土壤剖面的编号、地点、观察日期、观察人、土壤名称。

（2）土壤剖面的环境条件。

（3）土壤剖面的性态。

（4）土壤生产性能。

（5）土壤剖面的综合评述。

附　录

附录一　土壤肥料常用法定计量单位

类别	名　称	符号	类别	名　称	符　号
长度	米 千米(公里) 厘米 毫米 微米 毫微米(纳米)	m km cm mm μm nm	面积	平方米 平方公里 平方厘米 公顷＝1万平方米＝15亩	m^2 km^2 cm^2 hm^2
体积	立方米 立方厘米 升＝1000毫升 毫升＝1厘米^3	m^3 cm^3 L mL	质量	克 千克(公斤)＝1000克 毫克＝0.001克 微克＝0.001毫克 吨＝1000千克＝1方	g kg mg μg t
浓度	摩尔/升 克/升 毫克/升	mol/L g/L mg/L	温度	摄氏度数 华氏度数	$℃＝(℉－32)/1.8$ $℉＝℃×1.8＋32$
时间	年 天 小时 分 秒	a d h min s	压强	帕＝0.0102厘米水柱 大气压＝1033厘米水柱 巴＝1020厘米水柱 毫巴＝10^{-3}巴 厘米水柱 毫米汞柱	Pa atm bar mbar cmH_2O mmHg
其他	氧化－还原电位	Eh	其他	酸碱度	pH

附录二　植物营养元素缺乏症检索简表

症状出现的部位				缺乏元素
症状出现的部位	老组织	不易出现斑点	新叶淡绿,老叶黄化,枯焦,早衰	缺氮
			茎叶暗绿或呈紫红色,生育期延迟	缺磷
		容易出现斑点	叶尖及边缘先枯焦并出现斑点,症状随生长期而加重,早衰	缺钾
		脉间失绿	叶小,斑点开始在叶两侧出现,生育期推迟	缺锌
			主脉间明显失绿,有多种色彩斑块,但不易出现组织坏死	缺镁
	新生组织	顶芽枯死	茎叶柔软,发黄枯焦,早衰	缺钙
			茎叶枯焦,茎变粗,变脆,易开裂,开花结果不正常,生育期延迟	缺硼
		顶芽不枯死	新叶黄化,失绿均一,生育期延迟	缺硫
			脉间失绿,出现斑点,组织易坏死	缺锰
			幼叶萎蔫,出现白色叶斑,果、穗发育不正常	缺铜
			脉间失绿,发展至整片叶呈淡黄色或发白	缺铁
			叶片畸形,斑点散布在整个叶片上	缺钼

附录三 常用叶面肥的配制

叶面肥类型	常用浓度/%	配制方法	适用范围	注意事项
尿素水溶液	1～2	0.5～1kg 尿素加水 50kg	所有作物	含缩二脲>1%的尿素不能用来配制
过磷酸钙浸出液	1～3	过磷酸钙粉碎、过筛后 1 份加 10 份水，搅拌，放置 1d 后，取上清液即可	多数作物	所用原料游离酸含量应<5%
硫酸钾或氯化钾水溶液	1～1.5	0.5～0.75kg 钾肥加水 50kg	硫酸钾多数作物；氯化钾忌氯作物除外	氯化钾因含有氯离子，喷施浓度不宜过高
草木灰浸出液	5～10	5～10kg 草木灰加水 100kg，搅拌，放置 12h，取上清液即可	马铃薯、甘薯等块根作物	取用新鲜的草木灰
磷酸二氢钾水溶液	0.2～0.5	100kg 水中加入磷酸二氢钾 200～500g(可加 100g 洗衣粉增强叶面吸附力)	多数作物	可用于浸种
锌肥水溶液	0.1～0.2	100kg 水中加入 100～200g 硫酸锌	玉米、小麦等多数作物	对缺硫土壤效果也不错
硼肥水溶液	0.2～0.3	100kg 水中加入 200～300g 硼砂或硼酸	棉花、油菜等十字花科作物	
钼肥水溶液	0.05～0.1	100kg 水中加入 50～100g 钼酸铵	豆类	
锰肥水溶液	0.05～0.1	100kg 水中加入 100～500g 硫酸锰	棉花、豆类、果树	
铁肥水溶液	0.1～0.5	100kg 水中加入 100～500g 硫酸亚铁	多用于果树类	

附录四 土壤养分分级指标

分级	甚缺乏	缺乏	中等	丰富	甚丰富
有机质/%	<0.5	0.5～1.5	1.5～3.0	3.0～5.0	>5.0
全氮(N)/%	<0.03	0.03～0.08	0.08～0.16	0.16～0.30	>0.30
全磷(P_2O_5)/%	<0.04	0.04～0.08	0.08～0.12	0.12～0.18	>0.18
全钾(K_2O)/%	<0.6	0.6～1.0	1.0～1.5	1.5～2.5	>2.5
水解氮(N)/(mg/kg)	<30	30～60	60～90	90～120	>120
速效磷(P_2O_5)/(mg/kg)	<5	5～10	10～20	20～30	>30
速效钾(K_2O)/(mg/kg)	<50	50～80	80～150	150～200	>200

附录五 土壤环境质量标准

土壤环境质量标准

Environmental quality standard for soils

GB 15618—1995

1995-07-13 发布   1996-03-01 实施

国家环境保护局   国家技术监督局发布

为贯彻《中华人民共和国环境保护法》，防止土壤污染，保护生态环境，保障农林生产，维护人体健康，制定本标准。

1 主题内容与适用范围

1.1 主题内容

本标准按土壤应用功能、保护目标和土壤主要性质，规定了土壤中污染物的最高允许浓度指标值及相应的监测方法。

1.2 适用范围

本标准适用于农田、蔬菜地、茶园、果园、牧场、林地、自然保护区等地的土壤。

2 术语

2.1 土壤：指地球陆地表面能够生长绿色植物的疏松层。

2.2 土壤阳离子交换量：指带负电荷的土壤胶体，借静电引力而对溶液中的阳离子所吸附的数量，以每千克干土所含全部代换性阳离子的厘摩尔按一价离子计数表示。

3 土壤环境质量分类和标准分级

3.1 境质量分类

根据土壤应用功能和保护目标，划分为三类：

Ⅰ类主要适用于国家规定的自然保护区（原有背景重金属含量高的除外）、集中式生活饮用水源地、茶园、牧场和其他保护地区的土壤，土壤质量基本上保持自然背景水平。

Ⅱ类主要适用于一般农田、蔬菜地、茶园、果园、牧场等土壤，土壤质量基本上对植物和环境不造成危害和污染。

Ⅲ类主要适用于林地土壤及污染物容量较大的高背景值土壤和矿产附近等地的农田土壤（蔬菜地除外）。土壤质量基本上对植物和环境不造成危害和污染。

3.2 标准分级

一级标准为保护区域自然生态，维持自然背景的土壤环境质量的限制值。

二级标准为保障农业生产，维护人体健康的土壤限制值。

三级标准为保障农林业生产和植物正常生长的土壤临界值。

3.3 各类土壤环境质量执行标准的级别规定如下：

Ⅰ类土壤环境质量执行一级标准；

Ⅱ类土壤环境质量执行二级标准；

Ⅲ类土壤环境质量执行三级标准。

4 标准值

本标准规定的三级标准值，见表1。

表 1　土壤环境质量标准值（mg/kg）

项目	级别 土壤 pH 值	一级 自然背景	二级 ＜6.5	二级 6.5～7.5	二级 7.5	三级 ＞6.5
镉	≤	0.20	0.30	0.30	0.60	1.0
汞	≤	0.15	0.30	0.50	1.0	1.5
砷　水田	≤	15	30	25	20	30
旱地	≤	15	40	30	25	40
铜　农田等	≤	35	50	100	100	400
果园	≤	—	150	200	200	400
铅	≤	35	250	300	350	500
铬　水田	≤	90	250	300	350	400
旱地	≤	90	150	200	250	300
锌	≤	100	200	250	300	500
镍	≤	40	40	50	60	200
六六六	≤	0.05	0.50			1.0
滴滴涕	≤	0.05	0.50			1.0

注：①重金属（铬主要是三价）和砷均按元素量计，适用于阳离子交换量＞5cmol（＋）/kg 的土壤，若≤5cmol（＋）/kg，其标准值为表内数值的半数。②六六六为四种异构体总量，滴滴涕为四种衍生物总量。③水旱轮作地的土壤环境质量标准，砷采用水田值，铬采用旱地值。

5 监测

5.1 采样方法：土壤监测方法参照国家环保局的《环境监测分析方法》、《土壤元素的近代分析方法》（中国环境监测总站编）的有关章节进行。国家有关方法标准颁布后，按国家标准执行。

5.2 分析方法按表2执行。

表 2 土壤环境质量标准选配分析方法

序号	项目	测定方法	检测范围 mg/kg	注释	分析方法来源
1	镉	土样经盐酸-硝酸-高氯酸（或盐酸-硝酸-氢氟酸-高氯酸）消解后 (1)萃取-火焰原子吸收法测定 (2)石墨炉原子吸收分光光度法测定	 0.025以上 0.005以上	土壤总镉	①、②
2	汞	土样经硝酸-硫酸-五氧化二钒或硫、硝酸-高锰酸钾消解后，冷原子吸收法测定	0.004以上	土壤总汞	①、②
3	砷	(1)土样经硫酸-硝酸-高氯酸消解后，二乙基二硫代氨基甲酸银分光光度法测定 (2)土样经硝酸-盐酸-高氯酸消解后，硼氢化钾-硝酸银分光光度法测定	0.5以上 0.1以上	土壤总砷	①、② ②
4	铜	土样经盐酸-硝酸-高氯酸（或盐酸-硝酸-氢氟酸-高氯酸）消解后，火焰原子吸收分光光度法测定	1.0以上	土壤总铜	①、②
5	铅	土样经盐酸-硝酸-氢氟酸-高氯酸消解后， (1)萃取-火焰原子吸收法测定 (2)石墨炉原子吸收分光光度法测定	 0.4以上 0.06以上	土壤总铅	②
6	铬	土样经硫酸-硝酸-氢氟酸消解后， (1)高锰酸钾氧化，二苯碳酰二肼光度法测定 (2)加氯化铵液，火焰原子吸收分光光度法测定	 1.0以上 2.5以上	土壤总铬	①
7	锌	土样经盐酸-硝酸-高氯酸（或盐酸-硝酸-氢氟酸-高氯酸）消解后，火焰原子吸收分光光度法测定	0.5以上	土壤总锌	①、②
8	镍	土样经盐酸-硝酸-高氯酸（或盐酸-硝酸-氢氟酸-高氯酸）消解后，火焰原子吸收分光光度法测定	2.5以上	土壤总镍	②
9	六六六和滴滴涕	丙酮-石油醚提取，浓硫酸净化，用带电子捕获检测器的气相色谱仪测定	0.005以上		GB/T 14550—93
10	pH	玻璃电极法(土：水＝1.0∶2.5)	—		②
11	阳离子交换量	乙酸铵法等	—		③

注：分析方法除土壤六六六和滴滴涕有国标外，其他项目待国家方法标准发布后执行，现暂采用下列方法：
①《环境监测分析方法》，1983，城乡建设环境保护部环境保护局；
②《土壤元素的近代分析方法》，1992，中国环境监测总站编，中国环境科学出版社；
③《土壤理化分析》，1978，中国科学院南京土壤研究所编，上海科技出版社。

6 标准的实施

6.1 本标准由各级人民政府环境保护行政主管部门负责监督实施，各级人民政府的有关行政主管部门依照有关法律和规定实施。

6.2 各级人民政府环境保护行政主管部门根据土壤应用功能和保护目标会同有关部门划分本辖区土壤环境质量类别，报同级人民政府批准。

附加说明：

本标准由国家环境保护局科技标准司提出。

本标准由国家环境保护局南京环境科学研究所负责起草，中国科学院地理研究所、北京农业大学、中国科学院南京土壤研究所等单位参加。

本标准主要起草人夏家淇、蔡道基、夏增禄、王宏康、武玫玲、梁伟等。

本标准由国家环境保护局负责解释。

附录六 NY/T 394—2000 绿色食品肥料使用准则

NY/T 394—2000 绿色食品肥料使用准则

中华人民共和国农业行业标准

绿色食品 肥料使用准则

Fertilizer application guideline for green food production

NY/T 394—2000

中华人民共和国农业部 2000-03-02 发布 2000-04-01 实施

前言

绿色食品是无污染的安全。优质、营养类食品，合理使用肥料、农药等生产资料是生产绿色食品的重要一环。为了确保绿色食品的质量，实施对生产绿色食品的肥料质量管理，特制订本标准。本标准为生产绿色食品的生产资料使用系列准则之一。

本标准的附录入附录 B 是标准的附录。

本标准由中国绿色食品发展中心提出并归口。

本标准主要起草单位：中国农业科学院土壤肥料研究所。

本标准主要起草人：李元芳、曾木祥、罗斌、王华飞。

1 范围

本标准规定了 AA 级绿色食品和 A 级绿色食品生产中允许使用的肥料种类、组成及使用准则。

本标准适用于生产 AA 级绿色食品和 A 级绿色食品的农家肥料及商品有机肥料、腐殖酸类肥料、微生物肥料、半有机肥料（有机复合肥料）、无机（矿质）肥料和叶面肥料等商品肥料。

2 引用标准

下列标准所包含的条文，通过在本标准中引用而构成为本标准的条文。在标准出版时，所示版本均为有效。所有标准都会被修订，使用本标准的各方应探讨使用下列标准最新版本的可能性。

GB 8172、1987 城镇垃圾农用控制标准

NY 227—1994 微生物肥料

GBH 17419—1998 含氨基酸叶面肥料

GBH 17420—1998 含微量元素叶面肥料

NY/T 391—2000 绿色食品产地环境技术条件

3 定义

本标准采用下列定义。

3.1 绿色食品

系指遵循可持续发展原则，按照特定生产方式生产，经专门机构认定，许可使用绿色食品标志的，无污染的安全、优质、营养类食品。

3.2 AA 级绿色食品

系指生产地的环境质量符合 NY/T391 的要求，生产过程中不使用化学合成的肥料、农药、兽药、饲

料添加剂、食品添加剂和其它有害于环境和身体健康的物质，按有机生产方式生产，产品质量符合绿色食品产品标准，经专门机构认定，许可使用 AA 级绿色食品标志的产品。

3.3　A 级绿色食品

系指生产地的环境质量符合 NY/T391 要求，生产过程中严格按照绿色食品生产资料使用准则和生产操作规程要求，限量使用限定的化学合成生产资料，产品质量符合绿色食品产品标准，经专门机构认定，许可使用及 A 级绿色食品标志的产品。

3.4　农家肥料

系指就地取材、就地使用的各种有机肥料。它由含有大量生物物质、动植物残体、排泄物、生物废物等积制而成的。包括堆肥、沤肥、厩肥、沼气肥、绿肥、作物秸秆肥、泥肥、饼肥等。

3.4.1　堆肥

以各类秸秆、落叶、山青、湖草为主要原料并与人畜粪便和少量泥土混合堆制经好气微生物分解而成的一类有机肥料。

3.4.2　沤肥

所用物料与堆肥基本相同，只是在滩水条件下，经微生物燃气发酵而成一类有机肥料。

3.4.3　厩肥

以猪、牛、马、羊、鸡、鸭等畜禽的粪尿为主与秸秆等垫料堆积并经微生物作用而成的一类有机肥料。

3.4.4　沼气肥

在密封的沼气池中，有机物在嫌气条件下经微生物发酵制取沼气后的副产物。主要有沼气水肥和沼气渣肥两部分组成。

3.4.5　绿肥

以新鲜植物体就地翻压、异地施用或经沤、堆后而成的肥料。主要分为豆科绿肥和非豆科绿肥两大类。

3.4.6　作物秸秆肥

以麦秸、稻草、玉米秸、豆秸油菜秸等直接还田的肥料。

3.4.7　泥肥

以未经污染的河泥、塘泥、沟泥、港泥、湖泥等经嫌气微生物分解而成的肥料。

3.4.8　饼肥

以各种含油分较多的种子经压榨去油后的残渣制成的肥料，如菜籽饼、棉籽饼、豆饼、芝麻饼、花生饼、蓖麻饼等。

3.5　商品肥料

按国家法规规定，受国家肥料部门管理，以商品形式出售的肥料。包括商品有机肥、腐殖酸类肥、微生物肥、有机复合肥、无机（矿质）肥、叶面肥等。

3.5.1　商品有机肥料

以大量动植物残体、排泄物及其它生物废物为原料；加工制成的商品肥料。

3.5.2　腐殖酸类肥料

以含有腐殖酸类物质的泥炭（草炭）、褐煤、风化煤等经过加工制成含有植物营养成分的肥料。

3.5.3　微生物肥料

以特定微生物菌种培养生产的含活的微生物制剂。根据微生物肥料对改善植物营养元素的不同，可分成五类：根瘤菌肥料、固氮菌肥料、磷细菌肥料、硅酸盐细菌肥料复合微生物肥料。

3.5.4　有机复合肥

经无害化处理后的畜禽粪便及其它生物废物加入适量的微量营养元素制成的肥料。

3.5.5　无机（矿质）肥料

矿物经物理或化学工业方式制成，养分是无机盐形式的肥料。包括矿物钾肥和硫酸钾、矿物磷肥（磷矿粉）、煅烧磷酸盐（钙镁磷肥、脱氟磷肥）、石灰、石膏、硫磺等。

3.5.6　叶面肥料

喷施于植物叶片并能被其吸收利用的肥料，叶面肥料中不得含有化学合成的生长调剂。包括含微量元素的叶面肥和含植物生长辅助物质的叶面肥料等。

3.5.7　有机无机肥（半有机肥）

有机肥料与无机肥料通过机械混合或化学反应而成的肥料。

3.5.8 掺合肥

在有机肥、微生物肥、无机（矿质）肥、腐殖酸肥中按一定比例接入化肥（硝态氮肥除外），并通过机械混合而成的肥料。

3.6 其他肥料

系指不含有毒物质的食品、纺织工业的有机副产品，以及骨粉、骨胶废渣、氨基酸残渣、家禽家畜加工废料、糖厂废料等有机物料制成的肥料。

3.7 AA级绿色食品生产资料

系指经专门机构认定，符合绿色食品生产要求，并正式推荐用于 AA 级和 A 级绿色食品生产的生产资料。

3.8 A级绿色食品生产资料

系指经专门机构认定，符合 A 级绿色食品生产要求，并正式推荐用于 A 级绿色食品生产的生产资料。

4 允许使用的肥料种类

4.1 AA级绿色食品生产允许使用的肥料种类

4.1.1 3.4所述的农家肥料。

4.1.2 AA级绿色食品生产资料肥料类产品。

4.1.3 在4.1.1和4.1.2不能满足 AA 级绿色食品生产需要的情况下，允许使用 3.5.1—3.5.7 所述的商品肥料。

4.2 A级绿色食品生产允许使用的肥料种类

4.2.1 4.1所述肥料种类

4.2.2 A级绿色食品生产资料肥料类产品

4.2.3 在4.2.1和4.2.2不能满足 A 级绿色食品生产需要的情况下，允许使用 3.5.8 所述的掺合肥（有机氮与无机氮之比不超过 1∶1）。

5 使用规则

肥料使用必须满足作物对营养元素的需要，使足够数量的有机物质返回土壤，以保持或增加土壤肥力及土壤生物活性。所有有机或无机（矿质）肥料，尤其是富含氮的肥料应对环境和作物（营养、味道、品质和植物抗性）不产生不良后果方可使用。

5.1 生产AA级绿色食品的肥料使用原则

5.1.1 必须选用4.1的肥料种类，禁止使用任何化学合成肥料。

5.1.2 禁止使用城市垃圾和污泥、医院的粪便垃圾和含有害物质（如毒气、病原微生物，重金属等）的工业垃圾。

5.1.3 各地可因地制宜采用秸秆还田、过腹还田、直接翻压还田、覆盖还田等形式。

5.1.4 利用覆盖、翻压、堆沤等方式合理利用绿肥。绿肥应在盛花期翻压，翻埋深度为 15cm 左右，盖土要严，翻后耙匀。压育后 15-20 天才能进行播种或移苗。

5.1.5 腐熟的沼气液、残渣及人畜粪尿可用作追肥。严禁施用未腐熟的人粪尿。

5.1.6 饼肥优先用于水果、蔬菜等，禁止施用未腐熟的饼肥。

5.1.7 叶面肥料质量应符合 GB/T 17419，或 GB/T 17420，或附录 B 中 B3 的技术要求。按使用说明稀释，在作物生长期内，喷施二次或三次。

5.1.8 微生物肥料可用于拌种，也可作基肥和追肥使用。使用时应严格按照使用说明书的要求操作。微生物肥料中有效活菌的数量应符合 NY227 中 4.1 及 4.2 技术指标。

5.1.9 选用无机（矿质）肥料中的煅烧磷酸盐。硫酸钾，质量应分别符合附录 B 中 B1 和 B2 的技术要求。

5.2 A级绿色食品的肥料使用原则

5.2.1 必须选用4.2的肥料种类。如 4.2 的肥料种类不够满足生产需要，允许按 5.2.2 和 5.2.3 的要求使用化学肥料（氮、磷、钾）。但禁止使用硝态氮肥。

5.2.2 化肥必须与有机肥配合施用，有机氮与无机氮之比不超过 1∶1，例如，施优质原肥 1000kg 加尿素 10kg（厩肥作基肥、尿素可作基肥和追肥用），对叶菜类最后一次追肥必须在收获前 30 天进行。

5.2.3 化肥也可与有机肥、复合微生物肥料配合施用。厩肥 1000kg，加尿素 5-10kg 或磷酸二铵 20kg，复合微生物肥料 60kg（底肥作基肥，尿素，磷酸二铵和微生物肥料作基肥和追肥用）。最后一次追肥必须在收获前 30 天进行。

5.2.4　城市生活垃圾一定要经过无害化处理，质量达到 GB 8172 中 1.1 的技术要求才能使用。每年每亩农田限制用量，粘性土壤不超过 3000kg，砂性土壤不超过 2000kg。

5.2.5　秸秆还田：同 5.1.3 条款，还允许用少量氮素化肥调节碳氮比。

5.2.6　其他使用原则，与 5.1.4-5.1.9 的要求相同。

6　其他规定

6.1　生产绿色食品的农家肥料无论采用何种原料（包括人畜禽粪尿、秸秆、杂草、泥炭等）制作堆肥，必须高温发酵，以杀灭各种寄生虫卵和病原菌、杂草种子，使之达到无害化卫生标准（详见附录 A）。农家肥料，原则上就地生产就地使用。外来农家肥料应确认符合要求后才能使用。商品肥料及新型肥料必须通过国家有关部门的登记认证及生产许可、质量指标应达到国家有关标准的要求。

6.2　因施肥造成土壤污染。水源污染，或影响农作物生长、农产品达不到卫生标准时，要停止施用该肥料，并向专门管理机构报告。用其生产的食品也不能继续使用绿色食品标志。

附录 A　（标准的附录）

A1　高温堆肥卫生标准

编号	项目	卫生标准及要求
1	堆肥温度	最高堆温达 50-55℃，持续 5-7 天
2	蛔虫卵死亡率	95-100%
3	粪大肠菌值	1/10-1/100
4	苍蝇	有效地控制苍蝇孳生，肥堆周围没有活的蛆，蛹或新羽化的成蝇。

A2　沼气发酵肥卫生标准

编号	项目	卫生标准及要求
1	密封贮存期	30 天以上
2	高温沼气发酵温度	53±2℃持续 2 天
3	寄生虫卵沉降率	95% 以上
4	血吸虫卵和钩虫卵	在使用粪液中不得检出活的血吸虫卵和钩虫卵
5	粪大肠菌值	普通沼气发酵 1/10000，高温沼气发酵 1/10-1/100
6	蚊子、苍蝇	有效地控制蚊蝇孳生，粪液中子了，池的周围无活的蛆蛹或新羽化的成蝇。
7	沼气池残渣	经无害化处理后方可用作农肥

附录 B　（标准的附录）

B1　煅烧磷酸盐

营养成分	杂质控制指标
有效 $P_2O_5 \geqslant 12\%$	每含 $1\% P_2O_5$
（碱性柠檬酸铵提取）	$As \leqslant 0.004\%$
	$Cd \leqslant 0.01\%$
	$Pb \leqslant 0.002\%$

B2　硫酸钾

营养成分	杂质控制指标
K_2O 50%	每含 $1\% K_2O$
（碱性柠檬酸铵提取）	$As \leqslant 0.004\%$
	$Cl \leqslant 3\%$
	$H_2SO_4 \leqslant 0.5\%$

B3　腐殖酸叶面肥料

营养成分	杂质控制指标
腐殖酸 $\geqslant 8.0\%$	$Cd \leqslant 0.01\%$
微量元素 $\geqslant 6.0\%$	$As \leqslant 0.002\%$
（Fe、Mn、Cu、Zn、Mo、B）	$Pb \leqslant 0.002\%$

参 考 文 献

[1] 金为民. 土壤肥料学. 北京：中国农业出版社，2001.

[2] 王荫槐. 土壤肥料学. 北京：中国农业出版社，1992.

[3] 奚振邦. 现代化学肥料学. 北京：中国农业出版社，2003.

[4] 牟树森，青长乐. 环境土壤学. 北京：中国农业出版社，1993.

[5] 黄元仿，贾小红. 平衡施肥技术. 北京：化学工业出版社，2002.

[6] 刘国芬. 作物施肥技术与缺素症矫治. 北京：金盾出版社，2001.

[7] 沈其荣. 土壤肥料学通论. 北京：高等教育出版社，2002.

[8] 陆欣. 土壤肥料学. 北京：中国农业大学出版社，2002.

[9] 夏冬明. 土壤肥料学. 上海：上海交通大学出版社，2007.

[10] 林大仪. 土壤学. 北京：中国林业出版社，2002.

[11] 西南农业大学. 土壤学. 北京：中国农业出版社，1995.

[12] 熊毅，李庆逵. 中国土壤，北京：科学出版社，1987.

[13] Brady N C. 土壤的本质与性状. 南京农学院土化系等译. 北京：科学出版社，1982.

[14] 陈忠焕. 土壤肥料学. 南京：东南大学出版社，1992.

[15] 俞震豫. 土壤卷//中国农业百科全书. 北京：中国农业出版社，1996.

[16] 孙羲. 农业化学卷//中国农业百科全书. 北京：中国农业出版社，1996.

[17] 黄昌勇. 土壤学. 北京：中国农业出版社，2000.

[18] 林成谷. 土壤学. 北京：中国农业出版社，1992.

[19] 丘华昌等. 土壤学. 北京：中国农业科技出版社，1995.

[20] 张凤荣等. 中国土地资源及其可持续利用. 北京：中国农业大学出版社，2000.

[21] 胡霭堂. 植物营养学. 北京：中国农业大学出版社，1995.

[22] 张道勇，王鹤平. 中国实用肥料学. 上海：上海科学技术出版社，1997.

[23] 中国农业科学院土壤肥料研究所. 中国肥料. 上海：上海科学技术出版社，1994.

[24] 高祥照等. 化肥手册. 北京：中国农业出版社，2000.

[25] 吴玉光等. 化肥使用指南. 北京：中国农业出版社，2000.

[26] 崔英德. 复合肥的生产与施用. 北京：化学工业出版社，1999.

[27] 劳秀荣，张漱茗. 保护地蔬菜施肥新技术. 北京：中国农业出版社，1999.

[28] 浙江农业大学. 植物营养与肥料. 北京：中国农业出版社，2000.

[29] 鲁如坤等. 土壤-植物营养学原理和施肥. 北京：化学工业出版社，1998.

[30] 李春花，梁国庆. 专用复混肥配方设计与生产. 北京：化学工业出版社，2001.

[31] 陈怀满. 环境土壤学. 北京：科学出版社，2005.

[32] 张辉. 土壤环境学. 北京：化学工业出版社，2006.

[33] 张玉龙. 农业环境保护. 第2版. 北京：中国农业出版社，2004.

[34] 杨居荣等. 土壤砷污染的植物效应//土壤容量研究. 北京：气象出版社，1986.

[35] 刘良梧，龚子同. 全球土壤退化评价. 自然资源，1995，(1)：10-15.

[36] 吕晓男，孟赐福，麻万诸等. 土壤质量及其演变. 浙江农业学报，2004，16 (2)：105-109.

[37] 蒋端生，曾希柏，张杨珠等. 土壤质量管理＜Ⅱ＞土壤退化与修复. 湖南农业科学，2008，(6)：54-58.

[38] 张荣群，刘黎明，张凤荣. 我国土壤退化的机理与持续利用管理研究. 地域研究与开发，2000，19 (3)：52-54.

[39] 张桃林，王兴祥. 土壤退化研究的进展与趋向. 自然资源学报，2000，15 (3)：280-284.

[40] 王涛，赵哈林，肖洪良. 中国沙漠化研究的进展. 中国沙漠，1999，19 (4)：299-311.

[41] 陈隆亨. 中国风沙土. 北京：科学出版社，1998.

[42] 鄂竟平. 中国水土流失与生态安全综合科学考察总结报告. 中国水土保持，2008，(12)：3-6.

[43] 曹志洪，周健民. 中国土壤质量. 北京：科学出版社，2008.

[44] 熊东红，贺秀斌，周红艺. 土壤质量评价研究进展. 世界科技研究与发展，2005，27 (1)：71-75.

[45] 蒋端生，曾希柏，张杨珠等. 土壤质量管理〈Ⅰ〉土壤功能和土壤质量. 湖南农业科学，2008，(5)：86-89.

[46] 白清云.ISO公布的土壤质量标准内容及其在农业上的应用.中国标准化，2006，（8）：54-56.

[47] 刘占锋，傅伯杰，刘国华.土壤质量与土壤质量指标及其评价.生态学报，2006，26（3）：901-913.

[48] 王维刚，马琳琦.辽河平原土壤背景值与主要成土条件关系.土壤学报，1987，24（3）：291-294.

[49] 张东威，刘杰，李生智等.土壤元素背景值与自然因素的相关性.上海环境科学，1989，8（5）：32-34.

[50] 周杰，裴宗平，靳晓燕等.浅论土壤环境容量.环境科学与管理，2006，31（2）：74-76.

[51] 黄静，靳孟贵，程天舜.论土壤环境容量及其应用.安徽农业科学，2007，35（25）：7895-7896，7953.

[52] 叶嗣宗.土壤环境背景值在土壤容量计算中的应用.上海环境科学，1992，11（4）：34-36.

[53] 方如康，戴嘉卿.中国医学地理学.上海：华东师范大学出版社，1993.

[54] 黄仁海，何敬.贵州农村居民生活环境与地甲病现状分析.贵州科学，1994，12（3）：68-75.

[55] 蔡士悦等.土壤矿物油和重金属的环境容量研究.环境科学情报，1986，（2）：42-45.

[56] 张学询，熊先哲，王玉顺等.辽河下游草甸棕壤重金属环境容量及其应用.环境科学学报，1988，8（3）：295-306.

[57] 顾淑华，朱忠精等.红壤性水稻土铅临界含量研究.农业环境保护，1989，8（3）：17-22，25.

[58] 李勋光，李小平，陈付清.不同砷化合物对水稻生长与砷吸收的影响.土壤环境研究，1986，（1）75-83.

[59] 许嘉琳，杨居荣等.陆地生态系统中的重金属.北京：中国环境科学出版社，1995.

[60] 夏增禄，穆丛如，孟维奇等.Cd、Zn、Pb及其相互作用对烟草、小麦的影响.生态学报，1984，4（3）：233-237.

[61] 赵素丽，谯华.生物修复技术的发展现状.重庆工业高等专科学校学报，2004，19（5）：14-16.

[62] 徐亚同，史家梁，张明.生物修复技术的作用机理和应用（上）.上海化工，2001，（18）：4-7，19.

[63] 徐亚同，史家梁，张明.生物修复技术的作用机理和应用（中）.上海化工，2001，（19）：4-7.

[64] 徐亚同，史家梁，张明.生物修复技术的作用机理和应用（下）.上海化工，2001，（20）：4-6，22.

[65] 李章良，孙佩石.土壤污染的生物修复技术研究进展.生态科学，2003，22（2）：189-192.

[66] Romig D E，Garlynd M J，Harris R E，et al. How farmers assess soil health and quality. Journal of Soil and Water Conservation，1995，50：229-236.

[67] Larson W E，Piece F J. Conservation and enhancement of soil quality. In：Evaluation for Sustainable Land Management in the Developing World，Vol. 2：Technical Paper. IBSRAM proceeding No. 12（2），International Broad for Soil Research by Management. Bangkok，Thailand.

[68] Smith J L. Multiple variable indictor Kriging：A Procedure for integrating soil quality indictors. In：Doran J W，et al. Defining soil quality for a Sustainable environment. Soil Science Society of America Publication No. 35 Inc. Madison，Wisconsin，USA. 1994：149-157.

[69] Larson W E，Piece F J. The dynamics of soil quality as a measure of sustainable management. In：Doran J W，et al. Defining soil quality for a Sustainable environment. Soil Science Society of America Publication No. 35 Inc. Madison，Wisconsin，USA. 1994：37-52.

[70] Doran J W，Parkin T B. Defining and assessing soil quality. In：Doran J W，et al. Defining soil quality for a Sustainable environment. Soil Science Society of America Publication No. 35 Inc. Madison，Wisconsin，USA. 1994：3-21.

[71] Jiang X，Cao X，Jiang，J，et al. Dynamics of environmental supplementation of iodine：four year's experience of iodination of irrigation water in Hotien，Xinjiang，China. Archives of Environmental Health，1997，52（6）：399-408.

[72] Zhu Y G，Huang Y Z，Hu Y，et al. Iodine uptake by spinach（*Spinacia oleracea* L.）plants grown in solution culture：effects of iodine species and solution concentrations. Environment International，2003，29：33-37.

[73] Tessier A，Campbell PGC and Bisson M. Sequential extraction procedure for the speciation of particulate trace metals. Anal. Chem.，1979，51（7）：844-851.

[74] Salomons W and Stigliani W M（eds.）. Biogeodynamics of pollutants in soils and sediments. Berlin，Hong Kong，Tokyo：Springer. 1995.

[75] Miller J E，Hassett J J and Koeppe D E. The effect of soil properties and extractable lead levels on lead uptake by soybeanms. Commun. Soil Sci. Plant Anal.，1975，6：339-347.